住房城乡建设部土建类学科专业"十三五"规划教材

全国住房和城乡建设职业教育教学指导委员会规划推荐教材

空调用制冷技术

（供热通风与空调工程技术专业适用）

本教材编审委员会组织编写
苏长满　主　编
夏如杰　副主编

中国建筑工业出版社

图书在版编目(CIP)数据

空调用制冷技术/苏长满主编 .—北京：中国建筑工业出版社，2019.7（2025.5重印）
住房城乡建设部土建类学科专业“十三五”规划教材．全国住房和城乡建设职业教育教学指导委员会规划推荐教材（供热通风与空调工程技术专业适用）
ISBN 978-7-112-23667-1

Ⅰ.①空… Ⅱ.①苏… Ⅲ.①房屋建筑设备-空气调节器-制冷技术-职业教育-教材 Ⅳ.①TU831

中国版本图书馆 CIP 数据核字(2019)第 081954 号

本书共分 10 个教学单元，系统介绍了制冷循环的基本原理、制冷剂和载冷剂，重点对房间空调器、蒸气压缩式冷水机组、溴化锂吸收式冷水机组、多联式空调机组结构、工作原理，选型设计计算和安装技术要求等内容作了较详细的介绍。还介绍了空调蓄冷应用技术和地源热泵技术，以及蒸气压缩式制冷系统的调试与故障处理和制冷系统的自控装置与自动调节。

本书可作为高职高专供热通风与空调工程技术和建筑设备工程技术等专业的教学用书，还可以作为从事本专业的工程技术人员的参考用书。

如需本书课件请联系责任编辑 524633479@qq. com。

责任编辑：聂 伟 张 健
责任校对：芦欣甜

住房城乡建设部土建类学科专业“十三五”规划教材
全国住房和城乡建设职业教育教学指导委员会规划推荐教材
空调用制冷技术
（供热通风与空调工程技术专业适用）
本教材编审委员会组织编写
苏长满 主 编
夏如杰 副主编
*
中国建筑工业出版社出版、发行（北京海淀三里河路 9 号）
各地新华书店、建筑书店经销
北京红光制版公司制版
建工社（河北）印刷有限公司印刷
*
开本：787×1092 毫米 1/16 印张：16¼ 字数：392 千字
2019 年 7 月第一版 2025 年 5 月第四次印刷
定价：**36.00** 元（赠课件）
ISBN 978-7-112-23667-1
(33979)

供热通风与空调工程技术专业教材编审委员会名单

序　言

近年来，建筑设备类专业分委员会在住房城乡建设部人事司和全国住房和城乡建设职业教育教学指导委员会的正确领导下，编制完成了高职高专教育建筑设备类专业目录、专业简介。制定了“建筑设备工程技术”“供热通风与空调工程技术”“建筑电气工程技术”“楼宇智能化工程技术”“工业设备安装工程技术”“消防工程技术”等专业的教学基本要求和校内实训及校内实训基地建设导则，构建了新的课程体系。2012 年启动了第二轮“楼宇智能化工程技术”专业的教材编写工作，并于 2014 年底全部完成了 8 门专业规划教材的编写工作。建筑设备类专业分委员会在 2014 年年会上决定，按照新出版的供热通风与空调工程技术专业教学基本要求，启动规划教材修编工作。

本次规划修编的教材覆盖了本专业所有的专业课程，以教学基本要求为主线，与校内实训及校内实训基地建设导则相衔接，突出了工程技术的特点，强调了系统性和整体性；贯彻以素质为基础，以能力为本位，以实用为主导的指导思想；汲取了国内外最新技术和研究成果，反映了我国最新技术标准和行业规范，充分体现其先进性、创新性、适用性。本套教材的使用将进一步推动供热通风与空调工程技术专业的建设与发展。

本次规划教材的修编聘请全国高职高专院校多年从事供热通风与空调工程技术专业教学、科研、设计的专家担任主编和主审，同时吸收具有丰富实践经验的工程技术人员和中青年优秀教师参加。该规划教材的出版凝聚了全国高职高专院校供热通风与空调工程技术专业同行的心血，也是他们多年来教学工作的结晶和精诚协作的体现。

主编和主审在教材编写过程中一丝不苟、认真负责，值此教材出版之际，谨向他们致以崇高的敬意。衷心希望供热通风与空调工程技术专业教材的面世，能够受到高职高专院校和从事本专业工程技术人员的欢迎，能够对土建类高职高专教育的改革和发展起到积极的推动作用。

全国住房和城乡建设职业教育教学指导委员会
建筑设备类专业分委员会

前　　言

“空调用制冷技术”是高职高专供热通风与空调工程技术专业和建筑设备工程技术专业的一门主要专业课程，是研究空调工程所涉及的制冷设备的工作原理、机器设备的结构组成和施工安装技术的一门实践性很强的课程。本教材是根据全国住房和城乡建设职业教育教学指导委员会制定的教学大纲和教学要求，按照空调工程涉及的主要内容逐一进行编写的。教材从制冷的基本理论知识和制冷剂、载冷剂等必备的知识入手，系统全面介绍了房间空调器、蒸气压缩式冷水机组、溴化锂吸收式冷水机组的结构组成、制冷循环、各机器设备的工作原理、机组的选型与施工安装、机组的试运转要求等内容。教材还系统介绍了蓄冷空调的系统形式和设备结构原理，多联机空调机组的形式、设计选型方法和施工技术，地源热泵系统特别是地埋管换热器的形式、施工技术等内容。此外，教材还介绍了制冷系统常见故障分析和常用自动控制仪表及控制系统。教材编写中结合高等职业教育的特点，理论知识坚持够用为度的原则，突出制冷设备选择、施工安装技术知识及技能的学习。教材编写中采用国家现行的规范、标准和规定。通过本教材的学习，应使学生能够全面掌握目前空调中涉及的制冷设备的特点、机器设备的工作原理和设计选型方法，以及设备施工安装步骤和要求，能够熟练识读施工安装图纸，并将施工图变成为合格的工程产品。

本教材计划60学时，建议各教学单元学时分配如下：

教学单元	名称	讲授学时	现场教学学时
1	制冷的基本理论知识	4	
2	制冷剂与载冷剂	2	
3	房间空调器	4	2
4	蒸气压缩式冷水机组	12	2
5	溴化锂吸收式冷水机组	8	2
6	空调蓄冷应用技术	6	
7	多联式空调机组	6	2
8	地源热泵技术	4	
9	蒸气压缩式制冷系统的调试与故障处理	2	
10	制冷系统的自控装置与自动调节	2	
机动		2	
合计		52	8

本教材由苏长满任主编，夏如杰任副主编。张刚、逯彦红、冀晓霞参加教材编写。

教学单元1、2、3由江苏建筑职业技术学院夏如杰编写，绪论、教学单元4、5、7由江苏建筑职业技术学院苏长满编写，教学单元6由成都航空职业技术学院冀晓霞编写，教学单元9由天津职业大学逯彦红编写，教学单元8、10由江苏建筑职业技术学院张刚编写。全书由苏长满统稿。

空调用制冷机器设备的性能和施工安装技术在不断提高和发展，虽然作者在编写过程中力图反映当前的空调用制冷技术，但限于作者水平，部分内容尚达不到应有的深度。希望读者对本教材的错误和不当之处批评指正。

编写教材过程中引用了制冷技术方面的相关资料，在此向各位作者表示感谢。

目　　录

绪　论

【教学目标】 通过学习，使学生掌握制冷的概念，制冷领域的划分，熟悉制冷技术的应用，了解制冷技术的发展历程；明确本课程的学习内容及知识基础。

1. 制冷的概念

“制冷”就是用人工的方法，使某一物体或空间达到比环境介质更低的温度，并保持这个低温。制冷的实质就是将低温物体的热量排向高温物体。因为热量不能自发地从低温物体传向高温物体，要达到制冷的目的必须使用制冷装置，通过消耗能量来实现。根据制冷的特点，我们可以形象地把制冷装置比作是“热量泵”。

现代制冷技术已不单局限在用制冷机得到低于环境温度的“冷”状态，热泵已普遍应用于供热工程，以获得高于环境温度的“热”状态；当一处需要“冷”而另一处需要“热”时，可以采用制冷装置实现将“冷”处的热量排向需要“热”的地方。

2. 制冷领域的划分

按不同的制冷温度要求，制冷技术可分成四类，即：

普通制冷（普冷）：低于环境温度至120K（−153℃），空调用制冷技术和冷库制冷技术属于这一类。

深度制冷（深冷）：120K（−153℃）至20K（−253℃），空气分离技术属于这一类。

低温制冷（低温）：20K（−253℃）至4.2K（−268.95℃）。4.2K是液氦的沸点。

极低温制冷（极低温）：低于4.2K。

3. 制冷的发展概况

利用天然冷源是一种设备简单、成本较低的获取低温的方法，我国古代就有冬冰夏用的做法，即冬天将天然冰贮存起来，在夏天用于降温。《诗经》《左传》《周礼》中有生动的描述，考古已发现有“冰窖”。但天然冷源是一次性的，并受到时间和地点的限制，由于科学技术不发达，人类长期停留在天然冷源的利用上。

现代制冷技术作为一门科学，是19世纪中后期发展起来的。1834年美国人波尔金斯试制成功了第一台以乙醚为制冷剂的蒸气压缩机，1844年高里在美国费城用封闭循环的空气制冷机建立了一座空调站。1859年法国人卡列制成了氨水吸收式制冷机。1875年卡列和林德用氨作制冷剂，发明了氨蒸气压缩式制冷机，从此蒸气压缩式制冷机一直占据统治地位。1910年左右，马利斯·莱兰克在巴黎发明了蒸汽喷射式制冷机。1930年以后，氟利昂制冷剂的出现和大量应用，使压缩式制冷技术理论及应用得到极大的发展。但1974年后，人类发现由于氟利昂的大量使用，氟利昂簇中的不含氢的氯氟烃（简称CFC）会严重破坏大气臭氧层，危害人类健康和破坏生态环境，通过努力，全球已在2000年前全面禁用了破坏臭氧层严重的5种不含氢的氯氟烃制冷剂（R11、R12等）。现在正努力减少使用含氢的氯氟烃的使用量（如R22、R123等），并最终不使用这些对环境有害的制冷剂。

制冷技术的发展是无止境的，制冷领域的新材料、新工艺、新技术不断涌现，交叉学科的互相渗透，促进了制冷技术向着高效、环保、智能化的方向迅猛发展。

4. 制冷技术的应用

制冷机是空气调节工程必不可少的冷源。目前工业生产中如纺织、电子元件、精密计量、精密机床、半导体等需要高精度的温度、湿度、洁净度的环境，人们生活和工作的场所如宾馆饭店、住宅、医院、会堂、商场、影剧院等需要舒适的温度和湿度环境，为此而建立的空调系统都需要冷源来实现。

在食品工业中，制冷机是核心装备。为保证食品的质量，肉类、鱼类、禽类、果蔬等食品的贮存、运输都需要在一定的低温环境下进行，冷库、冷藏船、冷藏车、冷藏柜、冰箱等设施或装置已普遍使用，我国已形成了完整的“冷链”。现在，冷藏已扩展到药品、粮食及其他物资的长期贮存。

在工业生产中制冷技术得到了广泛应用，如金属热处理领域利用低温处理合金钢可以提高钢的硬度及强度，延长使用寿命；电子元器件在恒温下工作可以提高性能，减少发热对性能的影响。石油化学工业中在低温下进行盐类的结晶、溶液的分离、石油的脱脂、天然气的液化等。化学工业中的合成橡胶、合成纤维、合成塑料、合成氨等的生产都需要制冷。

在国防工业领域，武器试验、火箭航天器的地面模拟、半导体激光、红外线探测等都需要制冷技术。

此外，制冷技术还应用在人工滑冰场、低温育苗、育种、医疗手术、冷冻法隧道开掘、矿井作业面降温等方面。

5. 本课程的教学内容和理论基础

本课程涉及空调工程中应用的制冷技术，包括蒸气压缩式制冷和溴化锂吸收式制冷的基本理论，常见制冷剂的基本性质，空调器、冷水机组、多联机、地源热泵系统的工作原理、设备结构、设备选型及施工安装技术，还涉及制冷系统的常见故障分析和制冷系统的常见控制系统及控制器等内容。

学习以上内容，应具有一定的热工学、流体力学等方面的专业基础理论知识，还应具备一定的识图能力，学习过程中注意复习这些基础理论知识，以方便理解和应用。

教学单元 1　制冷的基本理论知识

【教学目标】通过本单元学习，使学生掌握蒸气压缩式制冷理论循环的形式、压焓图及循环在压焓图上的表示、理论循环热力计算的内容和方法；单效溴化锂吸收式制冷的原理。了解热电制冷与蒸气喷射式制冷的基本原理。能够进行蒸气压缩式制冷理论循环的热力计算。

普通制冷的方法常用的有液体气化制冷、气体膨胀制冷和热电制冷。液体气化制冷利用低温制冷剂液体的气化吸收被冷却对象热量，来达到制冷的目的。如蒸气压缩式制冷、吸收式制冷、吸附式制冷和蒸气喷射式制冷等。气体膨胀制冷利用高压制冷剂气体降压膨胀后，会出现温度降低的效果，来吸收被冷却对象的热量，达到实现制冷目的。热电制冷利用半导体热电偶通直流电后，两节点处出现一端吸热、一端放热的现象来实现制冷。其他制冷方法如磁制冷和热声制冷在普冷中的应用等正在研制开发中。

制冷技术是以热工理论基础和流体力学等课程为基础的，学习过程中一定要重视理论联系实际，才能为工程实践打好基础。

1.1　蒸气压缩式制冷的基本原理

1.1.1　理想制冷循环

理想制冷循环没有不可逆损失。在两恒温热源间工作的理想制冷循环可以用逆卡诺循环来实现。逆卡诺循环由两个等温过程和两个等熵过程组成，如图 1-1 所示。循环的特点是高、低温热源温度恒定，循环过程是可逆过程，具体来讲就是压缩过程和膨胀过程为等熵过程，制冷工质在冷凝器和蒸发器中与热源间无传热温差，制冷工质流经各个设备中不考虑流动阻力，因此，它的制冷系数最高。

制冷循环的经济性指标用制冷系数表示，制冷系数是循环制冷量与循环中所消耗功之比。根据热工学的知识，逆卡诺循环制冷系数 ε_c 的表达式是：

$$\varepsilon_c = \frac{Q_0}{N} = \frac{T_0}{T_k - T_0} \tag{1-1}$$

式中　Q_0——循环的制冷量（kW）；

N——循环消耗的功率（kW）；

T_0——冷源温度（也是蒸发温度）（K）；

T_k——热源温度（也是冷凝温度）（K）。

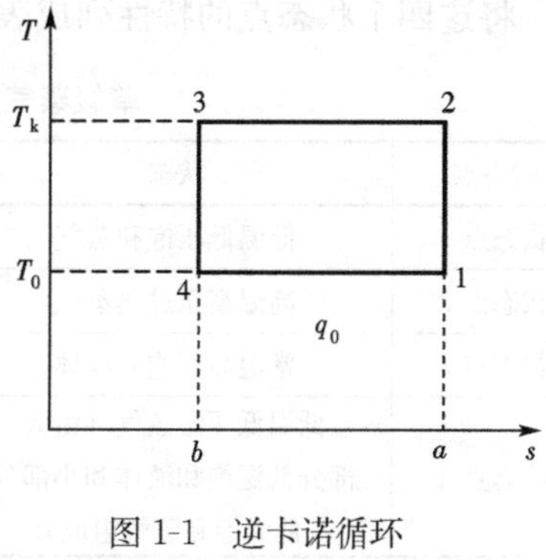

图 1-1　逆卡诺循环

式（1-1）是根据逆卡诺循环特点建立的，但从公式中可以看出，循环制冷系数仅与两热源温度有关，与循环过程无关，只要是工作在两恒温热源间的理想制冷循环，其制冷系数是相同的，且制冷系数最大。实际制冷循环存在不可逆损失，制冷系数低于理想循环制冷系数，用热力完善度 η 来表示实际制冷循环接近理想制冷循环程度的指标。其表达式是：

$$\eta=\frac{\varepsilon}{\varepsilon_c} \tag{1-2}$$

式中 ε——实际循环制冷系数；

ε_c——理想循环制冷系数。

热力完善度越接近 1，实际制冷循环的经济性越好。它也是一个经济性指标。

1.1.2 蒸气压缩式制冷的理论循环

1. 单级蒸气压缩式制冷的理论循环的形式

单级蒸气压缩式制冷的理论循环是在逆卡诺循环的基础上，作了如下变化：(1) 用节流阀代替膨胀机；(2) 用干压缩代替湿压缩。循环的特点是制冷剂在压缩机的吸入状态和冷凝器的出口状态都是饱和状态，又将理论循环称为饱和循环。当然，理论循环还保留逆卡诺循环的其他假定。循环原理图和循环状态点在 *T-S* 图上的表示如图 1-2、图 1-3 所示。

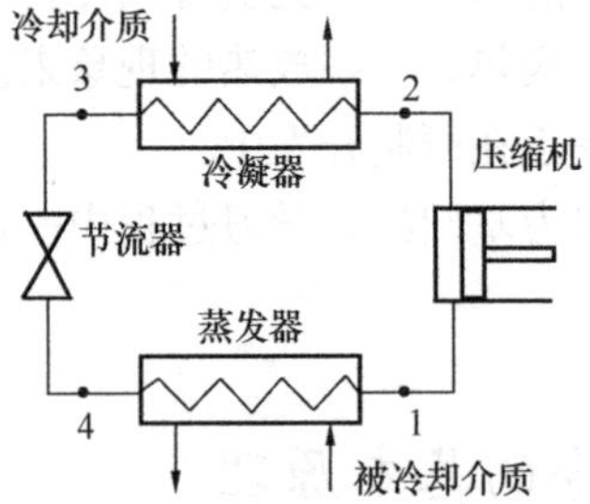

图 1-2 理论循环原理图

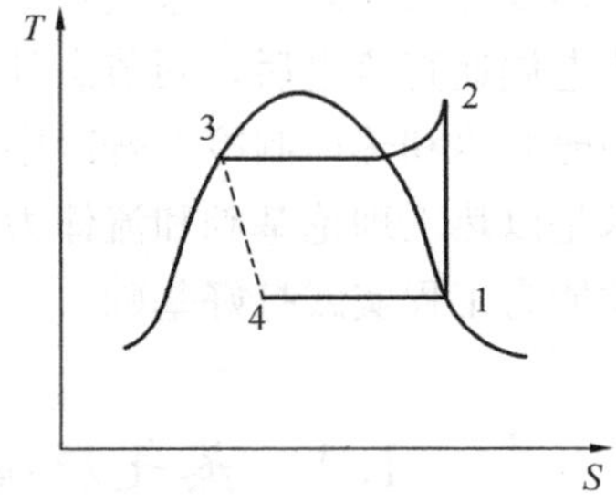

图 1-3 理论循环在 *T-S* 图上的表示

单级蒸气压缩式制冷循环由压缩机、冷凝器、节流阀和蒸发器四大部件组成。制冷剂在循环过程中各点的状态分别是：压缩机吸入口状态 1 为低温低压的饱和蒸气；压缩机压缩后状态 2 为高温高压的过热蒸气状态；冷凝器出口状态 3 为常温高压的饱和液体状态；节流阀出口状态 4 为低温低压的湿蒸气状态（由大部分低温饱和液体和小部分低温饱和蒸气组成）。

将这四个状态点的特性列成表，见表 1-1。

单级蒸气压缩式制冷理论循环各状态点特性 **表 1-1**

状态点	状态	温度	压力	焓	熵
状态点 1	低温低压饱和蒸气	蒸发温度 t_0	蒸发压力 p_0	h_1	s_1
状态点 2	高温高压过热蒸气	循环中最高温	冷凝压力 p_k	h_2	$s_2=s_1$
状态点 3	常温高压饱和液体	冷凝温度 t_k	冷凝压力 p_k	h_3	s_3
状态点 4	低温低压湿蒸气（由大部分低温饱和液体和小部分低温饱和蒸气组成）	蒸发温度 t_0	蒸发压力 p_0	$h_4=h_3$	s_4

循环过程中，各设备的作用是：压缩机起到了压缩和输送制冷剂，并造成蒸发器的低压作用；冷凝器起到了将低温物体的热量和压缩功转变的热量传给环境的作用；蒸发器则

起到了吸收被冷却物体热量的作用；节流阀起到节流降压、调节流量的作用。制冷压缩机和节流阀将制冷系统分成高低压两个部分，高压部分从压缩机出口到节流阀进口；低压部分从节流阀出口到压缩机进口。通过制冷循环，制冷剂不断吸收被冷却物体的热量，使被冷却物体温度维持在所需较低温度的水平，达到制冷的目的。

2. 单级蒸气压缩式制冷的理论循环在压焓图上的表示

制冷循环中各过程的功量与热量的变化在压焓图中均可用过程初、终态制冷剂的焓值变化来计算，制冷工程广泛应用压焓图分析计算制冷循环。

（1）压焓图

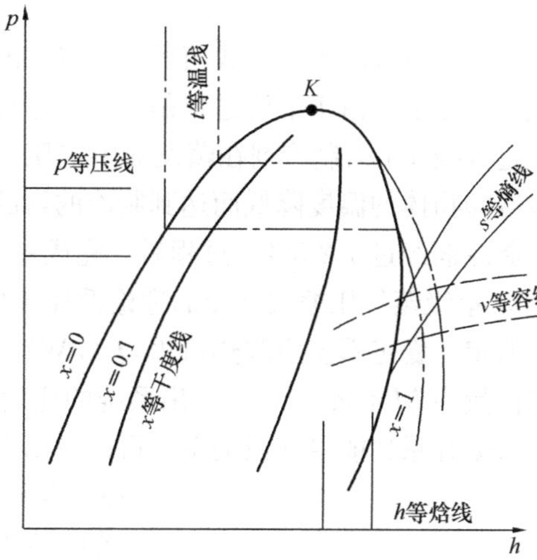

图 1-4　压焓图示意图

压焓图的示意图见图 1-4。压焓图是以绝对压力为纵坐标（为了缩小图面，用对数坐标，其上的压力数值不需换算），以比焓为横坐标来表示制冷剂的状态。在图上有一点、二线、三区域、五种状态、六条等参数线。图中一点为临界点 K；K 点左边为饱和液体线（称下界线），干度=0；右边为干饱和蒸气线（称上界线），干度=1；临界点 K 和上、下界线将图分成三个区域：下界线以左为过冷液体区，上界线以右为过热蒸气区，二者之间为湿蒸气区（即两相区），三个区的状态再加上饱和液与饱和蒸气状态，共有五种状态；六条等参数线簇：等压线——水平线；等焓线——垂直线；等温线——液体区内几乎为垂直线，湿蒸气区内等压线与等温线重合为水平线，过热区内为向右下方弯曲的倾斜线；等熵线——向右上方倾斜的实线；等容线——向右上方倾斜的点画线，较等熵线平坦；等干度线——只在湿蒸气区域内，其方向大致与饱和液体线或饱和蒸气线相近，其大小从左向右逐渐增大。

压焓图是进行制冷循环分析和计算的重要工具，应熟练掌握和应用。

（2）单级蒸气压缩式制冷理论基本循环在压焓图上的表示

根据以上的分析可知，单级蒸气压缩式制冷的理论循环各状态的特点是：压缩机吸入的制冷剂的状态是蒸发压力 p_0 下的饱和蒸气；离开冷凝器的制冷剂状态是冷凝压力 p_k 下的饱和液体；压缩机的压缩过程为等熵压缩；制冷剂的冷凝温度高于冷却介质的温度，制冷剂的蒸发温度低于被冷却物体的温度，即存在传热温差；制冷剂在冷凝器、蒸发器内和系统管路中无任何压力损失，是等压过程，压力降仅在节流膨胀过程中产生。虽然以上的情况与实际有偏差，但这种简化便于分析研究，可以作为讨论实际循环的基础。

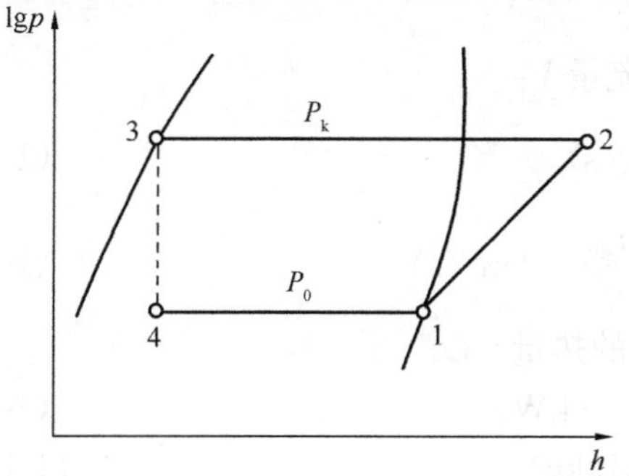

图 1-5　理论循环在压焓图上的表示

图 1-5 为单级蒸气压缩式制冷理论循环在压焓图上的表示。

点 1 表示制冷剂在蒸发器出口（或压缩机

进口）的状态。其位置在饱和蒸气线与蒸发压力等压线的交点上。

点 2 是压缩机排气（或冷凝器进口）状态。其位置在过 1 点的等熵线与冷凝压力等压线的交点上。

点 3 是冷凝器出口（或节流阀进口）状态。其位置在饱和液体线与冷凝压力等压线的交点上。

点 4 为节流阀出口（或蒸发器进口）的状态。其位置在过 3 点的等焓线与蒸发压力等压线的交点上。由于节流过程是不可逆过程，因此在图上用虚线表示。

过程线 4-1 为制冷剂在蒸发器中定压定温吸热气化过程，制冷剂与被冷却物体换热，使被冷却物体的温度降低而达到制冷的目的。

制冷剂经过 1-2-3-4-1 过程后，完成一个完整的制冷理论循环。

3. 单级蒸气压缩式制冷的理论循环的热力计算

假定一稳定系统吸收热量为 Q（kW），外界对系统做功为 N（kW），工质进出系统的质量流量为 M（kg/s），进、出系统的比焓分别为 h_1（kJ/kg）、h_2（kJ/kg），如图 1-6 所示，根据开系的能量守恒关系，可以得出系统的能量关系式：

$$Q + N = M(h_2 - h_1) \tag{1-3}$$

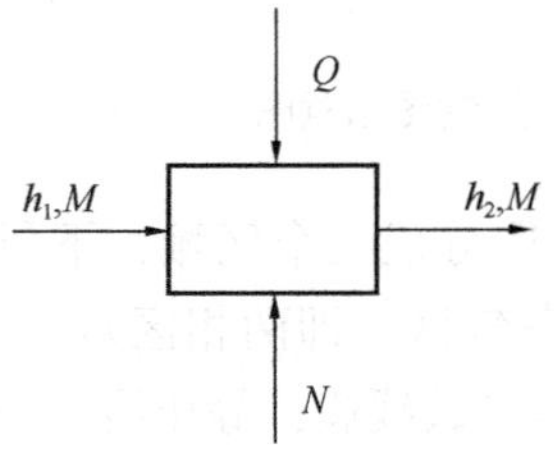

图 1-6 系统能量平衡示意图

若循环的制冷量为 Q_0，压缩机耗功 N_0，冷凝器放出热量为 Q_k，制冷剂的质量流量为 M_R，制冷剂在压缩机吸气口处的体积流量为 V_R，利用上式，结合图 1-2，对理论循环的四大部件建立能量平衡关系式可以得出如下关系：

（1）循环制冷量

对蒸发器建立能量平衡式有：

$$Q_0 = M_R(h_1 - h_4) \quad (\text{kW}) \tag{1-4}$$

单位质量制冷量，即每千克制冷剂在蒸发器内所制取的冷量（即吸收被冷却物体的热量）为：

$$q_0 = \frac{Q_0}{M_R} = h_1 - h_4 \quad (\text{kJ/kg}) \tag{1-5}$$

（2）单位容积制冷量，即制冷压缩机每吸入 1m³ 制冷剂蒸气所制取的冷量

$$q_v = \frac{Q_0}{V_R} = \frac{q_0}{v_1} = \frac{h_1 - h_4}{v_1} \quad (\text{kJ/m}^3) \tag{1-6}$$

式中 v_1——压缩机吸气状态的比容（m^3/kg）；

V_R——压缩机吸气口处的体积流量（m^3/s）。

（3）制冷装置中制冷剂的质量流量 M_R 和体积流量 V_R

质量流量：
$$M_R = \frac{Q_0}{q_0} \quad (\text{kg/s}) \tag{1-7}$$

体积流量：
$$V_R = M_R v_1 = \frac{Q_0}{q_v} \quad (\text{m}^3/\text{s}) \tag{1-8}$$

（4）冷凝器的热负荷（即冷凝器中制冷剂放出的热量）Q_k

$$Q_k = M_R(h_2 - h_3) \quad (\text{kW}) \tag{1-9}$$

单位冷凝热负荷：
$$q_k = h_2 - h_3 \quad (\text{kJ/kg}) \tag{1-10}$$

（5）压缩机单位理论压缩功 W_0，压缩机理论耗功率 N_0

$$W_0 = h_2 - h_1 \quad (kJ/kg) \tag{1-11}$$

$$N_0 = M_R W_0 = M_R(h_2 - h_1) \quad (kW) \tag{1-12}$$

（6）理论循环制冷系数

$$\varepsilon_0 = \frac{Q_0}{N_0} = \frac{q_0}{W_0} = \frac{h_1 - h_4}{h_2 - h_1} \tag{1-13}$$

【例 1-1】 某制冷系统制冷量 200kW，假定循环为单级蒸气压缩式制冷理论基本循环，且选用 R22 作为制冷工质，蒸发温度为 0℃，冷凝温度为 40℃。试对该循环进行热力计算。

【解】 要进行制冷循环的热力计算，首先画出理论循环原理图，标出四个状态点；再根据制冷循环的工作条件，在 R22 的压焓图（附图 B-2）上画出相应的制冷循环；通过附表 A-2 和图查取相应的热力状态参数；最后再代入公式计算。

该循环在压焓图上的表示如图 1-5 所示。现用表格的方式表述该制冷系统热力计算的过程，见表 1-2。

单级蒸气压缩式制冷理论循环热力计算过程表 **表 1-2**

已知条件			
循环形式	单级蒸气压缩式理论循环		
制冷量	$Q_0 = 200kW$	制冷剂	R22
蒸发温度	0℃	冷凝温度	40℃

查 R22 压焓图

在 R22 压焓图的湿蒸气区找到 0℃和 40℃的等温线，因在湿蒸气区等温线和等压线均是水平线，也就找到了蒸发压力 p_0 等压线和冷凝压力 p_k 等压线。

找到 0℃等温线与饱和蒸气线的交点，即为压缩机吸气状态点 1；

由点 1 作等熵线，与 p_k 等压线相交于点 2，即为压缩机的排气状态；

找到 40℃等温线与饱和液体线的交点，即为冷凝器出口状态点 3；

由点 3 作与 0℃等温线的垂线，其交点即为蒸发器进口状态点 4。

找到这四个状态点后，就可以在图上直接查出四个状态点的状态参数。如果有 R22 制冷剂状态参数表，可以在表中直接查出状态点 1 和状态点 3 的状态参数，但要注意图和表的状态参数基准点应一致。

压缩机吸气状态点 1	$h_1 = 404.93kJ/kg$	$v_1 = 0.04718m^3/kg$
压缩机排气状态点 2	$h_2 = 433kJ/kg$	
冷凝器出口状态点 3	$h_3 = 249.21kJ/kg$	
蒸发器进口状态点 4	$h_4 = h_3 = 249.21kJ/kg$	

热力计算

蒸发器	制冷量（已知）	200kW	
	单位质量制冷量	$q_0 = h_1 - h_4$	$404.93 - 249.21 = 155.72kJ/kg$
	单位容积制冷量	$q_v = \frac{q_0}{v_1}$	$\frac{155.72}{0.04718} = 3300.55kJ/m^3$
	制冷剂质量流量	$M_R = \frac{Q_0}{q_0}$	$\frac{200}{155.72} = 1.284kg/s$
	压缩机吸气状态点 1 处的体积流量	$V_R = M_R v_1$	$1.284 \times 0.04718 = 0.061m^3/s$

续表

热力计算			
冷凝器	单位冷凝热负荷	$q_k = h_2 - h_3$	433－249.21＝183.79kJ/kg
	冷凝器热负荷	$Q_k = M_R(h_2 - h_3)$	1.284×(433－249.21)＝235.99kW
压缩机	压缩机单位压缩功	$W_0 = h_2 - h_1$	433－404.93＝28.07kJ/kg
	理论功率	$N_0 = M_R W_0$	1.284×(433－404.93)＝36.04kW
制冷系数		$\varepsilon_0 = \frac{Q_0}{N_0}$	$\frac{200}{36.04} = 5.55$
能量守恒关系		$Q_k = N_0 + Q_0$	235.99≈36.04＋200＝236.04kW

制冷循环热力计算中，存在 $Q_k = N_0 + Q_0$ 的能量守恒关系，由于参数选取时的误差，例题中略有偏差。计算时，应掌握这个能量守恒的基本原则。

1.1.3 蒸气压缩式制冷的实际循环

1. 液体过冷、吸气过热及回热循环

实际制冷循环过程中，制冷剂在冷凝器的出口会达到过冷液体状态，在压缩机吸入口会呈现蒸气过热状态，实际制冷装置还会设置回热器，即将冷凝器出口的常温高压液体与蒸发器出口的低温低压蒸气进行热交换。下面讨论制冷剂液体的过冷、低温蒸气的过热以及回热对循环的影响。

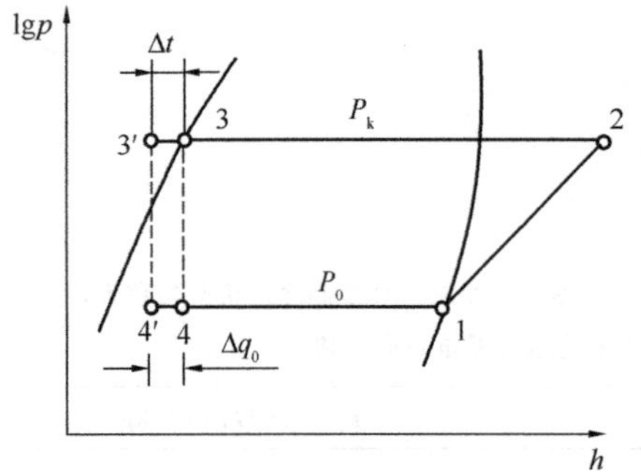

图 1-7　有再冷却的蒸气压缩式制冷循环在 lg*p*-*h* 图上的表示

(1) 液体过冷

液体过冷是指制冷剂在节流阀前被冷却到过冷液体状态，又称为再冷却。制冷剂此时的温度称为过冷温度。冷凝温度与过冷温度之差，称为过冷度。图 1-7 为有再冷却的蒸气压缩式制冷循环在 lg*p*-*h* 图上的表示，图中的 3′点所对应的温度即为过冷温度，3 与 3′两点之间的温差 Δt 即为过冷度。从图中可以看出：无再冷的饱和循环 12341 和有再冷的循环 1233′4′41 相比，节流过程由 3-4 变为 3′-4′，单位质量制冷剂制冷量由 h_1-h_4 增加了 Δq_0 变为 h_1-h'_4，而整个循环的压缩功并没有发生变化，依然是 h_2-h_1，因此，过冷会提高制冷量和制冷系数，对循环是有利的。而采用再冷循环，提高制冷系数的大小与制冷剂的种类及再冷度有关。根据计算，当 T_k＝30℃，T_0＝－15℃时，每再冷 1℃，制冷系数提高：氨为 0.46%；R22 为 0.85%。

使制冷剂过冷的方法有增加冷凝器换热面积、增加冷却介质的流量和设置过冷器。通常，对于大型的氨制冷装置，且蒸发温度在－5℃以下会采用过冷器，空气调节用制冷装置（如冷水机组等）一般不单独设置过冷器，而是通过适当增加冷凝器的传热面积的方法，实现制冷剂在冷凝器内过冷。此外，在小型制冷装置中采用气-液热交换器（也称回热器）也能实现液体过冷。

(2) 蒸气过热

蒸气处于过热蒸气状态时的温度称为过热温度，过热温度与该压力下的饱和温度之差，称为过热度。图 1-8 为蒸气过热循环在 lg$p$-h 图上的表示，图中 $1'$点所对应的温度称为过热温度，$1'$与 1 点的温差则称为过热度。实际制冷循环中，为防止压缩机“液击”，规范中规定压缩机的吸气状态为过热蒸气状态。由热力学知识可知，等压下，饱和蒸气继续吸收热量便处于过热蒸气状态，过热蒸气的温度高于该压力下的饱和温度。根据蒸气过热产生的原因，将过热分为有效过热和无效过热，若过热是吸收了被冷却物体的热量引起的，称有效过热，这部分热量应计入制冷量中；若过热是在压缩机吸气管道中吸收来自外界的热量引起的，则属无效过热，过热的热量不应计入制冷量中。过热对循环的影响，可以通过压焓图分析得出。

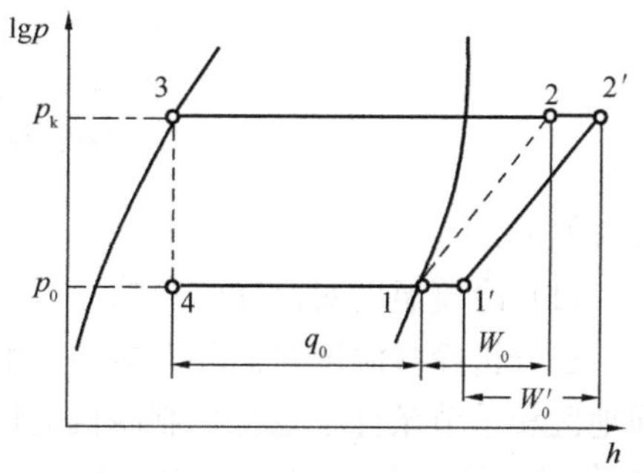

图 1-8　蒸气过热循环在 lg$p$-h 图上的表示

从图 1-8 中可以看出：有过热的制冷循环 $11'2'2341$ 与饱和循环 1234 相比，压缩过程由 1-2 变为了 $1'$-$2'$，压缩机的耗功由 h_2-h_1 变为 $h'_2-h'_1$，根据压焓图可知，$h'_2-h'_1>h_2-h_1$，所以，蒸气过热会导致整个循环的单位质量制冷剂的耗功增加。而蒸气过热对制冷系数的影响还需要进一步分析蒸气过热对制冷量的影响，前面已经讲过过热分为有效过热和无效过热，那么下面就区别一下这两种情况对制冷系数的影响。①无效过热。对于无效过热，蒸气的过热并不是由于吸收被冷却物质的热量而引起的，所以对于无效过热而言，整个循环的制冷量并没有发生变化，依然是 h_1-h_4，制冷量不变，而压缩机耗功增加，可以判断出无效过热将使制冷系数减小；②有效过热。对于有效过热，蒸气的过热是吸收了被冷却物质的热量，则循环的制冷量将变为 h'_1-h_4，可以发现对于有效过热，制冷量增加，压缩机耗功也增加，而对于制冷系数的影响要根据制冷剂的性质分为两种情况：一种情况是对循环有利的，如 R134a、R407C 等制冷剂，有效过热会使制冷量增加，制冷系数增大；另一种情况是对制冷剂 NH_3、R22、R410A 等，有效过热使制冷量增大的同时，制冷系数减小或略有减小，对循环是不利的，所以 NH_3 压缩机的过热度一般较小，同时对所有的制冷系统，压缩机吸气管的保温要达到一定的要求，以减少无效过热对制冷系统的影响。

(3) 回热循环

回热循环的原理图见图 1-9。图 1-9(a) 中可以看出，回热循环是在理论循环的基础上增加了回热器，使节流前的常温高压液体与蒸发器出口处的低温低压蒸气进行热交换，使液体得到过冷，则可以提高循环的制冷量，减少有害过热，防止压缩机“液击”，对某些制冷剂而言还可以提高制冷系数。

与过热循环相似，回热循环的单位压缩功增大，压缩机吸气状态的比容增大，通过计算可知，对于 R134a、R407C 制冷剂，制冷量增大，制冷系数增大，采用回热循环是有利的。但对于 NH_3、R22、R410A 等则相反，NH_3 系统不采用回热循环。

2. 冷凝温度和蒸发温度变化对制冷循环的影响

利用压焓图和热力学知识，可以方便地分析冷凝温度和蒸发温度对循环的影响。理论

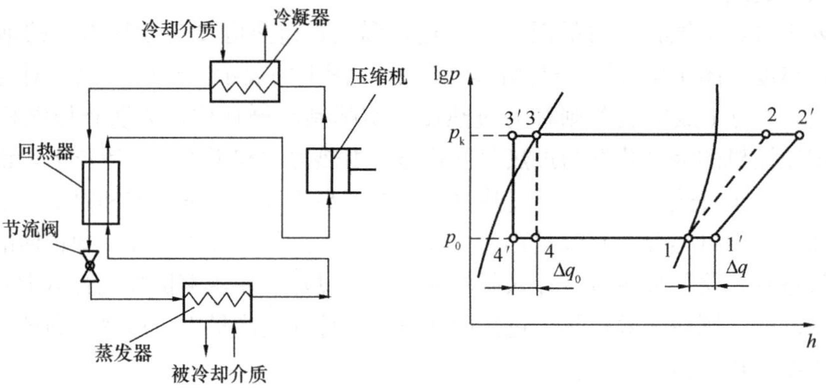

(a) (b)

图 1-9　回热式蒸气压缩式制冷循环

(a) 工作流程；(b) 循环在 lg$p$-h 图上的表示

分析如下：

(1) 冷凝温度对循环的影响

在分析冷凝温度对循环性能的影响时，假定蒸发温度不变，这种情况属于制冷机在不同地区和季节条件下运行，制冷机的性能变化情况如图 1-10 所示，当冷凝温度由 t_k 升高到 t'_k 时，循环由 1-2-3-4-1 变为 1-2′-3′-4′-1。由循环图 1-10 可看出，循环的单位质量制冷量 q_0 减少了；单位压缩功 W_0 增大了；循环的制冷系数因而是减少的。由于进入压缩机的蒸气比容 v_1 不变，根据式（1-8），则进入压缩机的质量流量 M_R 不变，根据式（1-4）和式（1-12），制冷机的制冷量是减少的，耗功是增大的。

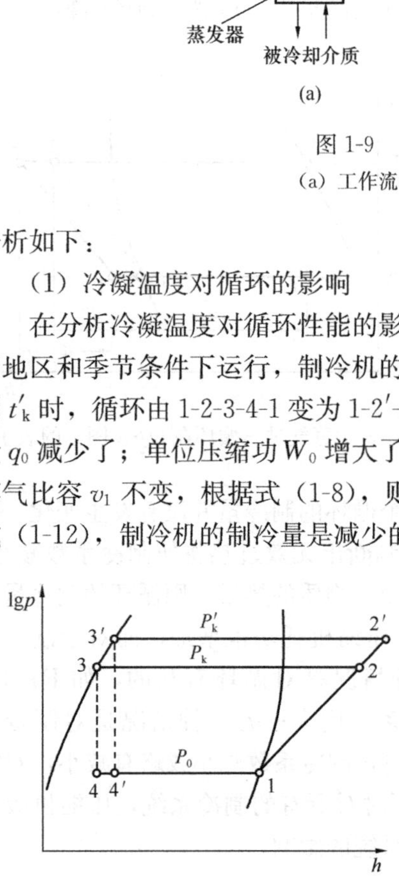

图 1-10　冷凝温度变化对循环的影响

因此得出结论：若蒸发温度不变，冷凝温度升高，循环制冷量减小；压缩机耗功增加；制冷系数减小。

制冷机实际运行时，除室外气候变化造成冷凝温度变化外，冷凝器的污垢是造成制冷机性能降低的主要因素，因此对风冷式冷凝器应经常清洗过滤网，水冷式冷凝器要定期清洗换热管道和过滤器，防止换热管道换热恶化和冷却水流动不畅。制冷机一般安装高压控制器，防止冷凝压力过高现象的出现。

(2) 蒸发温度对循环的影响

分析蒸发温度变化对循环性能的影响，假定冷凝温度不变，这种变化过程出现在制冷机启动运行阶段和蒸发器换热条件变化时的情况下。如图 1-11 所示，当蒸发温度由 t_0 降至 t'_0 时，循环由 1-2-3-4-1 变为 1′-2′-3′-4′-1′。由图上可以看出，循环的单位质量制冷量 q_0 略有减少；单位压缩功 W_0 增大了；循环的制冷系数是减少的。此时应注意：由于进入压缩机的蒸气比容 v_1 增加，则进入压缩机的质量流量 M_R 减小，根据式（1-4）可知，制冷机的制冷量减少，但利用式（1-12）分析制冷机耗功变化时，不能直接看出制冷机耗功

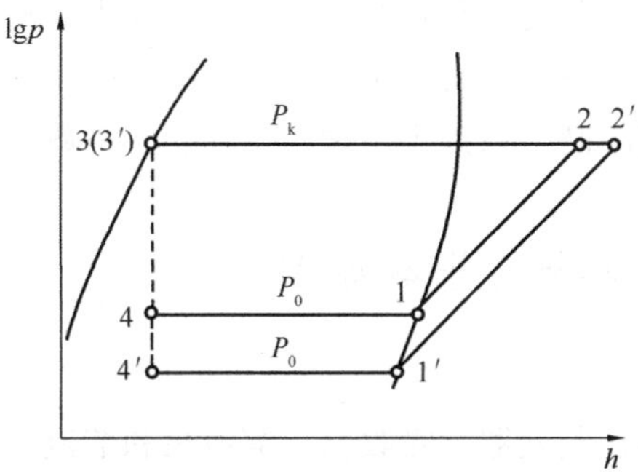

图 1-11　蒸发温度对循环的影响

的变化规律，我们利用绝热压缩过程压缩机耗功计算公式（1-14）（式中 k 为绝热指数）分析：

$$N_0 = \frac{k}{k-1} p_0 V_R \left[\left(\frac{p_k}{p_0} \right)^{\frac{k-1}{k}} - 1 \right] \quad (1\text{-}14)$$

假定蒸发温度降低（也是蒸发压力降低）过程中压缩机的吸气量 V_R 不变，当 $p_0 = 0$ 及 $p_0 = p_k$ 时，N_0 均为零，即制冷机逐步降温的过程，其蒸发压力 p_0 是从 p_k 开始逐渐下降的，刚开始工作的瞬间，$p_0 = p_k$，压缩机功率为零，在 p_0 逐渐下降过程中，压缩机耗功均不为零，且是先逐渐增加，后逐渐减少，直至 $p_0 = 0$，$N_0 = 0$。因此，制冷机耗功变化规律是：随着蒸发温度的降低，制冷机耗功会先增大后减小，中间会出现一个最大功率点。经计算，对常用制冷剂，压比 $p_k/p_0 \approx 3$ 时是最大功率点。

对蒸发温度变化，我们可以得出结论：若冷凝温度不变，蒸发温度降低，制冷机的制冷量是减少的；制冷系数减小；压缩机耗功随蒸发温度的降低有先增大后减小的变化过程，中间存在一个功率最大点。

蒸发温度降低会减小制冷系数，因此，在满足制冷要求的情况下，应使蒸发温度尽可能高些，以提高制冷机的经济性。制冷机一般会安装低压控制器，一旦蒸发温度过低，会自动停机。在制冷机运行过程中，也要注意污垢对蒸发器换热的影响，污垢过多会增加传热温差，此时，要保证原有的制冷温度，就要降低蒸发温度，这样会带来制冷机制冷量减小，耗功增大，因此，冷却液体型的蒸发器要定期进行清洗，冷却空气型的蒸发器应及时除霜或灰尘。

3. 单级蒸气压缩式制冷的实际循环

考虑到实际压缩过程不是定熵过程、制冷剂流经管道和设备时存在阻力等因素，实际循环的过程在压焓图上的表示如图 1-12 所示。

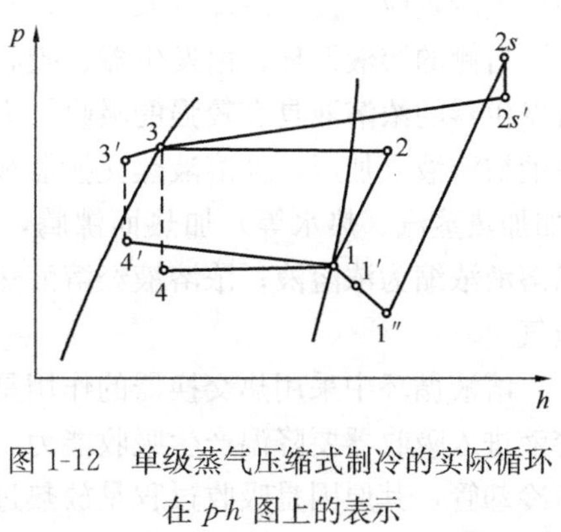

图 1-12　单级蒸气压缩式制冷的实际循环在 p-h 图上的表示

图 1-12 中 1-1′为制冷剂在吸气管中的过程，来自蒸发器的低压制冷剂过热蒸汽，经管道流至压缩机，由于沿途存在摩擦阻力、局部阻力以及吸收外界的热量，制冷剂压力稍有降低，温度有所升高；1′-1″为制冷剂在吸气阀中的过程，低压气态制冷剂通过压缩机吸气阀时被节流，压力降低；1″-2s 为压缩过程，2s-2s′为制冷剂通过排气阀的过程，制冷剂被节流，比焓基本不变，压力有所降低；2s′-3 为冷凝器内的冷凝过程，由于存在阻力与热交换，制冷剂压力与温度均有所降低；3-3′为冷凝器内的过冷过程，同样由于存在阻力与热交换，制冷剂压力与温度进一步降低；3′-4′为节流过程，制冷剂温度不断降低，在进入蒸发器前，将从外界吸收一些热量，比焓略有增加；4′-1 为蒸发过程，与冷凝器相同，蒸发过程也不是等压过程，随蒸发器形式的不同，压力有不同程度的降低。

综上所述，实际制冷系统由于制冷剂在冷凝器、蒸发器和管路中存在阻力损失，与外界有热交换，而且压缩机的实际压缩过程也并非等熵过程，所以蒸气压缩式制冷的实际循环与理论循环相比，压缩机所消耗的功率增加，实际制冷系数小于理论循环制冷系数。

1.2 单效溴化锂吸收式制冷的基本原理

1.2.1 单效溴化锂吸收式制冷循环

单效溴化锂吸收式制冷机是由发生器、冷凝器、蒸发器、吸收器、溶液泵和节流阀等部件组成的，其流程如图 1-13 所示。

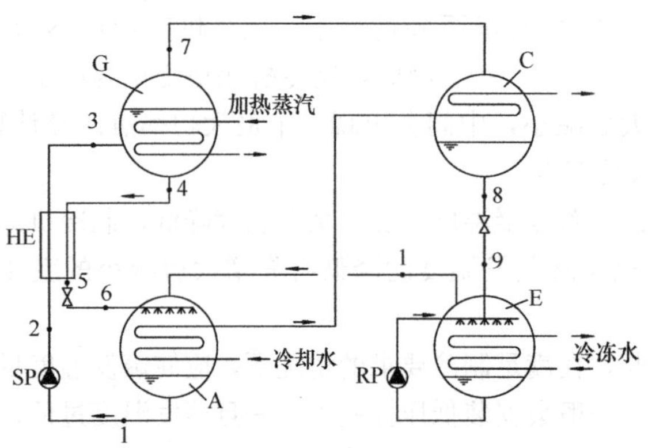

图 1-13 单效溴化锂吸收式制冷机的工作原理
A—吸收器；E—蒸发器；C—冷凝器；G—发生器；RP—冷剂水泵；SP—溶液泵；HE—溶液热交换器

此流程可以看作是两个循环组合而成，右侧为制冷剂循环，与压缩式制冷循环相同，左侧是溶液循环，是吸收式制冷的特有循环。左侧的制冷剂循环，由冷凝器、节流阀和蒸发器组成，制冷剂是水。在发生器中产生的较高压力的过热蒸汽（比吸收器中的压力高，但低于大气压）进入冷凝器，被冷却介质冷却成饱和水；然后经过节流阀节流降压，其状态变为湿蒸汽，即大部分是低温饱和状态的液体水和少量饱和蒸汽的混合状态；其中的低温饱和水在蒸发器中吸热汽化而产生冷效应，使被冷却对象降温；蒸发器中汽化的水蒸气被吸收器中的浓溶液吸收。

右侧的溶液循环，由发生器、吸收器、溶液泵和溶液热交换器组成。在吸收器中，来自发生器的浓溶液具有较强的吸收能力，吸收来自蒸发器的低压水蒸气，变成稀溶液；稀溶液被溶液泵加压，经溶液热交换器被浓溶液加热后送入发生器；在发生器中被加热介质（如加热蒸汽、热水等）加热而沸腾，稀溶液中的制冷剂蒸气离开发生器，进入冷凝器，稀溶液浓缩为浓溶液；浓溶液经溶液热交换器进入吸收器，继续吸收从蒸发器来的冷剂水蒸气。

溶液循环中采用热交换器的作用是为了节能，因为稀溶液要进入发生器加热气化，浓溶液进入吸收器要降温产生吸收能力，两者进行热交换，达到节能的目的。吸收器中，设有冷却管，其原因是吸收过程是放热过程，需用冷却介质如冷却水带走吸收热。

对于溶液循环，可以将吸收器、发生器和溶液泵看作是一个“热力压缩机”，吸收器相当于压缩机的吸入侧，发生器相当于压缩机的压出侧。溶液可视为将已产生制冷效应的制冷剂蒸气从循环的低压侧送到高压侧的运载液体。值得注意的是，吸收过程是将冷剂蒸气转化为液体的过程，和冷凝过程一样为放热过程，故需要由冷却介质带走其吸收热。

1.2.2 单效溴化锂吸收式制冷循环在焓-浓度图上的表示

溴化锂吸收式制冷循环各过程的热量变化在焓-浓度图中均可用过程初、终状态溶液的焓值变化来计算，制冷工程广泛应用焓-浓度图分析计算溴化锂吸收式制冷循环。

1. 溴化锂水溶液的焓-浓度图

根据某一温度下纯水和纯溴化锂的比焓，以及该温度下以各种浓度混合时的混合热，可以求出此温度下不同浓度溴化锂溶液的焓值。图 1-14 为溴化锂水溶液的焓-浓度图（即 h-ξ 图），其下半部的虚线为液态等温线，通过该线可以查找某温度和浓度下溶液的比焓。

由于当压力较低时，压力对液体的焓和混合热的影响较小，故可认为液态等温线与压力无关，液态溶液的焓只是温度和浓度的函数。饱和液态和过冷液态溶液的焓，都可在

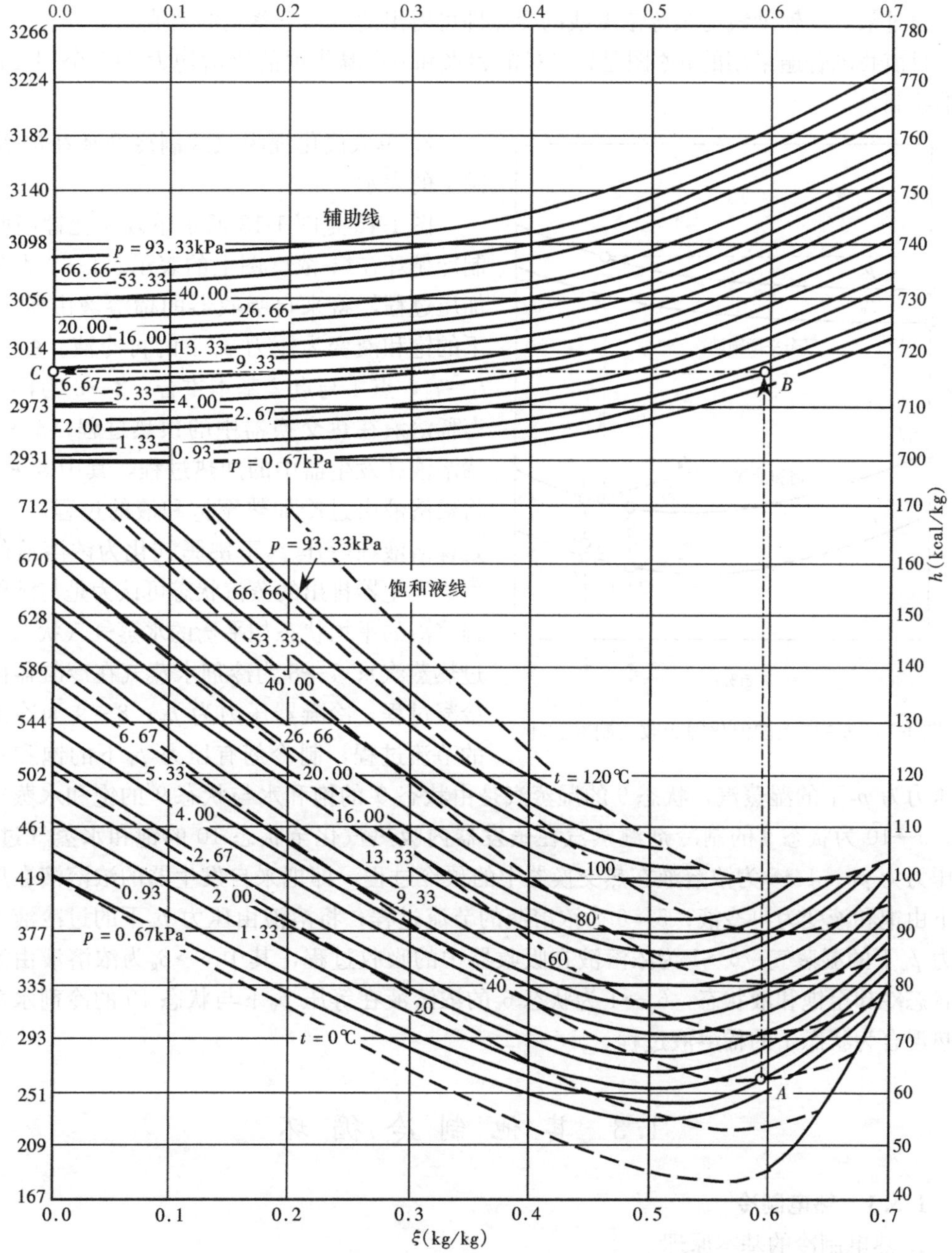

图 1-14　溴化锂-水溶液的焓-浓度（h-ξ）图

h-ξ 图上根据等温线与等浓度线的交点求得，仅用等温线不能判别 h-ξ 图上某点溶液的状态。

图 1-14 下半部的实线，为等压饱和液线；等压线以下为该压力溶液的过冷液区。根据某状态点与相应等压饱和液线的位置关系，可以判别该点的相态。

溴化锂水溶液的 h-ξ 图只有液相区，气态为纯水蒸气，集中在 $\xi=0$ 的纵轴上。由于平衡时气液同温，蒸汽的温度可由与之平衡的液态溶液的温度求得，平衡态溶液面上的蒸汽都是过热蒸汽。为方便地求出气态的比焓，在 h-ξ 图的上部为一组气态平衡等压辅助线，通过某等压辅助线与某等浓度线的交点即可得出此状态下蒸汽的焓值。

目前我国普遍采用的 h-ξ 图是以 0℃饱和水和 0℃溴化锂的比焓均为 418.68kJ/kg 为基准绘制。

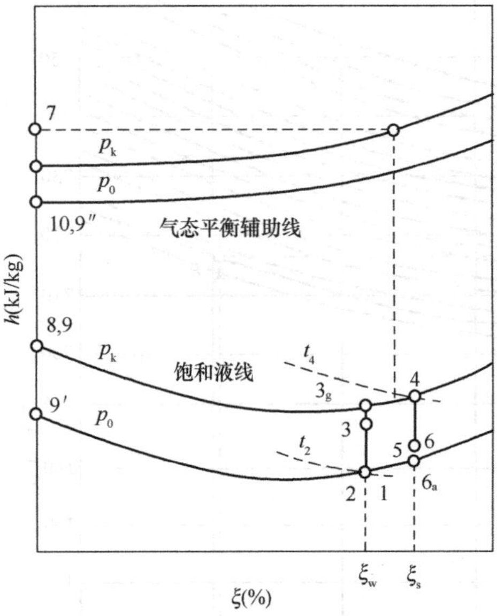

图 1-15　h-ξ 图上的溴化锂吸收式制冷循环

2. 单效溴化锂吸收式制冷循环在焓-浓度图上的表示

图 1-15 是图 1-13 所示单效溴化锂吸收式制冷循环在焓-浓度图上的表示。1→2 为泵的加压过程，将来自吸收器的稀溶液由压力 p_0 下的饱和液变为压力 p_k 下的再冷液。$\xi_1=\xi_2$，$t_1=t_2$，点 1 与点 2 基本重合；2→3 为再冷状态稀溶液在热交换器中的预热过程；3→4 为稀溶液在发生器中的加热过程，其中 3→3_g 是将稀溶液由过冷加热至饱和液的过程，3_g→4 是稀溶液在等压 p_k 下沸腾气化为浓溶液的过程，发生器排出的蒸汽状态可认为是与沸腾过程溶液的平均状态相平衡的水蒸气（状态 7 的过热蒸汽）；7→8 为冷剂水蒸气在冷凝器内的冷凝过程，冷凝器压力为 p_k；8→9 为冷剂水的节流过程，制冷剂有压力 p_k 下的饱和水变为压力为 p_0 下的湿蒸汽，状态 9 的湿蒸汽是由状态 9′的饱和水与状态 9″的饱和水蒸气组成；9→10 为状态 9 的制冷剂湿蒸汽在蒸发器内吸热汽化至状态 10 的饱和水蒸气过程，其压力为 p_0；4→5 为浓溶液在热交换器中的预冷过程，即把来自发生器的浓溶液在压力 p_k 下由饱和液变为再冷液；5→6 为浓溶液的节流过程；将溶液由压力 p_k 下的过冷液变为压力 p_0 下的湿蒸气；6→1 为浓溶液在吸收器中的吸收过程，其中 6→6_g 为浓溶液由湿蒸汽状态冷却至饱和液状态，6_a→1 为状态 6_a 的浓溶液在等压 p_0 下与状态 10 的冷剂水蒸气放热混合为状态 1 的稀溶液过程。

1.3　其他制冷循环

1.3.1　热电制冷

1. 热电制冷的基本原理

热电制冷是由半导体所组成的一种冷却装置，原理上采用了热电理论中的珀尔贴效应。珀尔贴效应是法国人J. C. A. 珀尔贴于1834年发现的一种效应，即电流流过2种不同导体的界面时，将从外界吸收或放出热量。珀尔贴效应的物理解释是：载流子在导体运动中形成电流，由于载流子在不同的材料中处于不同的能级，当它从高能级向低能级运动时，便释放出多余的能量；相反，由低能级向高能级运动时，从外界吸收能量。因而，由于载流子的运动，能在2种材料的交界面处吸收或放出热量，表现为制冷或制热。

目前实用的热电制冷装置由热电效应比较显著、制冷效率比较高的P型和N型半导体材料构成的热电偶组合而成。我国常用的半导体制冷材料是以碲化铋为基体的三元固体合金，其中P型是Bi_2Te_3-Sb_2Te_3，N型是Bi_2Te_3-Bi_2Se_3。热电制冷器的工作电流是直流电流，改变直流电源的极性可以在同一制冷器实现制冷和制热。图1-16是单片制冷器，它由陶瓷基片、金属导流条和半导体原件组成。半导体元件通过金属导流片以串联形式连接，从而组成一对热电偶。当热电偶通入直流电流后，电流由N型半导体通过金属片流向P型半导体时，电场使N型材料中的电子和P型材料中的空穴反方向流动。当空穴载荷体由金属片进入P型半导体时，反抗电场力作功，需从金属片的金属晶格中获得能量，使金属片温度下降，金属片吸收热量，显示为冷端，从而达到制冷的目的。

由于单片热电偶的制冷功率低，实际应用时通常将同一类型的若干对热电偶串联使用，如图1-17所示，上面为冷端，可以降低环境温度，下面为热端，向周围环境散热，吸热和放热的大小由半导体材料性能、元件对数及电流强度大小来决定，在冷端和热端分别用绝缘而导热良好的陶瓷片进行储冷和散热，已达到工作端实际的制冷需要。

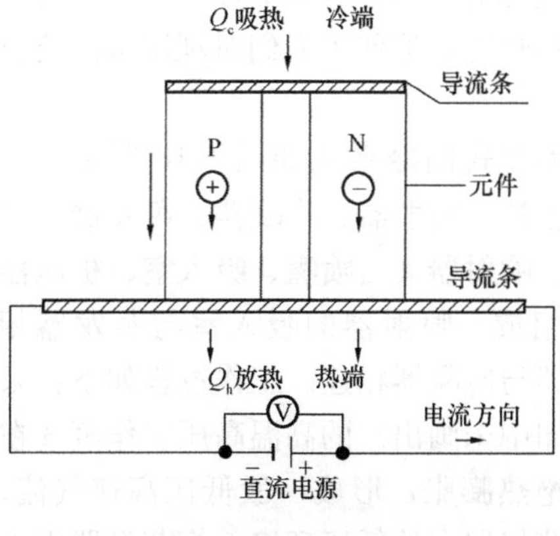

图1-16　单片热电偶结构示意图

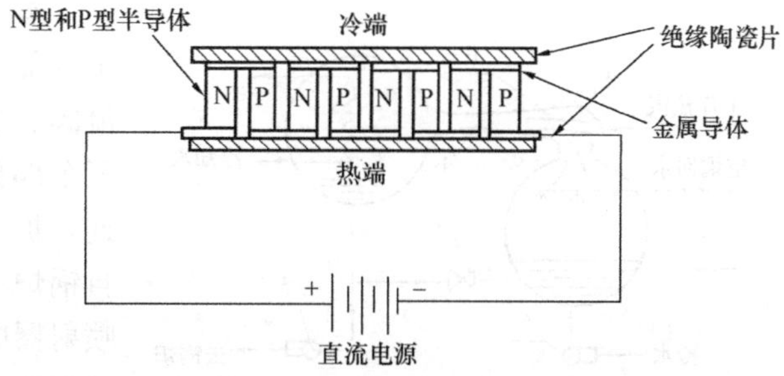

图1-17　半导体制冷器的结构示意图

简单地说，热电制冷器的工作原理就是通过电流作用将热能从电路中的冷端（工作端）向热端（散热端）转移，借助各种散热方式在热端不断散热并保持一定的温度，以使热电堆的冷端在工作环境中不断吸热制冷。

2. 热电制冷的优点及应用

热电制冷与传统制冷压缩机相比，具有以下特点：

（1）体积小、重量轻，由于热电制冷器的制冷组件是P型和N型半导体材料，其尺寸小、质量轻，可以节省空间，非常适合应用在空间受限制的场合；

（2）无运动部件，无噪声、无磨损、无振动，运行可靠，维护方便；

（3）不用制冷剂，不会因为制冷剂泄漏造成环境污染；

(4) 可使用常规电源，制冷器对电源要求不高，可使用一般直流开关电源。

由于热电制冷具有上述诸多特点，所以热电制冷器具有很广阔的应用领域，包括军事、医疗、工业、日常消费品、科研/实验室和电信行业等。从家庭野餐时食物和饮料的冷藏柜到导弹或者航空器上面极其精密的温度控制系统，都已经存在许多具体的应用实例。

一般情况下，热电制冷器可以应用在热量转移量从几毫瓦到几千瓦的范围内。包括大电流和小电流制冷器在内的大部分单级热电制冷器都可以在每平方厘米表面积上传递最大达到 3～6W 的热量。对于多级热电制冷器而言，从热流通路上看，制冷器的安装方式呈并联方式，从而增加总的热输运效果。过去，千瓦级的大型热电制冷系统主要应用在一些专门的领域里，比如潜水艇和火车上的制冷系统。现在已经证明，这种级别的热电制冷系统在半导体生产线上同样具有很高的应用价值。

1.3.2 蒸气喷射式制冷

1. 蒸气喷射式制冷原理

蒸气喷射式制冷与吸收式制冷一样，都是以消耗热能来完成制冷的制冷方式。蒸气喷射式制冷利用高压水蒸气通过喷射器造成低压，并使水在此低压环境中蒸发吸热，从而达到制冷的目的。最早的蒸汽喷射式制冷系统可以追溯到 1901 年，是由德国的 Le. Blance 和英国的 Parson 设计。由于其具有结构简单、操作方便、可靠性高等优势，因此在工业上得到广泛应用。但是由于其制冷效率低、体积庞大而逐渐被后来的压缩制冷机所取代。今天，随着能源的日益紧张和环境的严重污染，提高能源的利用率和保护环境已经变得越来越重要。蒸汽喷射制冷可以利用废热、太阳能等低温热源，促使了人们对利用蒸汽喷射制冷技术的研究。

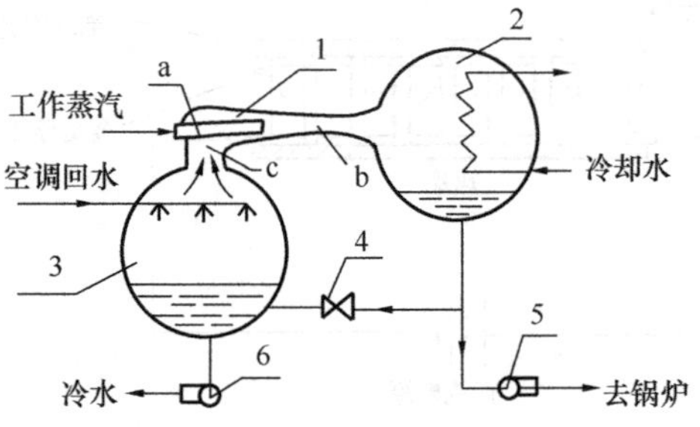

图 1-18 蒸气喷射制冷循环

1—喷射器（a—喷嘴；b—扩压器；c—吸入室）；2—冷凝器；3—蒸发器；4—节流阀；5、6—泵

蒸气喷射式制冷系统如图 1-18 所示，其组成部件包括：喷射器、冷凝器、蒸发器、节流阀、泵。喷射器又由喷嘴、吸入室、扩压器三个部分组成。喷射器的吸入室与蒸发器相连，扩压器与冷凝器相连。工作过程如下：来自锅炉（图中未画出）的高温高压工作蒸气在喷射器中绝热膨胀，形成一股低压高速气流，从而造成蒸气器中的低压环境，为蒸发器中水在低温下汽化提供了条件，汽化后的低压水蒸气被抽吸到喷射器中，与锅炉中的水蒸气混合，在扩压器中增压后进入冷凝器，被冷却介质冷却为液体。液体从冷凝器流出后分为两路：一部分凝结水通过循环泵提高压力后送回锅炉中被加热汽化，变成高温高压工作蒸汽开始下一个循环，另一部分凝结水经节流阀降压后进入蒸发器，在其内吸收被冷却物体的热量汽化为低压水蒸气后被喷射器中的低压高速气流抽走，并与之混合进入到冷凝器中。

图 1-19 是蒸气喷射式制冷循环在温熵图上的表示，图中 1→2 表示工作蒸气在喷嘴内部的膨胀过程。工作蒸气（状态 2）与制冷剂水蒸气（状态 3）混合后的状态是 4。4→5 为混合蒸气在扩压器中流动升压的过程。5→6 表示冷凝器中气体的凝结过程。凝结终了，

状态 6 的水分为两部分：一部分用泵打入锅炉，产生工作蒸气，用过程线 6→9→1 表示；另一部分经节流阀进入蒸发器，在其中吸热汽化，制取冷量。

蒸气喷射式制冷除了采用水作为工作介质外，还可以用其他制冷剂作为工作介质，比如用低沸点的氟利昂制冷剂，可以获得更低的制冷温度。另外，将蒸气喷射式制冷系统中的喷射器与压缩机组合使用，喷射器作为压缩机入口前的增压器，这样可以用单级压缩式制冷机制取更低的温度。

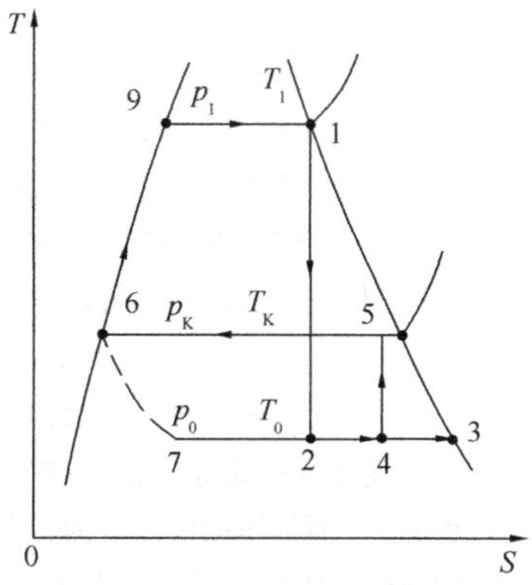

图 1-19　蒸气喷射式制冷在温熵图的表示

2. 蒸气喷射式制冷的特点及应用

虽然喷射式制冷的系统运行性能相对于吸收式制冷略低，但是喷射式制冷在其他方面具有自身的优势：

(1) 喷射式制冷系统的制冷剂为常用的制冷剂，比如水、氟利昂等，均为单一物质，相对吸收式和吸附式制冷的双元混合物，单一物质性质更稳定，且更好选取；

(2) 喷射式制冷在存在少量不凝气体时，对系统影响不大；

(3) 喷射式制冷在采用氟利昂作为制冷剂时，大多数常压运行，对系统的真空度没有吸收式制冷那么严格，无需添加额外的抽气系统，使系统更为简单；

(4) 喷射式制冷系统安装简单，内部压力大部分大于或接近大气压力，对系统的气密性的要求没有吸收式制冷那么高；

(5) 喷射式制冷结构简单、造价低，可以用于大型化生产。

喷射式制冷虽然具有上述所述的诸多优点之外，还存在以下问题：由于现在对喷射式制冷的研究还不是很完善，制冷剂的选择上，还没有找到更为合适的工质；针对喷射器的设计，系统性能的提高较小，无法完全满足生产的需要等。

单　元　小　结

本单元主要介绍了常见几种制冷方式，对蒸气压缩式制冷、单效溴化锂吸收式制冷、热电制冷、蒸气喷射式制冷的基本原理进行阐述，分析了蒸气过热、液体过冷、回热循环、蒸发温度和冷凝温度对蒸气压缩式制冷循环的制冷系数的影响，利用压焓图对蒸气压缩式制冷的理论循环进行了热力计算。通过本单元内容的学习应掌握几种常见制冷方式的工作原理，并能够对蒸气压缩式制冷的理论循环进行热力计算。

蒸气压缩式制冷是最常见的制冷方法，蒸气压缩式制冷是使制冷剂在压缩机、冷凝器、膨胀阀和蒸发器等热力设备中进行压缩、放热冷凝、节流和吸热蒸发四个主要热力过程，以完成制冷循环。单效溴化锂吸收式制冷和蒸气压缩式制冷一样，是利用液态制冷剂在低温低压下汽化以达到制冷的目的。所不同的是：蒸气压缩式制冷是消耗机械功使热量从低温物体向高温物体转移，而吸收式制冷则是靠消耗热能来完成这种非自发过程的。热电制冷则是以帕尔贴效应为基础的制冷方法；蒸气喷射式制冷则与吸收式制冷方式类似，都是以消耗热能来推动整个制冷循环的。

思考题与习题

1. 什么是制冷系数？什么是热力完善度？

2. 单级蒸气压缩式制冷的理论循环与理想循环的区别是什么？

3. 某空气调节系统需冷量20kW，采用氨压缩式制冷，蒸发温度t_0=5℃，冷凝温度t_k=45℃，无再冷，而且压缩机入口为饱和蒸气，冷凝器出口为饱和液体，试进行制冷循环的热力计算。

4. 某空气调节系统需冷量20kW，采用氟利昂R22压缩式制冷，蒸发温度t_0=5℃，冷凝温度t_k=40℃，无再冷，而且压缩机入口为饱和蒸气，冷凝器出口为饱和液体，试进行制冷循环的热力计算。

5. 某空气调节系统需冷量20kW，采用氟利昂R134a压缩式制冷，蒸发温度t_0=5℃，冷凝温度t_k=40℃，无再冷，而且压缩机入口为饱和蒸气，冷凝器出口为饱和液体，试进行制冷循环的热力计算。

6. 试分析液体过冷对单级蒸气压缩式制冷循环的影响。

7. 试分析蒸气过热对单级蒸气压缩式制冷循环的影响。

8. 试分析回热对单级蒸气压缩式制冷循环的影响。

9. 单效溴化锂吸收式制冷系统的组成及原理是什么？

10. 简述热电制冷的原理。

11. 简述蒸气喷射式制冷的原理。

教学单元2　制冷剂与载冷剂

【教学目标】 通过本单元教学，使学生掌握常用制冷剂和载冷剂的性质；熟悉制冷剂选择和盐水浓度的配制及缓蚀剂的添加要求。

制冷剂是实现人工制冷不可缺少的物质。制冷剂在蒸发器中吸收被冷却物体的热量，由液态变为气态；在冷凝器中经冷却介质（水或空气）的冷却放出热量，又由气态变为液态，制冷系统利用制冷剂在系统中状态变化来完成热量的转移，实现制冷的目的。而在制冷工程中，为了远距离输送冷量、保证制冷机效率和降低现场施工难度，会采用载冷剂将制冷机产生的制冷量传递给被冷却物体。制冷剂和载冷剂的性质直接关系到制冷装置的结构形式及运行管理。制冷剂和载冷剂的种类很多，现主要介绍目前常用空调器、冷水机组等空调用制冷装置使用的制冷剂和载冷剂的性质。

2.1　制　冷　剂

在制冷机中进行制冷循环的工作物质称为制冷剂（或称制冷工质）。只有在工作温度范围内能够完成汽化和凝结的物质，才能成为制冷剂。

2.1.1　制冷剂的分类与命名

1. 制冷剂的分类

根据制冷剂的分子结构，可将制冷剂分为无机化合物和有机化合物两大类；根据制冷剂的组成，可分为单一（纯质）制冷剂和混合制冷剂；根据制冷剂的常规冷凝压力 P_k 和标准沸点，可分为高温（低压）、中温（中压）和低温（低压）制冷剂。一般高温是指标准沸点为>0℃（压力0.2～0.3MPa）；中温为0～－60℃（压力0.3～2.0MPa）；低温为≤－60℃（压力≥2.0MPa）。目前空调用制冷系统中使用的制冷剂有很多种，归纳起来大体上可分四类：即无机化合物、卤代烃（主要是甲烷和乙烷的衍生物，又称氟利昂）、碳氢化合物以及混合制冷剂。

除此之外，制冷剂还可根据其安全性进行分类，制冷剂的安全性分类包括毒性和可燃性两项内容。毒性按时间加权的平均阈限值（TLV-TWA）和致命浓度（$LC_{50(4\text{-}hr)}$）分为A、B、C三类；可燃性则按照燃烧最小浓度值（LFL）值分为1、2、3三类。制冷剂安全性分类见表2-1。

制冷剂安全性分组类型　　表2-1

燃烧性	毒性		
	低毒性	中毒性	高毒性
不可燃、无火焰蔓延	A1	B1	C1
有燃烧性	A2	B2	C2
有爆炸性	A3	B3	C3

时间加权的平均阈限值（TLV-TWA）是以正常 8h 工作日和 40h 工作周的时间加权平均最高浓度，在此条件下，几乎所有工作人员可以反复地每日暴露其中而无有损健康的影响。致命浓度（$LC_{50(4\text{-}hr)}$）是指试验动物持续暴露在有毒的空气中 4h 会引起半数死亡的浓度，有时称“半致死浓度”。根据制冷剂已经确定的 $LC_{50(4\text{-}hr)}$ 和 TLV-TWA 值，将制冷剂的毒性分成三类，其中，A 类（低毒性）：制冷剂的 $LC_{50(4\text{-}hr)}$ ≥0.1%（V/V）和 TLV- TWA≥0.04%（V/V）；B 类（中等毒性）：制冷剂的 $LC_{50(4\text{-}hr)}$ ≥0.1%（V/V）和 TLV-TWA<0.04%（V/V）；C 类（高毒性）：制冷剂的 $LC_{50(4\text{-}hr)}$ <0.1%（V/V）和 TLV-TWA<0.04%（V/V）。

燃烧最小浓度值（LFL）是指在大气压力为 101kPa，干球温度 21℃，相对湿度为 50%并于容积为 0.012m^3 的玻璃瓶中采用电火花点燃火柴头作为点燃火源的试验条件下，能够在制冷剂和空气组成的均匀混合物中足以使火焰开始蔓延的制冷剂最小浓度。在 101kPa 和 18℃大气中实验时，无火焰蔓延的制冷剂，即不可燃，属于第 1 类；在 101kPa、21℃和相对湿度为 50%的条件下，制冷剂 LFL>0.1kg/m^3，且燃烧产生热量小于 19000kJ/kg 者，即有燃烧性，属于第 2 类；在 101kPa、21℃和相对湿度为 50%的条件下，制冷剂 LFL≤0.1kg/m，且燃烧产生热量大于等于 19000kJ/kg 者为有很高的燃烧性，即有爆炸性。

2. 制冷剂的命名

我国国家标准《制冷剂编号方法和安全性分类》GB/T 7778—2017 中规定了各种通用制冷剂的简单编号方法，以代替其化学名称、分子式或商品名称。相关标准规定用字母 R（英文 Refrigerant 的首位字母）和它后面的一组数字及字母作为制冷剂的简写编号。字母 R 作为制冷剂的代号，后面数字或字母则根据制冷剂的种类及分子组成按一定规则编写。

（1）无机化合物

属于无机化合物的制冷剂有水、空气、氨、二氧化碳、二氧化硫等。其编号用序号 700 表示，化合物的相对分子质量（是一个分子质量与碳-12 分子质量的 1/12 的比值）加上 700 就得到制冷剂的识别编号。如氨（NH_3）的相对分子质量为 17，其编号为 R717。空气、水和二氧化碳的编号分别为 R729、R718 和 R744。如两种或多种无机化合物制冷剂具有相同的相对分子质量时，用 A、B、C 等字母予以区别。

（2）卤代烃

卤代烃是一种烃的衍生物，含有一个或多个卤族元素：溴、氯或氟，氢也可能存在。目前用作制冷剂的主要是甲烷、乙烷、丙烷和环丁烷系的衍生物。卤代烃分子通式为 $C_mH_nF_pCl_qB_{rr}$。

制冷剂的编号 R 后面自右向左的第一位数字是化合物中的氟（F）原子数；自右向左的第二位数字是化合物中的氢（H）原子数加 1（即 $n-1$）的数；自右向左的第三位数字是化合物中的碳原子数减 1（即 $m-1$）的数，当该数值为零时，则不写；自右向左的第四位数字是化合物中碳键的个数，当该数值为零时，则不写。例如二氯二氟甲烷分子式为 CCl_2F_2，编号为 R12；二氯三氟乙烷 $C_2HCl_2F_3$ 的编号为 R123。若卤代烃分子式中有溴（Br）原子部分和全部代替氯的情况，则在编号最后增加字母 B，以表示溴（Br）的存在，字母 B 后的数字表示溴原子数，例如三氟一溴甲烷 CF_3Br，其编号为

R13B1。

（3）碳氢化合物

碳氢化合物，主要有饱和碳氢化合物和非饱和碳氢化合物，对于碳氢化合物的命名方法与卤代烃类制冷剂的命名方法相同。例如丙烷 $CH_3CH_2CH_3$，编号为 R290。但需要注意的是，对乙烷、丙烷、环丁烷系类的同分异构体具有相同的编号，对最不对称的一种制冷剂的编号后不带任何字母。随着同分异构体变得越来越不对称，就附加小写 a、b、c 等字母。例如异丁烷 $CH_3CH(CH_3)CH_3$ 的编号为 R600a。

（4）混合制冷剂

这类制冷剂包括共沸混合物制冷剂和非共沸混合物制冷剂，由制冷剂编号和组成的质量分数来表示。已编号的共沸混合物制冷剂，依应用先后，在 R500 序号中依次规定其编号，例如 R500 和 R502 的组成（质量分数）如下：R500-R12/R152a(73.8/26.2)；R502-R22/R115(48.8/51.2)。已编号的非共沸混合物制冷剂，依应用先后，在 R400 序号中顺次地规定其编号。如混合物制冷剂的组分相同，质量百分比不同，编号数字后接大写 A、B、C 等字母加以区别。例如非共沸混合制冷剂 R407B-R32/R125/R134a（10/70/20），R407C-R32/R125/R134a(23/25/52)。

2.1.2 常用制冷剂的性质

1. 无机化合物

作为常用制冷剂的无机化合物有氨和水。在此介绍氨的主要性质。

氨（R717，NH_3）在热力性质等方面是一种很好的制冷剂，主要优点有：单位容积制冷量较大，蒸发压力和冷凝器压力适中，对钢铁不腐蚀，价格低廉等。主要缺点是：氨是一种毒性大，易燃易爆的制冷剂。氨对人体有危害，当空气中容积浓度达到 0.5%～0.6%时，人在其中停留半小时即将中毒；当空气中氨的容积含量达到 11%～14%时即可点燃，若含量达 16%～25%遇明火时即会引起爆炸，因此制冷机房需有良好的通风条件，并且不许使用明火；氨含水时对铜及铜的合金（磷青铜除外）有腐蚀作用，因此在氨系统中严禁使用铜及铜合金（磷青铜除外）。

2. 卤代烃（以下称“氟利昂”）

（1）氟利昂制冷剂的共性

1）存在“冰堵”现象

氟利昂溶水性极差，如制冷系统中含有水分，当制冷系统的蒸发温度低于 0℃时，就会在节流阀处结冰，造成“冰堵”现象。因此，氟利昂制冷系统蒸发温度低于 0℃时，系统应设置干燥器。

2）存在“镀铜”现象

氟利昂中含水时，将水解生成 Cl^- 和 F^-，产生酸性物质，对金属产生腐蚀作用。这些酸性物质与铜制管道、阀门接触，便会产生铜离子，被溶解的铜离子随着制冷剂循环再回到压缩机并与钢或铸铁件接触时，又会析出并沉积在这些钢铁构件表面上，形成一层铜膜，这就是所谓的“镀铜”现象。这种现象会破坏轴的间隙、轴封的密封，影响压缩机气阀的密封性等，对制冷机极为不利。

3）对某些高分子化合物存在“膨润”作用

氟利昂制冷剂是一种良好的有机溶剂，很易溶解天然橡胶、塑料等高分子材料，能使之变软、膨胀和起泡，即称其为对高分子化合物的“膨润”作用。因此，制冷系统不得使用天然橡胶、普通塑料和树脂化合物等作为密封垫、电器绝缘材料，而应采用耐氟材料，如氯丁橡胶、尼龙或其他耐氟的塑料制品。

4）理化特性存在一定的规律性

氟利昂分子中含氢原子多的，可燃性强；含 Cl 原子多的，毒性大；含氟原子多的，化学稳定性好；完全卤代烃（不含氢的）在大气中的寿命长。

（2）常用氟利昂的性质

1）氟利昂 22(R22，$CHClF_2$)

R22 在大气压下的沸点为－40.8℃，凝固点为－160℃。R22 的单位容积制冷量和冷凝压力与氨很相近，而且不燃不爆。R22 不溶于水，含水量超过溶解度时会产生冰堵危害，因此，限制 R22 的含水量在 0.0025％以内，在制冷剂充灌前，制冷设备必须经过干燥处理，系统中要设置干燥过滤器。

缺点是对电绝缘材料的膨润作用较强，要求封闭式压缩机的绝缘等级较高（E 级绝缘）；R22 较易溶于环烃族矿物润滑油。当油含量大于 5％、温度低于－10℃时，则 R22 处于有限溶油，所以在制冷系统的高温侧，如在冷凝器等设备中，油在 R22 中的溶解度较大，呈均匀的液体状态；在低温侧，如在蒸发器中，R22 与油的混合物会出现分层现象(在临界温度以下)，上层大部分是润滑油，下层大部分是制冷剂，因此，低温下制冷压缩机在开机时，应先加热曲轴箱中的润滑油，待制冷剂从润滑油中脱离后，再开启压缩机，否则会产生泡沫，影响压缩机润滑。

制冷剂对环境的影响主要有两个方面，对大气臭氧层的破坏程度和产生温室效应的大小，评价制冷剂对大气臭氧层的破坏能力用 ODP 值表示，ODP 值是以 R11 的破坏程度为 1，其他制冷剂与 R11 相比确定的数值。制冷剂产生温室效应的大小用全球变暖潜能值 GWP 值表示，它是以 CO_2 的 GWP 值为 1，其他制冷剂与 CO_2 相比确定的数值。希望制冷剂的 ODP 和 GWP 值为零。

R22 对大气臭氧层有一定的破坏作用并是一种温室气体，其 ODP 值为 0.034，GWP 值为 1700。R22 在大气中的寿命约 20 年，发展中国家在 2030 后限用。

2）氟利昂 134a（R134a，CH_2FCH_3）

R134a 分子量 102.03，大气压下沸点为－26.25℃，凝固点－101℃。R134a 的冷凝压力低，排气温度低，不燃不爆，无毒。但对电绝缘材料的腐蚀程度较强，R134a 难溶于矿物油，因此采用 R134a 的制冷系统需配用新型的润滑油，目前采用 POE 或 PAG 酯类油。R134a 不破坏臭氧层，ODP 值为 0，GWP 值为 1300。R134a 在大气中的寿命约 8～11 年。

3. 混合制冷剂

混合制冷剂是由两种以上的氟利昂组成的混合物。混合制冷剂分为共沸制冷剂和非共沸制冷剂。由于混合制冷剂的热力性质较组成它的原单一制冷剂的热力性质要好，从而有利于改善和提高制冷机的工作特性。

（1）R407C（R32/R125/R134a，23％/25％/52％）

R407C 属非共沸混合制冷剂。所谓混合制冷剂是由两种以上的氟利昂组成的混合物。混合制冷剂分为共沸制冷剂和非共沸制冷剂。非共沸制冷剂中，若滑移温度（即开始蒸发时的温度与蒸发终了的温度差）相差小于1℃，称为近共沸制冷剂。由于混合制冷剂的热力性质较组成它的原单一制冷剂的热力性质要好，从而有利于改善和提高制冷机的工作特性。

R407C的标准压力下泡点温度（刚开始蒸发的温度）为－43.8℃，滑移温度为7.2℃。不破坏臭氧层，但GWP为1700，属温室气体。R407C的热力性质与R22相似，但它与矿物油不互溶，压缩机需要采用酯类油。R407C的缺点是存在温度滑移，因此，冷凝器和蒸发器应采用逆流换热。同时，制冷系统的密封要求较高。

(2) R410A（R32/R125，50%/50%）

R410A属近共沸制冷剂，标准沸点（标准压力下泡点温度和露点温度平均值）为－51.6℃，滑移温度为0.05℃。不破坏臭氧层，但GWP为2000，属温室气体。用它来替代R22，系统的冷凝压力和制冷量均增大近50%，而制冷系数降低10%左右。因此，要使用专门的制冷压缩机，采用酯类润滑油POE。由于系统工作压力较高，密封性要求严格，系统中各设备及连接管路应重新设计。

2.2 载 冷 剂

在间接冷却系统中，将制冷机产生的制冷量传递给被冷却物体的中间介质称为载冷剂。如中央空调中的冷冻水在冷水机组的蒸发器内被冷却，经过水泵输送到空调房间后去冷却空气，这里，冷冻水就是载冷剂。采用载冷剂的优点是能使制冷装置的各种设备集中布置在一起，减小制冷剂管路系统的总容积和减少制冷剂的充注量，施工安装方便。其缺点是增加了一套载冷剂系统，整个系统比较复杂，而且在被冷却物和制冷剂之间增加了一级传热温差，增加了冷量损失。

载冷剂的物理化学性质应尽量满足下列要求：

(1) 在工作温度范围内应为液体。沸点要高，凝固点要低，而且都应远离工作温度；

(2) 载冷剂循环运行中能耗要低。也就是说要求载冷剂的比热要大，密度要小，黏度要低；

(3) 比热大，在使用过程中可减少载冷剂的循环量，同时载冷剂的温度变化不大；

(4) 载冷剂的工作要安全可靠，稳定性要好，对管道及设备不腐蚀，应不燃不爆，对人体无毒害；

(5) 导热系数大，可减少换热设备的传热面积；

(6) 价格低廉，便于获得。

常用的载冷剂是水，但只能用于高于0℃的条件。当载冷剂温度要求低于0℃时，一般采用盐水，如氯化钠或氯化钙水溶液；或采用乙二醇或丙三醇等有机化合物的水溶液。

2.2.1 盐水溶液

盐水可用作工作温度低于0℃的载冷剂。常用的盐水是由氯化钙（$CaCl_2$）或氯化钠（NaCl）配制成的水溶液，常用在制冰等场合。

盐水的性质与盐溶液的浓度有关，图2-1为NaCl盐溶液与$CaCl_2$盐溶液的相平衡图。图中左右各有一条曲线，左边是析冰线，右边是析盐线。两曲线的交点称为冰盐合晶点（或称为共晶点）。水平线是凝固线。由析冰线可知，溶液的析冰起始温度随着溶液浓度的增加而降低。由析盐线可知，溶液的起始析盐温度随着溶液浓度的增加而升高。冰盐合晶点是盐水的最低凝固点，共晶浓度的盐水性质与纯液体相同，即结晶时温度不变，液相与固相的浓度相同。氯化钠水溶液合晶点的温度（称为共晶温度）为－21.2℃，质量浓度为23.1%（称为共晶浓度），氯化钙水溶液在合晶点上温度、质量浓度的参数分别为－55℃和29.9%。

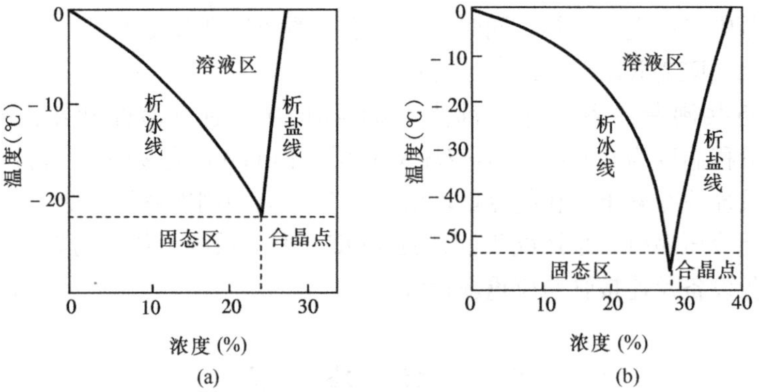

图 2-1　氯化钠和氯化钙的凝固曲线

(a) 氯化钠水溶液；(b) 氯化钙水溶液

盐水溶液的浓度越大，其密度也越大，流动阻力也增大；同时，浓度增大，其比热减小，输送一定冷量所需盐水溶液的流量将增加，造成泵消耗的功率增大。因此，配制盐水溶液时，其浓度应小于共晶浓度，只要使其浓度所对应的凝固温度比制冷剂的蒸发温度低5～8℃就可以。如制冰中，盐水溶液的工作温度要求在－10℃，则制冷剂的蒸发温度在－15℃，因此，配制的盐水溶液的开始析冰的温度应为－21℃左右。

盐水溶液对金属有腐蚀性，尤其是略带酸性并与空气相接触的盐水溶液，其腐蚀性更强。降低盐水对金属的腐蚀作用的常用方法是采用闭式循环和添加缓蚀剂。盐水溶液中加入一定量的缓蚀剂可适当阻止腐蚀。传统的缓蚀剂做法是：1m^3 的氯化钙水溶液中加1.6kg的重铬酸钠（$Na_2Cr_2O_7$）和0.432kg的氢氧化钠（NaOH)；1m^3 氯化钠水溶液中加入3.2kg的重铬酸钠和0.86kg的氧化钠。添加缓蚀剂的盐水应呈弱碱性，pH8.5。重铬酸钠具有一定的毒性，对皮肤有腐蚀作用，调配溶液时需注意。现市场上有一些不含重铬酸盐的缓蚀剂，可以根据用户使用情况选择使用。

2.2.2　有机物溶液

由于盐水溶液对金属有强烈的腐蚀作用，目前有些场合采用腐蚀性较小的有机化合物作为载冷剂。常见的有机化合物有：甲醇、乙醇、乙二醇（乙二醇有乙烯乙二醇和丙烯乙二醇之分)、丙二醇、丙三醇等。其中乙烯乙二醇、丙二醇水溶液在工业制冷和冰蓄冷系统中应用较广泛，丙二醇是极稳定的化合物，且水溶液无腐蚀性，无毒性，可与食品直接接触，是良好的载冷剂，但丙二醇的价格及黏度较乙烯乙二醇高。故载冷剂多采用乙烯乙二醇。

乙烯乙二醇是无色、无味的液体，挥发性弱，腐蚀性低，容易与水和其他许多有机化合物混合使用；虽略带毒性，但无危害，其价格和黏度均低于丙二醇。乙烯乙二醇水溶液的凝固点见表2-2。

乙烯乙二醇水溶液凝固点 **表 2-2**

质量浓度（%）	5	10	15	20	25	30	35	40	45	50
体积浓度（%）	4.4	8.9	13.6	18.1	22.9	27.7	32.6	37.5	42.5	47.5
凝固点（℃）	−1.4	−3.2	−5.4	−7.8	−10.7	−14.7	−17.9	−22.3	−27.5	−33.8

虽然乙烯乙二醇水溶液的腐蚀性较盐水低，但其对镀锌材料有腐蚀性，而且乙烯乙二醇氧化后呈酸性，因此其水溶液中应加入添加剂。添加剂包括防腐剂和稳定剂。防腐剂可在金属表面形成阻蚀层，而稳定剂可为碱性缓冲剂硼砂，使溶液维持碱性（pH>7）。溶液中添加剂的添加量为 800～1200ppm。

冰蓄冷空调系统中，蓄冷系统常采用 25%浓度的乙烯乙二醇溶液作为载冷剂，最低工作温度−6℃。乙烯乙二醇溶液的密度和黏度大于水，而比热小于水，采用 25%浓度的乙烯乙二醇溶液作为载冷剂时，当溶液平均温度为−5℃时，管道流动阻力比水大 36%；在相同载冷量和相同温差条件下，所需流量比水流量大 8%。

另外，有机化合物水溶液和盐水溶液类似，在制冷系统中不断运转时，有可能不断吸入空气中的水分，使其浓度降低，凝固温度提高，故应定期用密度计测定上述水溶液的密度，根据密度可查出各自水溶液的浓度，若浓度降低时，应添加一定量的有机化合物，以维持要求的浓度。

单 元 小 结

本单元主要介绍了制冷剂的概念与作用、制冷剂的分类与命名方法、常用制冷剂的性质、载冷剂的概念与作用、常用载冷剂的性质。通过学习本单元内容应掌握常用制冷剂与载冷剂的性质等知识。

制冷剂是制冷装置中进行循环制冷的工作物质。制冷剂根据安全性可分为 9 类，而目前空调用制冷系统中使用的制冷剂归纳起来大体上可分四类：即无机化合物、卤代烃（主要是甲烷和乙烷的衍生物，又称氟利昂）、碳氢化合物以及混合制冷剂。

载冷剂是间接冷却系统中，将制冷剂的冷量传递给被冷却物体的中间介质。常用的载冷剂是水。当要求低于 0℃时，一般采用盐水，如氯化钠或氯化钙水溶液；或采用乙二醇或丙三醇等有机化合物的水溶液。

思 考 题 与 习 题

1. 制冷剂的定义是什么？
2. 简述制冷剂的分类。试写出制冷剂 R134a 的化学分子式。
3. 简述氟利昂 R134a 和 R410A 的特性。
4. 什么是载冷剂？
5. 常用的载冷剂有哪些？简述各自特点。
6. 若制冰温度为−5℃，所配盐水溶液的析冰温度应不低于多少？
7. 为什么要在盐水溶液中添加缓蚀剂？如何添加缓蚀剂？

教学单元 3 房间空调器

【教学目标】 通过本单元教学，使学生掌握房间空调器的种类、特点以及工作原理，房间空调器安装流程和要求；熟悉空调器用冷凝器和蒸发器的结构特点及工作原理、常用的空调器的节流装置的工作原理及特点；能够正确选择房间空调器并进行安装。

空气调节器（room air conditioner）是一种向密闭空间、房间或区域直接提供经过处理的空气的设备。它主要包括制冷和除湿用的制冷系统以及空气循环和净化装置，还可包括加热和通风装置（它们可被组装在一个箱壳内或被设计成一起使用的组件系统），以下简称空调器。它由制造厂家整机供应，用户按机组规格、型号选用即可，不需对机组中各个部件与设备进行选择计算。

3.1 空调器的类型与结构组成

空调器的种类很多，按照使用环境温度可以分为：温带气候 T1（最高温度 43℃）、低温气候 T2（最高温度 35℃）、高温气候 T3（最高温度 52℃）；按照结构形式可分为：整体式、分体式、一拖多空调器；按供热方式分为：冷风型、热泵型、电热型。

3.1.1 分体式空调器

1. 分体式空调器的结构与种类

分体式空调器由室内机组与室外机组两部分组成，如图 3-1 所示。室内机组设置于室内，主要由插入式空气过滤网、蒸发器、毛细管节流阀、风机、电机、温度控制器、电控开关等组成。根据室内机结构形式不同，可将分体式空调器分为落地式、挂壁式、吊顶式三种。室外机设置于室外，主要由压缩机、冷凝器、轴流风机、电机以及电气控制部件等组成。根据室外机冷凝器的冷却方式的不同，可将分体式空调分为水冷式和风冷式两种。

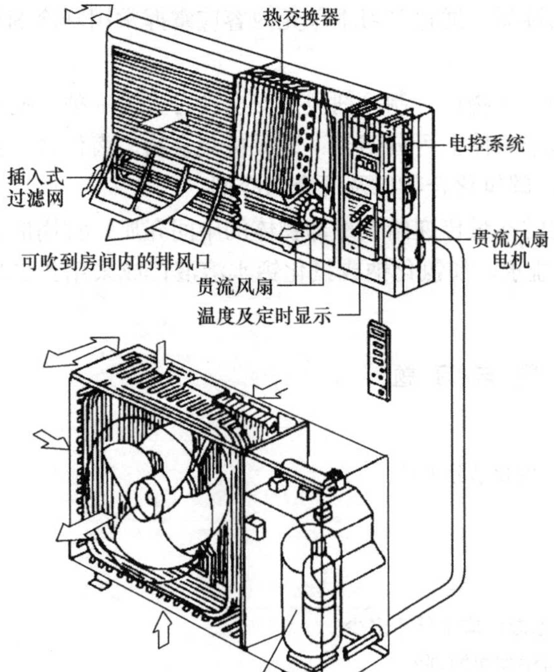

图 3-1 分体式空调器结构示意图

（1）落地式：可安装在室内任何位置上，控制开关设置在本体面板上，安装、使用都比较方便；

（2）挂壁式：可挂装在墙壁上，不占房间有效面积，冷气流自上而下流动，室内温度场分布比较均匀，制冷效果较好；

（3）吊顶式：吊顶于房间顶棚上，冷风自上而下流动，制冷效果比较好。

落地式机组多采用离心式风扇，挂壁式与吊顶式机组由于外形长而薄，多采用贯流式风机。

分体式空调器的工作原理如下：

（1）冷风型空调器工作原理

冷风型空调器是仅用作夏季供冷的空调器。冷风型空调器的工作原理如图 3-2 所示。空调器制冷时，来自室内换热器（蒸发器）的低温低压制冷剂气体通过进气管与气液分离器进入压缩机被压缩成高温高压气体，然后通过排气管进入外侧的室外换热器（风冷式冷凝器）。被轴流风扇吸入的室外空气冷凝成高压过冷液体，再经过干燥过滤器被毛细管节流降压后，进入室内换热器（蒸发器）吸收室内循环空气的热量，使室内温度降低。吸热汽化后的低温低压制冷剂蒸气再被压缩机吸走，进行下一个循环。

在循环过程中，由于室内换热器肋片表面温度通常低于室内循环空气的露点温度，空气中的水蒸气不断从肋片上析出，使室内空气相对湿度下降，因而空调器兼有降温、去湿双重功能。

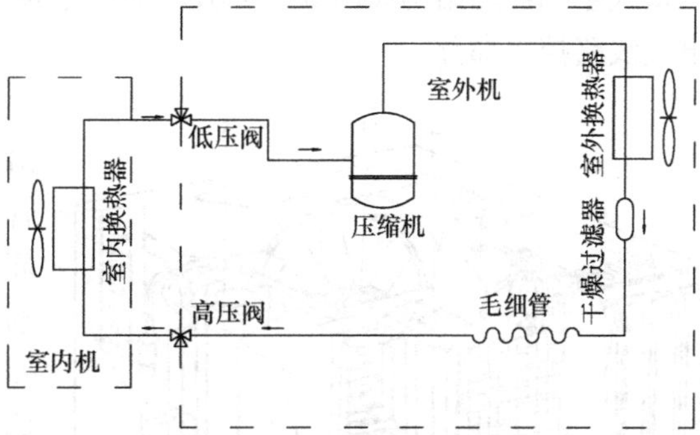

图 3-2　冷风型空调器工作原理

（2）热泵型空调器工作原理

热泵型空调器可以实现夏季供冷、冬季供热两种功能。热泵型空调器与冷风型空调器相比较而言，就是在冷风型空调器的基础上增加了电磁换向阀和冷热控制开关。热泵型空调器的制冷循环与冷风型空调器完全相同，如图 3-3(a)所示。热泵型空调器制热循环如图 3-3(b) 所示，在制热时，使电磁换向阀换向，将空调器的室内换热器变成冷凝器，室外换热器变为蒸发器。来自室外换热器（蒸发器）的低温低压制冷剂蒸气，经压缩机压缩成高温高压气体，然后进入室内换热器（冷凝器）。在室

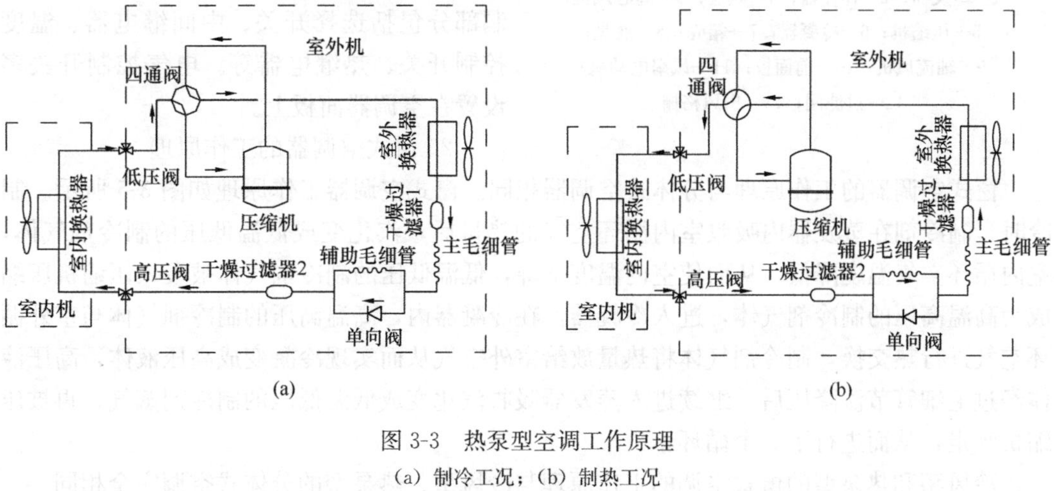

图 3-3　热泵型空调工作原理

(a) 制冷工况；(b) 制热工况

内换热器中，高温高压的制冷剂气体与室内循环空气进行热交换，高温高压制冷剂气体冷凝为高压液体，室内循环空气被加热，使室内气温上升。高压的制冷剂液体经过毛细管节流降压后继续进入室外换热器（蒸发器），吸收室外空气的热量变为低温低压的制冷剂气体，被压缩机吸走以进行下一个循环。

除了上述两种空调器外，还有电热型分体式空调器。电热型空调器在制冷工况下的工作原理与冷风型分体式空调完全相同，不同的是，电热型分体式空调器在室内换热器上加装电加热器，冬季可向室内供暖气。电热型分体式空调器在制热时，仅室内换热器中的风扇和加热器工作，室外机中的压缩机和轴流风扇均不工作。

3.1.2 窗式空调器

1. 窗式空调器的结构

窗式空调器是最早使用的房间空调器形式，主要用于对室内噪声要求不高的房间，现在国内使用较少。其有单冷、冷热、热泵等不同形式。

窗式空调器的结构如图 3-4 所示，主要分为三个部分：制冷循环部分、通风循环部分和电气线路控制部分。

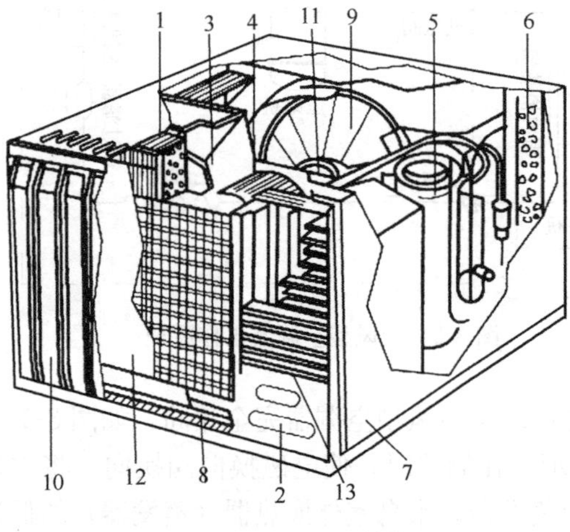

图 3-4 窗式空调器结构图

1—蒸发器；2—操作盘；3—风道；4—离心风机；5—压缩机；6—冷凝器；7—箱壳；8—底盘；9—轴流风机；10—前面板；11—风扇电动机；12—过滤网；13—出风格栅

（1）制冷循环部分。制冷循环部分是由全封闭压缩机、冷凝器、蒸发器、毛细管、制冷管道以及辅助装置构成的密闭循环系统。系统内充以 R22 或 R134a 等制冷剂。辅助装置有四通阀、（干燥）过滤器、储液器单向阀、辅助毛细管、电辅助加热器、配管和消声器等。

（2）通风循环部分。通风循环部分由蒸发器侧的低噪声离心风扇、冷凝器侧的轴流风扇以及与两个风扇共轴的电动机、空调器壳体上的气流导向风口以及空气过滤器等组成。

（3）电气线路控制部分。电气线路控制部分包括选择开关、中间继电器、温度控制开关、热继电器等。电气控制开关多设置在空调器面板上。

2. 窗式空调器的工作原理

窗式空调器的工作原理与分体式空调器相同。窗式空调器工作原理如图 3-5 所示。制冷时，制冷剂在蒸发器内吸收室内循环空气的热量后，汽化变成低温低压的制冷剂气体，室内循环空气温度降低，从而使室内温度下降，低温低压的制冷剂气体被吸入压缩机压缩成为高温高压的制冷剂气体，进入冷凝器，在冷凝器内，高温高压的制冷剂气体与室外循环空气进行热交换，制冷剂气体将热量放给室外空气从而实现冷凝变成高压液体，高压液体经过毛细管节流降压后，继续进入蒸发器吸收汽化变成低温低压的制冷剂蒸气，再被压缩机吸走，从而进行下一个循环。

冷风型和热泵型的窗式空调的工作原理与冷风型、热泵型的分体式空调完全相同。

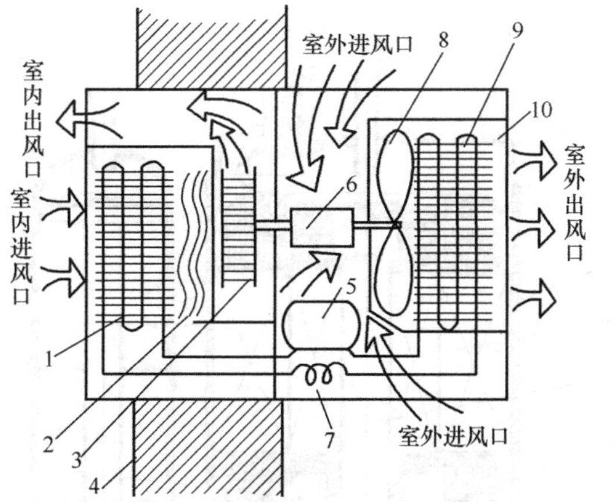

图 3-5　窗式空调器工作原理图

1—室内换热器；2—辅助电加热器；3—离心风扇；4—窗（或墙）；5—压缩机；6—风扇电机；7—毛细管；8—轴流风扇；9—室外换热器；10—机壳

3.2　全封闭式制冷压缩机

3.2.1　全封闭式活塞制冷压缩机

全封闭式活塞制冷压缩机的压缩机和电动机，通过弹簧吊装在一个密封的钢制外壳内，电动机在气态制冷剂中运行，结构非常紧凑，密封性能好，噪声低，多用于空调机组和家用电冰箱。如图 3-6 所示，电动机立置在上方，气缸水平放，主轴下端钻有油孔和偏心油道，靠主轴高速旋转产生的离心力将润滑油送至各轴承处。此外，为了简化结构，活塞一般为筒形平顶，没有活塞环，仅有两道环形槽，依靠充入其中的润滑油起密封和润滑作用。

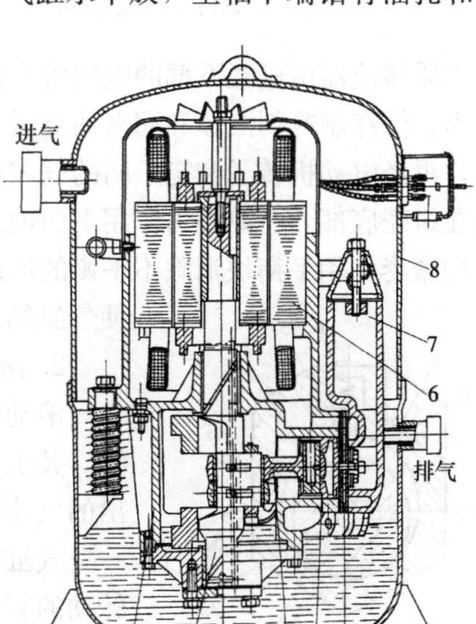

图 3-6　全封闭式活塞制冷压缩机结构示意图

1—机体；2—曲轴；3—连杆；4—活塞；5—气阀；6—电动机；7—排气消声部件；8—机壳

全封闭式活塞制冷压缩机的电动机组依靠吸入的低压气态制冷剂冷却，所以，压缩机吸气过热度大，排气温度高，特别在低温工况更是如此；同时，当蒸发压力下降，制冷剂流量减少，传热效果恶化，电动机绕组温度上升，因此，按高温工况设计的全封闭式制冷压缩机，用于低温工况时，电动机有烧毁的可能。

3.2.2　全封闭式转子制冷压缩机

1. 全封闭式转子制冷压缩机结构

目前广泛使用的滚动转子式压缩机主要是小型全封闭式，通常有卧式和立式两种，前者多用于冰箱，后者在空调器中常见。下面介绍一下立式全封闭式转子压缩机的结构。

一台较典型的立式全封闭滚动转子式压缩机结构如图 3-7 所示，压缩机位于电动机的下方，制

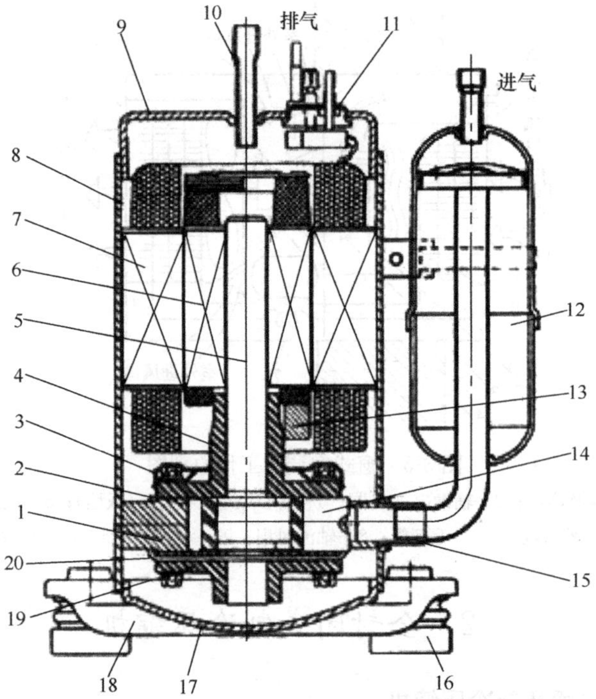

图 3-7　立式全封闭式转子式压缩机结构示意图

1—气缸；2—滚动转子；3—消声器；4—上轴承座；5—曲轴；6—转子；7—定子；8—机壳；9—顶盖；10—排气管；11—接线柱；12—储液器；13—平衡块；14—滑片；15—吸气管；16—支撑垫；17—底盖；18—支撑架；19—下轴承座；20—滑片弹簧

冷工质储液器由机壳下部的吸气管直接吸入气缸，以减少吸气的有害过热；储液器起气液分离、储存制冷剂液体和润滑油及缓冲吸气压力脉动的作用；高压气体经消声器排入机壳内，再经电动机转子和定子间的气隙从机壳上部排出，并起到了冷却电动机的作用。润滑油在机壳底部，在离心力作用下曲轴的油道上升至各润滑点。气缸与机壳焊接在一起使之结构紧凑，用平衡块消除不平衡的惯性力。滑片弹簧没有采用通常的圆柱形而采用圈形，使气缸结构更加紧凑。

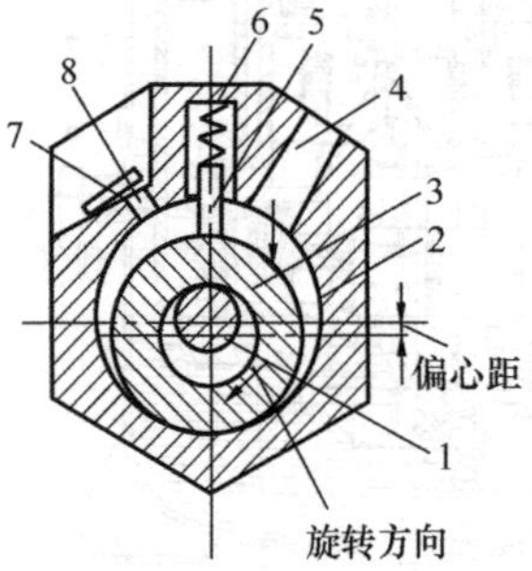

图 3-8　滚动转子压缩机原理示意图

1—带偏心轮的主轴；2—气缸；3—套筒；4—进气口；5—滑板；6—弹簧；7—排气阀；8—排气口

2. 滚动转子压缩机工作原理

滚动转子压缩机示意图见图 3-8。它具有一个圆筒形气缸，其上部有进、排气孔，排气孔上装有排气阀，以防止排出的气体倒流，进气口不设吸气阀。

气缸中心是具有偏心轮的主轴，偏心轮上套装一个可以转动的套筒。主轴旋转时，套筒沿气缸内表面滚动，从而形成一个月牙形的工作腔，该工作腔的位置随主轴旋转而变动，但该总容积为一定值。气缸上部的纵向槽内装有滑板，靠弹簧作用力使其下端与转子套筒严密接触，将工作腔隔成两部分，具有进气口部分为进气腔，具有排气口部分为压缩腔或称排气腔，这两个工作腔的容积随主轴旋转而改变。从示意图中可以看出，随着转子的转动，排气腔体积逐渐减小，当排气腔内气体压力大于排气管压力时，排气阀开启，气体排入排气管。同时，进气腔逐渐增大，进气腔始终与进气口相通。这样，转子沿气缸内壁转动一周，完成对蒸气的吸入、压缩和排出过程。

与活塞式压缩机相比，转子压缩机的转子是与气缸壁呈滚动运动，摩擦阻力小，耗能少；零部件较活塞式减少 40%～50%；吸排气同时进行，气阀通道短，且无吸气阀，性能系数较高；余隙容积小，容积效率高，可获得较高的压缩比，因此使用范围较广。但转子式压缩机加工精度高，一个偏心转子转动引起的单向拉力使轴扭曲，长期运行易产生振动和噪声。

3.2.3 全封闭式涡旋制冷压缩机

1. 涡旋式制冷压缩机结构

以 500RH 全封闭压缩机为例，说明涡旋式压缩机的总体结构。500RH 全封闭涡旋式压缩机的结构如图 3-9 所示。由图 3-9 可知，压缩机主要由静涡盘、动涡盘、十字滑环、曲轴、支架、机壳等部件组成。机壳的上部安装压缩机，固定涡旋盘和电机的定子安装在机壳的内壁上。十字滑环是在上下两面设置互相垂直两对凸键的圆环；上面凸键装在动涡盘背面的键槽内，下面的凸键装在支架的键槽内。在动涡盘下设有一个背压腔，背压腔由动涡盘底盘上的小孔引入中压气体，使气腔压力支撑着动涡盘，同时，在动涡盘顶部装有可调的轴向密封，使动涡盘可以轴向移动，借以补偿运行过程中产生的逐渐磨损；同时，也能防止液击或压缩腔中间润滑油过多时引起的过载。在曲柄销轴承处和曲轴通过支架处，装有转动密封，以保证背压腔与机壳之间的气密性。

2. 涡旋式制冷压缩机工作原理

涡旋式制冷压缩机的工作原理如图 3-10 所示。图 3-10(a) 为旋转涡旋盘的中心位于固定涡旋盘的中心右侧，涡旋盘密封啮合在左、右两侧，此时吸气过程结束，涡旋盘间的四条啮合线形成两个封闭空间（即压缩室），从而开始了压缩过程。当旋转涡旋盘顺时针方向公转 90°时，如图 3-10(b) 所示，涡旋盘间的密封啮合线也顺时针移动 90°，处于上下位置，两个封闭空间内的气态制冷剂被压缩，同时，盘外侧进行吸气过程，内侧进行排气过程。当旋转涡旋盘顺时针方向公转 180°，如图 3-10(c) 所示涡旋盘的外、中、内三个部位分别继续进行吸气、压缩和排气过程。旋转涡旋盘进一步顺时针方向公转 90°，如图 3-10 所示，内侧部位的排气过程结束；中间部位的两个封闭空间的气体压缩过程告终，即将进行排气过程；而外侧部位的吸气过程仍在继续。旋转涡旋盘再转动，则又回到图 3-10(a) 位置，这样周而复始地进行。可以看出，涡旋式制冷压缩机的工作也分为进气、压缩和排气三个过程，但是，在两个涡旋盘

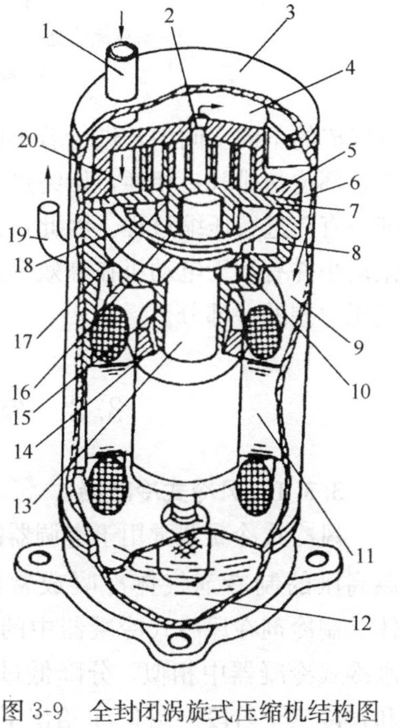

图 3-9　全封闭涡旋式压缩机结构图
1—吸气管；2—排气管；3—密封外壳；4—排气腔；5—固定涡旋盘；6—排气通道；7—旋转涡旋盘；8、17—背压腔；9—电动机腔；10—支架；11—电动机；12—润滑油；13—曲轴；14—轴承；15—密封；16—轴承；18—十字滑环；19—排气管；20—吸气腔

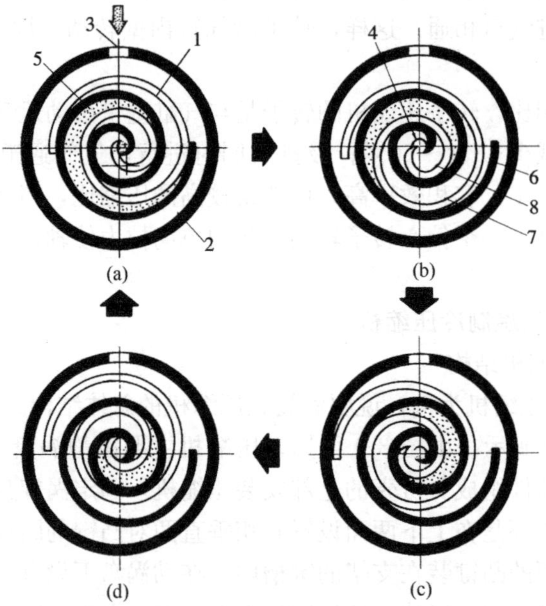

图 3-10 涡旋式制冷压缩机工作原理

1—旋转涡旋盘；2—固定涡旋盘；3—进气口；4—排气口；5—压缩室；6—吸气过程；7—压缩过程；8—排气过程

所组成的不同空间中，进行着不同的过程，外侧空间与吸气口相通，始终处于吸气过程；中心部位与排气口相通，始终进行排气过程；上述两空间之间的两个半月形封闭空间内，则一直在进行压缩过程。因此，涡旋式制冷压缩机基本上是连续进气和排气，转矩均衡、振动小并有利于电动机在高效率点工作，而且封闭啮合线两侧的压力差较小，仅为进、排气压力差的一部分。

3.3 空调器用的冷凝器与蒸发器

3.3.1 风冷式冷凝器

风冷式冷凝器常用于空调器制冷系统中，风冷式冷凝器是利用空气使来自压缩机的高温高压的制冷剂气体冷凝成常温高压的液体。制冷剂在风冷式冷凝器中的传热过程与水冷式冷凝器中相似，分降低过热度、冷凝和再冷三个阶段。图 3-11 给出了 R22 气态制冷剂通过风冷式冷凝器时的状态变化以及冷却用空气的温度变化。从图中可以看出：约 90％传热负荷用于使制冷剂冷凝，在冷凝段内制冷剂的温度基本不变，稍微有些下降主要是由于制冷剂在冷凝器中流动阻力下降造成的。

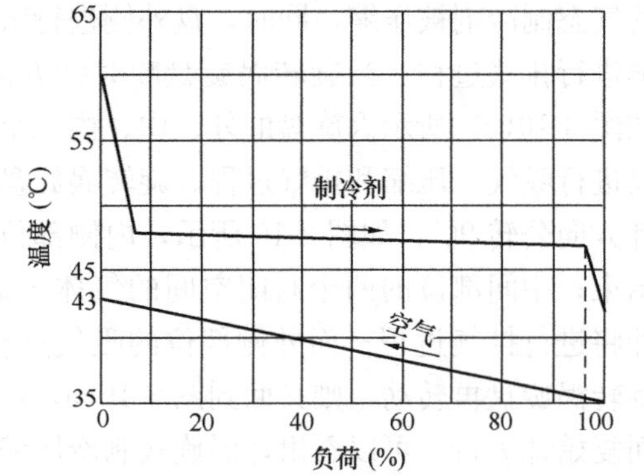

图 3-11 风冷式冷凝器的换热状况

风冷式冷凝器根据换热方式的不同，可以分为自然对流式和强迫对流式两种。图 3-12为强迫对流式风冷式冷凝器的结构示意图。气态制冷剂从上部进入肋管内，冷凝液从下部流出。借助轴流风机或离心风机，使空气横掠肋管管束，吸收管内制冷剂放出的热量。由于空气侧的对流换热系数远小于管内制冷剂冷凝时的对流换热系数，所以在空气侧采用肋管强化空气侧的传热。肋管通常采用铜管铝片，也可采用钢管钢片或铜管铜片。

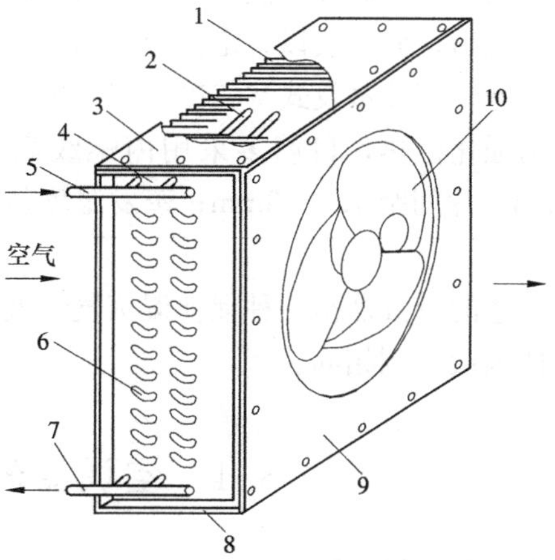

图 3-12　强制对流式风冷冷凝器结构图

1—肋片；2—传热管；3—上封板；4—左端板；5—进气集管；6—弯头；7—出液集管；8—下封板；9—前封板；10—通风机

风冷式冷凝器的迎面风速一般取 2～3m/s，此时风冷式冷凝器的传热系数约为 25～40W/（m^2·K）。

3.3.2　直接蒸发式空气冷却器

直接蒸发式空气冷却器，即冷却空气用干式蒸发器。这类蒸发器通过制冷剂的蒸发直接冷却房间的空气，以达到冷却降温的目的。这类蒸发器按照空气的运动状态分为自然对流和强制对流两种形式，自然对流式的空气冷却器广泛使用于冰箱、冷藏柜等处，冷库中的安装在顶棚下或墙壁的排管也属此类。强制对流式的空气冷却器，通过风机强制空气流动并与制冷剂换热，加强传热效果，如空调器中的蒸发器和冷库内冷风机中的蒸发器。

图 3-13 为空调器用强制对流直接蒸发式空气冷却器结构示意图，来自节流装置的低

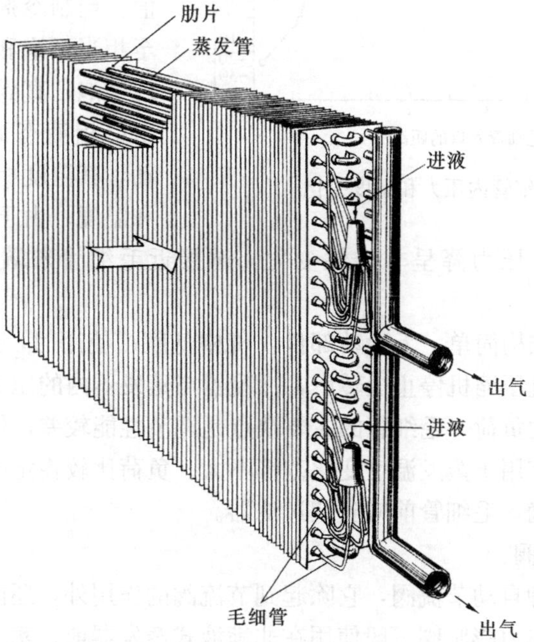

图 3-13　直接蒸发式空气冷却器结构

压制冷剂湿蒸汽通过分液器分成多通路，在蒸发管中吸热蒸发后变为气态制冷剂，汇集到集管中流出；而空气以一定流速从肋片管的肋片间掠过，将热量传给管内流动的制冷剂，温度降低。直接蒸发式空气冷却器一般由 4～8 排肋管组成，管材为直径 ϕ7～12mm 的铜管（为强化传热，目前多采用内螺纹高效蒸发管），外套连续整体铝片，片厚 0.12～0.2mm，片间距 1.6～3mm；蒸发温度较低时，考虑到肋片处结露或结霜，应加大肋片间距。

上述的分液器是一种促使湿蒸气气液均匀混合的装置，以保证湿蒸气进入每组蒸发器盘管的气液比例相同。

3.4 空调器的节流装置及四通阀

3.4.1 毛细管

毛细管是一种便宜、有效、没有磨损的节流元件，广泛用于小型封闭式制冷装置，如家用冰箱、除湿机和空调器。毛细管一般选用直径为 0.7～2.5mm、长度为 0.6～6m 的细长紫铜管，毛细管又称为减压膨胀管。

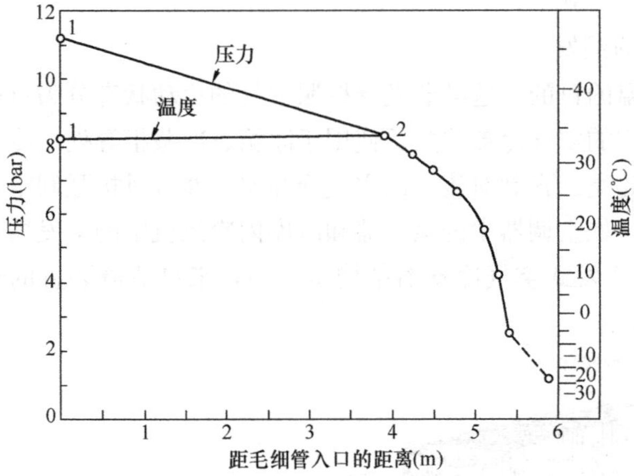

图 3-14 毛细管内压力和温度变化

毛细管是根据“液体比气体更容易通过”的原理工作的。当具有一定再冷度的液态制冷剂进入毛细管后，沿管长方向压力和温度的变化如图 3-14 所示。1-2 段为液相段，此段压力降不大，并且呈线性变化，同时，该段制冷剂的温度为定值。当制冷剂流至点 2，即压力降至相当于饱和压力后，管中开始出现气泡，直到毛细管末端，制冷剂由单相液态流动变为气-液两相流动，其温度相当于所处压力下的饱和温度；由于在该段饱和蒸气的百分比逐步增加，因此，压力降呈非线性变化，越接近毛细管末端，单位长度的压力降越大。

毛细管的优点是结构简单，无运动部件，价格低廉；使用时，系统不需装设储液器，制冷剂充注量少，而且压缩机停止运转后，冷凝器与蒸发器内的压力可较快地自动达到平衡，减轻电动机的启动负荷。毛细管的主要缺点是调节性能较差，供液量不能随工况变化而任意调节，因此，宜用于蒸发温度变化范围不大、负荷比较稳定的场合，使用时应注意制冷剂的充灌量要准确，毛细管前应安装过滤器。

3.4.2 热力膨胀阀

热力膨胀阀是一种自动节流阀，它除起到节流阀的作用外，还能保证蒸发器出口的蒸气有一定的过热度。热力膨胀阀一般使用在非满液式蒸发器前，实现制冷剂按比例自动节流，同时完成从冷凝压力至蒸发压力的节流、降压、降温过程。热力膨胀阀的开启度，是由蒸发器出来的制冷剂蒸气的过热度来控制的，由于蒸气过热度与蒸发器负荷成比例关系，使制冷剂供液量与蒸发器互相适应，既保证蒸发器供液，也防止制冷剂未达到充分蒸发而造成压缩机液击的危险。

热力膨胀阀按照平衡方式的不同，可分为内平衡式和外平衡式。当蒸发器内流动阻力小时宜选用内平衡式，当蒸发器阻力较大时或采用分液器配液时，宜采用外平衡式。

1. 内平衡式热力膨胀阀

图 3-15 是内平衡式膨胀阀的工作原理，从图中可以看出，内平衡式热力膨胀阀由阀芯、阀座、弹性金属膜片、弹簧、感温包和调整螺丝等组成。内平衡式热力膨胀阀中的弹性金属膜片受三种力的作用：阀后制冷剂的压力 p_1，作用在膜片下部，使阀门向关闭方向移动；弹簧作用力 p_2，也作用在膜片下部，使阀门向关闭方向移动，弹簧作用力 p_2 可以通过调整螺栓予以调整；感温包内制冷剂的压力 p_3，作用在膜片上部，使阀门向开启方向移动，p_3 的大小取决于感温包内制冷剂的性质和感温包感受的温度。

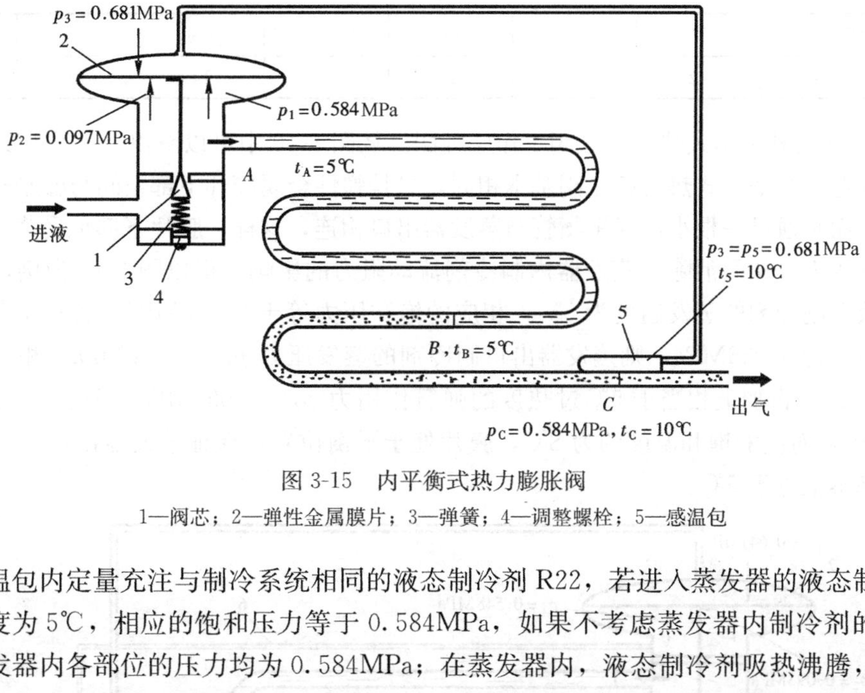

图 3-15　内平衡式热力膨胀阀

1—阀芯；2—弹性金属膜片；3—弹簧；4—调整螺栓；5—感温包

感温包内定量充注与制冷系统相同的液态制冷剂 R22，若进入蒸发器的液态制冷剂的蒸发温度为 5℃，相应的饱和压力等于 0.584MPa，如果不考虑蒸发器内制冷剂的压力损失，蒸发器内各部位的压力均为 0.584MPa；在蒸发器内，液态制冷剂吸热沸腾，变成气态，直至图中 B 点，全部气化，呈饱和状态。自 B 点开始制冷剂继续吸热，呈过热状态；如果至蒸发器出口装有感温包的 C 点，温度升高 5℃，达到 10℃，则感温包内液态制冷剂的温度也接近 10℃，即 $t_5=10$℃，相应的饱和压力等于 0.681MPa，作用在膜片上部的压力 $p_3=p_5=0.681$MPa。如果将弹簧作用力调整至相当膜片下部受到 0.097MPa 的压力，则 $p_1+p_2=p_3=0.681$MPa，膜片处于平衡位置，阀门有一定开度，保证蒸发器出口制冷剂的过热度为 5℃。

当外界条件发生变化使蒸发器的负荷减小时，蒸发器内液态制冷剂沸腾减弱，制冷剂达到饱和状态点的位置后移至 B'，此时感温包处的温度将低于 10℃，致使（p_1+p_2）> p_3，阀门稍微关小，制冷剂供应量有所减少，膜片达到另一平衡位置；由于阀门稍微关小，弹簧稍有放松，弹簧作用力稍有减少，蒸发器出口制冷剂的过热度将小于 5℃。反之，当外界条件改变使蒸发器的负荷增加时，蒸发器内液态制冷剂沸腾加强，制冷剂达到饱和状态点的位置前移至 B''，此时感温包处的温度将高于 10℃，致使 $(p_1+p_2)<p_3$，阀门稍微开大，制冷剂流量增加，蒸发器出口制冷剂的过热度将大于 5℃。

2. 外平衡式热力膨胀阀

当蒸发盘管较细或相对较长，或者多根盘管共用一个热力膨胀阀，通过分液器并联时，因制冷剂流动阻力较大，若仍使用内平衡式热力膨胀阀，将导致蒸发器出口制冷剂的过热度很大，蒸发器传热面积不能有效利用。以图 3-15 为例，若制冷剂在蒸发器内的压力损失为 0.036MPa，则蒸发器出口制冷剂的蒸发压力等于 0.584－0.036＝0.548MPa，相应的饱和温度为 3℃，此时，蒸发器出口制冷剂的过热度增加至 7℃；蒸发器内制冷剂的压力损失越大，过热度增加得越大，就不应使用内平衡式热力膨胀阀。一般情况下，R22 蒸发器内压力损失达到表 3-1 规定的数值，应采用外平衡式热力膨胀阀。

使用外平衡式热力膨胀阀的蒸发器阻力值（R22）　　表 3-1

蒸发温度（℃）	10	0	－10	－20	－30	－40	－50
蒸发器阻力（kPa）	42	33	26	19	14	10	7

图 3-16 为外平衡式热力膨胀阀工作原理图。从图 3-16 中可以看出，外平衡式热力膨胀阀的构造与内平衡式热力膨胀阀基本相同，只是弹性金属膜片下部空间与膨胀阀出口互不相通，而是通过一根小口径平衡管与蒸发器出口相连，这样，膜片下部承受蒸发器出口制冷剂的压力，从而消除了蒸发器内制冷剂流动阻力的影响。仍以图 3-16 为例，进入蒸发器的液态制冷剂的蒸发温度为 5℃，相应的饱和压力等于 0.584MPa，蒸发器内制冷剂的压力损失为 0.036MPa，则蒸发器出口制冷剂的蒸发压力 $p_1=0.548$MPa（相应的饱和温度为 3℃），再加上相当于 5℃过热度的弹簧作用力 $p_2=0.093$MPa，则 $p_3=p_1+p_2=0.641$MPa，对应的饱和温度约为 8℃，膜片处于平衡位置，保证蒸发器出口气态制冷剂过热度基本上等于 5℃。

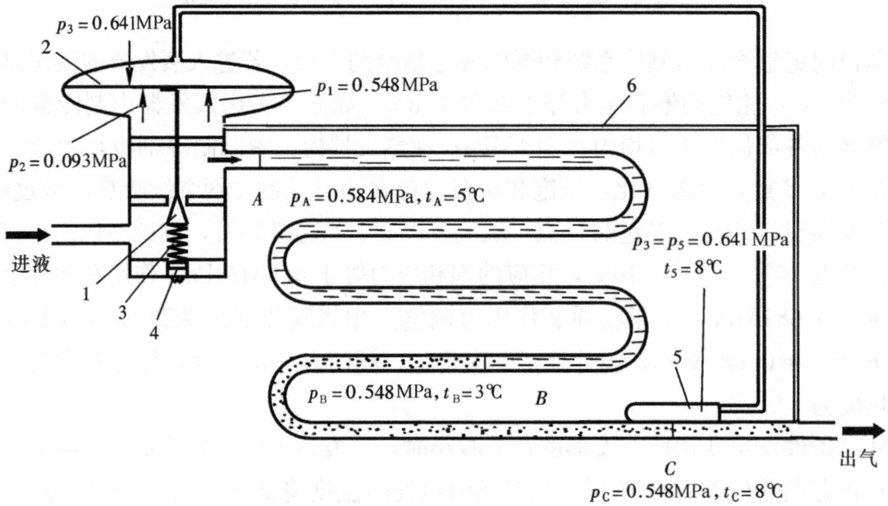

图 3-16　外平衡式热力膨胀阀

1—阀芯；2—弹性金属膜片；3—弹簧；4—调整螺钉；5—感温包；6—平衡管

热力膨胀阀安装不合理会造成制冷系统出现故障，安装时要注意，阀体应垂直安装，感温包要安装在蒸发器出口且没有积液的地方，与蒸发器出口管道良好接触。热力膨胀阀下部的调节螺栓用于调整蒸发器的过热度，调整时，正对螺栓方向，右旋为增加过热度，左旋为降低过热度。

3.4.3 电子膨胀阀

电子膨胀阀与热力膨胀阀的基本用途相同，但两者在性能上存在较大差异。电子膨胀阀是按照预定程序调节蒸发器供液量，因属于电子式调节模式，故称为电子膨胀阀。电子膨胀阀能够满足无级变容量制冷系统对制冷剂供液量调节范围宽，要求调节反应快的要求，传统的节流机构已不能实现。

按照驱动方式的不同，电子膨胀阀可分为电磁式和电动式两类。

电磁式电子膨胀阀的结构如图 3-17 所示，它是依靠电磁线圈的磁力驱动针阀。电磁线圈通电前，阀针处于全开位置。通电后，受磁力作用，针阀的开度减小，开度减小的程度取决于施加在线圈上的控制电压。电磁式膨胀阀的结构简单，动作响应快，但是在制冷系统工作时，需要一直提供控制电压。

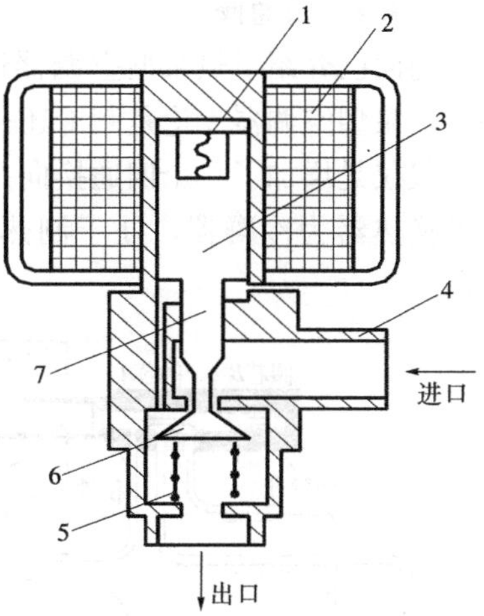

图 3-17 电磁式电子膨胀阀

1—柱塞弹簧；2—线圈；3—柱塞；4—阀座；5—弹簧；6—针阀；7—阀杆

电动式电子膨胀阀是依靠步进电机驱动，分直动型和减速型两种。直动型和减速型电动式电子膨胀的结构示意图分别见图 3-18 和图 3-19。两者的区别在于：直动型是步进电机直接带动阀针，而减速型是步进电机通过减速齿轮组推动阀针动作。通过减速齿轮组可以产生较大的推力。

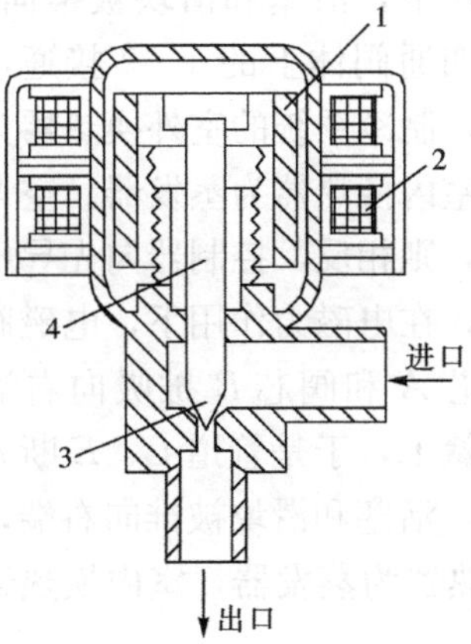

图 3-18 直动型电动式电子膨胀阀

1—转子；2—线圈；3—针阀；4—阀杆

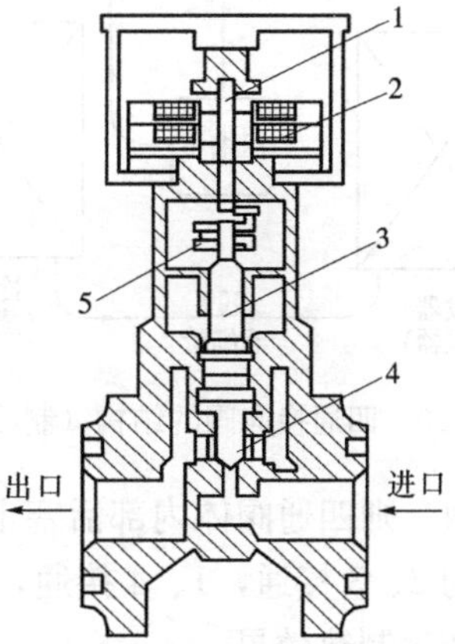

图 3-19 减速型电动式电子膨胀阀

1—转子；2—线圈；3—阀杆；4—针阀；5—减速齿轮组

采用电子膨胀阀进行蒸发器出口制冷剂过热度调节，可以通过设置在蒸发器出口和中部的两只温度传感器来采集过热度信号，采用反馈调节来控制膨胀阀的开度；也可以采用前馈加反馈复合调节，消除因蒸发器管壁与传感器热容造成的过热度控制滞后，改善系统调节品质，在很宽的蒸发温度区域使过热度控制在目标范围内。除了蒸发器出口制冷剂过热度控制，通过指定的调节程序还可以将电子膨胀阀的控制功能扩展，如用于热泵机组除霜、压缩机排气温度控制等。此外，电子膨胀阀也可以根据制冷剂液位进行工作，其除了用于干式蒸发器，还可用于满液式蒸发器。

3.4.4 四通阀

前面已介绍了热泵型空调器通过四通阀的切换来实现空调夏季制冷、冬季制热的原理。热泵型空调器无论是制冷还是制热，都是由一套制冷设备完成，它与单冷型空调器的区别仅仅是增加了一个四通换向阀，四通换向阀处于制冷状态时，室内换热器为蒸发器，室外换热器为冷凝器，处于制热状态时，室内换热器成为冷凝器，室外换热器成为蒸发器。

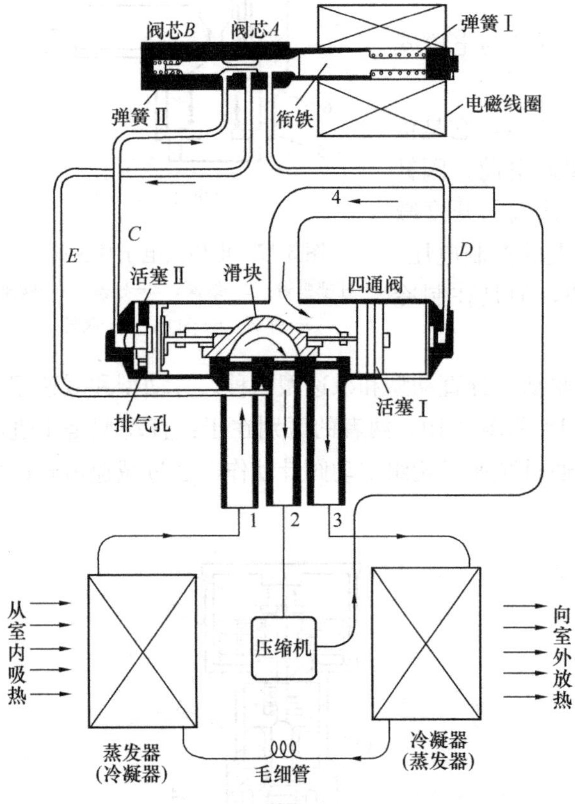

图 3-20 四通换向阀的结构（制冷状态）

四通换向阀的结构原理如图 3-20 所示，四通阀由电磁先导电磁阀和四通阀体两部分组成，先导电磁阀起控制的作用，四通阀体起到转换制冷剂流向的作用。如图 3-20 所示为空调器处于制冷模式下的状态，此时，控制器不向电磁先导阀供电，弹簧Ⅰ将电磁阀内部的阀芯 A 和阀芯 B 推向左端，管道 D、E 断开，管道 C、E 接通，这样四通阀体内部活塞Ⅱ左侧为吸气压力，即处于低压。活塞Ⅰ和活塞Ⅱ上均开有小孔，这样，活塞Ⅰ右侧的压力为排气压力，在这个压力差作用下，活塞和滑块被推向左端，导致四通阀体上的 1、2 接通，3、4 接通，制冷系统的室外换热器为冷凝器，室内换热器为蒸发器。空调器制热时，则相反，控制器向先导电磁阀供电，在电磁力作用下，电磁阀内部的阀芯 A 和阀芯 B 被吸向右端并压缩弹簧Ⅰ，于是管道 C、E 断开，管道 D、E 接通，则四通阀体内部活塞Ⅰ右侧压力处于低压，活塞和滑块被推向右端，这样四通阀体上的 2、3 接通，1、4 接通，制冷系统的室外换热器为蒸发器，室内换热器为冷凝器，于是产生制热效果。

3.5 空调器的选用和安装技术

3.5.1 空调器的选用

1. 房间空调器能效比的概念与能效标识

（1）能效比

对定速房间空调器，用能效比评价其性能优劣。能效比是指在额定工况和规定条件下，进行制冷运行时，制冷量与有效输入功率之比，用 EER 表示：

$$EER = \frac{Q_0}{N} \quad (\mathrm{W/W}) \tag{3-1}$$

式中　Q_0——制冷量（W）；

　　　N——空调器的耗电量（W）。

空调器的额定工况是指室外干球温度 35℃，湿球温度 24℃；室内干球温度 27℃，湿球温度 19℃。

（2）制冷季节能效比

变速（频）空调器的压缩机运转速度随室内负荷和环境温度的不同而调节，所以不同负荷下消耗功率也不相同，一般而言，高速运行下，空调器的能效比较低，而中低速运行下，空调器的能效比有较大幅度的提高，所以采用 EER 评价此类房间空调器的性能不能全面反映它的总体性能，而采用季节能效比 $SEER$ 来评价较合理。用 $SEER$ 评价空调器性能的优点在于：能较好地反映实际系统的能源使用情况，为总能耗及设备性能的比较提供更好的依据，能够反映空调器的开停损失并激励企业采用高新技术提高产品性能。

季节能效比是指空调器在制冷季节运行时（在规定工况下和工作时间内），空调器从室内除去的热量与消耗的电量之比，用 $SEER$ 表示。

$$SEER = \frac{CSTL}{CSTE} \quad (\mathrm{W \cdot h/(W \cdot h)}) \tag{3-2}$$

式中　$CSTL$——空调器制冷季节总负荷（W·h）；

　　　$CSTE$——空调器制冷季节耗电量（W·h）。

（3）全年性能系数

全年性能系数是指热泵型空调器在制冷季节及制热季节中，空调器进行制冷（热）运行从室内除去的热量及向室内送入的热量总和与同一期间内消耗的电量总和之比，用 APF 表示。

$$APF = \frac{CSTL + HSTL}{CSTE + HSTE} \quad (\mathrm{W \cdot h/(W \cdot h)}) \tag{3-3}$$

式中　$HSTL$——空调器制热季节总负荷（W·h）；

　　　$HSTE$——空调器制热季节耗电量（W·h）；

$CSTL$、$CSTE$ 与式（3-2）相同。

（4）房间空调器的能效标识及能效限值

2005 年我国正式实施能效标识制度，按规定市场上的房间空调器都应进行能效标识，标识为蓝白背景，顶部标有“中国能效标识”字样。目前我国的能效标识将能效分为 1、2、3 三个等级，能效标识用 3 种表现形式表达能源效率等级信息：一是文字部分，用“能耗低、能耗高”文字示出；二是数字部分，用“1、2、3”数字表示，1 级表示能效最高；2 级表示节能评价值，即评价空调产品是否节能的最低要求；3 级表示能效限定值，即标准实施以后产品应达到市场准入的门槛；三是根据色彩所代表的色标，其中红色代表禁止，绿色代表环保与节能。《房间空气调节器能效限定值及能源效率等级》GB 12021.3—2010 规定了房间空调器能效等级 EER 指标（表 3-2）。《转速可控型房间空气调节器能效限定值及能效等级》GB 21455—2013 对单冷型和热泵型变频房间空调器规定了能效等级指标，分别见表 3-3 和表 3-4。

空调器能效等级指标 **表 3-2**

类型	额定制冷量（CC）（W）	能效等级 EER（W/W）		
		1	2	3
整体式		3.30	3.10	2.90
分体式	CC≤4500	3.60	3.40	3.20
	4500<CC≤7100	3.50	3.30	3.10
	7100<CC≤14000	3.40	3.20	3.00

单冷式转速可控型房间空气调节器能效等级 **表 3-3**

类型	额定制冷量（CC）（W）	制冷季节能源消耗效率 SEER[（W·h）/（W·h）]		
		能效等级		
		1 级	2 级	3 级
分体式	CC≤4500	5.40	5.00	4.30
	4500<CC≤7100	5.10	4.40	3.90
	7100<CC≤14000	4.70	4.00	3.50

热泵型转速可控型房间空气调节器能效等级 **表 3-4**

类型	额定制冷量（CC）（W）	全年能源消耗效率 APF[（W·h）/（W·h）]		
		能效等级		
		1 级	2 级	3 级
分体式	CC≤4500	4.50	4.00	3.50
	4500<CC≤7100	4.00	3.50	3.30
	7100<CC≤14000	3.70	3.30	3.10

2. 空调器的选择

表示空调器制冷量大小的方法在市场上有两种，即直接表示制冷量大小，如型号 KFR-32GW 的房间空调器，表示额定制冷量 3200W 分体热泵型壁挂式空调器，另一种用压缩机的功率表述，如商家所称的 1 匹空调器是指压缩机电机功率在 1 匹（马力 Hp）左右（1 匹=735.29W），指的是制冷量一般在 2200～2600W 的空调器。空调器以电机功率与制冷量表示的对应关系见表 3-5。

空调器电机功率与制冷量的对应关系 **表 3-5**

电机功率	空调器制冷量范围
3/4 匹	1700～2100W
1 匹	2200～2600W
1.25 匹	2600～3000W
1.5 匹	3000～3800W
1.7 匹	3800～4000W
2 匹	4000～5500W
2.5 匹	6000～6800W
3 匹	7000～8000W

3. 房间面积与空调器制冷量的关系

目前，房间空调器的选择以估算法为主，房间空调器间歇运行时，空调器制冷量可参考表 3-6 选用。

空调器制冷量速查表 **表 3-6**

制冷量（W）	2500	3000	3500	4500	5100	6000	7000	7500	12000
普通房间面积（m^2）	10～16	12～20	16～23	20～30	25～34	30～40	40～46	45～50	70～80
客厅面积（m^2）	14～16	14～19	20～22	25～29	29～32	34～38	40～45	42～48	68～77
一般会议室面积（m^2）	13	16	19	25	28	33	39	41	67

空调器选择时，除应满足房间负荷外，在低温地区还应考虑空调器的热冷比及低温启动能力，为满足较高的制热要求，选用有电辅助加热的空调器比较合适。另外，空调的制冷（热）效果还受到房间密闭程度、玻璃窗大小、房间装修布置、人员活动状况等因素影响，实际选用时，根据建筑物情况进行适当调整。

3.5.2 空调器安装的程序

1. 分体式空调器安装

（1）安装工艺流程

开箱检查 → 室内机安装 → 室外机安装 → 连接配管 → 检验

（2）安装方法

1）开箱检查

① 检查设备说明书、质量合格证书与产品性能检测报告等随机文件是否齐全。

② 检查空调器在搬动和运输过程中有无损伤，应对空调器进行通电试验，观察其功能和效果。

③ 仔细阅读说明书和技术文件，检查输入功率和额定电流是否与房间配电线路相匹配。

2）室内机安装

① 室内机应安装在气流组织合理的地方，要考虑到安装、维修和操作的方便，并与室外机组尽量靠近。

② 室内机安装要牢固、可靠。因机组形式不同，安装位置和方法也有所不同。

③ 壁挂式空调器室内机组的背面设有一块长方形安装挂壁板，上有预选用的孔。在安装时，首先确定安装位置和高度，画出线框并调整水平度，其次用胀钉或木螺钉将安装架固定在墙上。安装板固定后即可将室内机组挂上，对于机组背面的配管和排水管的走向要事先确定。排水管放在制冷剂管的下方，排列顺畅后用胶带进行包扎。

④ 落地式空调器室内机组选好位置后，可直接放置在地面上，也可以支设支架，但支架不可过高，否则会不稳。为防止机组向前倾斜，把背部的固定用金属件用螺钉与墙壁连接起来，机组下部垫两块防滑垫。

3）室外机安装

① 室外机组安装必须牢固可靠，通风良好，其冷凝器应朝向经常吹风的方向。

② 室外机组落地安装，应安装在水泥底座上，底座下部一般应垫橡胶板，以减少振动。若原地面是水泥地面，可用膨胀螺栓作地脚螺钉。

③ 室外机组吊装在外墙墙壁上时，应用三脚架来支撑，目前市场上有通用支架产品，适用于不同规格尺寸的室外机组的安装。安装时用8～10mm粗的膨胀螺栓将三脚架固定在墙壁上，并注意不要拧得过紧，待室外机组与三脚架固定好后，再将螺钉拧紧。

4）连接配管

① 室内和室外机组要用随机提供的连接配管连接。配管有两根，一根是较粗的低压回气管，一根是较细的低压供液管。安装时管内不可进灰尘、水分和其他污物，管道弯曲处尽可能放在管子中部，弯曲半径越大越好。

② 室内外机组的连接管采用喇叭口接头形式。连接前应在喇叭口接头内滴入少量的冷冻油，然后连接并紧固。配管标准长度一般为4～5m，如需要加长配管，需对制冷系统补加制冷剂；配管不应加长过多，否则会影响空调器的制冷能力。

③ 为防止配管外露而损失热量和产生凝露现象，必须对配管进行保温。一般随机提供有成形的圆筒状保温管，整个配管要用扎带包扎。

④ 配管穿过墙壁前，可先用电锤打出穿墙孔，穿墙孔要从室内向室外略有倾斜，以利于排出冷凝水，而且圆洞中要加一个塑料套筒，以保护制冷配管和电线。过墙孔洞在安装完毕后要用油灰等堵死。

⑤ 排水软管一定要布置成流水顺畅的下斜形式，不要将出水口置于水中。

⑥ 室内机组蒸发器中和连接配管中的空气必须排除干净，通常是利用室外机冷凝器中的制冷剂挤出室内机的空气。

5）检验。空调器安装完成后，便可以接通电源试机。检查室内外机组的噪声，用耳听、手摸等方法检查有无安装不牢或机件碰撞引起的振动和摩擦。检验制冷效果，观察蒸发器和配管结露现象，用温度计测试排风和回风温差，判定制冷剂是否充足。

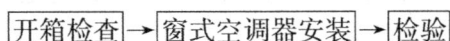

2. 窗式空调器安装

（1）安装工艺流程

开箱检查 → 窗式空调器安装 → 检验

（2）安装方法

1）开箱检查

① 检查设备说明书、质量合格证书与产品性能检测报告等随机文件是否齐全。

② 检查空调器在搬动和运输过程中有无损伤，应对空调器进行通电试验，观察其功能和效果。

③ 仔细阅读说明书和技术文件，检查输入功率和额定电流是否与房间配电线路相匹配。

2）窗式空调器安装

① 安装位置的选择。一般安装在窗台上或窗户上，也可安装在墙洞上。安装位置不应受阳光直射，室外部分不得有发热源，要通风良好，且排水顺利，安装高度为1.5～2.0m。

② 制作固定支架和遮阳防雨板。标准卧式空调器的室外侧应装设支架，支架可用30mm×30mm的角铁制作，支架在墙上的固定方式有多种，可根据实际情况而定，可用电钻打孔后用膨胀螺栓固定。安装时为顺利排水，室外侧应比室内侧低，倾斜度为3°～5°。

在空调器室外侧上方应安装遮阳防雨板，并且伸出空调器后部 200mm，但要注意不得妨碍冷凝器的排风。

③ 固定空调器时加装减振框。将空调器固定在窗框上或墙壁上，伸出部分应平稳安置在室外支架上。随后要在窗式空调器室内部分的四周缝隙，用软性材料封堵，或在安装前单独制作一个与空调器相匹配的软性减振框，这样既可以防止共振产生噪声，又可以避免室内冷气流外逸。

3）检验。空调器安装完成后，便可以接通电源试机。先观察室内风扇和室外风扇是否同步转动，压缩机是否立即运转。约 20min 后，蒸发器应有冷凝水珠产生。在试机的同时，要倾听空调器的运转噪声和与窗框、支架的共振噪声，发现噪声源后应立即排除。

3.5.3 空调器安装的内容及要求

1. 主控项目

（1）房间空调器的规格型号必须符合设计要求，安装应牢固。

（2）凝结水管的坡度必须符合排水要求。

检查数量：按总数抽查 10%，且不得少于 1 台。

检查方法：依据设计图核对、观察检查。

2. 一般项目

（1）分体式空调器的安装规定

1）分体式室外机组的安装，周边空间除应满足冷却风循环要求外，尚应符合环境保护有关规定的要求。

2）室内机组安装位置应正确，目测呈水平，冷凝水的排放应畅通。

3）制冷剂管道连接必须严密无渗漏。

4）管道连接安装时，穿过的墙孔必须密封，雨水不得渗入。

（2）窗式空调器的安装规定

1）支架的固定必须牢靠。

2）应有遮阳、防雨措施，但不得妨碍冷凝器的排风。

3）凝结水盘应有坡度，出水口设在凝结水盘最低处，应将凝结水从出口用软塑料管引至排放地。

4）窗式空调器安装后，四周应用密封条封闭，面板整齐，不得倾斜，运转时应无明显的振动和噪声。

单 元 小 结

本单元主要介绍了空调器类型与结构组成、空调器的工作原理、全封闭式压缩机的结构、空调器用的冷凝器与蒸发器的结构与工作原理、空调器用的节流装置的结构与工作原理以及空调器的安装等方面的内容。通过本单元内容的学习应掌握不同类型房间空调器的工作原理，熟悉空调器用冷凝器、蒸发器、节流装置的结构和工作原理，并具备空调器安装的能力。

空调器采用蒸气压缩式制冷方式进行制冷，空调器主要由压缩机、蒸发器、冷凝器、节流装置组成。空调器的压缩机多采用全封闭式压缩机，主要有全封闭活塞式、全封闭转子、全封闭涡旋式压缩机，冷凝器主要采用风冷式冷凝器，蒸发器一般为直接蒸发冷却式蒸发器，节流装置常采用毛细管、热力膨胀阀、电子膨胀阀。

空调器的安装相对来说比较简单。开箱检查空调的设备说明书等随机文件是否齐全，选择空调器安装的位置，安装空调器，在安装完成后，对空调器进行通电试机以检验安装是否正确；验收时，完成相关验收资料的填写。

思考题与习题

1. 简述分体式空调器的工作原理。
2. 简述窗式空调器的工作原理。
3. 常用的节流装置有哪些?
4. 简述内平衡式热力膨胀阀的工作原理。
5. 简述外平衡式热力膨胀阀的工作原理。
6. 分体式空调器与窗式空调器的安装程序是什么?
7. 简述空调器安装的内容及要求。

教学单元4　蒸气压缩式冷水机组

【教学目标】通过本单元教学，使学生掌握蒸气压缩式冷水机组的结构组成，蒸气压缩式冷水机组的选型方法、安装步骤与安装质量要求；熟悉蒸气压缩式冷水机组的性能参数、主要机器设备的工作原理以及机组的试运转步骤；能够正确识读蒸气压缩式冷水机组机房施工图。

空调用冷水机组是整体制冷装置，整个制冷系统在生产厂中组装在一起，方便用户现场施工安装，机组在施工现场仅进行电气线路和水管的连接与隔热施工，便可投入运行。空调用冷水机组作为空调工程的冷源，通常情况下，冷水机组向空气处理装置提供7℃的冷冻水用于处理空气，其自动化程度较高，实现了微电脑智能化控制，并设有多种自动保护，如蒸气压缩式机组设有高低压保护、油压保护、电动机过载保护，冷媒水系统设有冷媒水冻结保护和断水保护，确保机组运行安全可靠。

目前，常用的空调用冷水机组按工作原理分有蒸气压缩式冷水机组、溴化锂吸收式制冷机组两大类。蒸气压缩式冷水机组按制冷压缩机的类型不同，又分为活塞式、螺杆式、离心式、涡旋式等冷水机组；根据冷凝器的冷却介质不同，压缩式冷水机组分为风冷式和水冷式冷水机组；根据机组结构形式分类，有单机头、多机头和模块式，模块式机组是将活塞式等冷水机组做成单元模块形式，通过多个单元组合成较大制冷量的冷水机组；按机组功能分为冷水机组、冷热水机组和热回收型机组。溴化锂吸收式制冷机组采用吸收式制冷循环的制冷机组，其分类和工作原理详见教学单元5。

4.1　活塞式冷水机组

以活塞式压缩机为主机的冷水机组，称为活塞式冷水机组。其单机制冷量在500～700kW以下，冷负荷较小的空调工程可采用活塞式冷水机组作为空调工程的冷源。活塞式冷水机组中的关键设备活塞式压缩机具有适宜的压力和制冷量范围广，制造技术成熟，容易加工，造价较低，热效率较高等特点。由活塞式压缩机构成的活塞式冷水机组在中小制冷量的空调用冷水机组中是应用最早、最广泛的机组。但活塞式压缩机存在着零部件多、易损件多、制冷量分级调节等缺点。水冷活塞式冷水机组的机组外形及流程图分别见图4-1、图4-2。风冷热泵型活塞式冷

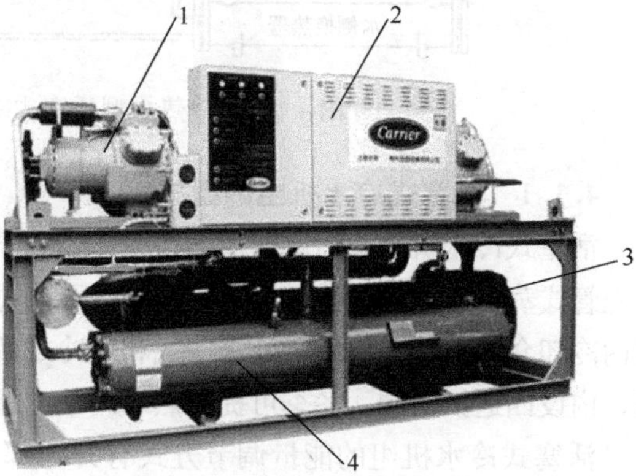

图4-1　水冷活塞式冷水机组外形图

1—活塞式压缩机；2—电控柜；3—蒸发器；4—冷凝器

（热）水机组的流程图见图 4-3。

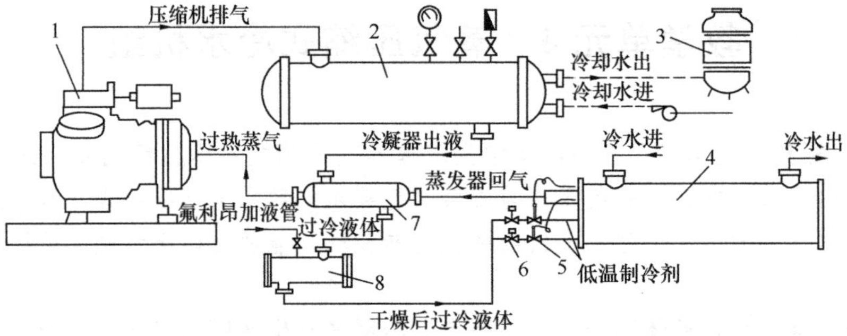

图 4-2　水冷活塞式冷水机组及其水系统流程图

1—活塞式压缩机；2—冷凝器；3—冷却塔；4—干式蒸发器；5—热力膨胀阀；6—电磁阀；7—回热器；8—干燥过滤器

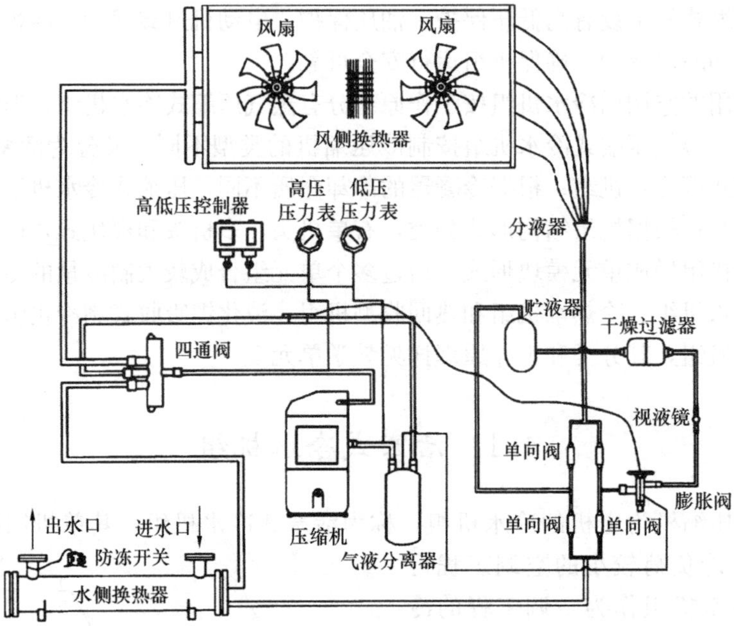

图 4-3　风冷热泵型活塞式冷水机组制冷系统流程图

4.1.1　活塞式冷水机组的组成

活塞式冷水机组由活塞式压缩机、水冷卧式冷凝器（或风冷冷凝器）、热力膨胀阀、干式壳管式蒸发器和辅助设备如油分离器、干燥过滤器等设备组成。活塞式冷水机组根据冷凝器内冷却介质的种类不同，分水冷式和风冷式两种，风冷式的多为风冷热泵型冷（热）水机组，内设四通换向阀，冬季可提供热水用于空调制热。风冷机组可放置在屋顶，安装简便。

活塞式冷水机组的能量调节方式有开停部分压缩机或采用能量调节机构两种方式，以适应空调负荷的变动，这种制冷量调节是分级进行的。根据制冷量大小，冷水机组可配用全封闭式、半封闭式和开启式制冷压缩机。水冷冷凝器多采用水冷卧式壳管式冷凝器，冷却水进水温度应不高于 32℃，冷却水进出口温差为 4～6℃。蒸发器为干式卧壳式蒸发器，名义工况下，冷冻水进蒸发器温度为 12℃，出蒸发器温度为 7℃，达到制取空调冷冻水的目的。机组的热力膨胀阀自动调节蒸发器的供液量。制冷剂常用 R22 或 R134a。

4.1.2 半封闭式活塞压缩机

1. 活塞式压缩机的类型

根据结构不同，活塞式制冷压缩机可分为开启式、半封闭式和全封闭式三类。开启式制冷压缩机与电动机分开布置，中间用联轴器或皮带传动动力，这种压缩机的主轴伸出机体之外，需要轴封防止压缩机内部制冷剂泄漏。半封闭活塞式压缩机外壳部分是可拆装的，这样便于检修，并防止制冷剂泄漏，电动机和压缩机装在这个密闭外壳内，从而取消轴封装置，电动机绕组利用吸入的低温制冷剂蒸气得到冷却，改善了电动机的冷却条件。全封闭活塞式制冷压缩机的外壳是焊接结构，避免了制冷剂的泄漏，其结构见 3.2.1 节。活塞式冷水机组多采用半封闭式和全封闭式活塞压缩机。

2. 半封闭活塞式制冷压缩机的结构

半封闭活塞式制冷压缩机结构见图 4-4。它是由机体、活塞与曲轴连杆机构、气阀与缸套组件、能量调节机构、润滑系统等五大部分组成。机体的形状复杂，一般由铸铁铸造后加工而成。活塞与曲轴连杆机构包括活塞、曲轴、连杆和活塞销，曲轴连杆机构将旋转运动变为往复运动，通过活塞在气缸中的往复运动实现对气体的压缩。活塞、连杆、曲轴的结构如图 4-5～图 4-7 所示。活塞为铝合金筒形结构，以减小惯性力，其外表面开有三道环槽，其中上面两道为密封环槽，放置密封环（或称气环），下面一道为刮油环槽，放置刮油环，刮油环用于刮除气缸壁上多余的润滑油，仅留较薄一层润滑油保证润滑。放置刮油环时注意刮油环的方向不能放反，否则没有刮油作用。活塞销座用于安装活塞销，活

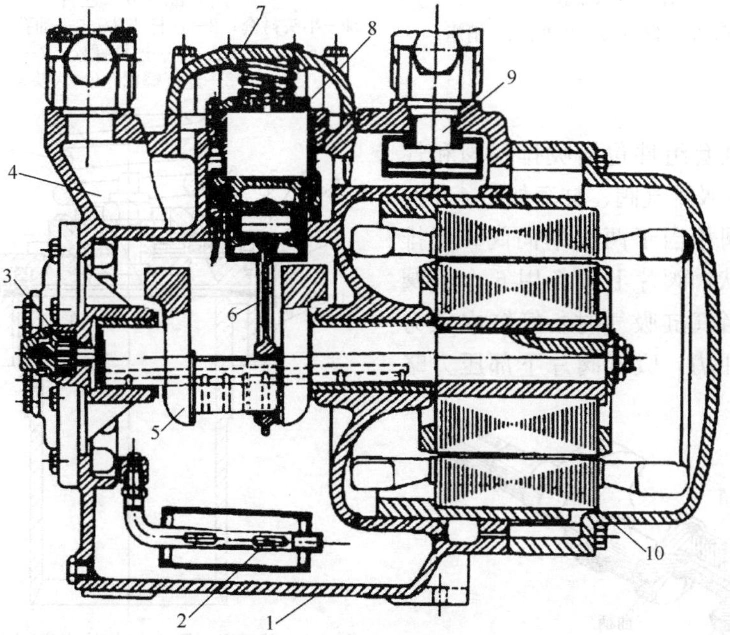

图 4-4 半封闭活塞式制冷压缩机

1—曲轴箱；2—油过滤器；3—油泵；4—排气腔；5—曲轴；6—连杆；
7—气缸盖；8—活塞；9—吸气腔；10—电动机

塞销与连杆小头连接。连杆一般由可锻铸铁制成，连杆多为直剖式（也有斜剖式），即连杆大头为安装方便，剖切成两块，装到曲轴上后用连杆螺栓连接，内衬薄壁轴瓦。连杆体内钻有油孔，可将润滑油输送到连杆小头，润滑连杆小头与活塞销的接触部位。曲轴形状复杂，一般由球墨铸铁铸造成形后精加工而成，曲轴内钻有油孔，便于润滑连杆大头。

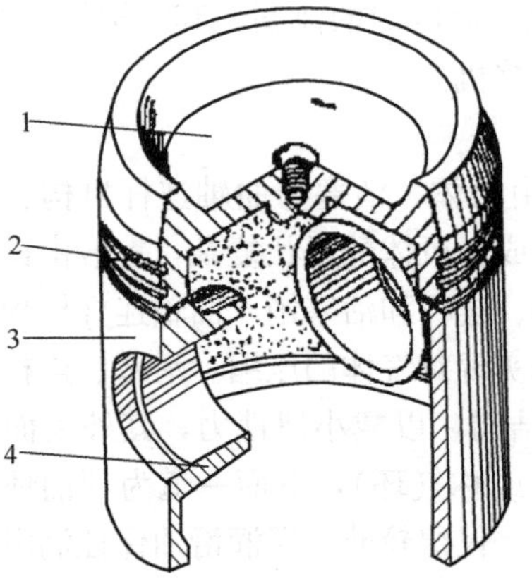

图 4-5　活塞

1—顶部；2—环部；3—裙部；4—销座

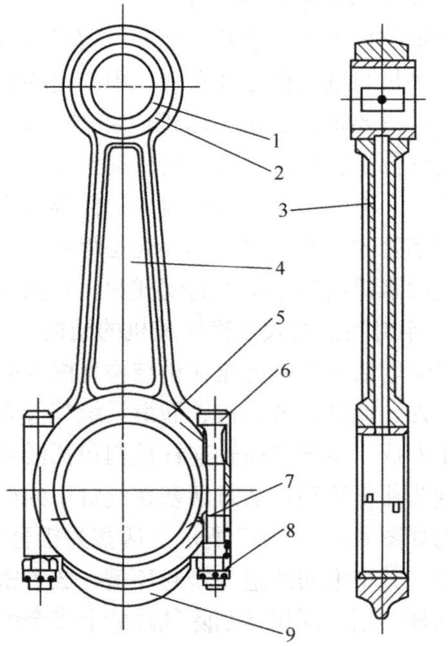

图 4-6　连杆

1—小头衬套；2—连杆小头；3—油孔；4—连杆体；5—连杆大头；6—连杆螺栓；7—大头轴瓦；8—连杆螺帽；9—大头盖

气阀与缸套组件包括吸排气阀和气缸套。压缩机吸排气阀、缸套如图 4-8 所示，吸排气阀相当于两个单向阀。吸排气阀片为环状，阀片上面各用 6 个气阀弹簧压着，当气缸吸气时，气缸内压力略小于进气压力，吸气阀片下部压力略

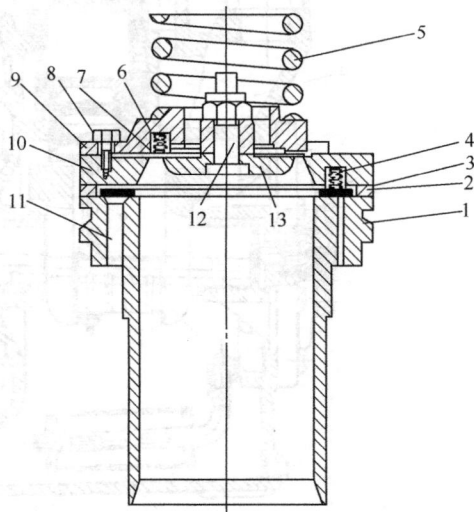

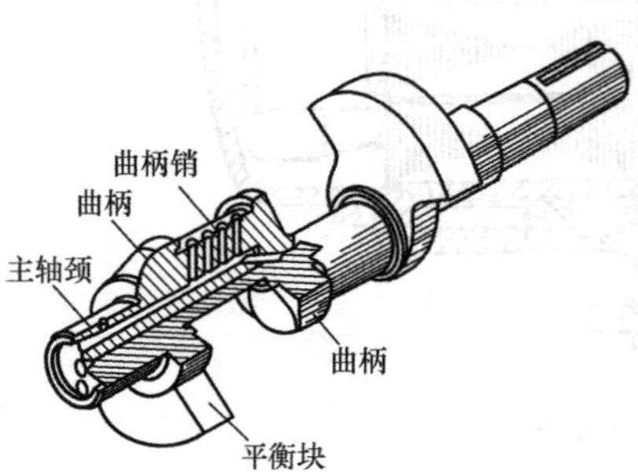

图 4-7　曲轴

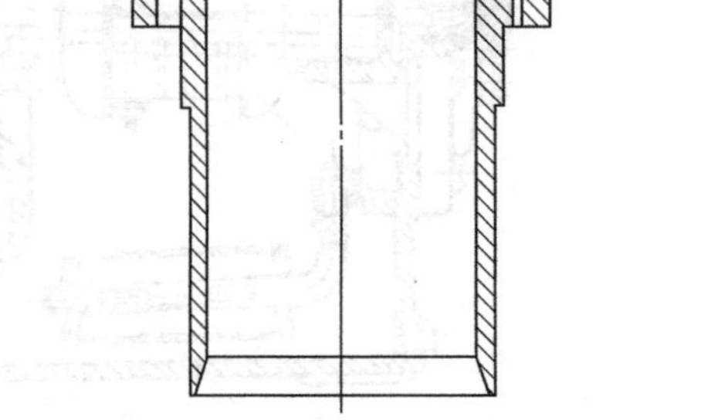

图 4-8　B47F55 压缩机气缸及阀片组件的装配图

1—气缸套；2—吸气阀片导向环；3—吸气阀片；4—吸气阀片弹簧；5—假盖弹簧；6—排气阀弹簧；7—排气阀片；8—螺钉；9—排气阀外阀座；10—排气阀座；11—吸气孔；12—螺栓；13—排气阀内阀座

大于上部压力，吸气阀片克服弹簧作用力上升，低压气体通过进气孔进入气缸。当气缸停止吸气开始压缩时，气缸内部压力加上弹簧力大于低压进气压力，吸气阀关闭；气体被压缩过程中，气缸内压力小于排气压力时，排气阀也是关闭的，当气缸压力略大于排气压力时，排气阀片克服弹簧作用力上升，气缸内的气体排入排气管。

气缸套的上沿周边均匀开有许多进气孔，低压气体从进气孔、吸气阀开启后的通道进入气缸，活塞在气缸内做上下往复运动，实现气体压缩。

半封闭活塞式压缩机的能量卸载机构采用移动套式卸载机构，见图 4-9。移动套式卸载机构安装在气缸套外壁，卸载机构的工作原理是：当压缩机刚启动或需要卸载时，环形槽内没有供油，在卸载弹簧的作用下，移动环和上固定环上移，推动顶杆向上，将吸气阀片顶住不能动作，这样，气缸内的制冷剂始终与吸气通道相通，气体不能排入排气管中，该气缸不能起到压缩的作用，即该气缸处于卸载状态；当需要气缸工作时，环形槽内供油，移动环在油压作用下，克服卸载弹簧的弹簧力向下移动，顶杆在弹簧作用下向下脱离吸气阀片，这样，吸气阀片正常工作，该气缸内被压缩的制冷剂气体能够排到排气管中，即气缸处于正常工作状态。这种半封闭式活塞压缩机通过改变工作气缸数，实现分级调节制冷量。

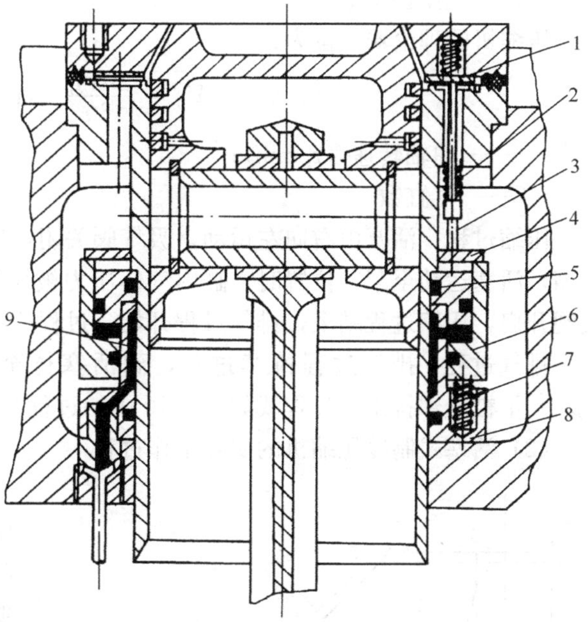

图 4-9　移动套式卸载机构

1—吸气阀片；2—顶杆弹簧；3—顶杆；4—上固定环；5—O 形密封圈；6—移动环；7—卸载弹簧；8—下固定环；9—环形槽

半封闭式制冷压缩机的润滑系统是使曲轴箱底部的润滑油通过油过滤器经油泵加压后，进入曲轴内的油孔中，润滑连杆大头衬套，因连杆内部钻有油孔，润滑油可以达到连杆小头，润滑活塞销与连杆小头间的衬套。高速旋转的曲轴将曲轴上的润滑油甩在气缸内壁上，用于润滑活塞。

3. 活塞式压缩机的工作原理

（1）活塞式制冷压缩机的理想工作过程

活塞式制冷压缩机的理想工作过程是指压缩过程无能量损失和容积损失。活塞式压缩机的理想工作过程包括吸气、压缩、排气三个过程。理想工作过程在 p-V 图上的表示如图 4-10 所示。

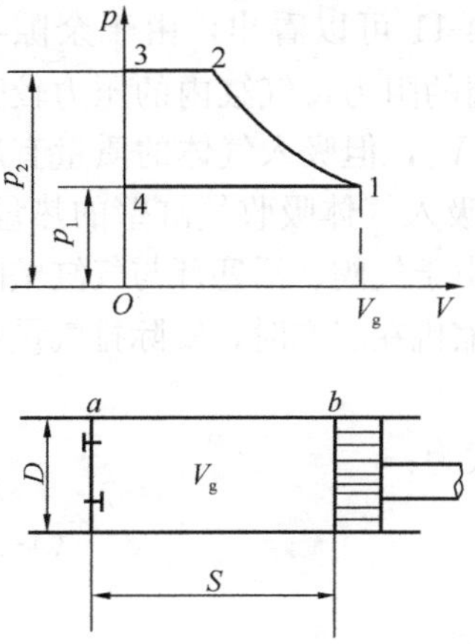

图 4-10　理想工作过程示功图

吸气过程：初始位置在左边（活塞处于上止点），当活塞由左向右运动时，排气阀片关闭，吸气阀开启，低压气体在定压下（ p_1 ）被吸入气缸内，直至活塞到达最右端（称为下止点）。过程线如图 4-10 中的过程 4-1。一个行程吸入的低压气体量称为压缩机的行程容积。

$$V_g = \frac{\pi D^2 S}{4} \quad (m^3) \tag{4-1}$$

式中 D——气缸直径（m）；

S——活塞行程（m）。

压缩机的理论输气量为：

$$V_h = \frac{ZnVg}{60} \quad (m^3/s) \tag{4-2}$$

式中 n——曲轴转速（r/min）；

Z——气缸数。

压缩过程：活塞由右向左运动，吸气阀关闭，气缸内形成封闭容积，缸内气体被绝热压缩，活塞运动至某一位置时，缸内气体压力被压缩至与排气管内压力（ p_2 ）相等，排气阀开启，压缩过程结束，排气过程开始，过程线如图 4-10 中过程 1-2。

排气过程：排气过程持续进行，到活塞行至左端为止，气缸内高压气体在定压（ p_2 ）下被全部排出，过程线如图 4-10 中的过程 2-3。

（2）活塞式制冷压缩机的实际工作过程

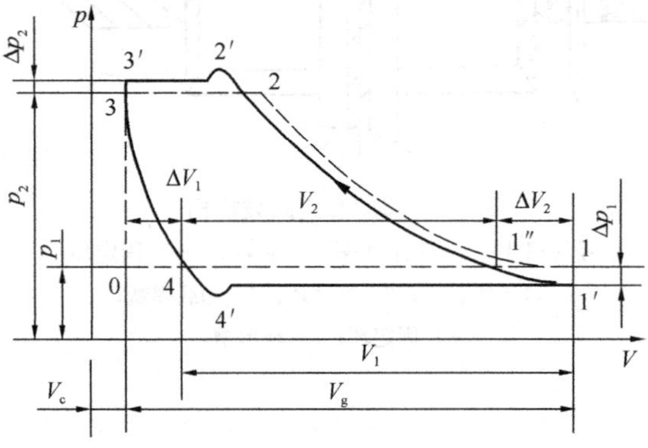

图 4-11 活塞式压缩机的实际工作过程

活塞式制冷压缩机的实际工作过程中，由于气缸内存在余隙容积、吸排气阀存在阻力、吸入气缸中的气体与气缸壁存在热交换和泄漏，压缩机的实际排气量较理论过程要小，同样排气量下，实际过程消耗的功率要大。压缩机的实际工作过程包括吸气、压缩、排气和膨胀过程。其实际工作过程见图 4-11，图 4-11 中 1′-2′为压缩过程，2′-3′为排气过程，3′-4′为膨胀过程，4′-1′为吸气过程。从图 4-11 可以看出，由于余隙容积 V_c 的影响，压缩机的吸气量由 V_g 减小到 V_1，由于吸气阀的阻力，气缸内的压力较吸气压力低，气体的比容增大，吸入气缸内的气体体积虽然是 V_1，但吸入气体的质量有所减少。同时，由于气缸壁的温度比吸入气体的温度高，由于吸入气体吸收气缸壁的热量，气体的比容增大，还会造成实际吸入的气体量进一步减少。由于气阀、活塞环与气缸壁间并非绝对严密，造成压缩机工作时少量气体泄漏。因此，压缩机在工作时，实际排气量小于理论排气量。

衡量压缩机气缸工作效率的指标是输气系数 λ，计算公式为：

$$\lambda = \frac{V_s}{V_h} \tag{4-3}$$

式中 V_s——压缩机的实际排气量（m³/s）；

V_h——压缩机的理论排气量（m³/s）。

输气系数是压缩机的实际排气量与理论排气量之比，它是一个重要指标，又称为容积效率。输气系数与压缩机的结构形式、高低压之比等因素有关。

压缩机制造厂一般将生产的各类型压缩机的输气系数整理成与压缩比间的关系曲线，以供用户使用。有些厂家整理成与蒸发温度、冷凝温度间的关系曲线。

在制冷系统方案比较的初步计算时，活塞式制冷压缩机的输气系数可按以下经验公式计算：

$$\lambda = 0.94 - 0.085\left[\left(\frac{p_k}{p_0}\right)^{\frac{1}{m}} - 1\right] \tag{4-4}$$

式中　m——多变指数，NH_3，1.28；R22，1.18；

p_k——冷凝压力（MPa）；

p_0——蒸发压力（MPa）。

对于空气调节用的制冷压缩机，其压缩比一般均小于4，用式（4-4）计算出的输气系数比实际值约大0.03～0.05。

4. 活塞式压缩机的工况

制冷压缩机的制冷量、功率消耗等指标随蒸发温度及冷凝器温度而变，因此不讲制冷压缩机的工作参数（即工作温度范围）而单讲制冷量的大小是没有意义的。为了便于将制冷机的性能加以对比，人为地规定了一组工作温度作为比较前提。为全面考核制冷压缩机的性能，我国制定了制冷压缩机考核规范《活塞式单级制冷压缩机》GB/T 10079—2001，规定了压缩机的名义工况、最大负荷工况和最大压差工况，还规定了有机制冷剂压缩机和无机制冷剂压缩机的使用范围。其中名义工况分别对有机制冷剂和无机制冷剂规定了一组工作温度，用于考核制冷压缩机的制冷量和轴功率，在名义工况下工作的压缩机的制冷量和轴功率，称为名义制冷量和名义轴功率。名义工况的工作参数见表4-1和表4-2。最大负荷工况和最大压差工况，用以考核压缩机及配用电动机能否在极限工况下正常工作。制冷压缩机的使用范围是保证压缩机正常工作的温度范围，工作中不能超出此范围，有机制冷剂压缩机使用范围见表4-3。

制冷压缩机可以在一定的温度范围内工作，以上的各种工况只是规定考核时压缩机的工作温度数值，并不是制冷压缩机只能在这个规定工况下工作。压缩机的实际运行工况由实际条件确定。

无机制冷剂压缩机的名义工况　　**表4-1**

类型	吸入压力饱和温度（℃）	排出压力饱和温度（℃）	吸入温度（℃）	制冷剂液体温度（℃）	环境温度（℃）
中低温	−15	30	−10	25	32

有机制冷剂压缩机的名义工况　　**表4-2**

类型	吸入压力饱和温度（℃）	排出压力饱和温度（℃）	吸入温度（℃）	环境温度（℃）
高温	7.2	54.4	18.3	35
	7.2	48.9	18.3	35
中温	−6.7	48.9	18.3	35
低温	−31.7	40.6	18.3	35

有机制冷剂压缩机的使用范围　　　　表 4-3

类型	吸入压力饱和温度（℃）	排出压力饱和温度（℃）		压缩比
		高冷凝压力	低冷凝压力	
高温	−15～12.5	25～60	25～50	≤6
中温	−25～0	25～50	25～50	≤16
低温	−40～−12.5	25～50	25～45	≤18

5. 活塞式压缩机型号表示

《活塞式单级制冷压缩机》GB/T 10079—2001 将压缩机与带电动机的压缩机进行了区分，与电动机组合成整体的压缩机称为制冷压缩机组。

（1）活塞式压缩机型号表示

此处所指的活塞式压缩机为不带电动机的压缩机。国产活塞式压缩机的型号用一组字母和数字表示，型号体现了压缩机的结构和性能参数，具体规定如下：

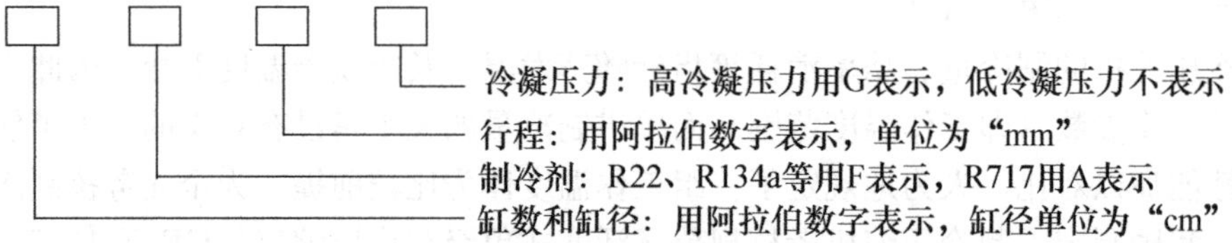
冷凝压力：高冷凝压力用G表示，低冷凝压力不表示
行程：用阿拉伯数字表示，单位为“mm”
制冷剂：R22、R134a等用F表示，R717用A表示
缸数和缸径：用阿拉伯数字表示，缸径单位为“cm”

（2）活塞式压缩机组型号表示

活塞式压缩机组是指压缩机与电机组合成的整体式机组，其结构形式有开启式、半封闭式和全封闭式三类。具体规定如下：

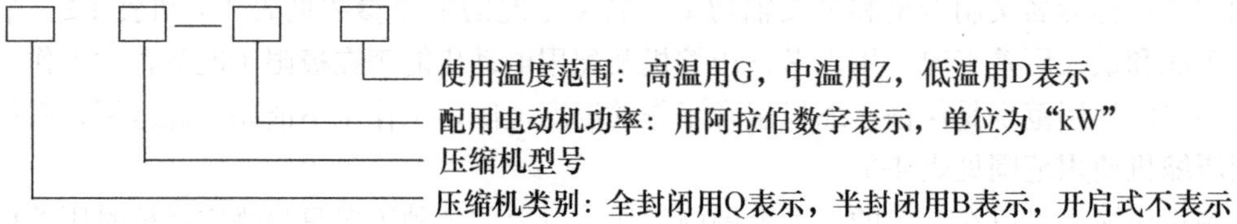
使用温度范围：高温用G，中温用Z，低温用D表示
配用电动机功率：用阿拉伯数字表示，单位为“kW”
压缩机型号
压缩机类别：全封闭用Q表示，半封闭用B表示，开启式不表示

如 B47F55-13Z 表示半封闭式 4 缸，气缸直径 7cm，制冷剂为氟利昂，活塞行程 55mm，低冷凝压力，电机功率 13kW 的中温活塞式制冷压缩机。

4.1.3 水冷式冷凝器和风冷式冷凝器

1. 卧式水冷式冷凝器

目前冷水机组采用氟利昂作为制冷剂，氟利昂用卧式壳管式冷凝器的结构见图 4-12，它由壳体、管板、管簇等组成。壳体的两端装有铸铁的端盖，端盖内设有分水筋，冷却水的进出水管接头设在同一侧的端盖上，采用下进上出方式。这样，冷却水进入冷凝器的铜管内折返多次后，流出冷凝器。因此，卧式冷凝器冷却水温升一般可达到 4～6℃。制冷剂蒸气从壳体顶部进入，在铜管外壁冷凝成液体后，从壳体底部流入高压贮液器或直接进入膨胀阀。

卧式冷凝器气侧的壳体上设有安全阀、压力表、均压管和放空气管，在水侧端盖的上部设有一个放空气的旋塞，下部设有一个放水旋塞，用以停止使用时放尽冷却水，防止冬季冻裂水管。

氟利昂用卧式壳管式冷凝器的传热管采用低肋铜管，以提高制冷剂侧的放热系数。

氟利昂用卧式冷凝器用易熔塞代替安全阀，当遇到火灾或严重缺水时，易熔塞会自行熔化，避免发生爆炸。

卧壳式冷凝器的优点有：传热系数高，冷却水量较立式的少，运行可靠，操作简便。

缺点是：清洗不便且需停机清洗，对水质的要求高，不易发现制冷剂泄漏。

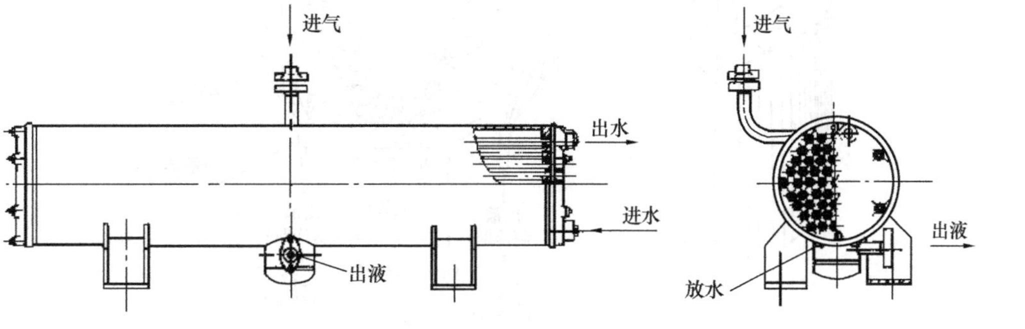

图 4-12　卧式冷凝器

2. 套管式冷凝器

套管式冷凝器一般用于水冷式冷水机组，在夏季制冷时与冷却塔配套构成冷却水系统使用。有些风冷式冷水机组也将其用于蒸发器，即机组热泵制热运行时，该种换热器作为冷凝器使用，但当机组制冷运行时为蒸发器。套管式冷凝器由两种不同直径的管子套在一起组成，外管多采用外径 50mm 的无缝钢管，管内套有一根或多根铜管或低肋铜管（称内管），内管隔一定距离设支撑进行固定。套成后，在弯管机上绕成螺旋状，其外形见图 4-13。制冷剂蒸气从上部进入外管内，在内管外表面冷凝，凝结液从下部流出。冷却水由下部进入内管，从上部流出。这样制冷剂与冷却水逆向流动，换热系数较高，且制冷剂液体的过冷度较大。

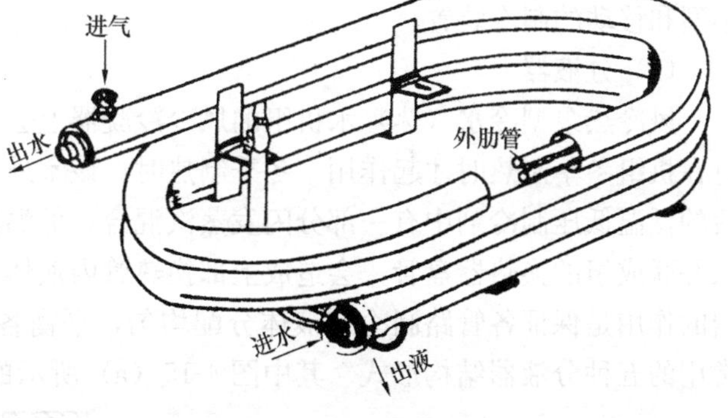

图 4-13　套管式冷凝器

套管式冷凝器可以将压缩机置于其中，这样节省了空间。套管式冷凝器的缺点是冷却水阻力较大，金属耗量大，水垢不易清洗。

3. 风冷式冷凝器

（1）风冷式冷凝器的结构形式

风冷式冷凝器即空气冷却式冷凝器，有自然对流式和强制对流式两种。风冷式冷水机组采用强制对流式。强制对流式风冷冷凝器的结构见图 4-14，主要有 L 形和 V 形两种形式，它们都是将换热管（一般为紫铜管）盘成蛇形，成组并联，管外套上薄铝制翅片制成。空气依靠风扇的作用，一般以 2～3m/s 的迎面风速横向掠过管束，夏季制冷时，制冷剂蒸气从换热器的集气管进入，在传热管中被冷凝成液体，从分液器口排出。当冬季制

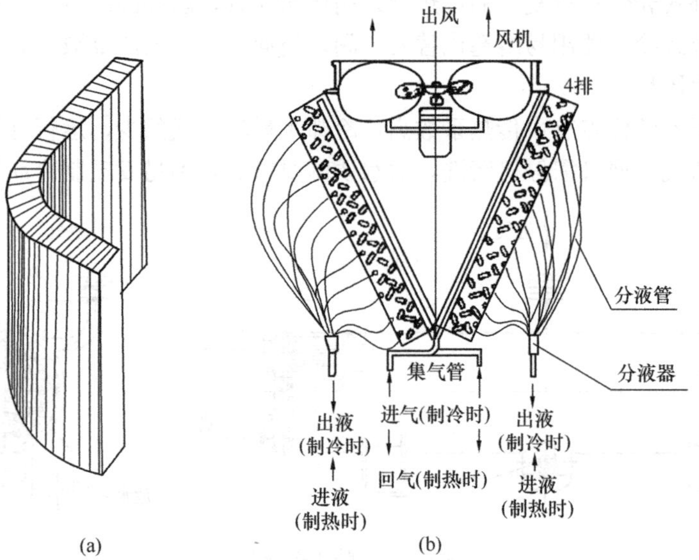

图 4-14　用于热泵型冷（热）水机组的风冷式冷凝器

（a）L形；（b）V形

热时，流向相反，即节流后的制冷剂通过分液器流入蒸发器内，汽化后从集气管流出。

风冷式冷凝器的特点是冷却系统简单，但初投资和运行费高。制冷系统工作时，冷凝温度高，压缩机工作条件较水冷式冷凝器差。因此风冷式冷水机组一般应用于缺水地区，小型和移动的制冷装置。

（2）分液器

风冷热泵型冷水（热）水机组的风冷冷凝器上会设置分液器，在此处设置的分液器只有在机组冬季制热时才起作用。冬季制热时，该室外换热器是蒸发器，节流装置节流降压后的低温低压制冷剂中有一部分闪发蒸汽混合在低温液体中，如不采取一定的措施直接进入并联成组的换热器盘管，会造成上部换热管内液体少，下部液体多的不均匀现象，分液器的作用是保证各管路制冷剂液体分配均匀，平衡各组蒸发排管的压力。图 4-15 是目前常用的五种分液器结构形式。其中图 4-15（a）所示的是离心式分液器。来自节流阀的制

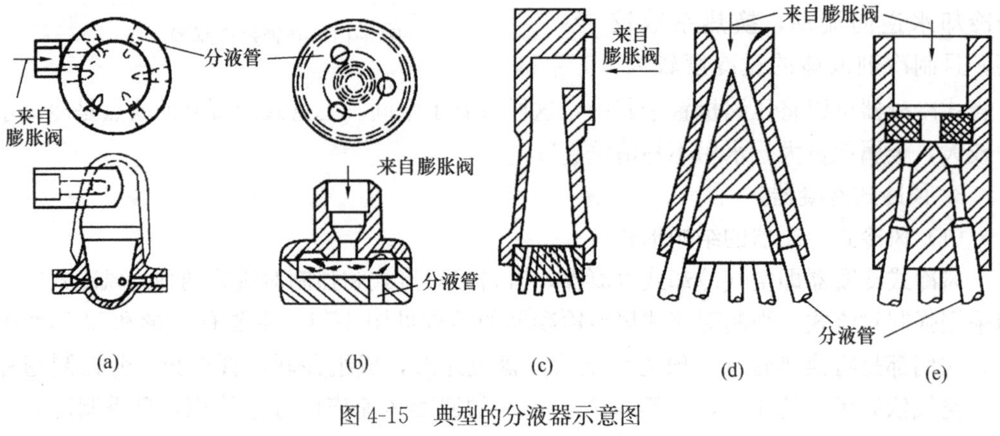

图 4-15　典型的分液器示意图

（a）离心式；（b）、（c）碰撞式；（d）、（e）降压式

冷剂沿切线方向进入小室，得到充分混合的气液混合物从小室顶部沿径向分送到各路肋片管。图 4-15（b)、(c）为碰撞式分液器。来自节流阀的制冷剂高速进入分液器后，首先与壁面碰撞使之成为均匀的气液混合物，然后再进入各路肋片管。图 4-15（d)、(e）为降压式分液器，其中图 4-15（d）是文氏管型，其压力损失较小，这种类型分液器是使制冷剂首先通过缩口，增大流速以达到气液充分混合，克服重力影响，从而保证制冷剂均匀地分配给各个蒸发管组。这些分液器可以水平安装，也可垂直安装，但多为垂直安装。

4.1.4 干式蒸发器

如图 4-16 所示为干式氟利昂壳管式蒸发器的结构原理图。在这种蒸发器中，低温制冷剂在管内蒸发，被冷却的液体在管外被冷却。蒸发器内设有圆缺形折流板（图中隔板)，被冷却的液体流动时被折流板折返多次，被充分冷却。蒸发器内的液态制冷剂充注量占管内容积的 35%～40%，因此称为干式蒸发器。

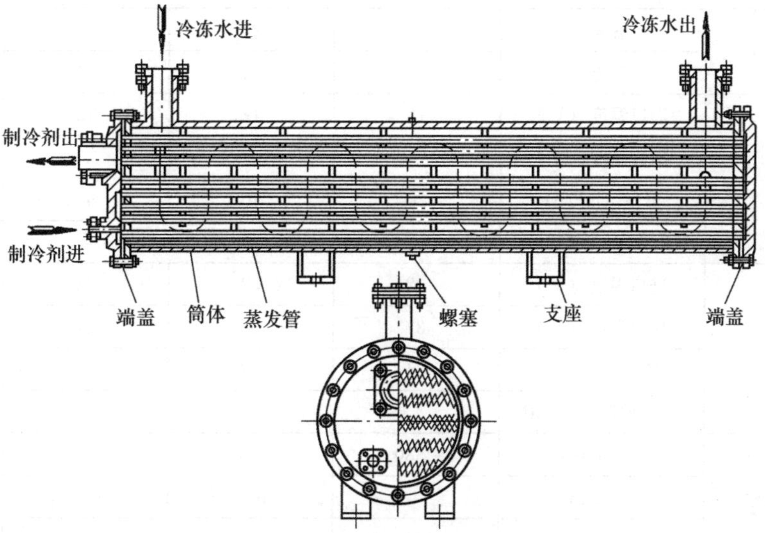

图 4-16　干式壳管蒸发器结构

干式蒸发器的特点是：传热系数高，制冷剂的充注量少，被冷却液体没有冻结的危险，易于回油。但结构较满液式复杂，存在制冷剂在管内分配不均等问题。

冷水机组采用热力膨胀阀或电子膨胀阀作为节流装置，膨胀阀结构及工作原理见 3.4.2 节。

4.1.5 活塞式冷水机组的制冷量调节

(1) 台数调节

对多机头的冷水机组，根据空调冷负荷的变化，冷水机组可以采用改变制冷压缩机工作台数来调节制冷量。机组的自动控制系统可以均衡地安排各台压缩机的工作时间，保证在一定的时间内各台压缩机的工作时间基本相同。

(2) 气缸数调节

对单机头冷水机组，当气缸数为 1～2 个时，制冷量调节采用压缩机启停方式；当气缸数为 4 个或以上时，可以利用卸载机构改变工作气缸数进行制冷量调节。

活塞式冷水机组的制冷量调节方法只能实现制冷量的分级调节。

4.1.6 活塞式冷水机组的技术参数

某水冷活塞式冷水机组的技术参数见表 4-4。

水冷活塞式冷水机组的技术参数　　表 4-4

产品型号		LSB100	LSB200	LSB300	LSB400
制冷量	kW	116	232	348	464
	10^4kcal/h	10	20	30	40
压缩机	型号	半封闭活塞式压缩机（6DJ3-4000-FSD）			
	台数	1	2	3	4
电源		3P-380V-50Hz			
功率（kW）		29.8	29.8×2	29.8×3	29.8×4
工质		R22			
充注量（kg）	系统 1	24	24	24	44
	系统 2		24	44	44
蒸发器（冷冻水）	进口温度（℃）	12	12	12	12
	出口温度（℃）	7	7	7	7
	流量（m^3/h）	20	40	60	80
	水侧阻力（MPa）	<0.1			
冷凝器（冷却水）	进口温度（℃）	32	32	32	32
	出口温度（℃）	37	37	37	37
	流量（m^3/h）	24	48	72	96
	冷却水侧阻力（MPa）	<0.1			
机组外形尺寸	长（mm）	2580	3050	2930	3500
	宽（mm）	710	1000	1130	11180
	高（mm）	1400	1400	1649	1710
质量	机组质量（kg）	1100	1560	2400	3200

4.1.7 蒸气压缩式冷水机组的性能参数

1. 我国蒸气压缩式冷水机组的型号编制规则见表 4-5。

容积式冷水（热泵）机组的型号表示方法　　表 4-5

机组型号示例	冷水机组基本代号	制冷压缩机形式			制冷压缩机类型			机组功能	
		开启式	半封闭式	全封闭式	往复活塞式	双螺杆式	单螺杆式	涡旋式	单冷式
	LS	不表示	B	Q	不表示	LG	DG	W	不表示
LSB700 水冷半封闭式活塞式冷水机组	LS		B						
LSBF350 风冷半封闭式活塞式冷水机组	LS		B						

续表

机组型号示例	机组功能		放热侧热交换方式			制冷剂种类			名义制冷量
	制冷及热泵制热	制冷及电热制热	水冷式	风冷式	蒸发冷却式	R22、R134a 等	R717	R407C、R410A 等混合制冷剂	以阿拉伯数字表示
	R	D	不表示	F	Z	不表示	A	H	(kW)
LSB700 水冷半封闭式活塞式冷水机组									700
LSBF350 风冷半封闭式活塞式冷水机组				F					350

2. 蒸气压缩式冷水机组的性能参数

产品样本中蒸气压缩式冷水机组的性能参数是在名义工况下测定出的参数，蒸气压缩式冷水机组的名义工况规定见表 4-6。

蒸气压缩式冷水机组名义工况时的温度　　　　表 4-6

项目	使用侧		热源侧（或放热侧）			
	冷、热水		水冷式		风冷式	
	水流量	出口温度	进口温度	水流量	干球温度	湿球温度
制冷	0.172	7	30	0.215	35	—
热泵制热		45	15	0.134	7	6

注：1. 水流量单位为“m^3/（h·kW）”，温度单位为“℃”；

2. 蒸发器水侧污垢系数为 0.018m^2·℃/kW，冷凝器水侧污垢系数为 0.044m^2·℃/kW。

（1）名义制冷（制热）量：机组在名义制冷（制热）工况下运行时，测试得到的制冷量（制热量），其单位为“kW”。

有些产品给出了以工程单位制为单位的制冷量 kcal/h，还有用冷吨 RT 为单位的制冷量，各种单位之间的换算是：

1×10^4kcal/h＝11.63kW

1（US）RT＝3.517kW

（2）名义总消耗电功率：机组在名义制热（制热）工况下运行时，测试得到的机组总消耗电功率，单位为“kW”。但对热泵制热工况总消耗电功率中，不包括辅助电加热器消耗的功率。

（3）名义工况性能系数（*COP*）：在名义工况下，机组以同一单位表示的制冷（热）量除以总输入电功率得出的比值。《冷水机组能效限定值及能源效率等级》GB 19577—2015 规定的冷水机组能效等级见表 4-7。冷水机组的性能系数 *COP* 应不低于 GB 19577—

2015 规定的最小限值。

冷水机组 *COP* 指标（GB 19577—2015）　　表 4-7

类型	名义制冷量（*CC*）（kW）	能效等级（*COP*）（W/W）		
		1	2	3
风冷式或蒸发冷却式	*CC*≤50	3.20	3.00	2.50
	CC>50	3.40	3.20	2.70
水冷式	*CC*≤528	5.60	5.30	4.20
	528<*CC*≤1163	6.00	5.60	4.70
	CC>1163	6.30	5.80	5.20

（4）综合部分负荷性能系数（*IPLV*）：用一个单一数值表示的空气调节用冷水机组的部分负荷效率指标，它是基于机组部分负荷时的性能系数值，按照机组在各种负荷下运行时间的加权因素通过计算获得。它是评价机组在整个制冷季节运行时的综合能效指标。机组的 *IPLV* 用下式计算得出：

$$IPLV=2.3\%\times A+41.5\%\times B+46.1\%\times C+10.1\%\times D \tag{4-5}$$

式中　*A*——100%负荷时的性能系数 *COP*（kW/kW），冷凝器进水温度 30℃；

B——75%负荷时的性能系数 *COP*（kW/kW），冷凝器进水温度 26℃；

C——50%负荷时的性能系数 *COP*（kW/kW），冷凝器进水温度 23℃；

D——25%负荷时的性能系数 *COP*（kW/kW），冷凝器进水温度 19℃。

GB 19577—2015 规定的冷水机组综合部分负荷性能系数的能效等级见表 4-8。冷水机组的综合部分性能系数 *IPLV* 应不低于 GB 19577—2015 规定的最小限值。

冷水机组能效等级（*IPLV*）指标（GB 19577—2015）　　表 4-8

类型	名义制冷量（*CC*）（kW）	能效等级（*IPLV*）（W/W）		
		1	2	3
风冷式或蒸发冷却式	*CC*≤50	3.80	3.60	2.80
	CC>50	4.00	3.70	2.90
水冷式	*CC*≤528	7.20	6.30	5.00
	528<*CC*≤1163	7.50	7.00	5.50
	CC>1163	8.10	7.60	5.90

4.1.8 活塞式制冷压缩机、冷凝器和蒸发器的选择计算

1. 活塞式压缩机的选择计算

活塞式压缩机选型方法有三种：按压缩机理论排气量选择、按压缩机名义制冷量选择和查压缩机性能曲线或性能参数表选择。按压缩机理论排气量选择就是先计算压缩机的理论排气量，然后查产品样本，找到与其相近排量的压缩机。按压缩机名义制冷量选择就是将制冷压缩机的设计工况制冷量换算成名义工况制冷量，然后查产品样本，找到与其相近制冷量的压缩机，这种方法多在氨压缩机选择中采用。查压缩机性能曲线或性能参数表选择压缩机的方法，是根据生产厂把压缩机在不同冷凝温度和蒸发温度下的制冷量制作成的曲线或表格，设计人员可直接查取压缩机设计工况的参数进行选择，大大简化了设计选型

过程。下面介绍计算选择压缩机的步骤和方法。

(1) 选择计算的步骤

1) 计算压缩机设计工况制冷量 Q_0。

2) 确定工作参数。

即根据当地气象条件和水源条件等，确定制冷系统的蒸发温度、冷凝温度、过冷度、过热度等工作参数。

3) 根据压缩机设计工况下的制冷量 Q_0、输气系数 λ_d 和单位容积制冷量 q_{vd} 计算压缩机的理论排气量 V_h。

或将 Q_0 换算成名义工况的制冷量 Q_n。

4) 根据所计算的理论排气量 V_h 或名义制冷量 Q_n 查产品样本选择合适的压缩机。

5) 压缩机电机功率校核。

(2) 工作参数的确定

1) 蒸发温度 t_0

对壳管式蒸发器，t_0 一般取比载冷剂温度低 5℃，如冷冻水设计出水温度 7℃，则蒸发温度取 2℃。对强制对流的空气冷却器，一般蒸发温度比空气的出口温度低 10℃。

2) 冷凝温度 t_k

卧式壳管式冷凝器：比冷却水出口温度高 4～6℃。风冷式冷凝器：比进风温度高 8～12℃。

3) 过冷温度

一般水冷式冷凝器的过冷度为 2～3℃。

4) 吸气温度

压缩机吸气温度不应超过 20℃，并不得使压缩机排气温度高于 130℃。氟利昂压缩制冷系统一般设置热力膨胀阀或电子膨胀阀，正常工作时蒸发器出口过热度一般为 3～8℃。

(3) 选型计算

1) 理论排气量计算

已知压缩机实际排气量，根据设计工况的冷凝温度和蒸发温度，查压缩机输气系数曲线或表，可得压缩机的输气系数。则压缩机的理论排气量为：

$$V_h = \frac{3.6Q_0}{\lambda_d q_{vd}} \quad (m^3/h) \tag{4-6}$$

式中 Q_0——设计工况制冷量，W；

λ_d——设计工况输气系数，见式 (4-3)，也可以查压缩机的输气系数曲线或表得出；

q_{vd}——设计工况单位容积制冷量 (kJ/m³)，可通过制冷循环计算或直接查表得出。

2) 名义制冷量换算公式

$$Q_n = Q_0 \frac{\lambda_n q_{vn}}{\lambda_d q_{vd}} \quad (W) \tag{4-7}$$

式中 λ——输气系数，下脚标 n、d 分别为名义工况和设计工况；

q_v——单位容积制冷量 (kJ/m³)，下脚标 n、d 分别为名义工况和设计工况。

(4) 压缩机电机功率的校核计算

校核计算步骤如下：

1) 计算压缩机指示功率

$$P_s = \frac{G(h_2 - h_1)}{3600\eta_s} \quad (W) \tag{4-8}$$

式中 η_s——绝热效率；$\eta_s = \frac{T_0}{T_k} + bt_0$，对于$NH_3$：$b$=0.001；对于氟利昂：$b$=0.0025；

T_0、T_k 分别为蒸发温度和冷凝温度（K）；t_0 为蒸发温度（℃）；

h_1、h_2——分别为等熵压缩过程压缩机进、排气焓值（kJ/kg）；

G——质量流量（kg/h）。

2) 计算压缩机摩擦功率

$$P_m = \frac{p_m V_h}{3600} \quad (W) \tag{4-9}$$

式中 p_m——摩擦压力，取 50～80kPa；

V_h——理论排气量（m^3/h）。

3) 计算压缩机轴功率

$$p_Z = (P_s + P_m)/\eta_q \quad (W) \tag{4-10}$$

式中 η_q——传动效率，直联取 1；三角皮带传动取 0.97～0.98；平皮带取 0.96。

4) 计算电动机功率

$$P = (1.10 \sim 1.15)P_Z \quad (W) \tag{4-11}$$

2. 冷凝器的选择计算

冷凝器选择计算的内容是确定冷凝器的热负荷或传热面积，用于选择合适型号的冷凝器，并确定冷却介质（水或空气）流量等。

(1) 冷凝器传热面积的计算

冷凝器的传热面积 F_l 为：

$$F_l = \frac{Q_k}{K\overline{\Delta t}} = \frac{Q_k}{q_F} \quad (m^2) \tag{4-12}$$

式中 Q_k——冷凝器的热负荷（W）；

K——冷凝器传热系数［W/(m^2·℃)］；

$\overline{\Delta t}$——冷凝器平均温差（℃）；

q_F——热流密度（W/m^2），参见表 4-9。

1) 冷凝器的热负荷 Q_k

冷凝器的热负荷是指制冷剂在冷凝器中放给冷却水（或空气）的热量。如果忽略压缩机和排气管表面散失的热量，高压制冷剂蒸气在冷凝器中放给冷却水（或空气）的热量应等于制冷剂在蒸发器中吸收被冷却物体的热量（制冷量 Q_0），再加上低压制冷剂蒸气在压缩机中压缩成高压制冷剂蒸气所消耗的功转化成的热量。这样，冷凝器的热负荷为：

$$Q_k = Q_0 + P_s \quad (W) \tag{4-13}$$

式中 Q_0——制冷系统的制冷量（kW）；

P_s——压缩机的指示功率（kW）。

由于压缩机的指示功率 P_s 与制冷量有关，因此上式也可简化为：

$$Q_k = \varphi Q_0 \quad (W) \tag{4-14}$$

式中　Q_0——压缩机制冷量（W）；

φ——压缩机冷凝负荷系数，对 R22、R717 制冷剂，可查图 4-17 得到。

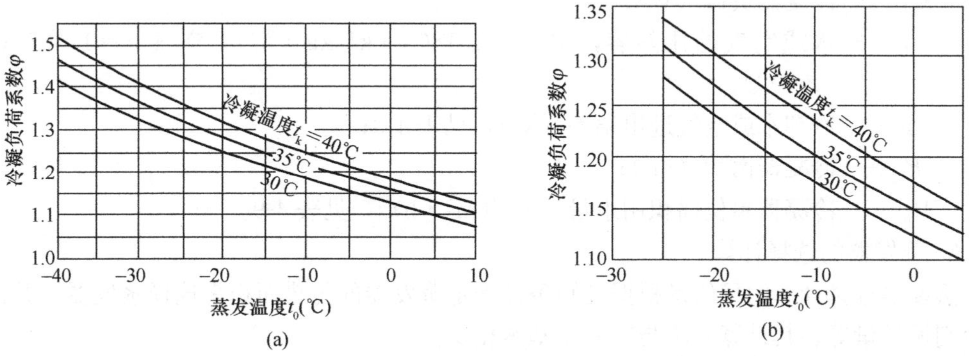

图 4-17　制冷压缩机冷凝负荷系数

(a) R22；(b) R717

2）冷凝器的传热系数 K 和传热温差 $\overline{\Delta t}$

已知冷凝器具体结构、工作介质及流量，可采用基本传热学公式计算冷凝器的传热系数 K，在此不再重复。冷凝器的对数平均传热温差 $\overline{\Delta t}$ 可按下式计算：

$$\overline{\Delta t} = \frac{t_{w2} - t_{w1}}{\ln\dfrac{(t_k - t_{w1})}{(t_k - t_{w2})}} \quad (℃) \tag{4-15}$$

式中　t_{w1}、t_{w2}——分别为冷却水（或空气）的进口、出口温度（℃）；

t_k——冷凝温度（℃）。

冷凝器的传热系数 K 和传热温差 $\overline{\Delta t}$ 也可采用经过实验验证符合通常使用条件的推荐值。各种冷凝器的传热系数及传热温差推荐值见表 4-9。

各种冷凝器传热性能及单位面积用水量表　　**表 4-9**

形式	传热系数 K [W/(m²·℃)]	热流密度 q_F (W/m²)	冷却水温升（℃）	对数平均温差（℃）	V_m [m³/(m²·h)]
立式壳管式	700～800	2900～3500	2～3	4～6	1.0～1.7
卧式壳管式	（氨）700～800	3500～4500	4～6	4～6	0.5～0.9
	(R22) 1300～1600	4500～5000	4～6	5	
蒸发式	600～800	1800～2500		3	单位面积循环水量 0.15～0.20 单位面积通风量 300～340 补充水按循环水量 5%～10%
套管式（肋管）	900～1100	7500～10000	6～10	7～9	
风冷式（强迫对流）	30～40	250～350	8～12	8～12	

（2）冷却水（或空气）流量

冷却介质（水或空气）流量的计算是基于热量平衡原理，即冷凝器中制冷剂放出的热量等于冷却介质所带走的热量。冷却水（或空气）流量按下式计算：

$$V_w = \frac{3.6Q_k}{1000c\Delta t} \quad (m^3/h) \tag{4-16}$$

或

$$V_w = F_l V_m \quad (m^3/h) \tag{4-17}$$

式中 Q_k——冷凝器负荷（W）；

c——水或空气的比热容，水 $c=4.1868$（kJ/kg·℃），空气 $c=1.005$（kJ/kg·℃）；

Δt——冷却水或空气进出温差（℃），见表 4-9；

F_l——冷凝器面积（m^2）；

V_m——冷凝器单位面积用水量［$m^3/(m^2 \cdot h)$］，见表 4-9。

3. 蒸发器的选择计算

蒸发器选择计算的目的是根据已知条件确定蒸发器的传热面积来选择蒸发器，并计算载冷剂循环量等。其计算方法与冷凝器基本相似。

（1）蒸发器传热面积的确定

1）蒸发器传热面积 F 的计算公式

$$F = \frac{Q_0}{K\overline{\Delta t}} = \frac{Q_0}{q_F} \quad (m^2) \tag{4-18}$$

式中 Q_0——蒸发器制冷量。它等于设计工况制冷量与制冷装置的冷量损失之和（W）；

K——蒸发器的传热系数［$W/(m^2 \cdot ℃)$］；

$\overline{\Delta t}$——平均传热温差（℃）；

q_F——蒸发器的单位面积热负荷，即热流密度（W/m^2）。

2）平均传热温差

$$\overline{\Delta t} = \frac{t_1 - t_2}{\ln\frac{(t_1 - t_0)}{(t_2 - t_0)}} \quad (℃) \tag{4-19}$$

式中 t_1、t_2——分别为被冷却介质进、出入蒸发器的温度（℃）；

t_0——蒸发温度（℃）。

蒸发器选型计算时，蒸发器的传热系数 K 和单位面积热负荷 q_F 可按经验选取，见表 4-10。对于冷却液体的蒸发器，蒸发温度一般比冷冻水的出口温度低 3～5℃。冷冻水的进出口温差取 5℃左右，这样，平均传热温差为 5～6℃。对于冷却空气的蒸发器，由于空气侧的放热系数很低而使传热系数较低，为了降低设备的初投资，选取较大的平均传热温差，一般蒸发温度比空气的出口温度低 10℃左右，平均传热温差为 15℃左右。

（2）被冷却介质流量

被冷却介质流量的计算方法与冷凝器中冷却介质流量计算相同，不再重复。

蒸发器的传热系数和单位面积热负荷　　表 4-10

形式	传热系数 K ［$W/(m^2 \cdot ℃)$］	热流密度 q_F （W/m^2）	被冷却介质温降（℃）	对数平均温差（℃）
满液壳管式	（氨）450～500	2500～3000	5	5～6
	（氟）350～450	1800～2500	5	5～6
干式壳管式	（氟）500～550	2500～3000	5	5～6

续表

形式	传热系数 K [W/(m^2·℃)]	热流密度 q_F (W/m^2)	被冷却介质温降 (℃)	对数平均温差 (℃)
冷水箱式	500～600	2500～3500	2～3	4～6
板式	2000～4650			
风冷式（强迫对流）	30～40	350	8～14	15

【例 4-1】 一活塞式冷水机组，制冷量 100kW，制冷剂 R22，冷凝器和蒸发器均采用卧式壳管式。冷却水进水温度 30℃，冷冻水出水温度 7℃，无过冷，过热度 5℃。试选择活塞式压缩机、冷凝器和蒸发器的型号。

【解】（1）选择活塞式压缩机

1）确定工作参数

生产厂家产品样本中给出了压缩机的理论排气量及在不同蒸发温度和冷凝温度下试验测得的制冷量。某厂家半封闭式压缩机技术参数见表 4-11，其中 6GE-40 型压缩机的性能参数见表 4-12。

半封闭活塞式压缩机技术参数（摘自产品样本）　　表 4-11

压缩机型号	电机种类	排气量 (m^3/h)	气缸数	重量 (kg)	能调范围	电机连接方式	最大运行电流（A）	最大功率消耗（kW）
4HE-25（Y）	1	73.7	4	194	50%	380YY/3/50	44.0	25
4GE-30（Y）	1	84.6	4	206			51.2	28
4FE-35（Y）	2	101.8	4	207			62.1	35
6JE-33（Y）	2	95.3	6	231	66%～33%		53.2	30
6HE-35（Y）	1	110.5	6	235			64.4	36
6GE-40（Y）	1	126.8	6	238			73.9	42
6FE-50	1	151.6	6	241			96.2	51
8FE-60	2	221.0	8	361	75%～25%	380ΔΔ/3/50	113.0	63

6GE-40 型压缩机性能参数表（摘自产品样本）　　表 4-12

压缩机型号	冷凝温度 (℃)	Q 制冷量（W），P 功率消耗（kW）								
			蒸发温度（℃）							
			10	5	0	−5	−10	−15	−20	−25
6GE-40	30	Q	164300	138000	115100	95200	78000	63000	50100	39100
		P	22.8	23.10	22.80	22.10	21.10	19.72	18.12	16.34
	40	Q	148300	124200	103200	85000	69100	55400	43700	33600
		P	28.8	28.20	27.20	25.70	24.00	22.00	19.86	17.58
	50	Q	132200	110300	91300	74700	60300	47900	37200	28100
		P	34.30	32.90	31.10	29.00	26.60	24.00	21.30	18.56
压缩机试验工况		吸气温度 20℃，液体无过冷，电动机频率 50Hz								

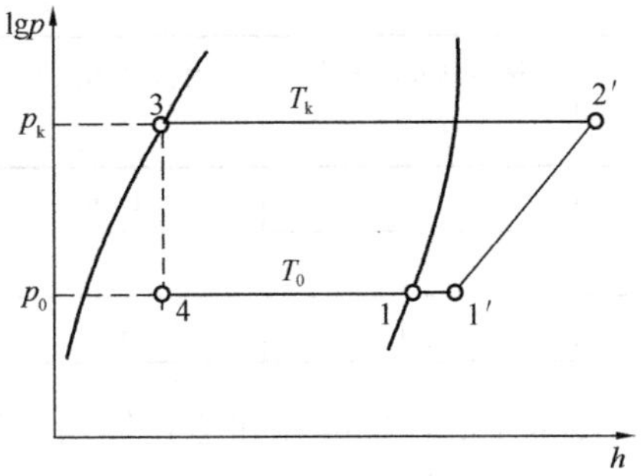

图 4-18　制冷循环压焓图

选择压缩机应将设计工况的制冷量换算成名义工况的制冷量，因此，按产品样本试验工况，取蒸发温度 5℃，冷凝温度 40℃作为换算的名义工况。压缩机在名义工况和设计工况下的冷凝温度、蒸发温度、压缩机输气系数和单位容积制冷量的取值及计算结果见表 4-13，制冷循环压焓图如图 4-18 所示。

压缩机工作参数数值计算表　　**表 4-13**

项目	名义工况		设计工况	
	计算过程或出处	数值	计算过程或出处	数值
冷凝温度 t'_k（℃）	产品样本（表 4-12）	40	比冷却水出水温度高 4～6℃，$t_k=30+5+5$	40
冷凝压力 p_k（MPa）	查 R22 饱和性质表（附表 A-2）	1.5336	同左	1.5336
蒸发温度 t_0（℃）	产品样本（表 4-12）	5	比冷冻水出水温度 7℃低 5℃，$t_0=7-5$℃	2
蒸发压力 p_0（MPa）	查 R22 饱和性质表（附表 A-2）	0.622	同左	0.5312
压缩机吸气温度 t'_1（℃）	产品样本（表 4-12）	20	过热度 5℃	7
压缩机吸气比容 v'_1（m^3/kg）	查压焓图（附图 B-2）	0.0406	同左	0.0454
输气系数 λ	式（4-4），计算后减小 0.03	0.850	同左	0.878
节流阀前温度 t_3（℃）	无过冷（表 4-12）	40	同左	40
蒸发器进口焓 h_4（kJ/kg）	查压焓图（附图 B-2）	249.65	同左	249.65
蒸发器出口焓 h'_1（kJ/kg）	查压焓图（附图 B-2）	417	同左	409
单位容积制冷量 q_v（kJ/m^3）	式（1-6）	4123	同左	3509.91

2）压缩机的理论排气量和名义工况制冷量计算

压缩机理论排气量：

$$V_h=\frac{3.6Q_0}{\lambda_d q_{vd}}=\frac{3.6\times100000}{0.878\times3509.91}=116.82m^3/h$$

压缩机名义工况制冷量（蒸发温度 5℃，吸气温度 20℃）：

$$Q_n=Q_0\frac{\lambda_n q_{vn}}{\lambda_d q_{vd}}=100\times\frac{0.85\times4123}{0.878\times3509.91}=113.72kW$$

3）压缩机选型

查表 4-11，选 6GE-40 半封闭活塞式压缩机 1 台，理论排气量 $V'_h=126.8m^3/h$，查表 4-12 得压缩机名义工况制冷量 $Q'_n=124.2kW$（蒸发温度 5℃，冷凝温度 40℃，吸气温度 20℃）。

4）设计工况下压缩机功率校核

所选压缩机实际排气量为：

$$V_s=\lambda_d V'_h=0.878\times126.8=111.33m^3/h$$

压缩机质量流量

$$G=\frac{V_s}{v_1}=\frac{111.33}{0.0454}=2452.21\text{kg/h}$$

绝热效率

$$\eta_s=\frac{T_0}{T_k}+bt_0=\frac{2+273}{40+273}+0.0025\times2=0.884$$

查压焓图（附图 B-2），压缩机等熵压缩排气状态焓 $h_2=436.5\text{kJ/kg}$。

计算压缩机指示功率为：

$$P_s=\frac{G(h_2-h_1)}{3600\eta_s}=\frac{2452.21\times(436.5-409)}{3600\times0.884}=21.19\text{kW}$$

① 计算压缩机摩擦功率

摩擦压力 p_m 取 80kPa，则摩擦功率为：

$$P_m=\frac{p_mV_h}{3600}=\frac{80\times126.8}{3600}=2.82\text{kW}$$

② 计算压缩机轴功率

$$p_Z=P_s+P_m=21.19+2.82=24.01\text{kW}$$

③ 电动机功率

$$P=1.10P_Z=1.10\times24.01=26.41\text{kW}$$

查该型号压缩机配用的电机最大输入功率 42kW，满足要求。

(2) 冷凝器传热面积的计算

冷凝器产品样本中给出的以冷凝器热负荷或以传热面积为依据的产品性能参数，氟利昂用冷凝器产品多给出换热器的热负荷，氨用冷凝器会给出传热面积。对氟利昂制冷系统而言，选择冷凝器的关键是计算冷凝器的热负荷。

某厂家氟利昂用卧式壳管式冷凝器产品样本摘录见表 4-14。

卧式壳管式冷凝器技术参数（取自产品样本）　　表 4-14

型号	换热量		所匹配压缩机制冷量（RT）	重量（kg）
	(kW)	(10^4kcal/h)		
C3S4	13.19	1.134	3	24
C5S5	21.98	1.890	5	32
C8S6	35.17	3.024	8	45
C10S6	43.96	3.780	10	54
C12S6	52.75	4.536	12	56
C15S6	65.94	5.670	15	68
C20S8	87.92	7.560	20	97
C25S8	109.9	9.450	25	103
C30S8	131.9	11.340	30	122
C35S8	153.9	13.230	35	127
C40S10	175.9	15.120	40	182

注：冷凝器试验工况：冷凝温度 40℃，蒸发温度 2℃，冷却水进水温度 30℃，出水温度 35℃，过冷度 3℃。

1）冷凝器的热负荷计算

将式（4-7）变换，所选 6GE-40 型压缩机设计工况制冷量为：

$$Q'_0=Q'_n\frac{\lambda_d q_{vd}}{\lambda_n q_{vn}}=124.2\times\frac{0.878\times3509.91}{0.85\times4123}=109.21\text{kW}$$

冷凝器的热负荷为：

$$Q_k=Q'_0+P_s=109.21+21.19=130.4\text{kW}$$

查表 4-14，选 C30S8 冷凝器 1 台，传热量 131.9kW。

2）冷凝器传热面积计算

根据表 4-9，取卧式壳管式冷凝器的热流密度 4500W/m^2。

冷凝器传热面积为：

$$F_l=\frac{Q_k}{q_F}=\frac{130.4\times1000}{4500}=28.98\text{m}^2$$

3）冷却水流量计算

$$V_w=\frac{3.6Q_k}{1000c\Delta t}=\frac{3.6\times130.4\times1000}{1000\times4.1868\times5}=22.42\text{m}^3/\text{h}$$

（3）蒸发器的选择计算

与冷凝器相同，蒸发器产品样本中给出了以蒸发器制冷量或以传热面积为依据的产品性能参数，氟利昂用蒸发器产品一般依据制冷量选择，氨用蒸发器依据传热面积选择。可根据制冷量选出合适的蒸发器。

某厂家干式蒸发器产品样本摘录见表 4-15。

壳管干式蒸发器技术参数（取自产品样本） **表 4-15**

型号	制冷量		重量（kg）
	（RT）	（kW）	
EV5S5	5	17.59	54
EV8S6	8	28.14	93
EV15S8	10	35.17	97
EV20S8	12	42.2	104
EV15S5	15	52.76	121
EV20S5	20	70.34	175
EV25S5	25	87.93	183
EV30S5	30	105.51	204
EV35S5	35	123.1	211
EV40S10	40	140.68	255
EV45S10	45	158.27	265

注：蒸发器试验工况：冷凝温度 40℃，蒸发温度 2℃，冷冻水进水温度 12℃，出水温度 7℃，过热度 4℃。

1）蒸发器制冷量

本例题中设计工况下压缩机制冷量为 109.21kW=31.05RT，选型号 EV35S8 的蒸发器 1 台，制冷量 35RT（冷吨）。

2）蒸发器传热面积

查表 4-10，取干式壳管式蒸发器的热流密度 $q_F = 3000W/m^2$，则蒸发器传热面积为：

$$F = \frac{Q_0}{q_F} = \frac{109.21 \times 1000}{3000} = 36.4m^2$$

3）冷冻水流量

$$V_{wc} = \frac{3.6Q_0}{1000c\Delta t} = \frac{3.6 \times 109.21 \times 1000}{1000 \times 4.1868 \times 5} = 18.78m^3/h$$

所以，本例选择 6GE-40 型半封闭活塞式压缩机 1 台，压缩机理论排气量 $126.8m^3/h$。EV35S8 型干式壳管式蒸发器 1 台，制冷量 35RT（冷吨）。C30S8 型卧式壳管式冷凝器 1 台，传热量 131.9kW。冷却水流量为 $22.42m^3/h$，冷冻水流量为 $18.78m^3/h$。设计工况下制冷量 109.21kW。

4.2 螺杆式冷水机组

4.2.1 螺杆式冷水机组的组成

螺杆式冷水机组主要由螺杆式压缩机、蒸发器、卧壳式冷凝器、热力膨胀阀等组成。蒸发器上设有电磁主阀、热力膨胀阀、安全阀和视液镜；冷凝器上设有出液阀、放空阀、安全阀和视液镜。目前，螺杆式冷水机组采用的蒸发器有干式卧壳式、满液式卧壳式和降膜式蒸发器，干式卧壳式蒸发器见 4.1.4 节，满液式和降膜式在本节中介绍。螺杆式冷水机组通常以 R22、R134a 和 R407C 为制冷剂，能提供 4～15℃的冷冻水，制冷量范围约为 120～1200kW，大的机组可达 2800kW。水冷螺杆式冷水机组的外形图见图 4-19。

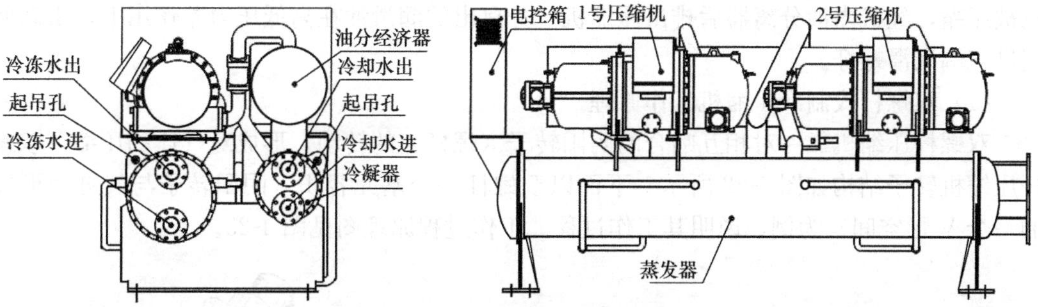

图 4-19　水冷螺杆式冷水机组外形图

螺杆式冷水机组采用半封闭式或开启式螺杆压缩机。采用半封闭式螺杆压缩机的冷水机组的润滑油系统在压缩机内部，润滑油靠排气压力与进气压力差在压缩机内循环工作，大大简化了润滑油系统。如图 4-20 所示为配用开启式螺杆压缩机的冷水机组系统原理图，该系统在压缩机外配有一套润滑油系统，润滑油经油分离器分离后，经油冷却器、油粗过滤器、油泵和油精过滤器，提供给压缩机润滑和能量调节使用。与活塞式压缩机相比，螺杆式压缩机具有排气温度低、制冷量无级调节（有些机组采用分级调节）等优点。

螺杆式冷水机组设有高低压、油压、油精过滤器压差、冷冻水温度、润滑油温度和电机过载等保护装置。

螺杆式冷水机组也有风冷式冷（热）水机组。

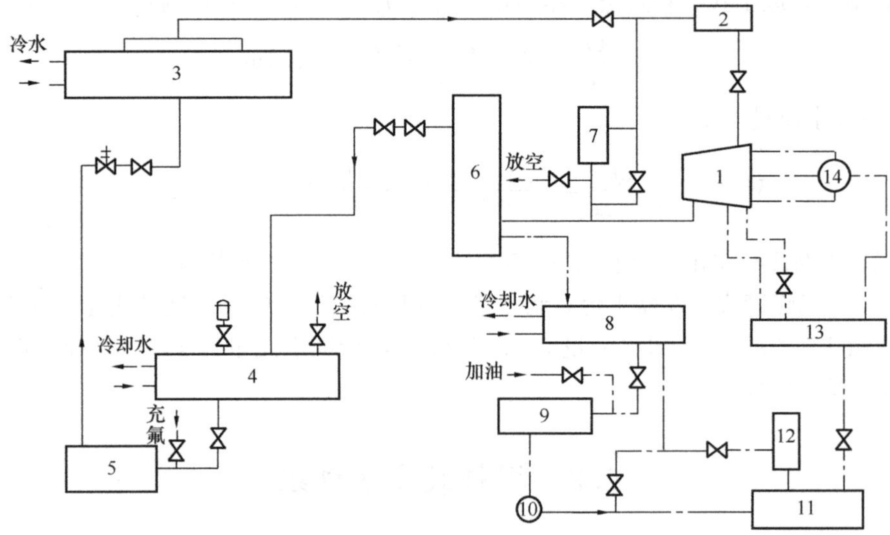

图 4-20　水冷螺杆式冷水机组系统原理图

1—开启式螺杆式制冷压缩机；2—吸气过滤器；3—干式蒸发器；4—卧式水冷冷凝器；
5—干燥过滤器；6—油分离器；7—安全旁通阀；8—油冷却器；9—油粗滤器；
10—油泵；11—油精滤器；12—油压调节阀；13—油分配器；14—四通阀

4.2.2　半封闭式螺杆压缩机

如图 4-21 所示，半封闭式螺杆式制冷压缩机是用可拆卸的外壳将压缩机及其电机封闭在一个腔体中，压缩机和电机共用一根轴。制冷剂从电机端进入，冷却电机后进入压缩机被压缩，经机内油分离器后排出压缩机。分离出的润滑油在高低压力差作用下，重新回到进气端润滑螺杆。

(1) 双螺杆式制冷压缩机工作原理

双螺杆压缩机靠一对相互啮合的阴阳转子（螺杆）的转动，形成对气体的压缩，双螺杆压缩机转子结构如图 4-22 所示。下面以双螺杆一个基元容积（阴阳转子与气缸间形成的一个 V 形空间）为例，说明其工作过程。工作过程原理图见图 4-23。

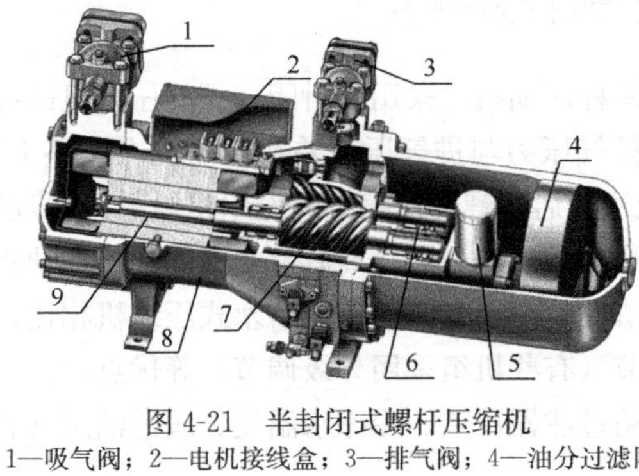

图 4-21　半封闭式螺杆压缩机
1—吸气阀；2—电机接线盒；3—排气阀；4—油分过滤网；
5—油过滤器；6—轴承；7—转子；8—机体；9—电机

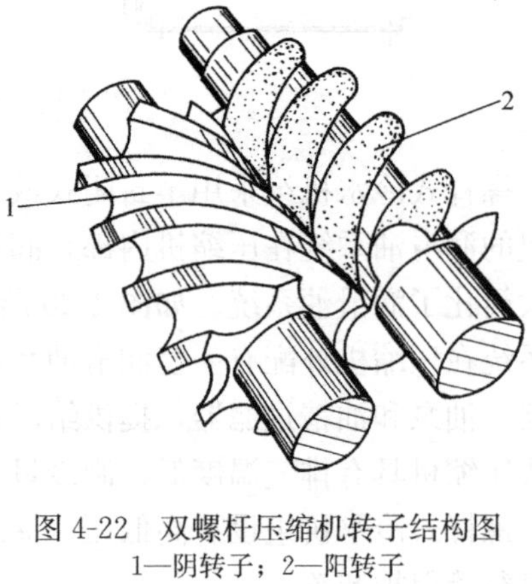

图 4-22　双螺杆压缩机转子结构图
1—阴转子；2—阳转子

1）吸气过程

当基元容积与吸气口相通时，随着两转子的转动，基元容积逐渐增大，压缩机开始吸气，直到基元容积最大，吸气结束。如图 4-23（a）所示，为基元空积吸气结束时的状态。

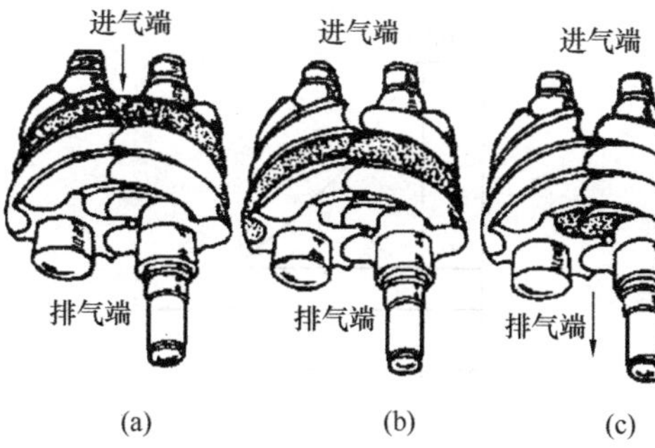

图 4-23 螺杆式压缩机工作原理示意图
（a）吸气；（b）压缩；（c）排气

2）压缩过程

转子继续旋转，两转子在吸气口对面啮合，吸满低压气体的基元容积被封闭，并且基元容积逐渐缩小，气体被压缩。如图 4-23（b）所示，转子的转动造成基元容积内气体体积减小，气体被压缩时的状态。

3）排气过程

转子继续旋转，当基元容积与排气孔口连通时，压缩结束开始排气，随着转子的旋转直至排尽基元容积内的气体。如图 4-23（c）所示为基元容积内气体的体积被压缩终了，开始向排气口排气的状态。

随着转子的不断旋转，基元容积又在吸气端与吸气口相通，于是下一工作周期又重新开始。

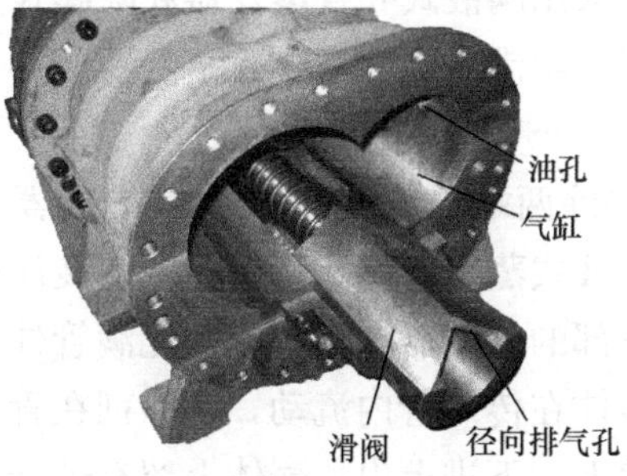

图 4-24 滑阀能量调节机构

（2）能量（即制冷量）调节机构

螺杆式制冷压缩机的能量调节采用滑阀调节。滑阀机构的结构见图 4-24，滑阀是安装在螺杆吸气口下方的一个可以滑动的圆缺形部件，滑阀向排气口移动，会在吸气端形成一个旁通口，并与吸气口相通，这样会减少螺杆内的压缩气体量，滑阀移动距离越大，开口就越大，被压缩的气体量越小。即滑阀的移动改变了压缩机阳、阴转子齿间的工作容积，减少了螺杆有效工作长度，从而减少了压缩气体的体积，达到能量调节的目的。

图 4-25 为滑阀能量调节的原理图。其中图 4-25（a）为全负荷工作时的滑阀位置，此时滑阀尚未移动，工作容积中全部气体被压缩。图 4-25（b）为部分负荷时滑阀位置，滑阀向排气端方向移动，旁通口开启，压缩过程中，工作容积内气体在越过旁通口后才能实现压缩，其余未进行压缩就通过旁通口回流至吸气腔。这样，排出气体量减少，起到调节能量的作用。

一般螺杆制冷压缩机的能量调节范围为 10%～100%，且为无级调节。需要说明的是，螺杆式制冷压缩机的制冷量与功率消耗，在整个能量调节范围内不是正比关系。当制冷量为 50%以上时，功率消耗与制冷量近似正比关系，而在低负荷下运行单位制冷量的功率消耗较大。从节能考虑螺杆式制冷压缩机的负荷（即制冷量）应在 50%以上的情况下运行为宜。

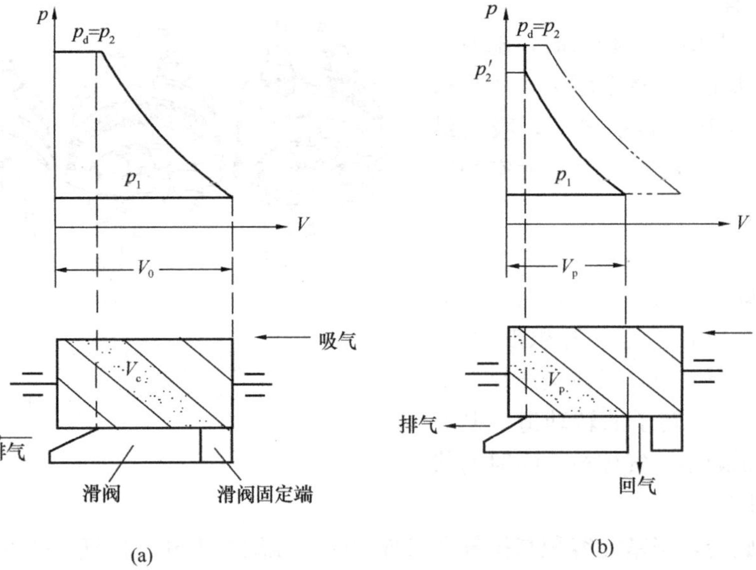

图 4-25 滑阀能量调节原理

(a) 全负荷位置；(b) 部分负荷位置

4.2.3 满液式蒸发器和降膜式蒸发器

螺杆式冷水机组除采用干式壳管式蒸发器外，还可采用满液式壳管蒸发器和降膜式蒸发器。干式壳管式蒸发器的结构特点见 4.1.4 节，下面介绍满液式和降膜式蒸发器。

1. 满液式蒸发器

如图 4-26 所示为满液式壳管蒸发器筒体结构图（去除两端端盖），它与卧式冷凝器结构相似。满液式蒸发器用于冷却空调冷冻水或盐水。满液式蒸发器供液管前一般安装浮球阀或孔板作节流件，节流后的低温低压液体进入筒体下部的分液器，将制冷剂充满管外空间，因此存液量很大，故属满液式蒸发器。被冷却的液体在传热管内流动，制冷剂在管外沸腾吸热。被冷却的液体的进出口一般在同一侧的端盖上，下进上出。壳体上留有若干与制冷系统中其他设备连接的管接头。为保证润滑油回到压缩机，在筒体制冷剂液面下侧开有引射接口，用于抽出富油制冷剂。满液式蒸发器中，为了避免压缩机吸入未蒸发完的液体，造成压缩机“液击”，筒内上部应留有一定的空间。氟利昂蒸发时因润滑油的原因，会产生泡沫现象，充液量应在 55%～65%，而液面上裸露的传热管，在蒸发器投入运行后被制冷剂泡沫润湿，同样能起到很好的换热作用。

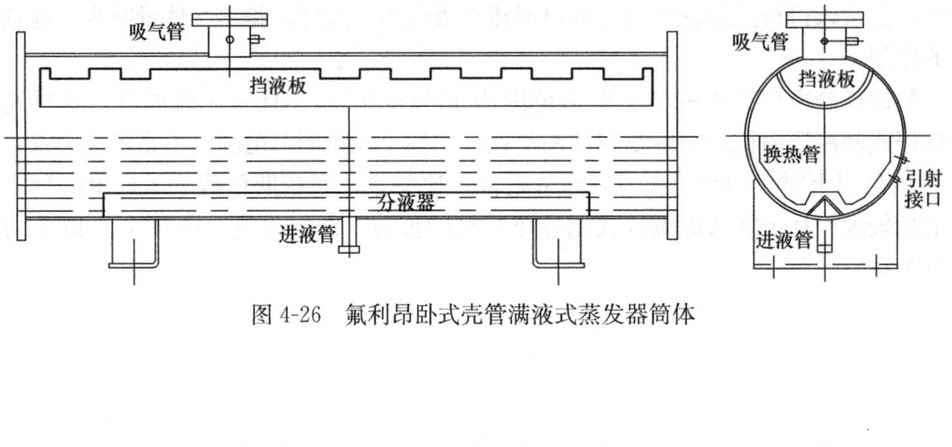

图 4-26 氟利昂卧式壳管满液式蒸发器筒体

壳管满液式蒸发器的优点是传热效果较好、结构紧凑、占地面积小且易于安装，但存在制冷剂用量大、受静液柱影响（液面上部和底部的蒸发温度不同）、润滑油不易排出等问题。螺杆式冷水机组采用满液式蒸发器时目前常利用喷射器来保证回油，其结构见图4-27。

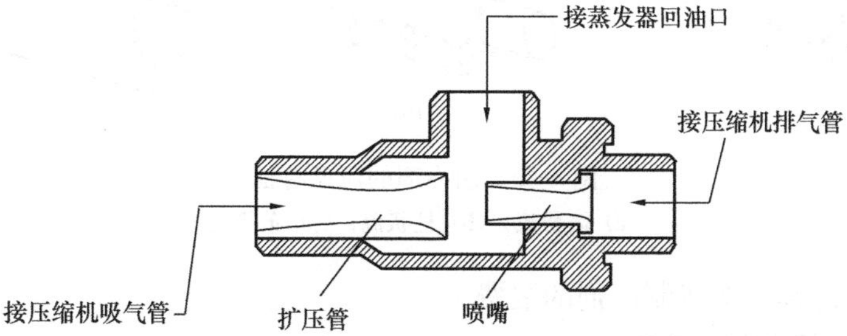

图 4-27 引射器结构示意图

2. 降膜式蒸发器

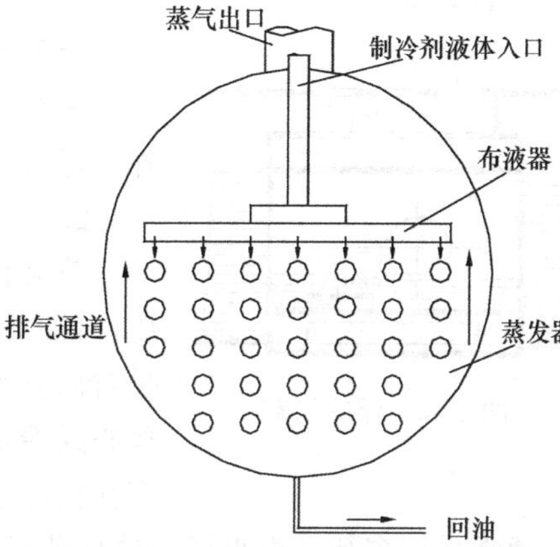

图 4-28 降膜式蒸发器工作原理图

目前，降膜式蒸发器作为一种环保高效的换热器已在空调用冷水机组中得到应用。与其他类型蒸发器比较，降膜式蒸发器具有传热系数高（实验表明较满液式蒸发器高 10%～20%），蒸发器体积小，制冷剂流动阻力小和易于回油等优点。典型的水平降膜式蒸发器的结构及工作原理图如图 4-28 所示，它由布液器、蒸发管道、回油管路、排气通道等组成。冷冻水在管内流动，被管外的低温制冷剂冷却，达到制取低温空调冷冻水的目的。其工作原理为：经过节流装置的制冷剂从制冷剂入口处进入蒸发器，然后经过布液器中的喷嘴，均匀滴落到蒸发管道的外侧。制冷剂在管道的外表面呈膜状流下，在管道的外侧吸热汽化，沿管道的周向与管道内部的流体进行热交换。所形成的气态制冷剂从管道的间隙中从下向上运动，从蒸发器的蒸气出口离开蒸发器进入压缩机。而剩余的液态制冷剂则汇集在蒸发器的底部形成液池，其中含有大量润滑油被排出蒸发器。由以上的工作过程也可以看到，降膜式蒸发器内部的制冷剂是在重力作用下滴落，因此在换热过程中的压力损失很小，几乎可以忽略不计。

降膜式蒸发器换热管间的制冷剂流型有三种，即滴状流、柱状流和布状流。图 4-29 (a) 为滴状流，液膜沿管道膜状流下后，当脱离管道下壁面时，呈液滴状落下，该流型一般发生在雷诺数较小时。随着雷诺数的增大，从同一滴落点落下的液滴逐渐接近，其流型逐步转变为柱状流，如图 4-29 (b) 所示。工质的雷诺数继续增大，滴落点之间的间距逐渐缩小，直到连接在一起，这时液膜呈布状在管道外表面流动，流型如图 4-29 (c) 所示。

降膜式蒸发器要严格控制制冷剂的流量，流量过少会导致降膜式蒸发器工作过程中出现部分管道干涸，换热管的换热能力没有得到充分利用，同时干涸点还会对相邻的部位产生不利的影响。若流量过多，则制冷剂在降膜换热的过程中，受蒸发器换热能力的限制，

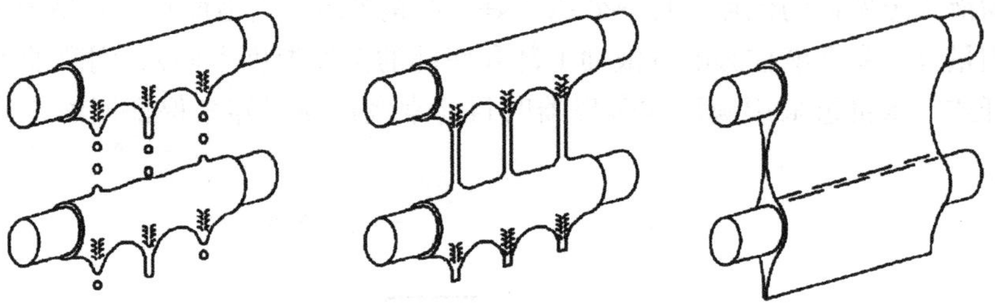

图 4-29　制冷剂的流型特征

(a) 滴状流；(b) 柱状流；(c) 布状流

不能蒸发过多制冷剂，造成制冷剂的浪费。

4.2.4　浮球阀和节流孔板

满液式蒸发器可采用浮球阀和节流孔板作节流阀。

1. 浮球阀

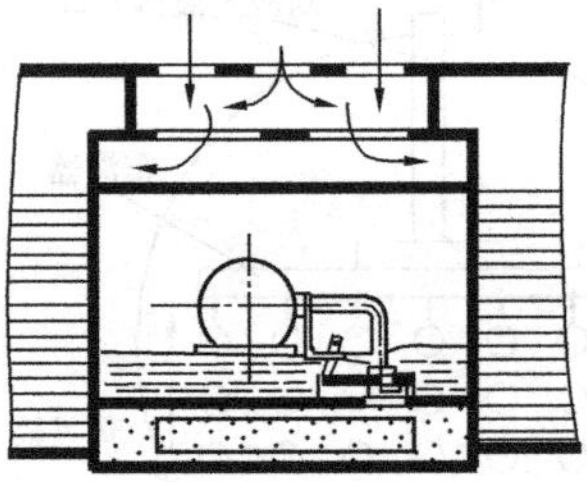

图 4-30　浮球阀室

浮球阀室结构见图 4-30。如前所述，满液式蒸发器充液量应为容积的 55%～65%，采用浮球阀除可以起到节流作用外，还可以控制满液式蒸发器中制冷剂液面高度。

2. 节流孔板

节流孔板只适合满液式蒸发器，与其他节流膨胀装置相比，具有结构与制造简单、稳定可靠、成本低等优点，缺点是对部分负荷与变工况的调节性能差。在螺杆式冷水机组或离心式冷水机组中，通常采用串联式双孔板结构，实践表明双孔板比单孔板有更好的流量调节性能。另外，在实际使用中，通常采用多孔孔板来代替单孔孔板。某冷水机组使用的双孔板节流装置如图 4-31 所示，孔板直径 D=125mm，两孔板间距 P=50mm，小孔数量 n=67。

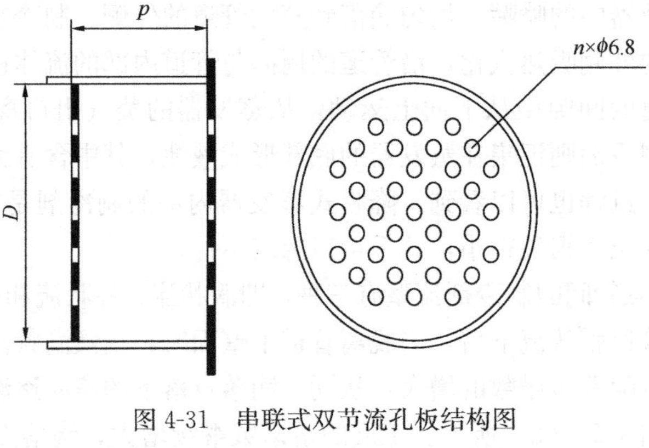

图 4-31　串联式双节流孔板结构图

4.2.5　螺杆式冷水机组的技术参数

螺杆式冷水机组根据冷凝器的冷却方式分为水冷式和风冷式两种类型，风冷式螺杆机组一般为热泵型机组。某厂家风冷热泵型机组外形如图 4-32 所示，其技术参数见表 4-16。

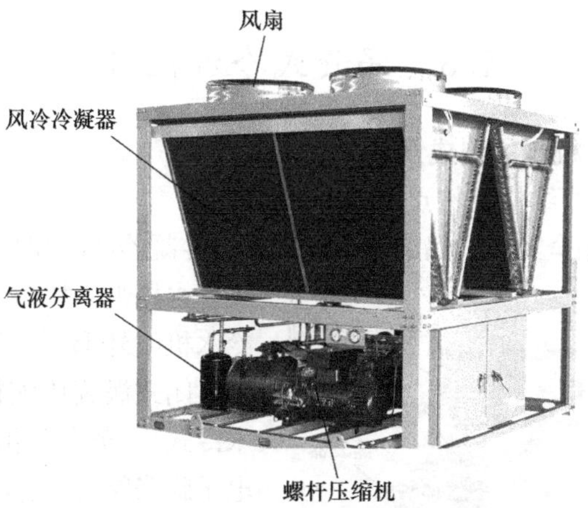

图 4-32 风冷式半封闭式双螺杆式冷（热）水机组外形图

LSBLGRF 系列风冷式半封闭式双螺杆式冷（热）水机组主要技术参数　　表 4-16

产品型号		LSBLGRF350Z	LSBLGRF480Z	LSBLGRF580Z
制冷量	kW	355	483	584
	10^4kcal/h	30.26	41.57	50.2
制热量	kW	387	532	642
	10^4kcal/h	33.286	45.297	55.22
压缩机（半封闭式）	型号	S182×2 台	S252×2 台	S302×2 台
	功率（kW）	51.45×2	73.5×2	88.2×2
电源		三相四线，380V 50Hz		
工质	种类	R22		
	充入量（kg）	90	118	140
蒸发器（水侧）	进口温度（℃）	12	12	12
	出口温度（℃）	7	7	7
	流量（m^3/h）	标准 63，最大 75	标准 94，最大 114	标准 109，最大 126
	水侧阻力（MPa）	标准 0.044，最大 0.062	标准 0.044，最大 0.062	标准 0.044，最大 0.062
冷凝器（空气侧）	风机	大叶片低噪声轴流式		
	功率（kW）	1.5×8 台	2.5×8 台	3×8 台
冷暖切换装置		四通换向阀		
机组外形尺寸	宽（mm）	4935	5150	5350
	深（mm）	2150	2250	2250
	高（mm）	2300	2300	2300
质量	整机重量（kg）	3700	4100	4500
	运行重量（kg）	4000	4800	5400

注：1. 制冷工况：冷冻水进水温度 12℃，出水温度 7℃，室外温度 35℃；

2. 制热工况：热水进口温度 40℃，出口温度 45℃，室外干球温度 7℃，湿球温度 6℃。

4.3 涡旋式冷水机组

4.3.1 涡旋式冷水机组的组成及设备

1. 涡旋式冷水机组的结构及特点

涡旋式冷水机组采用全封闭式涡旋压缩机，根据冷凝器的冷却介质分类有风冷式和水冷式冷水机组。如图 4-33 所示为水冷涡旋式冷水机组外形图。涡旋式冷水机组主要由全封闭式涡旋压缩机、冷凝器（风冷式或水冷式）、蒸发器和膨胀阀（热力膨胀阀或电子膨胀阀）、电控柜等机器设备组成。风冷式冷凝器采用翅片管式换热器和轴流式风扇；水冷式冷凝器可以采用卧式壳管式、套管式或板式换热器。蒸发器可以采用干式卧式壳管式蒸发器、套管式或板式换热器。涡旋式冷水机组按结构形式分有多机头和模块式两种类型。单台多机头涡旋式冷水机组制冷量较小，目前市场上水冷涡旋式冷水机组最大制冷量约为 350kW。模块式冷水机组可由多台相同或不同制冷量的模块并联组合起来，风冷涡旋机组制冷量范围一般在 20～1000kW，模块式水冷式涡旋冷水机组制冷量范围一般在 110～2400kW 之间。

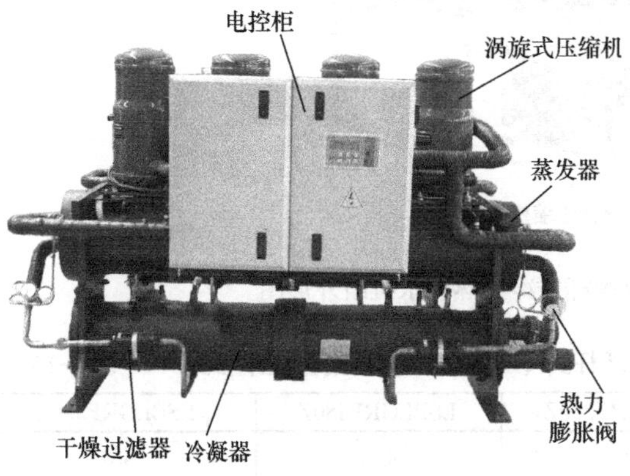

图 4-33 水冷涡旋式冷水机组外形图

与活塞式冷水机组相比，涡旋式冷水机组效率高，一般较活塞式机组高约 10%；噪声和振动小，噪声较活塞式机组低约 5dB；零部件少，较活塞式机组少约 64%；涡旋式冷水机组采用变频调节或数码控制技术调节制冷量，可以实现无级调节。涡旋式冷水机组是一种在中小制冷量范围替代活塞式冷水机组的机型。

2. 板式换热器

风冷热泵式涡旋冷水机组中的冷凝器和蒸发器可采用板式换热器。板式换热器有组合式和钎焊式两种。板式换热器的板片用不锈钢薄板制造，板片轧制出波纹形状，一般采用人字形图案，相反方向的人字形图案板片叠合起来，中间留有一定空隙，组合板式换热器用加压支架夹在一起，可以拆卸检修，钎焊板式换热器板间则采用真空钎焊方法制成一体。两种流体由管嘴导入，在相互间隔的板片中逆向流动，并进行热交换。冷水机组采用钎焊板式换热器。其优点是：传热系数大，板式换热器的传热系数大约是壳管式的 3 倍；结构紧凑，与套管式相比，重量和体积减小 25%左右；充液量少，充液量仅有壳管式换热器的 1/20。钎焊板式换热器的结构示意图见图 4-34。

图 4-34 钎焊板式换热器结构示意图

4.3.2 涡旋式冷水机组的技术参数

某厂家风冷涡旋式冷水机组的技术参数见表4-17。

风冷涡旋式冷水机组的技术参数　　表4-17

型号			LSQWRF（ ）M/A-C1						
			25	30	55	60	65	130	200
能力规格	制冷量	kW	25.0	28.0	55.0	60.0	65.0	130.0	185.0
		10^4kcal/h	21.5	24.1	47.3	51.6	55.9	111.8	159.0
	制热量	kW	27.0	30.0	59.0	64.0	69.0	138.0	200.0
		10^4kcal/h	23.2	25.8	50.7	55.0	59.3	118.7	171.9
电机和电辅热器参数	制冷功率	kW	9.6	10.7	18.39	20.6	22.4	44.5	63.0
	制冷电流	A	15.5	17.2	35.2	38.2	41.7	74.6	110.0
	制热功率	kW	9.8	9.9	18.6	20.1	22.0	43.5	61.0
	制热电流	A	15.7	15.9	34.3	36.9	40.7	70.5	107.0
	电辅热	kW	7.5	7.5	15.0	15.0	15.0	30.0	45.0
	电源规格	3N-380V　50Hz							
制冷剂	种类		R22						
	充注量	kg	3.5×2	3.5×2	7.5×2	7.5×2	7.5×2	7.5×4	7.0×6
空调水侧换热器	水流量	m^3/h	4.4	5.2	9.4	10.3	11.2	22.4	31.8
	水阻力	kPa	35	35	15	15	15	17.5	17.5
	最高承压	MPa	1.0						
	进出水管径	mm	*DN*40	*DN*40	*DN*100	*DN*100	*DN*100	*DN*65	*DN*80
	类型		套管式		壳管式				
空气侧换热器	空气流量	m^3/h	12000	12000	24000	24000	24000	48000	72000
	类型		翅片盘管式						
外形尺寸	宽	mm	1514	1514	2000	2000	2000	2000	2000
	高	mm	1820	1820	1880	1880	1880	2085	2110
	深	mm	850	850	900	900	900	1700	2850
重量	净重	kg	380	380	580	580	600	1150	1730
	运行重量	kg	400	400	650	650	670	1270	2000
运行噪声		dB（A）	65	65	65	65	65	68	72
控制方式			线控器控制，具有自动开机、状态显示和故障报警等功能						
安全装置			高低压保护、防冻保护、水流开关、过载保护、电源相序保护等						

注：1. 制冷工况：冷冻水进水温度12℃，出水温度7℃，室外温度35℃；

2. 制热工况：热水进口温度40℃，出口温度45℃，室外干球温度7℃，湿球温度6℃。

4.4　离心式冷水机组

4.4.1　离心式冷水机组的组成

采用离心式制冷压缩机为主机的冷水机组，称为离心式冷水机组。制冷量范围在580kW以上，单机最大制冷量可达35000kW，具有制冷量大、效率高、体积小、制冷量可无级调节的特点。

离心式冷水机组采用离心式压缩机、卧壳式冷凝器、浮球式膨胀阀（或孔板），因制冷剂不带油，采用满液式卧壳式蒸发器。有的机组冷凝器和蒸发器装在一个筒体内，中间用隔板隔开，内置浮球式膨胀阀，其外观简洁。因离心式压缩机高速旋转，机组单独设有一套润滑油系统，由油箱、油泵、油冷却器、油过滤器、油箱电加热器等组成。制冷剂采用R22、R134a或R123。采用R123制冷剂的机组中设置了一套抽气回收装置，用于排除渗入系统的空气并回收混合气体中的制冷剂。离心式冷水机组的外形及系统原理图分别见图4-35、图4-36。

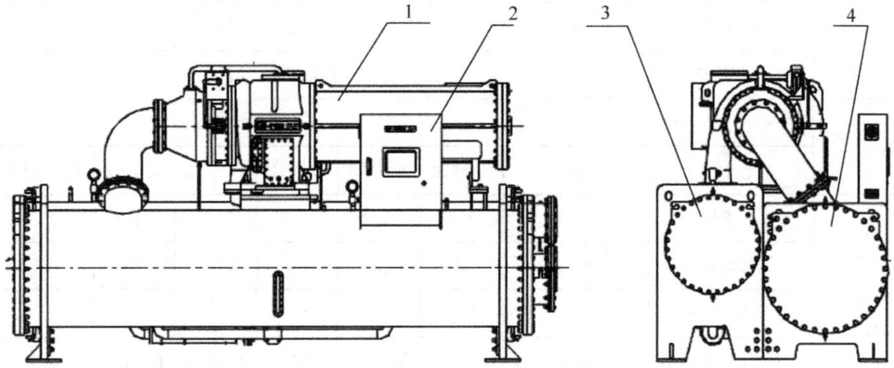

图4-35　离心式冷水机组外形图

1—半封闭式离心压缩机；2—电控柜；3—卧式壳管式冷凝器；4—卧式壳管式蒸发器

4.4.2　半封闭式离心压缩机

离心式制冷压缩机是一种速度型压缩机，具有制冷量大、体积小、重量轻、运转平稳等特点，在大型空气调节系统和石油化学工业中得到广泛应用。其工作原理是通过高速旋转的叶轮将制冷剂气体的速度提高，然后通过扩压器使气体减速增压，实现气体压缩。

离心式制冷压缩机分单级和多级两种类型，空调用冷水机组中两种都有使用。单级离心式制冷压缩机的结构示意图如图4-37所示。

离心式压缩机主要由吸气室、叶轮、扩压器、蜗壳、主轴、轴承、机体及轴封等零件构成。离心式压缩机结构简图见图4-38。

工作时，电动机通过增速箱带动主轴高速旋转，从蒸发器出来的制冷剂蒸气从吸气室进入由叶片构成的叶轮通道内。由于叶片的高速旋转产生的离心力作用，气体获得动能和压力能，高速气流经叶轮进入扩压器，由于通流截面逐渐扩大，气流逐渐减速而增压，即将气体的动能转变为压力能。气体从扩压器流出后，用蜗壳将气体汇集起来，由排气管输送到冷凝器中去，完成压缩过程。

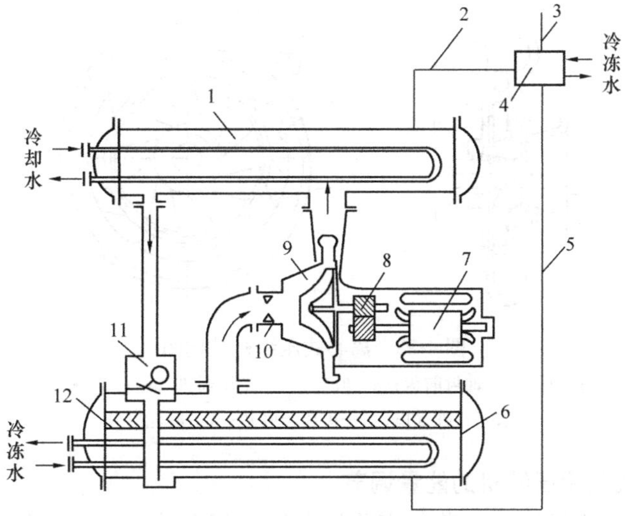

图 4-36 离心式冷水机组工作原理图

1—冷凝器；2—抽气管；3—放空气管；4—制冷剂回收装置；5—回液管；
6—蒸发器；7—电动机；8—增速器；
9—单级离心式制冷压缩机；10—进口导叶；11—浮球阀；12—挡液板

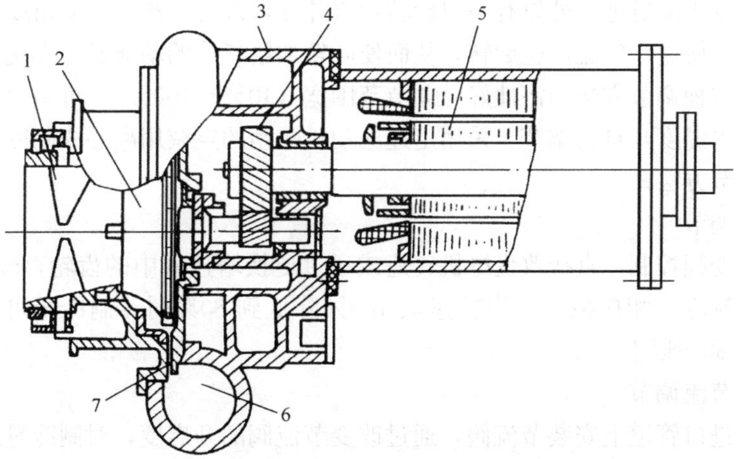

图 4-37 离心式制冷压缩机

1—吸进口导叶；2—叶轮；3—压缩机壳体；4—增速齿轮；5—电动机；
6—涡室；7—扩压器

离心式制冷压缩机希望制冷剂的分子量大些，大分子量的气体可以得到较大的动能，达到较高的压力。如采用 R123 制冷剂的原因就是其分子量较其他制冷剂大。

磁悬浮离心式制冷压缩机具有部分负荷工况下效率高、无油润滑、启动电流小（采用直流变频技术）等优点，其较快得到了应用。目前市场上的磁悬浮离心式制冷压缩机采用两级压缩，用电磁轴承取代了机械轴承，压缩机不再需要润滑油和润滑系统，使压缩机效率大大提高。

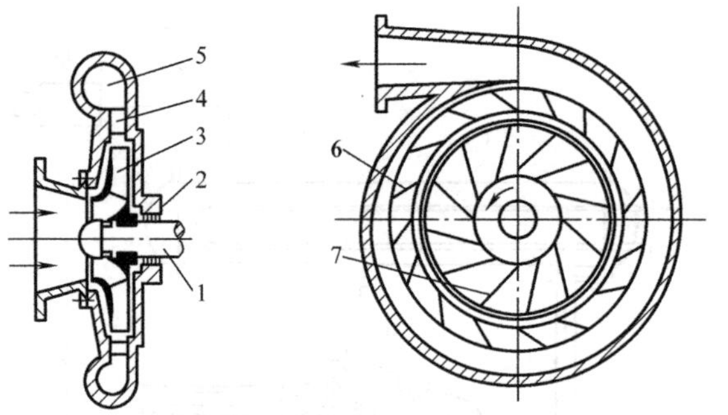

图 4-38　离心式压缩机结构图

1—轴；2—轴封前盖；3—叶轮；4—扩压器进气座；5—机体（蜗壳）进气口；6—扩压器叶片；7—叶轮叶片

4.4.3　离心式制冷压缩机的能量调节

离心式冷水机组应根据冷负荷的变化调节制冷机制冷量，常用的方法有进口导叶调节、转速调节、进口节流调节和冷却水量调节。为防止发生喘振，在小流量时要进行反喘振调节。

1. 制冷量的调节

（1）进口导叶调节

离心式制冷压缩机进口处设有一组旋转导流叶片，改变导流叶片的角度，从而改变进口气流的方向，使进口气流产生旋转，从而使叶轮加给气体的动能发生变化，达到改变制冷量的目的。这种调节方法经济性好，调节范围宽（40%～100%），可用手动或根据蒸发温度（或冷冻水温度）自动调节。采用定速电动机驱动的空调用离心式制冷压缩机几乎全部采用这种调节方法。

（2）转速调节

机组采用变频控制，直接改变电机转速或通过更换增速器中的齿轮，改变主轴转速，使转速降低，制冷量相应减少。当转速从 100%降低到 80%时，制冷量可以减少 60%，轴功率也减少 60%以上。

（3）进口节流调节

在压缩机进口管道上安装节流阀，通过改变节流阀的开启度，对制冷量进行调节。关小节流阀，进气量减少，制冷量减少。为避免调节时影响压缩机工作，降低压缩机的效率，吸气节流阀常采用蝶阀，使节流后的气体沿圆周方向均匀流动。由于产生能量损失，运转不经济，但装置简单，仍可采用。

（4）冷却水量调节

冷却水量减小，冷凝温度增高，压缩机制冷量明显减小，但动力消耗变化很小，因而经济性差，一般不宜单独作用，可与改变转速或导流叶片调节等方法结合使用。

2. 反喘振调节

喘振是离心式制冷压缩机应当避免的事故，喘振产生的过程是，当流量过小时，叶轮流道内会产生制冷剂气体的脱离现象，从而产生涡流，造成制冷剂通过叶轮流道的能量损失很大，气体离开叶轮时所能达到的排气压力突然下降，引起排气管中的气体倒流进入压缩机。倒流回来的气体使叶轮流道内的气体增加，排气压力升高，排出气体。但后续的气体量仍不足，又会使流道产生脱离现象，排气压力不足，如此不断发生，形成喘振。喘振发生后，压缩机出现周期性地增大噪声的同时，机体和出口管会发生强烈振动，若不及时采取措施，会损坏压缩机。

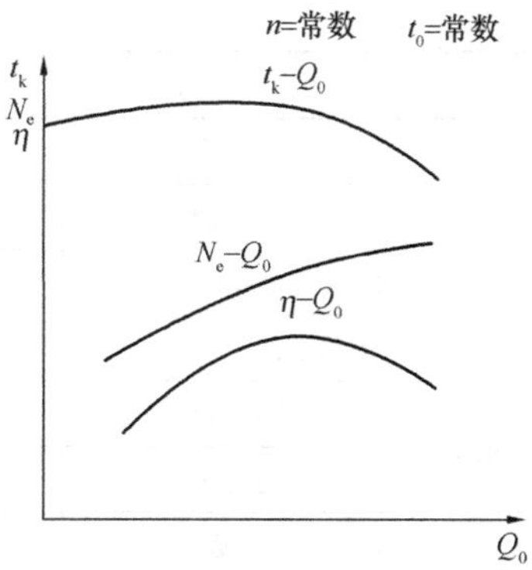

图 4-39　离心式制冷压缩机的特性曲线

离心式制冷压缩机发生喘振的主要原因是排气量（或制冷量）的减小。冷凝压力过高或蒸发压力过低，也会造成排气量减少。所以，机组工作过程中，维持正常的冷凝压力和蒸发压力可防止喘振的发生。当调节制冷量时，为使机组在较小的制冷量下工作，必须进行保护性的反喘振调节，旁通调节法是反喘振调节的一种措施。其做法是，当要求压缩机的制冷量减小到喘振点以下时，可从压缩机排出口引出一部分气态制冷剂不经过冷凝器而注入压缩机的吸入口（同时喷入少部分制冷剂液体用于降温）。这样，既减少了流入蒸发器的制冷剂流量，相应减少制冷机的制冷剂流量，又不致压缩机吸入量过小，从而可以防止喘振发生。反喘振调节是不经济的，只有在需要很小制冷量时采用。

3. 离心式制冷机的性能曲线

离心式制冷机的性能曲线如图 4-39 所示，从该曲线上可以看出，离心式制冷机在转速和蒸发温度不变的条件下，冷凝温度降低，制冷量增加；制冷量增大，输入功率增大（增加进气量时）；制冷机的效率在设计工作点达到最大值，在其他工作点工作时，效率均降低。

4.4.4　离心式冷水机组的技术参数

以某离心机为例，其技术参数见表 4-18。

离心式冷水机组的技术参数　　表 4-18

机组型号 LSBLX			1000	1200	1400	1600
制冷量调节			10%～100%			
制冷量		kW	1000	1200	1400	1600
		RT	284	341	398	456
操作系统			中文液晶显示器			
蒸发器	形式		卧式壳管式换热器			
	冷水流量	m^3/h	182	212	242	272
	冷水压力降	kPa	112	114	115	106
	流程数		3	3	3	3
冷凝器	形式		卧式壳管式换热器			
	冷却水流量	m^3/h	228	265	302	340
	冷却水压力降	kPa	83	82.2	81.4	83.1
	流程数		3	3	3	3

续表

机组型号 LSBLX			1000	1200	1400	1600
电机	功率	kW	178	214	248	284
	电源	V-ph-Hz	380-3-50			
R134a 充灌量		kg	500	690	690	850
流量控制			孔板节流			
重量	运输重量	kg	8980	9210	9440	9930
	运行重量	kg	8000	8500	9000	9500
外形尺寸	宽	mm	4500	4500	4500	4500
	深	mm	1700	1700	1700	1800
	高	mm	2300	2300	2300	2400

4.5 制冷剂管道的设计

制冷剂管道设计的正确与否，将影响制冷设备的制冷能力，甚至会影响制冷系统的正常运行。本节仅介绍常用的氟利昂管道的设计及管径确定方法。

4.5.1 氟利昂制冷剂管道的布置要求

1. 吸气管道

氟利昂制冷剂与润滑油相溶，当蒸发器中制冷剂蒸发气化后，润滑油应顺利地与制冷剂气体一道流回压缩机，否则会造成压缩机缺油而损坏。因此，吸气管道的布置及上升立管的管径应保证能够正常回油。此外还应防止压缩机液击。具体布置要求如下：

（1）制冷压缩机的水平吸气管道应有不小于 0.02 的坡度，且必须使其坡向制冷压缩机，以确保润滑油能流回制冷压缩机。

（2）蒸发器出口应设置上升立管和存油弯。上升立管应保证必要的带油速度，能够使润滑油被制冷剂气体带走。上升立管的下部应设存油弯，从蒸发器流出的润滑油会积存在存油弯内，形成油封，润滑油在油封前后的压力差推动下前进。油封不宜过大，油封过大会使制冷机的吸气压力过低，对制冷系统运行不利。

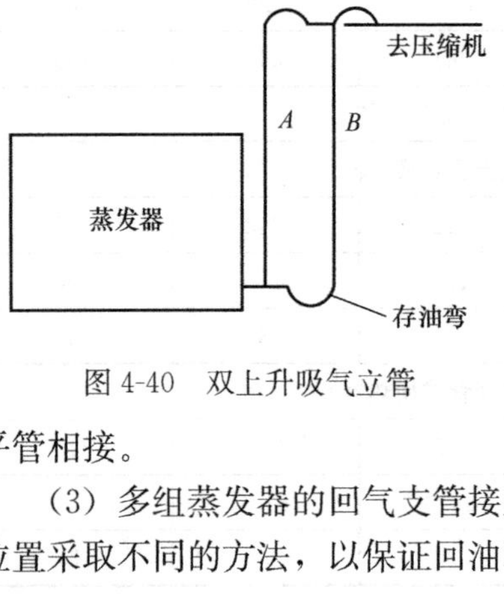

图 4-40　双上升吸气立管

负荷稳定的制冷系统可设一根上升立管。负荷变化大的制冷系统，可设置成双上升立管，双上升立管的两根立管管径不同，两立管间设置存油弯，管径较小的立管 A 靠近蒸发器，管径较大的立管 B 在存油弯后。低负荷时，由于存油弯中有油，仅管径小的立管 A 工作，当系统全负荷运行时，两立管道同时带油上升，如图 4-40 所示。为了避免单管工作时可能不断地有油进入不工作的立管中，两根立管均应从上部与水平管相接。

（3）多组蒸发器的回气支管接至同一吸气总管时，应根据蒸发器与制冷压缩机的相对位置采取不同的方法，以保证回油和防止液击，如图 4-41 所示。

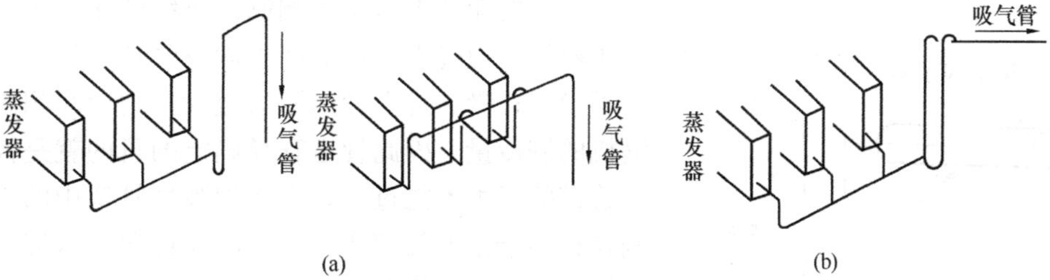

图 4-41　多组蒸发器的回气管道

(a) 蒸发器高于制冷压缩机；(b) 蒸发器低于制冷压缩机

(4) 当氟利昂制冷压缩机并联运行时，制冷压缩机的吸气管道上应设置 U 形集油弯，如图 4-42 所示。以防止润滑油进入未工作的制冷压缩机，避免再启动制冷压缩机时发生液击。

2. 排气管道

(1) 制冷压缩机的排气管道应有不小于 0.01 的坡度，且必须使其坡向油分离器或冷凝器。以确保停机时管道中的润滑油和可能凝结的制冷剂一起流向油分离器或冷凝器。

(2) 制冷系统不设油分离器时，排气上升立管要考虑最小带油速度问题。如果制冷压缩机位于冷凝器之下，排气管道应设计成一个 U 形弯，并在管道中设置止回阀，如图 4-43 所示。以防止润滑油和凝结的制冷剂返流回制冷压缩机。

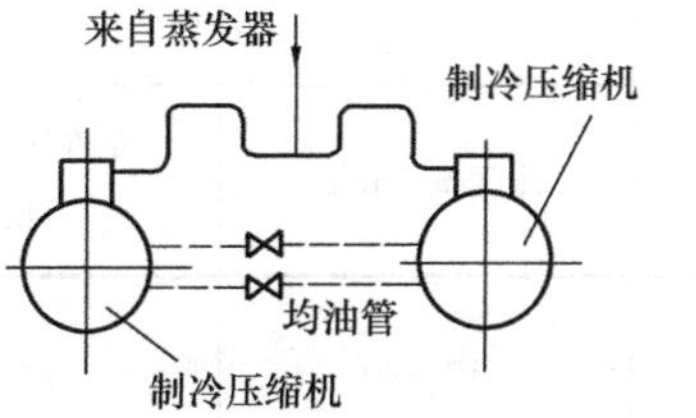

图 4-42　并联制冷压缩机的吸气管道

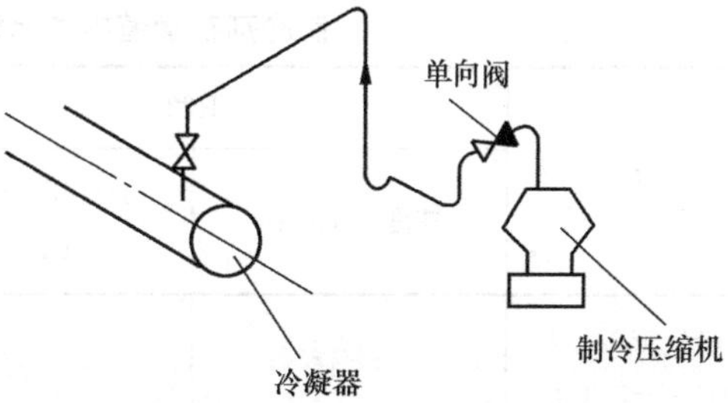

图 4-43　氟利昂制冷压缩机的排气管道

3. 冷凝器至贮液器的管道

(1) 当采用直通式贮液器时，可不设外部平衡管。接管的水平管段应有不小于 0.01 的坡度，且必须使其坡向贮液器。贮液器应位于冷凝器之下，冷凝器出液管与贮液器进液阀间的高差不应小于 200mm。

(2) 当采用波动式贮液器时，需设外部平衡管。液体制冷剂从贮液器底部进出，以调节和稳定制冷剂循环量。从冷凝器出来的液体可以不经过贮液器直接通过供液管到达膨胀阀。冷凝器与贮液器的进液阀间高差应不小于 300mm。

4. 冷凝器或贮液器至蒸发器的管道

当蒸发器位于冷凝器或贮液器之下时，若供液管上不装设电磁阀，则液体管道应设倒 U 形弯，其高度应不小于 2m，如图 4-44 所示。以防止停机时液体继续流向蒸发器。若供液管上装设电磁阀，可不设置倒 U 形弯。

4.5.2　管道水力计算

1. 管径的确定

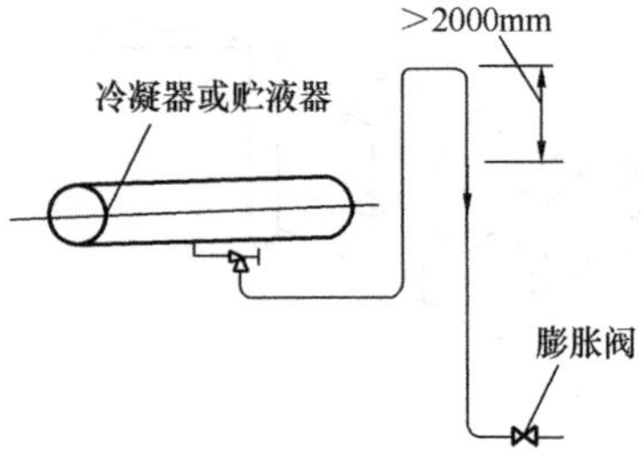

图 4-44　蒸发器的供液管道

管道的流动阻力将影响制冷系统的正常工作，如高压液管阻力过大，可能产生闪发气体，使热力膨胀阀不稳定；吸、排气管的阻力过大，则会影响制冷压缩机的制冷量。因此管道管径确定的目的就是控制制冷管道的阻力不能过大，通常把吸气管道中的阻力控制在相当于饱和温度差1℃，排气管和高压液管的阻力控制在相当于饱和温度差0.5℃。

依据氟利昂管道的允许压力降，氟利昂管道的管径可以通过计算管道阻力确定，也可以根据制成的线算图确定。

（1）计算法确定氟利昂系统管道管径

1）制冷管道的管径按下式计算：

$$d_n = \sqrt{\frac{4q_m v_R}{\pi v}} \quad (\mathrm{m}) \tag{4-20}$$

式中　q_m——制冷剂的质量流量（kg/s）；

v_R——制冷剂的比容（m^3/kg）；

v——制冷剂流速（m/s），制冷剂在管道中的允许流速见表4-19。

制冷剂在管道中的允许流速和压力降　　**表 4-19**

管道名称	R22		R717	
	速度 v (m/s)	允许压力降 Δp (kPa)	速度 v (m/s)	允许压力降 Δp (kPa)
吸气管（−10℃～−30℃）	6～15	<20	10～20	<20
排气管	10～16	20～25	15～25	15～22
冷凝器到贮液器的液体管	<0.5	<50	<0.5	<50
贮液器至节流阀的液体管	0.5～1.25	<50	0.5～1.25	<50

2）管道的沿程压力损失

$$\Delta p_m = \lambda \frac{L}{d} \frac{\rho v^2}{2} \quad (\mathrm{Pa}) \tag{4-21}$$

式中　λ——沿程阻力系数；

L——管道的长度（m）；

d——管道的直径（m）；

ρ——流体的密度（kg/m^3）；

v——管道断面平均流速（m/s）。

3）管道的局部压力损失

$$\Delta P_j = \zeta \frac{\rho v^2}{2} = \lambda \frac{L_d}{d} \frac{\rho v^2}{2} \quad (\text{Pa}) \tag{4-22}$$

式中　ζ——局部阻力系数；

L_d——当量长度（m），见式（4-24）。

4）管道的总阻力

$$\Delta p = \Delta p_m + \Delta p_j = \lambda \frac{(L + L_d)}{d} \frac{\rho v^2}{2} \quad (\text{Pa}) \tag{4-23}$$

5）管道的当量总长度计算

制冷管道的当量总长度是直管段长度加上管道上所有局部阻力件阻力折算成直管段长度的总和。制冷系统局部阻力件的折算系数见表 4-20，局部阻力件的当量长度按下式计算：

$$L_d = nAd_n \quad (\text{m}) \tag{4-24}$$

式中　n——管件数量；

A——当量长度系数（m/m），见表 4-20；

d_n——管道内径（m）。

制冷阀门和管件的当量长度系数　　**表 4-20**

阀门和管件的名称			折算系数 A
阀　门	球形阀（全开）		340
	角阀（全开）		170
	闸阀（全开）		8
	单向阀（全开）		80
标准弯头	90°		40
	45°		24
变径管	管径扩大	$d/D=1/4$	30
		$d/D=1/2$	20
		$d/D=3/4$	17
	管径缩小	$d/D=1/4$	15
		$d/D=1/2$	11
		$d/D=3/4$	7

【例 4-2】 一段制冷管道材质为铜管，规格为 Φ20×2.0，直管长度 20m，管段上有阀门 1 个，90°弯头 3 个。试计算该段管道的当量总长度。

【解】 直管段长度：$L_0=20$m，管道内径为 $d_n=0.016$m。查表 4-20 得，阀门的当量长度系数为 $A_1=340$ m/m，90°弯头的当量长度系数为 $A_2=40$m/m，则：

1 个阀门的当量长度：

$$L_{d1} = n_1 A_1 d_n = 1 \times 340 \times 0.016 = 5.44\text{m}$$

3 个弯头的当量长度：

$$L_{d2} = n_2 A_2 d_n = 3 \times 40 \times 0.016 = 1.92\text{m}$$

该段管道的当量总长度为：

$$L = L_0 + L_{d1} + L_{d2} = 20 + 5.44 + 1.92 = 27.36\text{m}$$

（2）查图法确定氟利昂系统管道管径

1）吸气管道

按吸气管允许压力降的要求制成的 R22 吸气管道的管径线算图如图 4-45 所示，它是按膨胀阀前的液体温度为 40℃编制的。对于其他进液温度，可以近似地应用。使用时，根据制冷能力、蒸发温度、管材种类和当量长度就可确定管径。

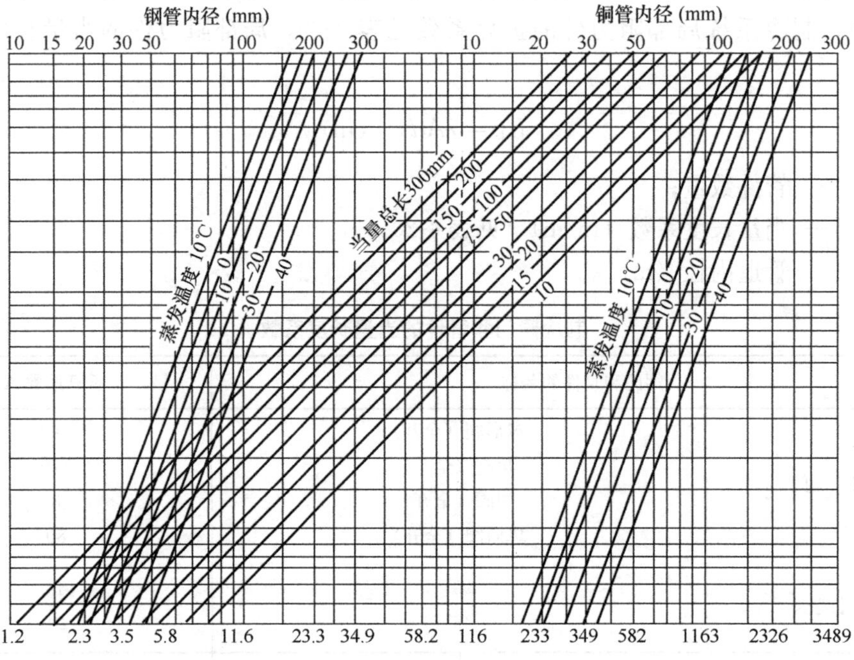

图 4-45　R22 吸气管道的线算图

【例 4-3】 已知 R22 制冷系统吸气管负荷为 116kW，蒸发温度 0℃，管道当量长度为 10m，计算吸气钢管管径。

【解】 查图 4-45，在横坐标上从制冷能力 116kW 数值处向上引垂直线与当量总长 10mm 线相交，从此交点处向左引水平线与蒸发温度 0℃线相交，从此交点处向上引垂直线与钢管内径对应，即得钢管内径为 60mm。选 $D76 \times 3.0$ 无缝钢管。此题如选铜管，则水平线向右对应。

对于上升的吸气立管，应当具有必要的带油速度，以满足回油的需要。R22 吸气立管和排气立管的最低回油流速见图 4-46，确定立管流速后，再根据流量确定立管管径。对

R22 上升吸气管立管，可采用图 4-47 直接确定管径，它是按膨胀阀前的液体温度为 40℃编制的。对于其他进液温度，可以近似地应用。

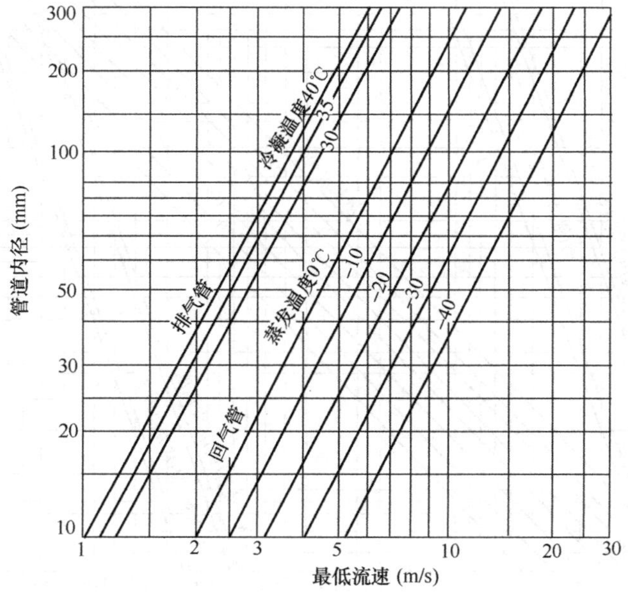

图 4-46　吸气立管的回油最低流速

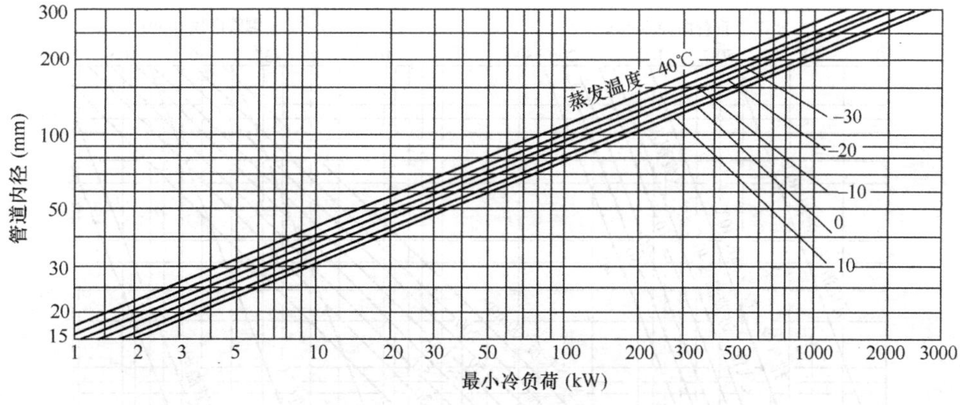

图 4-47　R22 上升吸气立管的最小冷负荷

2）排气管道和高压液体管道

按排气管和高压液管允许压力降的要求制成的 R22 排气管道和高压液体管道的线算图如图 4-48 所示。高压液体管道是指从贮液器到热力膨胀阀进口的液体管道。它是按膨胀阀前的液体温度为 40℃编制的。对于其他进液温度，可以近似地应用。

3）冷凝器至贮液器的管道

图 4-49 为冷凝器至贮液器的管道线算图。它是根据液体流速为 0.5m/s、膨胀阀前的液体温度为 40℃、蒸发温度为－20℃编制的。对于其他温度，也可以近似地应用。若冷凝器和贮液器之间装有平衡管时，管道的容量可提高 50%。

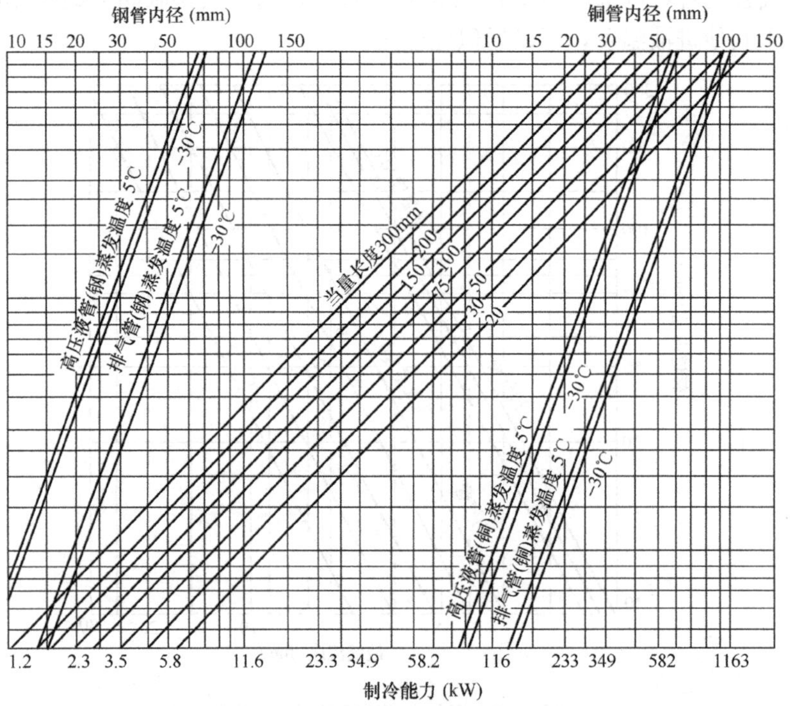

图 4-48　R22 排气管道和高压液体管道的线算图

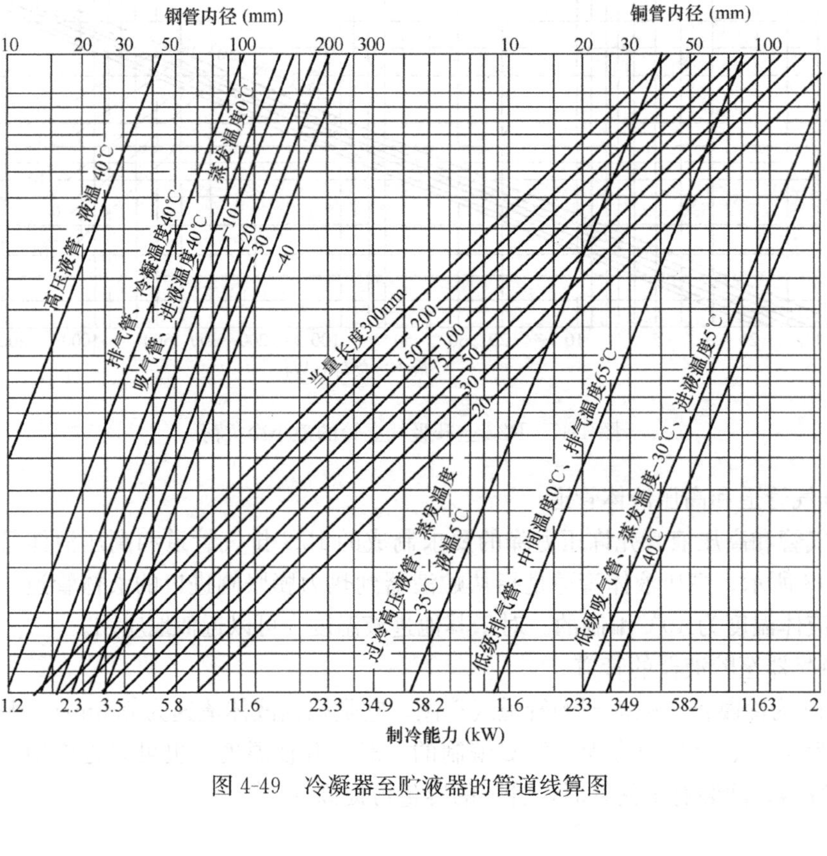

图 4-49　冷凝器至贮液器的管道线算图

4.6 蒸气压缩式冷水机组的选择

选择压缩式冷水机组时，应根据建筑物的用途、各类冷水机组的特性，并结合当地水源、热源和电源等情况，从初投资和运行费用两方面进行综合技术经济比较来确定。

4.6.1 选择冷水机组应考虑的因素

选择冷水机组的类型和台数主要考虑以下几点：

1. 冷冻水温度

选择冷水机组，应优先考虑所设计的工程对制取冷冻水温度的要求。冷冻水温度的高低对制冷机的选型和系统组成非常重要。例如，空调用冷水机组冷冻水温度一般为7℃，风冷热泵型为夏季7℃，冬季热水温度为45℃，蓄冰双工况冷水机组可提供7℃冷水和−6℃温度（载冷剂为乙二醇溶液）。溴化锂吸收式制冷机用于空气调节制冷优点颇多，但它不能制取低温冷媒，而且溴冷机所制取的低温水的温度又有7℃（D型）、10℃（Z型）和13℃（G型）之分，因此要求工程设计者应了解制冷机的适用范围及技术条件。

2. 总制冷量与设备台数

总制冷量的大小将与该工程设计的一次性投资、占地面积、能量消耗和运行管理等密切相关。

空调工程以2～4台机组为佳，中小型规模宜选用2台，较大型可选用3台，特大型可选用4台，冷水机组一般不设备用机。一般情况下不宜设单台制冷机，这是因为一旦制冷机发生故障或停机检修时，仍能继续供冷。但选用过多的机组也是不利于投资、占地和维修的，因此设计时必须根据单机制冷量，结合具体情况，确定机组台数。

3. 能耗及能源的综合利用

选择制冷机类型时必须考虑机组的电耗、汽耗及油耗。当选用大型制冷机的区域性供冷的大型制冷站时，应当充分考虑对电、热、冷的综合利用和平衡，尤其是对废气、废热的充分利用，力求达到最佳的经济效果。

4. 环境保护与防振

选用冷水机组时，应考虑的环境保护问题有以下几个方面：

（1）噪声。噪声值不仅随制冷机的大小而增减，而且各种类型的冷水机组的噪声值相差很大。

（2）制冷剂性质。有些冷水机组所用的制冷剂有毒、具有燃烧和爆炸性，如氨。所以选型时注意空调工程不采用氨制冷机。

（3）制冷剂对臭氧层的破坏。压缩式冷水机组所用CFC_S制冷剂会破坏大气的臭氧层，达到一定程度时，将会给人类带来灾难。选择冷水机组一定要注意制冷剂的使用年限。

（4）振动。压缩式冷水机组运行时的振动频率与振幅大小因机种不同相差较大。对于制冷机房周围有防振要求的，应选择振幅较小的压缩式制冷机或运行无振动的溴化锂吸收式冷水机组。对冷水机组的基础与管道一般进行减振处理后均能达到要求。

5. 一次性投资与运行管理费

制冷机在相同制冷量情况下，往往会因为选用的机型不同，而使一次性投资相差较大。各种类型的制冷机全年运行管理费用也有较大差别，设计选型时应予特别注意。综合考虑一次性投资和运行管理费用后，可以采用不同机型组合的形式，如选用两种机型，或一种机型不同容量。

6. 冷却水的水温与水质

冷水机组冷却水进口水温一般以 24～32℃为宜。冷却水的水质对热交换器的影响较大，水质差会危及设备。由于结垢和腐蚀会造成制冷机的制冷量衰减，还会导致换热管堵塞与破损。

7. 压缩式冷水机组的容量应按空调冷（热）负荷（含新风负荷）计算确定，不作任何附加。

8. 水冷式冷水机组的机型选择时，一般来说，当单机名义制冷量不大于 116kW 时，宜选用涡旋式。制冷量在 116～1054kW 时，宜选用螺杆式；制冷量在 1054～1758kW 时，宜选用离心式或螺杆式；制冷量不小于 1758kW 时，宜选用离心式。

风冷热泵型机组主要适用于夏热冬冷地区及无集中供热与燃气供应的寒冷地区的中、小型建筑。寒冷地区若采用风冷热泵型机组，其冬季运行性能系数 *COP*（该地区冬季空调室外计算干球温度下的供热量与机组输入功率之比）应大于 1.8，目前机组应在冬季环境温度不低于－15℃的地区使用，室外空调计算干球温度低于－10℃的地区，应采用低温风冷热泵机组。

9. 选择冷水机组的容量时，应根据产品样本提供的参数，结合当地气候条件和水源水温条件，计算后确定。特别是选择风冷热泵型冷水机组时，如使用地区的实际工况条件与冷水机组的名义工况相差较大时，应经过计算修正后，再选择冷水机组。冬季制热时，由于室外温度变化对制热量影响很大，应进行制热量修正，其修正计算公式是：

$$Q_h' = k_1 k_2 Q \quad (\text{kW}) \tag{4-25}$$

式中 k_1——使用地区冬季室外空调计算干球温度时的修正系数，按产品样本选取（参考图 4-51）；

k_2——机组除霜修正系数，每小时除霜 1 次取 0.9，2 次取 0.8。除霜次数与使用地区有关，可按机组除霜控制方式选择或向生产厂查询；

Q——产品样本中机组的名义制热量（kW）。

对于夏热冬暖及夏热冬冷地区，机组的制冷和制热容量应根据冬季热负荷选型，夏季运行时，不足冷量可由性能系数 *COP* 较高的水冷式冷水机组提供。

4.6.2 蒸气压缩式冷水机组的选型计算步骤

蒸气压缩式冷水机组具体选择设计计算步骤如下：

1. 设计准备阶段

（1）收集和熟悉有关规范、标准。

（2）熟悉所设计的工程建筑结构、围护结构材料、层次。

（3）收集同类建筑设计资料，参观同类建筑物。

（4）汇总建筑冷负荷。包括建筑逐时冷负荷和新风负荷。

2. 冷水机组负荷计算

（1）总冷负荷 Q_0

计算建筑逐时冷负荷综合最大值和新风负荷之和，不作任何附加。

（2）总热负荷 Q_h

计算建筑物热负荷和新风热负荷之和，不作任何附加。

3. 制冷机房冷水机组设计方案的确定

（1）确定冷水机组台数

一般设置 2～4 台。小型建筑设计一般设 2 台。

（2）确定冷水机组形式

机组形式按 4.6.1 第 8 条确定。

4. 冷水机组选择计算

（1）风冷热泵机组选择计算

1）计算机组名义制冷量

根据当地室外温度（即夏季空调室外计算温度），利用产品样本中的冷水机组制冷量修正曲线（参考图 4-50），查出修正系数 a，则所需机组名义制冷量为：

$$Q_0' = \frac{Q_0}{a} \quad (\mathrm{kW}) \tag{4-26}$$

2）冷水机组选择

在产品样本中选出与名义制冷量 Q_0' 相当的机组。并记下该机组的名义制热量 Q，以及外形尺寸、冷水进出水管位置。

3）校核冬季制热量

根据当地冬季室外温度（即冬季空调室外计算温度），在产品样本中查冷水机组制热量修正曲线，确定修正系数 k_1。融霜系数 k_2 取 0.8～0.9。

按式（4-25）计算所选机组的制热量 Q_h'。

如 $Q_h' < Q_h$，则应加辅助加热器，如蒸气加热器或电加热器。

某公司产品的风冷热泵机组制冷量和制热量修正曲线如图 4-50 和图 4-51。注意，此两图仅适用于该公司产品。

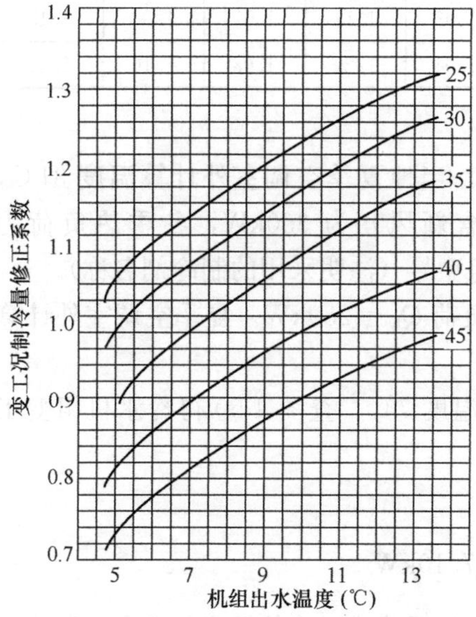

图 4-50　变工况制冷量修正系数（R22、R407C）

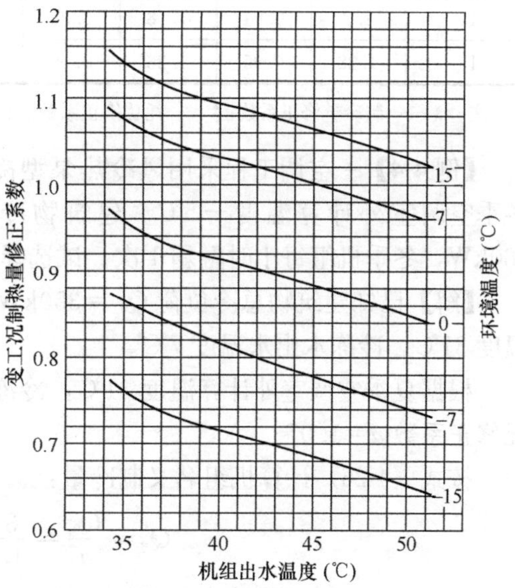

图 4-51　变工况制热量修正系数（R22、R407C）

（2）水冷冷水机组选择计算

1）冷却水进水温度计算

对于使用冷却塔的循环水系统，冷却水进水温度（即冷却塔出水温度）可按下式计算：

$$t_{sl} = t_s + \Delta t_s \quad (℃) \tag{4-27}$$

式中 t_s——当地夏季空调室外计算湿球温度（℃）；

Δt_s——安全值，对开式机械通风冷却塔，取 2～4℃。

2）制冷量修正

根据冷却水进水温度，利用产品样本中的冷水机组制冷量修正曲线或修正系数表，查出修正系数 λ，所需机组的名义制冷量为：

$$Q'_0 = \frac{Q_0}{\lambda} \quad (\text{kW}) \tag{4-28}$$

3）冷水机组选择

在产品样本中选出与所需机组名义制冷量 Q'_0 相当的机组。记下该机组的外形尺寸、冷水进出水管规格及位置供系统设计时使用。

某厂家的机组制冷量与耗功修正系数见表 4-21。

水冷式冷水机组变工况下机组制冷量与耗功修正系数（摘自产品样本）　表 4-21

冷冻水出水温度（℃）	冷却水进水温度（℃）									
	25		27		30		32		35	
	λ	ξ	λ	ξ	λ	ξ	λ	ξ	λ	ξ
5	0.98	0.89	0.96	0.93	0.92	0.98	0.90	1.02	0.86	1.08
7	1.06	0.91	1.04	0.95	1	1	0.98	1.04	0.94	1.1
9	1.13	0.92	1.11	0.96	1.07	1.01	1.05	1.05	1.01	1.11
11	1.2	0.94	1.18	0.98	1.15	1.03	1.12	1.07	1.08	1.13
13	1.28	0.95	1.26	0.99	1.22	1.04	1.20	1.08	1.16	1.15

注　λ——制冷量修正系数；ξ——耗功修正系数。

【例 4-4】一空调工程采用风冷热泵型冷水机组，当地夏季空调室外计算温度 31℃，冬季空调室外计算温度－5℃。建筑物冷负荷（含新风）为 350kW，冬季热负荷为 280kW，冬季机组每小时融霜 1 次。试选择冷水机组型号（注明采用的制冷剂名称）。

【解】已知建筑物总冷负荷 Q_0 ＝350kW，总热负荷 Q_h ＝280kW。夏季空调室外计算温度 31℃，冷冻水出水温度 7℃。

根据夏季空调室外计算温度 31℃，冷冻水出水温度 7℃，查图 4-50 得冷水机组变工况修正系数 a＝1.07。

按式（4-26）计算机组名义制冷量：

$$Q'_0 = \frac{Q_0}{a} = \frac{350}{1.07} = 327.10\text{kW}$$

查表 4-17，选型号为 LSQWRF（200）M/A-C1 的涡旋式风冷热泵机组 2 台，制冷剂为 R22，单台名义制冷量为 185.0kW，2 台共 370kW，满足要求。同时，可知单台机组冬季名义制热量为200kW。

制热量校核：根据冬季空调室外计算温度-5℃，热水出水温度45℃，查图4-51得，$k_1=0.81$。融霜系数k_2取0.9（每小时融霜1次）。按式（4-25）计算机组冬季实际制热量：

$$Q_h' = k_1 k_2 Q = 0.81 \times 0.9 \times 200 \times 2 = 291.60\text{kW}$$

$Q_h' > Q_h$（280kW），满足冬季制热要求。

所以，该空调工程选用2台LSQWRF（200）M/A-C1的涡旋式风冷热泵机组，制冷剂为R22。

4.6.3 制冷机房的布置

安装制冷装置的建筑称为制冷机房或冷冻站。规模较大的制冷机房应单独建造，规模较小的氟利昂制冷机房可附设在主体建筑物内。如水冷式冷水机组一般设在一层或建筑物的地下室一层，风冷式热泵机组则设在建筑物屋顶，大型空调冷冻站采用单独机房。制冷机房设计时可遵循如下原则：

1. 制冷机房位置应尽可能靠近冷负荷中心，力求缩短输送管道。吸收式和蒸气喷射式制冷机房还应尽可能靠近热源。氟利昂制冷机可布置在民用建筑、生产厂房和辅助建筑物内，也可布置在地下室内。溴化锂吸收式制冷机宜布置在建筑物内及地下室；条件许可时，也可露天布置，但制冷装置的电气设备和控制仪表，应布置在室内。

2. 制冷机房应采用二级耐火材料或不燃材料建筑。机房应设两个不相邻的出入口，门窗必须向外开启。其中一个出口应考虑设备安装要求的净面积。

3. 制冷机房宜与空调机房分开设置。

4. 大中型制冷机房内的主机宜与辅助设备及水泵等分间布置；大中型制冷机房内应设置值班室、控制室、维修间和卫生间。有条件时应设置通信装置。

5. 制冷机房的高度，氟利昂制冷机大于等于3.6m，且设备顶部与梁底的间距大于等于1.2m。溴化锂吸收式冷水机组顶部距梁底大于等于1.2m。

6. 在建筑设计中，应根据需要预留大型设备的安装和维修用的进出孔洞，并应配备必要的起吊设施。

7. 布置蒸气压缩式冷水机组和溴化锂吸收式制冷机时，必须考虑在其一端预留清洗和更换管簇的必要距离，一般为一个蒸发器或冷凝器的长度，如没有换管空间时，可正对门窗安装，借用门窗来满足要求。

8. 机房内应考虑留出必要的检修用地，当利用通道作为检修用地时，应根据设备的种类和规格适当加宽。

9. 制冷机房内设备布置的间距见表4-22。设备、管路上的压力表、温度计等应设在便于观察的地方。

设备布置的间距 **表4-22**

项目	间距（m）
主要通道和操作通道宽度	≥1.5
制冷机突出部分与配电盘之间	≥1.5
两台冷水机组之间的距离	≥2.0

续表

项目	间距（m）
制冷机与墙面之间的距离	≥0.8
非主要通道	≥0.8
溴化锂吸收式制冷机侧面突出部分之间	≥1.5
溴化锂吸收式制冷机的一侧与墙面	≥1.2

10. 制冷机房的设备（冷水机组、水泵、冷却塔等）宜按一一对应的原则选配（水泵设1台备用泵），管道布置时应考虑既可单独运行，又可联合运行。

4.6.4 冷冻水系统

制冷装置向用户供冷的方式有两种，即直接供冷和间接供冷。

直接供冷是把制冷装置的蒸发器直接置于被冷却空间，以对空间的空气或物体进行冷却，使低压低温液态制冷剂直接吸收被冷却对象的热量。例如空调器和多联机系统的室内机直接冷却送入空调房间的空气。这种供冷方式的优点是可以减少一些中间设备，投资少，机房占地面积少，而且制冷系数较高；缺点是蓄冷性能较差，制冷剂渗漏可能性增多，对制冷系统的安装要求较高。

间接供冷是首先将载冷剂在蒸发器中被冷却到低温，然后再将载冷剂输送到各个用户，使被冷却对象温度降低。这种供冷方式使用灵活，控制方便，利于远距离输送，特别适合于区域性供冷。

在空调用制冷系统中，常将冷水机组安装在单独设置的机房内，以水作为载冷剂向空调装置传递和输送冷量，此处的载冷剂水称为冷冻水，冷冻水在蒸发器内被冷却降温后通过泵和管道输送到空调用户。使用后的冷冻水温度升高后，又经泵和管道返回蒸发器中。如此循环构成冷冻水系统。有时，与采暖的热媒相对应，冷冰水又称为冷媒，要注意与制冷剂的区别。

1. 冷冻水系统形式

空调工程的冷冻水管道系统为循环水系统，根据冷冻水是否与空气接触，可分为闭式冷冻水系统和开式冷冻水系统；根据回水方式可分为重力式和压力式；根据水泵的配置形式不同分为一级泵系统（或称一次泵系统）和二级泵系统（或称二次泵系统）。使用时，根据用户需要情况采用不同的形式。

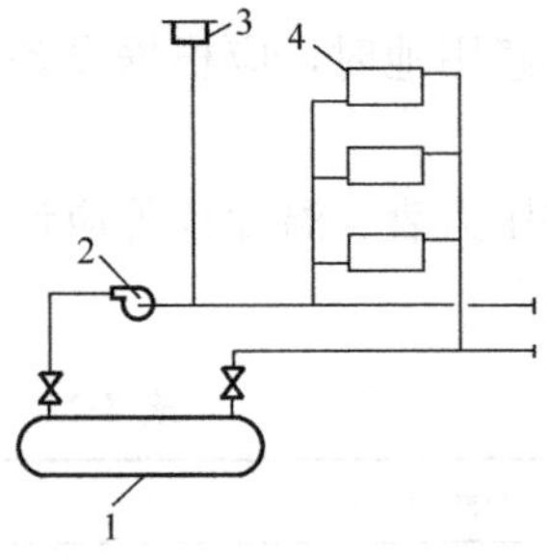

图4-52 闭式冷冻水系统

1—壳管式蒸发器；2—水泵；3—膨胀水箱；4—空气冷却器

(1) 闭式冷冻水系统

图4-52是闭式冷冻水系统。系统中所用的蒸发器只能是壳管式或板式蒸发器。这种系统的冷冻水不与空气接触（膨胀水箱处与空气接触），管路、设备的腐蚀较小，水容量比开式系统的小，冷冻水泵只需克服系统的流动阻力，水泵耗功小。系统中应设有膨胀水箱，其作用是在水温升高时容纳水膨胀增加的体积和水温降低时补充水体积缩小的水量。闭式冷冻水系统在舒适性空调工程中广泛应用。

(2) 开式冷冻水系统

图4-53为开式冷冻水系统。开式系统的共同特点是系统

中有水箱，有较大的水容量，因此温度比较稳定，蓄冷能力大，也不易冻结。但由于较大的水面与空气相接触，所以系统管道设备等易被腐蚀，另外，当设备高差很大时，循环水泵还需要消耗较多的提升冷冻水高度所需的能量。开式系统可在纺织厂等设置喷水室的空气处理设备场合使用。

(3) 重力式回水系统

图 4-54 为重力回水系统。当空调机房和制冷设备之间有一定的高度差，而彼此相距较近时，回水可借重力自流回制冷设备（或冷冻站）。在实际的空调工程中，不少冷冻站的回水池设置在地下室或半地下室，这就为采用重力式回水系统提供了一定的便利条件，这种冷水系统组成简单，不必设置回水泵。在使用直立管式蒸发器时，还可以不用回水池，而且调节方便，工作稳定可靠，所以在设计中应尽量利用地形，创造重力回水条件。

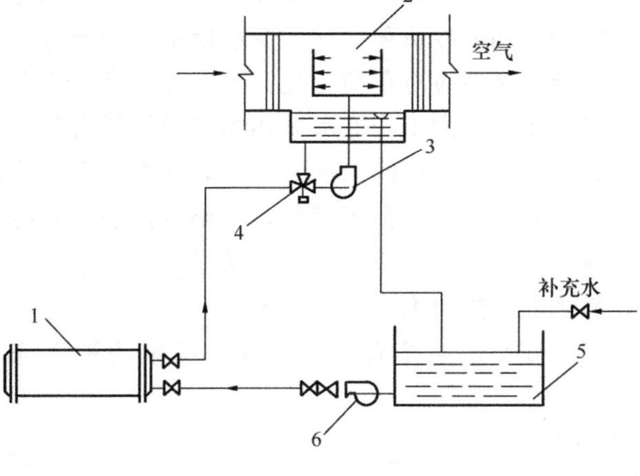

图 4-53 开式冷冻水系统

1—卧式壳管式蒸发器；2—空调喷水室；3—喷水泵；4—三通阀；5—回水池；6—冷冻水泵

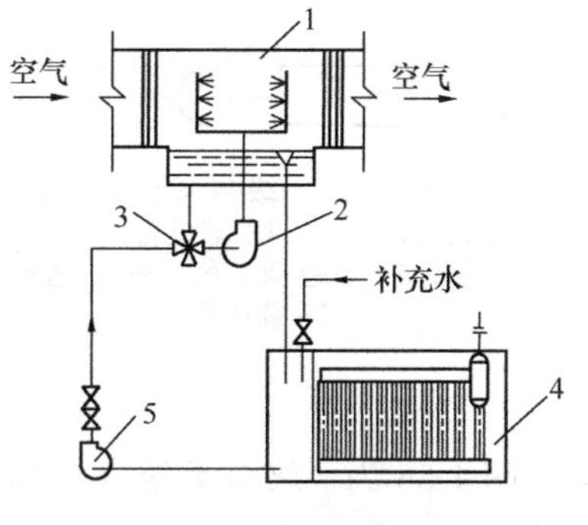

图 4-54 重力回水系统

1—空调喷水室；2—喷水泵；3—三通阀；4—冷水箱式蒸发器；5—冷水泵

(4) 压力式回水系统

图 4-55 为压力式回水系统。冷冻站受地形的限制，不能或不宜采用重力式回水时，可用压力式回水系统。压力式回水系统是利用回水泵加压以克服高度差和沿程阻力将回水送至冷冻站。根据空调设备的构造和蒸发器的形式，压力回水系统可分为封闭式和敞开式两种，图 4-52 为闭式压力式回水系统。图 4-55 为敞开式压力回水系统，图中冷水箱式蒸发器与空调喷水室配用，两者与大气相通。由于喷水室底池要保持一定的水位，不能直接抽取底池回水，故要设置回水箱（几个空调系统可共用一个回水箱），空调喷水室底池的水自流到回水箱中，再由回水泵压送到冷冻站，返回直立管式（或螺旋管式）蒸发器冷水箱中，温度降低后，由冷水泵送入喷水室中喷淋。回水箱

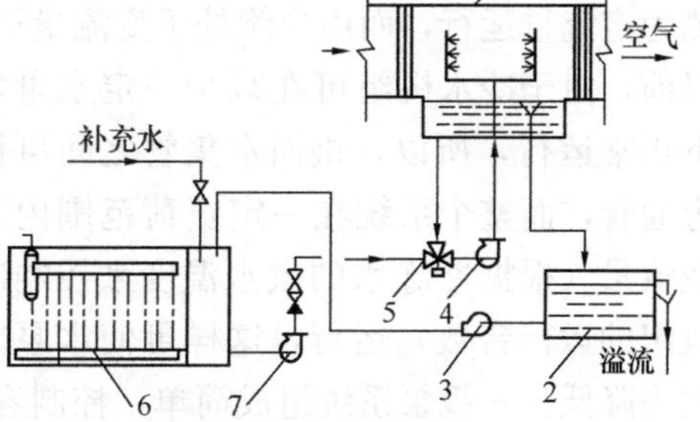

图 4-55 压力回水系统

1—喷水室；2—回水箱；3—回水泵；4—喷水泵；5—三通阀；6—冷水箱式蒸发器；7—冷水泵

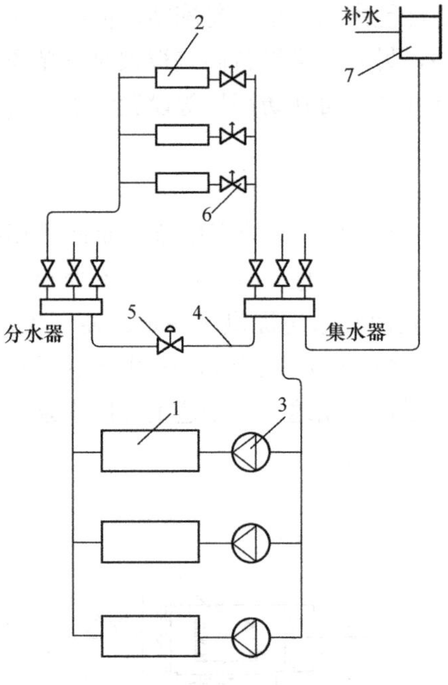

图 4-56　一级泵系统示意图
1—冷水机组；2—空调末端设备；3—冷冻水泵；4—旁通管；5—旁通调节阀；6—二通调节阀；7—膨胀水箱

一般靠近喷水室，大多设在空调机房内。在回水箱中设有水位自动调节装置，当回水箱水位低于某一位置时，回水泵自动停止运行。回水箱设有溢水管以保证水不致溢出回水箱，它的高度应低于喷水室底池的溢流口。同时要考虑蒸发器冷水箱高低水位之间的容积与回水箱高低水位之间的容积相等。

(5) 一级泵系统

从调节特征上看，冷冻水系统可以分为定水量系统和变水量系统两种形式。定水量系统中的水流量不变，通过改变冷冻水供回水温度来适应空调房间的冷负荷变化。变水量系统则通过改变水流量来适应冷负荷变化，而冷冻水供回水温差基本不变。由于冷冻水循环和输配能耗占整个空调制冷系统能耗的15%～20%，而空调系统多数时间内在部分负荷下工作，空调负荷需要的冷冻水量也经常小于设计流量，所以变水量系统具有较大的节能潜力。

变水量系统有一级泵和二级泵两种冷冻水系统。

图 4-56 为一级泵系统（又称一次环路水系统）。这是一种最简单的系统，常用的一级泵系统是在供回水集管之间安装一根旁通管，管上安有压差控制的稳压阀（双通道电动阀门）。当风机盘管空调器负荷下降，冷冻水需求量减少，供回水管水压差超过设定值时，便自动启动稳压阀，使一部分水量不流经风机盘管水路而旁通回到冷水机组，从而保证冷水机组的水流量不减少，以保持冷水机组侧为定流量运行，而用户侧处于变流量运行。目前，由于冷水机组可在减少一定水量情况下正常运行，所以，供回水集管之间可设置旁通管，而整个系统在一定负荷范围内采用变流量（根据冷冻水的供水温度来控制冷水机组的运行台数）运行，这样可使水泵能耗大为降低。一级泵系统组成简单，控制容易，运行管理方便，一般多采用此种系统。

(6) 二级泵系统

图 4-57 为二级泵系统示意图，它由两个

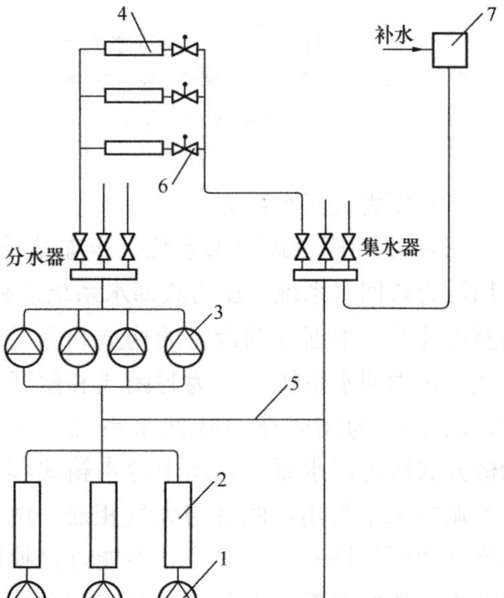

图 4-57　二级泵系统示意图
1—一次泵；2—冷水机组；3—二次泵；4—空调末端设备；5—旁通管；6—旁通调节阀；7—二通调节阀

环路组成。由一次泵、冷水机组和旁通管组成的这段管路称为一次环路，由二次泵、空调末端设备和旁通管组成的这一段管路称为二次环路。一次环路负责冷冻水制备，二次环路负责冷冻水输配。这种系统的特点是采用两组泵来保持冷水机组一次环路的定流量运行，而用户侧二次环路为变流量运行，从而解决空调末端设备要求变流量与冷水机组蒸发器要求定流量的矛盾。该系统完全可以根据空调负荷需要，通过改变二次水泵的台数或者水泵的转速调节二次环路的循环水量，以降低冷冻水的输送能耗。可以看出，二级泵系统的最大优点是能够分区分路供应用户侧所需的冷冻水，因此适用于大型系统。

2. 冷冻水泵的流量与扬程计算

(1) 冷冻水泵的流量

$$G = K\frac{Q}{1.163\Delta t} \quad (\mathrm{m^3/h}) \tag{4-29}$$

式中 K——水泵流量附加系数，取1.05～1.1；

Q——水泵负担的冷负荷，冷水机组与水泵对应配用时，即冷水机组蒸发器的制冷量（kW）；

Δt——供回水温差（℃）。

(2) 冷冻水泵扬程

对闭式一次泵冷冻水系统，冷冻水泵的扬程可按下式计算：

$$H_{ch} = 1.1(\Delta p_1 + \Delta p_2 + \Delta p_{ch}) \quad (\mathrm{mH_2O}) \tag{4-30}$$

式中 Δp_1——冷水机组蒸发器的水压降（mH_2O）；

Δp_2——最不利环路中并联的各台空调末端设备中水压降最大一台设备的水压降（mH_2O），可根据产品样本查知；

Δp_{ch}——最不利环路中各种管件的局部阻力与沿程阻力之和（mH_2O）。应根据系统最不利环路计算求出。

Δp_{ch}估算时，可大致取每100m管长的沿程阻力为5mH_2O。这样，若最不利环路的总长（供回水管管长之和）为L（m），则最不利环路的局部阻力与沿程阻力之和Δp_{ch}可按下式估算：

$$\Delta p_{ch} = 0.05L(1+k) \quad (\mathrm{mH_2O}) \tag{4-31}$$

式中 k——最不利环路中局部阻力当量长度与直管总长的比值。当最不利环路较长时，k取0.2～0.3；环路较短时，k取0.4～0.5。

4.6.5 冷却水系统

在制冷系统中，冷却水主要用于水冷式冷凝器、过冷器（又称再冷却器）、压缩机冷却水套等。常用的冷却水有：江水、河水、海水、深井水、自来水等。冷凝器冷却水系统，根据工程所在地区的水源条件不同，可分为直流式冷却水系统、混合式冷却水系统、循环式冷却水系统。

1. 直流式冷却水系统

直流式冷却水系统属于一次用水系统，是最简单的冷却水系统。冷却水经冷凝器吸收热量后直接排掉，不再重复使用。由于冷却水使用后的温升不大，一般在3～8℃，因此系统的耗水量很大，适宜用在有充足水源的地方，如江河附近、湖畔、水库旁。直流式冷却水系统一般不宜采用自来水或地下水作水源。

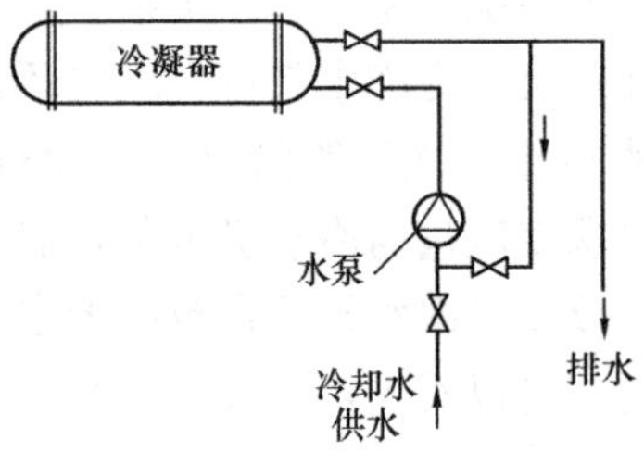

图 4-58　混合式冷却水系统

2. 混合式冷却水系统

混合式冷却水系统如图 4-58 所示。经冷凝器使用后的冷却水部分排掉，部分与供水混合后循环使用。这种系统用于冷却水温度较低的场合，如井水。采用这种系统后，可提高冷凝器的出水温度，增大冷却水的温升，从而减少冷却水的耗量，井水是宝贵的水资源，大量的汲取使用，还会使地面下沉。因此，即使这种系统可减少冷却水的耗量，也不宜在大型系统中采用。

3. 循环冷却水系统

循环冷却水系统是空调工程中应用最广泛的冷却水系统，其特点是冷却水循环使用。当采用壳管式冷凝器时，需设冷却塔（或喷水池）、水池，有时候还要增加二级循环泵站。冷却水经冷凝器等设备吸热升温后，再利用水蒸发吸热的原理对它进行冷却。冷却循环装置有两类——喷水池和冷却塔（凉水塔）。

（1）采用喷水池的循环冷却水系统

图 4-59 是利用喷水池的冷却系统。在水池上部将水喷入空中，增大水与空气的接触面积，使少量的水蒸发把自身冷却下来。喷水池的结构简单，可与美化环境的喷泉结合起来，但冷却效果差，占地面积大，一般 $1m^2$ 水池面积可冷却的水量约为 0.3～$1.2m^3/h$。喷水池宜用在气候比较干燥地区的小型制冷系统中。

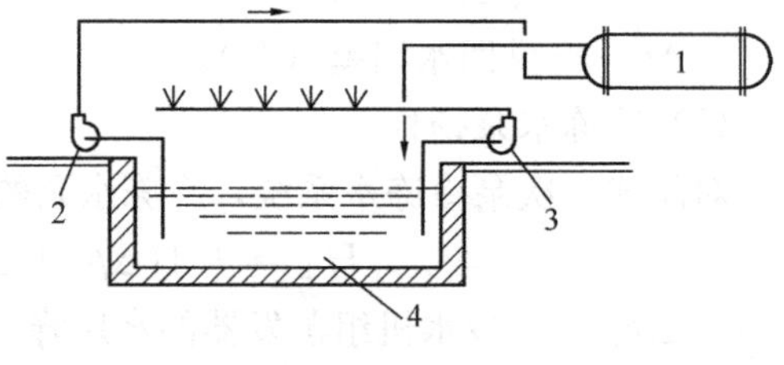

图 4-59　利用喷水池的循环冷却水系统

1—冷凝器；2—循环水泵；3—喷雾水泵；4—水池

（2）采用冷却塔的循环冷却水系统

1）冷却塔

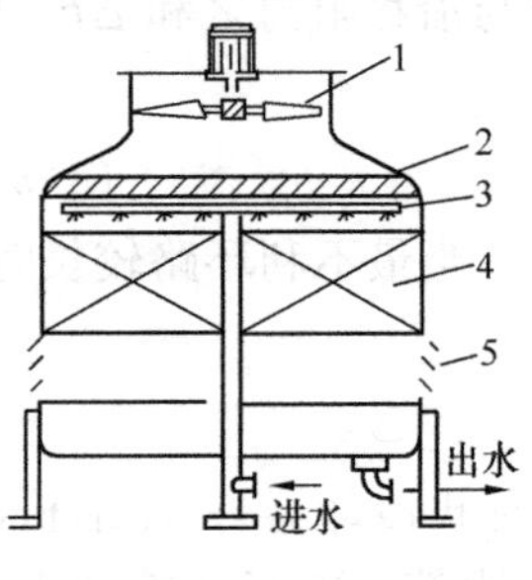

图 4-60　逆流式玻璃钢冷却塔

1—风机；2—挡水填料；3—布水器；4—淋水填料；5—空气入口

冷却塔有自然通风式和机械通风式两类，后者是空调、冷藏制冷系统中常用的设备。目前国内工厂生产的定型的机械通风式冷却塔产品大多采用玻璃钢外壳，故又称玻璃钢冷却塔。按冷却的温差分，玻璃钢冷却塔可分为低温差（5℃左右）和中温差（10℃左右）两种，蒸气压缩式制冷系统中用低温差冷却塔。按水和空气的流动方式分，玻璃钢冷却塔又可分为逆流式、横流式、横逆流式、喷射式四种。图 4-60 是逆流式冷却塔的结构示意图。为增大水与空气的接触面积，在冷却塔内装满淋水填料层。填料一般是压成一定形状的塑料薄板。水通过布水器淋在填料层上，空气由下部进入冷却塔，在填料层中与水逆流流动。这种冷却塔结构紧凑，冷却效率高，从理论上讲，冷却塔可以把水冷却到空气的湿球温度。实际上，冷却塔的极限出水温度比空气的湿球温度高 3.5～5℃。由于水有比较大的汽化潜热，如把水冷却 5℃，蒸发的水量不到被冷却水量的 1%，但是，由于空气夹带水滴和滴漏损失，冷却塔的补充水量约为冷却水量的 4%～10%。

2）卧式壳管式冷凝器循环冷却水系统

图 4-61 为无水池的卧式冷凝器循环冷却水系统，当冷却塔安装在屋顶或机房顶时，采用这种方案可以降低冷却水泵扬程。冷却塔形式选择必须注意冷却水在冷凝器中的温升应与冷却塔的降温能力相适应。还要考虑冷却塔的安装位置、周围环境对噪声的要求等因素，一般情况下蒸气压缩式冷水机组的冷却水温升约 5℃，溴化锂吸收式冷水机组的温升 5.5～7℃，冷却塔的型号和规格要根据冷却水量进行选择。冷却塔的冷却水量应根据制冷机所需的冷却水量，并由室外空气的湿球温度进行修正来确定。当设计条件与冷却塔制造厂提供的产品性能表条件不同时，应根据产品样本给出的冷却塔热工曲线或资料进行修正。空调工程中冷凝器、冷却塔和冷却水泵一般对应配置，冷却水泵设一台备用泵。图 4-62 为带水池的卧式冷凝器循环冷却水系统。当冷却塔与卧式冷凝器之间的高差较小时，可采用此方案。

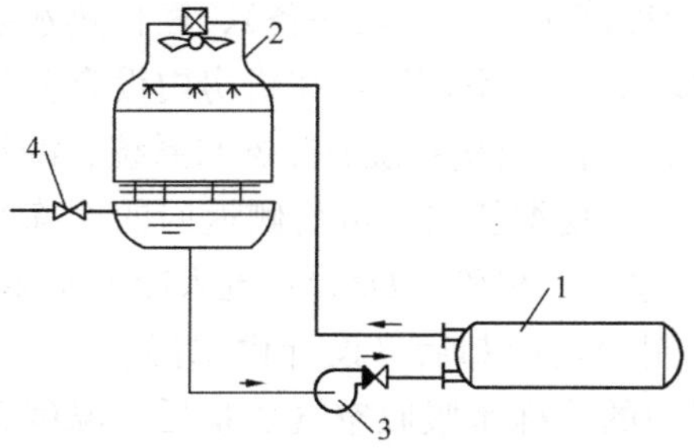

图 4-61　无水池的循环冷却水系统

1—卧式冷凝器；2—冷却塔；3—水泵；4—补给水

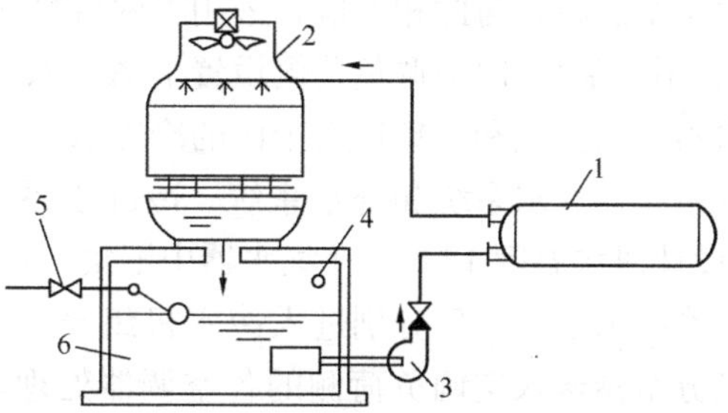

图 4-62　带水池的循环冷却水系统

1—卧式冷凝器；2—冷却塔；3—水泵；4—溢水管；5—补给水；6—水池

4. 冷却水泵的流量与扬程计算

（1）冷却水泵的流量

冷却水泵的流量为冷水机组冷却水量的 1.1 倍。

（2）冷却水泵的扬程

带冷却塔的循环冷却水系统是一个开式系统，冷却水泵的扬程应为冷凝器阻力、冷却塔布水器出口到承水盘（或水池）液面之间的高度差、管路系统阻力和冷却塔进水口预留水头（可从设备样本上查得，一般为 3～6mH_2O）之和。

冷却水泵的扬程按下式计算：

$$H_{co} = 1.1[\Delta p_3 + Z + \Delta p_{co} + (3 \sim 6)] \quad (mH_2O) \tag{4-32}$$

式中　Δp_3——冷水机组冷凝器的水压降（mH_2O）；

Z——冷却塔布水器至承水盘（或水池）水面间的高度差（mH_2O）。可根据产品样本查知；

Δp_{co}——冷却水管道的局部阻力与沿程阻力之和（mH_2O），可根据实际系统计算求得。

Δp_{co} 估算时，可大致取每 100m 管长的沿程阻力为 6mH_2O，局部阻力取 5mH_2O。这样，若冷却水管路总长（供回水管管长之和）为 L（m），则冷却水管道的局部阻力与沿程阻力之和 Δp 可按下式估算：

$$\Delta p_{co} = 0.06L + 5 \quad (mH_2O) \tag{4-33}$$

4.7 蒸气压缩式冷水机组的安装

4.7.1 蒸气压缩式冷水机组机房施工图识读

蒸气压缩式冷水机组机房施工图包括图纸首页、机房系统流程图、机房设备平面布置图、剖面图、基础平面图、局部详图等。图纸首页有设计及施工说明和图例等内容。机房系统流程图绘出了机房系统所涉及的全部设备、管道、阀门和其他附件，标出管道的管径及管材。机房设备平面布置图绘出了机房设备的外形并标出了外形尺寸、机器设备的安装定位尺寸。机房剖面图绘出了机器设备、管道安装高度尺寸。

制冷机房系统流程图、设备布置平面图及剖面图见图 4-63～图 4-65。

图 4-63 中采用了两台水冷式螺杆冷水机组作为夏季空调冷源，两台蒸汽热交换器作为冬季热源。与此相对应，采用了两台冷却塔、三台冷冻水泵（二用一备）、三台热水泵（二用一备）。因空调负荷侧设置了 A、B、C、D、E、F 六个空调区，在机房内设有分集水器，以分配和汇集这六个区的冷冻水。从图中可以看出，机房系统有冷冻水系统、冷却水系统、热水系统和补水系统。冷冻水系统的流程是，夏季从空调负荷侧返回的冷冻水（设计回水温度 12℃）在集水器中汇集，从集水器右起第三根管（*D*250）流入冷冻水泵，经冷冻水泵加压后分别进入冷水机组蒸发器内，被制冷剂冷却后（设计供水温度 7℃），经分水器送入空调负荷侧的各空调器处理，空调器中的冷冻水吸收空气热量后，温度升高，流回集水器，如此循环不断。分集水器间用压差旁通阀连接，其作用是，在定流量系统中（即冷冻水泵流量不变），当空调负荷侧水量变化时，通过压差旁通阀调节，使冷水机组的蒸发器水量保持不变。冷却水系统的流程是，夏季冷水机组工作时，冷凝器中制冷剂的热量被冷却水吸收，冷却水温度升高，进入冷却塔，在冷却塔内，与空气进行热湿交换，冷却水温度降低，再经冷却水泵进入机组冷凝器吸收制冷剂热量。由于冷却塔与空气进行热湿交换，会消耗一部分冷却水，因此要始终向冷却塔补充冷却水。热水系统的流程是，冬季从空调负荷侧返回的热水（设计回水温度 55℃）在集水器中汇集，从集水器右起第三根管（*D*250）流入热水泵，经热水泵加压后分别进入蒸汽热交换器内，被蒸汽加热后（设计供水温度 60℃），经分水器送入空调负荷侧的各空调器处理，空调器中热水的热量传递给空气，热水温度降低，流回集水器，如此循环不断。蒸汽热交换器的热蒸汽来自市政蒸汽管网，蒸汽放热后产生的冷凝水排到室外排污降温池。冷冻水系统和热水系统中的水应为软化水，以防止空调器、蒸发器和蒸汽热交换因水垢增多而降低换热效果。因此，机房中设置了软化水系统，其流程是，市政给水的自来水经软化水器处理后置于软水池（软水箱）中，如冷冻水系统或热水系统缺水或初期系统充水时，用补水泵送入系统中。

图 4-64 明确了冷水机组、热交换器、冷冻水泵、热水泵、软水器、软水箱、补水泵等设备的位置，一般设备的定位尺寸以建筑轴中心、内墙面为定位基准，设备定位尺寸在纵横两个方向都要明确标出。冷水机组的安装位置应留出约等于机组长度尺寸的维修空间，设备间也应保证足够的维修空间。分集水器应布置在靠近空调负荷侧的位置。管道的布置应美观流畅，尽量集中安装，以节省支吊架。机房平面图应严格按流程图绘制，其设备代号、管径必须一致。

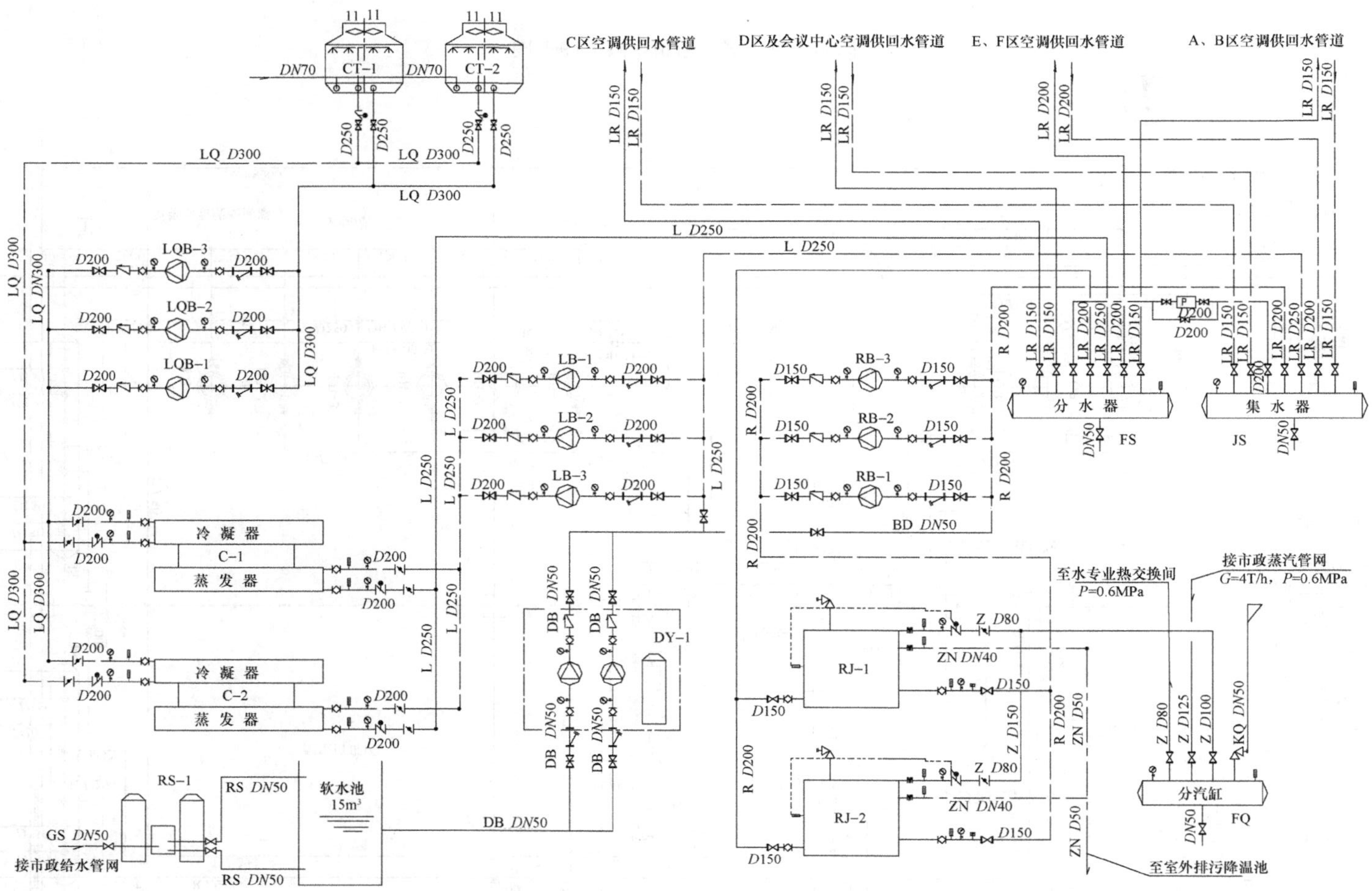

图 4-63　制冷机房冷热水系统流程图

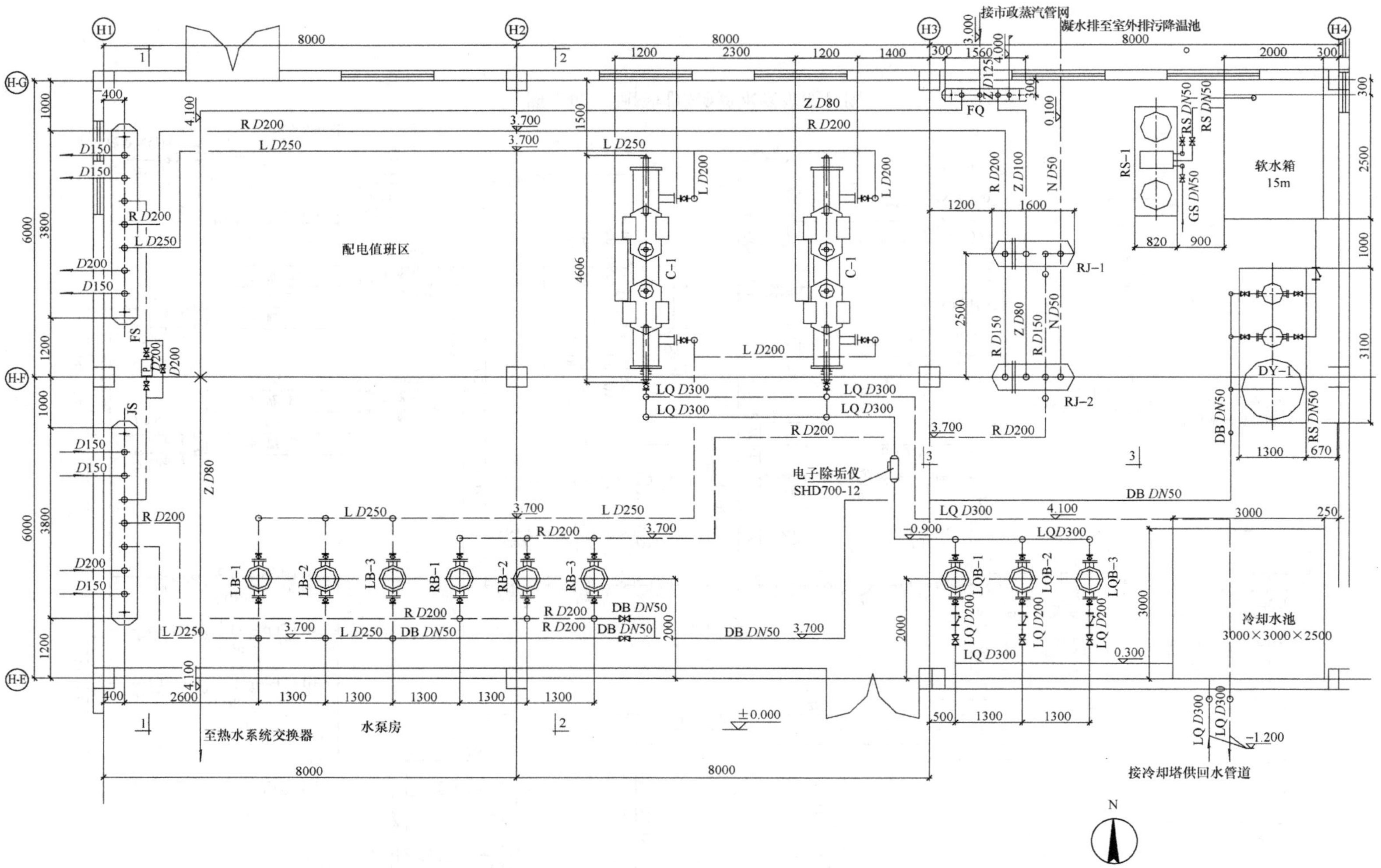

图 4-64　制冷机房工艺布置平面图

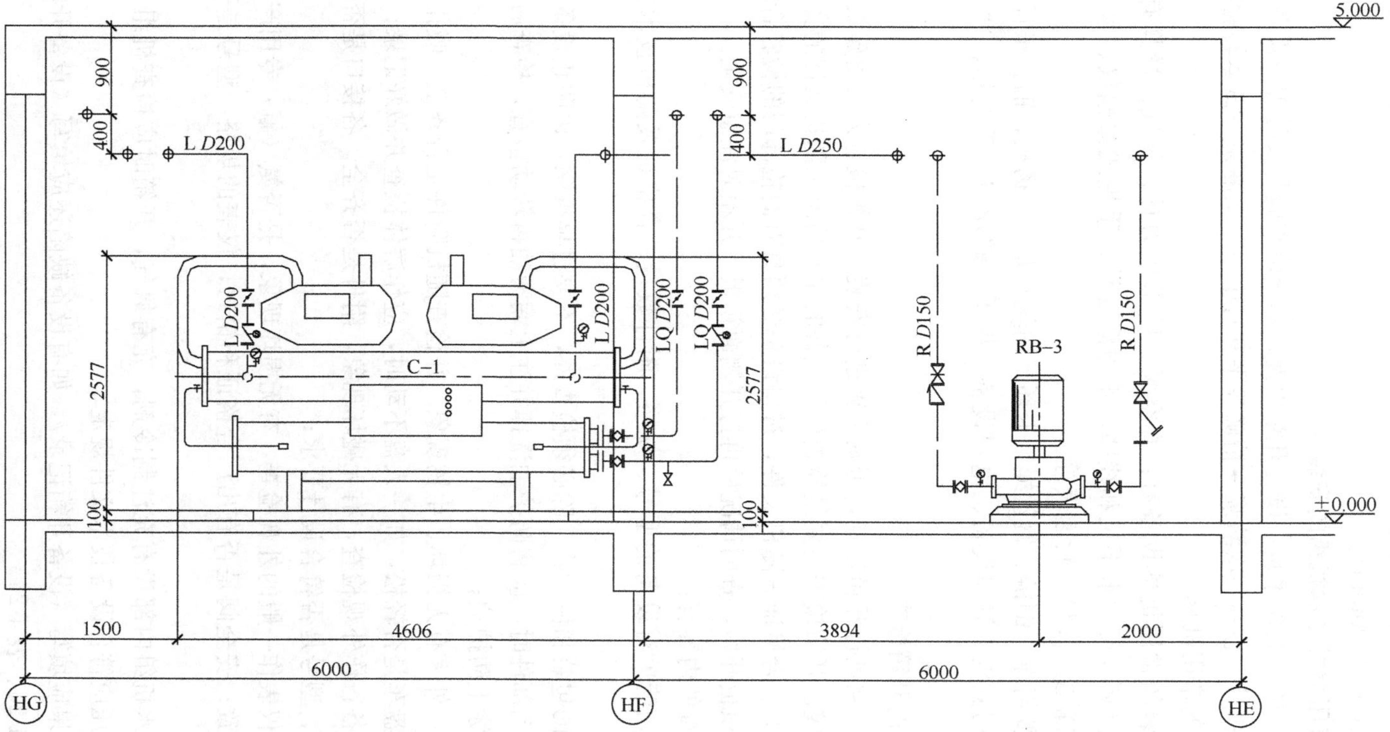

2–2 1:50

图 4-65　冷水机组安装剖面图

如图 4-65 所示的是 2-2 剖面的设备位置关系，用来表达冷水机组高度方向的位置和相应管道的高度位置。从图上可以看出，机组的基础高度为 100mm；水管架空布置，冷冻水管、热水管距机房地面高度为 3700mm（即 5000－1300），冷却水管距机房地面高度为 4100mm（即 5000－900mm）。

4.7.2 蒸气压缩式冷水机组的安装

冷水机组安装的一般程序是：设备开箱检查、基础检查验收及处理→设备搬运就位→设备找正、找平和对中心→一次灌浆→精确找平和对中→二次灌浆→试运转验收。

1. 安装施工的常用机具

冷水机组安装的常用机器设备有：真空泵、U 形压力计、氮气；量具有：钢板尺、角尺、量角器、游标卡尺、水平尺和线坠、水银温度计、手提式振幅仪、水平仪（精度 0.02）、百分尺（精度 0.01）、转速表等。

另外，还需要滑车、倒链、钢丝绳、卡环、钢丝绳夹、卷扬机、铜管胀管器、钢管割刀、虎钳、型材切割机、氧焊设备、电焊设备、扳手、螺丝刀、手电钻、冲击电钻和锉刀等。

2. 机组设备的开箱检查

机组安装前必须进行开箱检查，否则不得进行安装。开箱检查人员由建设、监理、施工单位的代表组成。开箱检查主要是检查机器设备的完好情况和随机文件的齐全与否。机组应有图纸说明书、合格证等随机文件，进口设备必须具有商检部门的检验合格文件。开箱检查时，应从顶板开始，查明情况后再打开侧面箱板。开箱时注意安全。

机组开箱检查的内容有：

（1）应按装箱清单对设备的型号、规格、附件数量、合格证及随机技术文件等进行核对；

（2）对设备的包装和保护物，除必须检查外，不要过早拆除，以防止设备受损；

（3）检查传动部件时，应将防护油洗掉并注上润滑油再转动检查；检查后，如不能立刻安装，应重新涂上防护油；

（4）压缩机：外表有无损坏、生锈现象。并检查随机附件是否齐全，吸排气阀门是否关闭与封口，手盘车是否轻松，如一人盘不动时，应作解体检查并做好记录；

（5）辅助设备：作外观检查，有无碰坏现象，附件是否齐全。各接口是否堵严，锈蚀程度如何。规格、型号是否符合设计要求；

（6）阀门、仪表作一般的外观检查，有无损坏现象，是否氨（氟）专用产品；规格数量是否与设计一致；安全阀是否有出厂合格证和铅封；仪表的规格、型号是否符合设计要求；

（7）有些冷水机组内部没有充注制冷剂，充有氮气，开箱时应检查机组充气有无泄漏。机组充气内压应符合设备技术文件规定。

开箱检查结果应填写《设备开箱记录》，如有设备缺陷还应填写《设备开箱后缺陷处理记录》，见表 4-23、表 4-24。

3. 基础检查及处理

机组就位前应对基础进行检查，合格后方可安装。

基础检查验收的主要内容是：基础的外形尺寸，基础面的水平度、中心线、标高、地脚螺栓孔的坐标位置，预埋件等是否符合要求。若设计无要求时，可按表 4-25 执行。

设备开箱记录 **表 4-23**

建设单位		单位工程名称		设备制造厂	
施工单位		设备名称		设备编号	

设备所带技术文件资料

主要设备配件及材料明细表

序号	名称	规格	单位	数量	备注（缺损）

<table>
<tr><td rowspan="2">设备移交单位</td><td>负责人</td><td rowspan="2">设备接收单位</td><td>负责人</td></tr>
<tr><td>经办人</td><td>经办人</td></tr>
</table>

附：设备装箱单一份。 年 月 日

设备开箱后缺陷处理记录 **表 4-24**

单位工程名称

<table>
<tr><td>设备位号</td><td></td><td>设备名称</td><td></td></tr>
<tr><td>设备主要缺陷及存在问题</td><td colspan="3"></td></tr>
<tr><td>修复方法及处理结果</td><td colspan="3"></td></tr>
</table>

建设单位： 施工单位： 检查人： 记录人： 年 月 日

设备基础各部允许偏差 **表 4-25**

序号	项目名称	允许偏差值（mm）
1	基础坐标位置（纵、横轴线）	±20
2	基础各不同平面的标高	+0、−20
3	基础上平面外表尺寸	±20
4	凸台上平面外表尺寸	−20
5	凹穴尺寸	+20
6	基础平面水平度	每米 5，全长 10
7	基础垂直度偏差	每米 5，全高 10
8	预埋地脚螺栓顶标高	20、0
9	预埋地脚螺栓中心距（根、顶部两处测量）	±2
10	预埋地脚螺栓孔中心位置	±10
11	预埋地脚螺栓孔深度	+20、0
12	预埋地脚螺栓孔孔壁垂直度	10
13	预埋地脚螺栓锚板标高	+20、0
14	预埋活动地脚螺栓锚板中心位置	5
15	预埋活动地脚螺栓锚板平整度	5

检查不合格的基础应针对相应的内容进行处理，保证达到机组安装前的质量标准。基础检查后填写《设备基础隐蔽检查记录》，见表 4-26。

设备基础隐蔽检查记录 **表 4-26**

单位工程名称		分部分项名称	
位置与标高		混凝土强度等级	
1. 基底状况			
2. 横纵坐标轴线			
3. 不同平面标高			
4. 垂直度			
5. 预埋螺栓中距及顶端标高			
6. 预留螺孔中心、深度及垂直度			
7. 其他			
8. 平面几何尺寸			
（示意图）			

检查结论					
建设单位	代表	设计单位	代表	施工单位	施工员 班组长

年　月　日

4. 基础放线

基础检验合格后，将基础表面清理干净，即可放线。放线就是根据施工图，按建筑物定位轴线来测定设备的纵横中心线和其他基准线，并用墨线将其弹在基础上，作为安装设备找正的依据。

放线时，要注意尺要拉直、放正，测量准确。

5. 设备搬运与就位

基础画线后，设备即可就位，将设备搬到设备基础上去。常用的搬运方法有：

（1）利用吊车等机械搬运

即利用吊车、铲车等将机组送上基础就位。

（2）利用人字架与倒链吊运

即先将设备运到基础上，采用人字架（俗称拔杆）和倒链将设备吊起来，抽去底排，再把设备落到基础上。

（3）采用滑移方法就位

就是将设备连同底排运到基础旁放正，对好基础。然后卸下底排螺栓，用撬杠撬起设备一端，在设备与底排间放上滚杠（*DN*50 钢管），使设备落在滚杠上，再以几根滚杠横跨在已经放好线的基础和底排的一端，用撬杠撬动设备，通过滚杠滑移，把设备从底排上水平移到基础上，然后再撬起设备取出滚杠，垫好垫铁。

设备拆箱后应连同原有底排搬运到安装地点，吊装的钢丝绳应设于蒸发器筒体支座外侧，并注意钢丝绳不要使仪表板、管路等受力，钢丝绳与设备接触点应垫以软木板。

冷水机组的吊装方式见图 4-66。

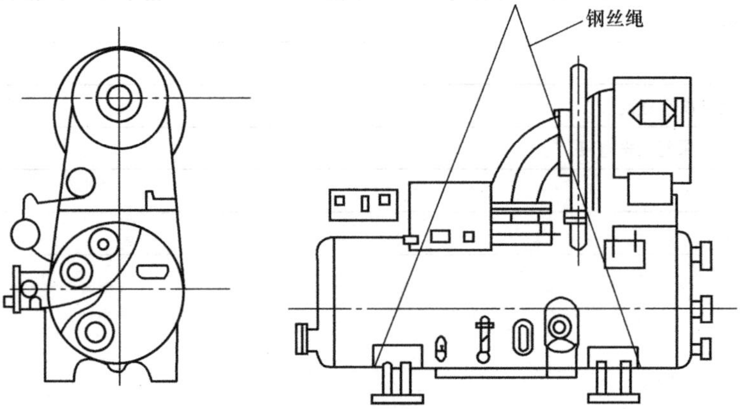

图 4-66　冷水机组的吊装示意图

6. 设备找正找平

(1) 设备找正

设备找正即将设备正确地放在规定的位置上，使设备和基础的纵横中心线对正。为此，需先找出设备纵横中心线，就位后利用量具和线锤进行测量，看设备中心线与基础中心线是否对正，不正时，用撬杠撬动设备加以调整，直到设备中心线与基础中心线对正为止。

(2) 设备找平

设备找平即将设备调整到水平状态。设备找平是一道重要工序。《通风与空调工程施工质量验收规范》GB 50243—2016 规定冷水机组设备的水平度应不大于 1/1000。设备水平度不符合要求，运转时将会加剧振动，增大噪声；润滑不佳，动力消耗加大；增加设备磨损，降低使用寿命。设备找平按下列步骤进行：

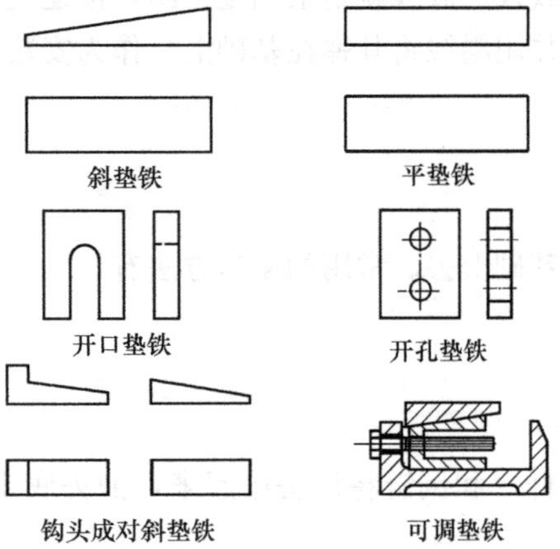

图 4-67　垫铁的类型

1) 放置垫铁

设备水平度调整要使用垫铁，垫铁种类很多，冷水机组安装中常用平垫铁、斜垫铁，如图 4-67 所示。

垫铁放置数量和位置与设备底座外形和底座上的螺栓孔位置有关，一般垫铁的距离越近越好，一般以 500～1000mm 为宜。

垫铁应成组使用，每组垫铁一般不超过三块，过高设备稳定性差，过低不便于灌浆。厚垫铁应放在下面，薄垫铁应放在上边，最薄的放在中间，尽量少用或不用薄垫铁。

垫铁放置应整齐平稳，垫铁之间、垫铁与基础之间应接触良好，可用重 0.25kg 的手锤轻敲垫铁，若声音嘻哑，即接触良好，若声音响亮则接触不良。垫铁中心线应垂直于设备底座的边缘。平垫铁外露长度约为规范规定的中间值，斜垫铁外露长度应介于最大值和中间值之间或稍大点。设备找平后，平垫铁露出底座边缘外侧 10～30mm，斜垫铁应露出 10～50mm。机组安装就位后，中心应与基础轴线重合。两台以上并列的机组，应在同一基准标高线上，允许偏差±10mm。

2）设备水平度测量与调整

设备水平度使用水平仪测量，应根据设备水平度的不同要求，选择不同精度的水平仪。否则，无法保证设备安装精度。

调整设备水平一般先调整纵向水平，再调横向水平。首先将水平仪纵向放置在设备的精加工面上，观察水平仪气泡，气泡偏向哪一边，则说明哪一边高些。此时应抬高另一边使之达到要求。

设备找平后，应将每组中的几块垫铁相互焊牢。

（3）地脚螺栓孔灌浆

设备初步找平后，即进行地脚螺栓孔灌浆。地脚螺栓孔灌浆即用细石混凝土或水泥砂浆填塞地脚螺栓孔以固定地脚螺栓。地脚螺栓的安装方式见图 4-68。

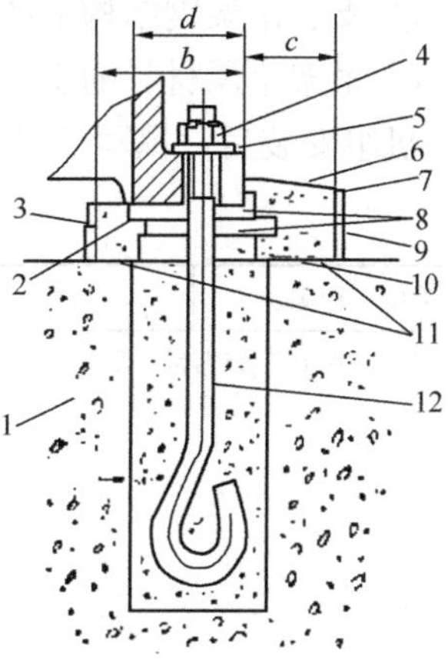

图 4-68　地脚螺栓、垫铁和灌浆示意图

1—地坪或基础；2—设备底座底面；3—内模板；4—螺母；5—垫圈；6—灌浆层斜面；7—灌浆层；8—钩头成对垫铁；9—外模板；10—平垫铁；11—麻面；12—地脚螺栓

灌浆时，必须清除螺栓孔内油污和泥土等杂物，并用水冲洗干净。每个孔的灌浆工作必须连续进行，一次灌完，并要分层均匀捣实，捣实时应避免碰撞设备，并要保持螺栓的垂直度（垂直度保证在 1%之内，距侧壁应大于 15mm）。灌完后，要洒水养护，待混凝土强度达到 75%以上时，拧紧地脚螺栓。混凝土强度的确定见表 4-27。

混凝土达到 75%强度所需天数　　**表 4-27**

气温（℃）	5	10	15	20	25	30
需要天数	21	14	11	9	8	6

（4）设备水平度复查和调整（精平）

当螺栓拧紧后，设备水平度可能会发生变化，必须进行复查和调整。在调整时，松开低端的地脚螺栓，将垫铁打进一点，紧好螺栓，再进行测量。如此循环，直到均匀拧紧螺栓后，设备纵横向水平度全部合格为止。

（5）设备二次灌浆

设备精确调平后，要将设备底座与基础表面间的空隙，用混凝土填满，并将垫铁埋在里面，即二次灌浆。

灌浆时，应放一圈外模板，模板边缘距设备底座边缘一般不小于 60mm。灌浆层高度，在底座外面应高于底座底面，灌浆层上表面应向外略有坡度，以防油、水流入设备底座。

设备安装后，可以进行管道和电路的连接。

生产厂家对蒸气压缩式冷水机组的基础、固定方式有不同的要求，安装时应按照机组的具体要求进行安装。

安装中不能随意用气割割开型钢、管材和开螺栓孔，具体要求如下：

① 直径 ϕ57mm 以下的管材切断和 ϕ40 以下的管子同径三通开口，均不得用气割切口，可用砂轮切割机或手锯切割。

② 支、吊架钢结构上的螺栓孔，$\phi\leqslant$13mm 的不允许用气割，可用电钻钻孔。

③ 吊架金属材料的切割，不允许用气割。

机组安装后，填写《设备安装记录》，见表 4-28。

设备安装记录 **表 4-28**

单位工程名称		设备名称及编号	
安装方法（安装程序、采用的主要工具、仪器、仪表及校正方法等）			
安装结果（包括同轴度偏差、机身纵横偏差、安装基准线的位置、标高与设计有无偏差等，并附图）			

技术负责人：　　　　记录人：　　　　年　月　日

7. 成品保护措施

（1）冷水机组安装，必须在机房土建施工完成后进行，包括墙面粉饰工作、地面工程全部完成。要保证不得碰坏或污染墙面、地面。

（2）设备充灌的保护气体，开箱检查后，应无泄漏，并采取保护措施，不宜过早或任意拆除，以免设备受损。

（3）制冷设备搬运和吊装，应符合下列规定：

① 安装前放置设备，应用衬垫将设备垫妥，防止设备变形及受潮。

② 设备应捆扎稳固，主要受力点应高于设备重心，以防倾倒。

③ 机组的吊装，其受力点不得使机组底座产生扭曲和变形。

④ 吊索的转折处与设备接触部位，应以软质材料衬垫，以防设备、机体、管路、仪表、附件等受损和擦伤油漆。

⑤ 吊装重物不得采用已安装的管道做吊点、支承点，也不得在管道上施放脚手板踩踏作业。

⑥ 建筑物装饰施工期间，必要时应设专人监护已安装完的管道、阀部件、仪表等。能关锁的房间要及时关锁。

4.7.3 冷水机组安装质量标准与验收

《通风与空调工程施工质量验收规范》GB 50243—2016 对冷水机组安装质量验收要求如下：

1. 一般规定

(1) 制冷（热）设备、附属设备、管道、管件及阀门等产品的性能及技术参数应符合设计要求，设备机组的外表不应有损伤，密封应良好，随机文件和配件应齐全。

(2) 与制冷（热）机组配套的蒸汽、燃油、燃气供应系统，应符合设计文件和产品技术文件的要求，并应符合国家现行标准的有关规定。

(3) 制冷机组本体的安装、试验、试运转及验收应符合现行国家标准《制冷设备、空气分离设备安装工程施工及验收规范》GB 50274—2010 有关规定。

2. 制冷设备的主控项目

(1) 制冷机组及附属设备的安装应符合下列规定：

1) 制冷（热）设备、制冷附属设备产品性能和技术参数应符合设计要求，并具有产品合格证书、产品性能检验报告。

2) 设备的混凝土基础应进行质量交接验收，并验收合格。

3) 设备安装的位置、标高和管口方向必须符合设计要求。采用地脚螺栓固定的制冷设备或附属设备，垫铁的放置位置应正确、接触紧密，每组垫铁不应超过 3 块；螺栓应紧固，并应采取防松动措施。

检查数量：全数检查。

检查方法：观察、核对设备型号、规格；查阅产品质量合格证书、性能检验报告和施工记录。

(2) 制冷剂管道系统应按设计要求或产品要求进行强度、气密性及真空试验，并试验合格。

检查数量：全数检查。

检查方法：观察、旁站、查阅试验记录。

(3) 直接膨胀表面式冷却器的表面应保持清洁、完整，空气与制冷剂应呈逆向流动；冷却器四周的缝隙应堵严，冷凝水排放应畅通。

检查数量：全数检查。

检查方法：观察检查。

(4) 组装式的制冷机组和现场充注制冷剂的机组，应进行系统管路吹污、气密性试验、真空试验和充注制冷剂检漏试验，技术数据应符合产品技术文件和国家现行标准的有关规定。

检查数量：全数检查。

检查方法：旁站观察、查阅试验及试运行记录。

（5）空气源热泵机组的安装应符合下列规定：

1）空气源热泵机组产品的性能、技术参数应符合设计要求，并应有出厂合格证、产品性能检验报告。

2）机组应有可靠的接地和防雷措施，与基础间的减振符合设计要求。

3）机组的进水侧应安装水力开关，并应与制冷机的启动开关连锁。

检查数量：全数检查。

检查方法：旁站、观察和查阅产品性能检验报告。

3. 一般项目

（1）制冷（热）机组与附属设备的安装应符合下列规定：

1）设备与附属设备安装的允许偏差，平面位置允差 10mm，标高允差±10mm；

2）整体组合式制冷机组机身纵、横向水平度的允许偏差应为 1/1000。当采用垫铁调整机组水平度时，应接触紧密并相对固定。

3）附属设备的安装应符合设备技术文件的要求，水平度或垂直度允许偏差应为 1/1000。

4）制冷设备或制冷附属设备基（机）座下减振器的安装位置应与设备重心相匹配，各个减振器的压缩量应均匀一致，且偏差不应大于 2mm。

5）采用弹性减振器的制冷机组，应设置防止机组运行时水平位移的定位装置。

6）冷热源与辅助设备的安装位置应满足设备操作及维修的空间要求，四周应有排水设施。

检查数量：按Ⅱ方案。

Ⅱ方案为《通风与空调工程施工质量验收规范》GB 50243—2016 规定的检验批抽样方案，适用于产品合格率大于或等于 85%小于 95%的抽样检验。按Ⅱ方案抽样检验，检验批视为合格的条件是：在该检验批应检验的总数 N 中，随机抽取 n 个样本，n 个样本中不合格数应小于或等于 1 个。否则，该检验批视为不合格。抽样数量 n 的确定，详见规范。

检查方法：水准仪、经纬仪、拉线和尺量检查，查阅安装记录。

（2）模块式冷水机组单元多台并联组合时，接口应牢固，严密不漏，外观应平整完好，目测无扭曲。

检查数量：全数检查。

检查方法：尺量、观察检查。

（3）空气源热泵机组除应符合第（1）条的规定外，尚应符合下列规定：

1）机组安装的位置应符合设计要求。同规格设备成排就位时，目测排列应整齐，允许偏差不应大于 10mm。水力开关的前端宜有 4 倍管径及以上的直管段。

2）机组四周应按设备技术文件要求，留有设备维修空间。设备进风通道的宽度不应小于 1.2 倍的进风口高度；当两个及以上机组进风口共用一个通道时，间距不应小于 2 倍进风口高度。

3）当机组设有结构围挡和隔声屏障时，不得影响机组正常运行的通风要求。

检查数量：按Ⅱ方案。

检查方法：尺量、观察检查、旁站或查阅试验记录。

4.7.4 冷水机组的试运转

除较大型的冷水机组外，冷水机组在生产厂均经过系统清洗、试压、抽真空、检漏、充灌制冷剂、试运转检验等各项工作。现场安装后，结合空调系统的调试，进行负荷试运转。

1. 冷水机组负荷试运转的规定

（1）试运转前

1）检查安全保护继电器的整定值。

2）检查油箱的油面高度。

3）开启系统中相应的阀门。

4）给冷凝器供冷却水。

5）向蒸发器供冷冻水。

6）将能量调节装置调到最小负荷位置或打开旁通阀。

（2）启动运转

1）启动压缩机，并立即检查油压，待压缩机转速稳定后，其油压符合有关设备技术文件的规定（有专门供油泵的先启动油泵）。

2）容积式压缩机启动时应缓缓开启吸气截止阀和节流阀。

3）检查安全保护继电器，动作应灵敏。

4）应根据现场情况和设备技术文件的规定，确定在最小负荷下所需运转的时间。

5）运转过程中应进行下列各项检查，并做好记录：

①油箱油面的高度和各部位供油的情况。

②润滑油的压力和温度。

③吸排气的压力和温度。

④冷却水进水、排水温度和供应情况。

⑤冷冻水温度。

⑥运动部件有无异常声响，各连接部位有无松动、漏气、漏油、漏水等现象。

⑦电动机的电流、电压和温升。

⑧能量调节装置动作是否灵敏，浮球阀及其他液位计工作是否稳定。

⑨机组的噪声和振动。

（3）停车

1）应按设备技术文件规定的顺序停止压缩机的运转。

2）最后关闭水泵或风机系统，并排放所有易冻积水。

（4）制冷机组试运转后，应拆洗吸气过滤器和滤油器，并更换润滑油。

2. 不同形式的冷水机组的负荷试运转要求

冷水机组试运转应按要求的开停机程序操作，开机的程序是：先开启冷却水系统（或冷凝器风机）和冷冻水系统，再开启制冷压缩机。根据各种冷水机组特点，不同形式的冷水机组的负荷试运转要求如下：

（1）活塞式机组的负荷试运转

1）启动前应按设备技术文件的要求将曲轴箱中的润滑油加热。

2）运转中润滑油的油温，开启式机组不应大于 70℃；半封闭式机组不应大于 80℃。

3）对 R22 机组最高排气温度应小于 145℃。

4）油压调节阀的操作应灵活，调节的油压宜比吸气压力高 0.15～0.3MPa。

5）能量调节装置的操作应灵活、正确。

6）吸、排气阀的跳动声响应正常。

7）各连接部位无漏气、漏水、漏油现象。

机组负荷运转状态经检查一切正常后，运行规定时间后，可以停机。停机时，应先停压缩机，然后再停冷却塔风机、水泵，关闭冷却水及冷冻水系统。

（2）螺杆机组的负荷试运转

螺杆式机组的开停机程序与活塞式基本相同。在运转中的要求是：

1）启动油泵，使油压达到 0.5～0.6MPa，将滑阀置于零位，同时将手动四通阀的手柄分别转动到增载、停止、减载位置，以检验能量调节系统能否正常工作。

2）将能量调节手柄置于减载位置，使滑阀退到零位，然后检查机组油温。若低于30℃就应启动电加热器加热，使油温升至 30℃以上，然后停止电加热器，启动压缩机运行，同时缓慢打开吸气阀。

3）机组启动后，检查油压，油泵运转正常，油压高于排气压力 0.15～0.3MPa（表压）。

4）依次递进，进行增载试验，同时调节节流阀的开度，观察机组的吸气压力、排气压力、油温、油压、油位及运转是否正常。如无异常现象，就可继续增载至满负荷运行状态。

5）机组停机操作

① 机组第一次试运转时间一般为 30min，停机时先使滑阀回到 40％～50％位置，关闭机组供液阀，关小吸气阀，停止主电动机，然后再关闭吸气阀。

② 机组滑阀退到零位时，停止油泵运行。

③ 关闭冷却水泵和冷却塔风机。

④ 关闭冷冻水泵。

⑤ 关闭电源。

（3）离心式机组负荷试运转

负荷试运转前，油泵润滑系统、冷冻水和冷却水系统应正常。浮球室内的浮球应处于工作状态，吸气阀和导向叶片应全部关闭，各调节仪表和指示系统应正常。利用抽气回收装置排除系统中的空气，使机组处于运转准备状态。

机组投入运转时，先手动启动主电动机，根据主机运转情况，逐步开启吸气阀和能量调节导向叶片，导向叶片连续调整到 30％～35％，使其迅速通过喘振区，检查主电机电流和其他部位均正常后，再继续增大导向叶片的开度，以增大机组的负荷。连续运转应不少于2h，导向叶片启闭灵活、可靠，开度和仪器指示值应按随机技术文件的要求调整一致。

手动启动电机运转正常后，再试验自动启动的效果，如自动启动运转无异常现象，应连续运转 4h。

离心式制冷机组的负荷试运转应符合下列要求：

① 接通油箱加热器，将油加热至 50～55℃。

② 按要求供给冷却水和冷冻水。

③ 启动油泵、调节润滑系统，其供油应正常。

④ 按设备技术文件的规定启动抽气回收装置，排除系统中的空气。

⑤ 启动压缩机应逐步开启导向叶片，并快速通过喘振区，使压缩机正常工作。

⑥ 检查机组的声响、振动、轴承部位温升是否正常；当机器发生喘振，立即采取措施消除故障或停机。

⑦ 油箱的油温宜为 50～65℃，油冷却器出口的油温宜为 35～55℃。

⑧ 能量调节机构的工作应正常。

⑨ 机组冷冻水出口处的温度及流量符合设备技术文件的规定。

机组试运转过程中可能会出现一些不正常的现象，如冷凝压力过高过低、蒸发压力过高过低、制冷量不足甚至不制冷等问题，制冷系统出现不正常现象后，应从制冷循环的各机器设备作用及相互关系入手，分析问题原因，制定处理措施。制冷系统故障分析及处理详见教学单元 9。

试运转结束后，应拆洗系统中的过滤器并应更换或再生干燥过滤器的干燥剂。

试运转正常后，填写《设备试运转记录》、《空调制冷机组及系统安装检验批质量验收记录表》，分别见表 4-29、表 4-30。

（　　　　）系统设备试运转记录　　　　表 4-29

工程名称		系统名称	
分部分项工程名称		试验内容	
国家规范和技术标准（或设计要求）			
试运转情况记载			
存在问题和处理意见			
附件			
参加单位及人员：			

空调制冷机组及系统安装检验批质量验收记录表
（制冷机组及附属设备）（GB 50243—2016）

表 4-30

单位（子单位）工程名称		分部（子分部）工程名称		分项工程名称	
施工单位		项目负责人		检验批容量	
分包单位		分包单位项目负责人		检验批部位	
施工依据		验收依据			

	设计要求及质量验收现范的规定	施工单位检查评定记录	监理（建设）单位验收记录						
			单项检验批产品数量	单项抽样数（n）	检验批汇总数量Σ	汇总的抽样量（n）	单项或汇总Σ抽样检验不合格数量	评判结果	备注
主控项目	1. 制冷设备与附属设备安装（第 8.2.1 条）								抽样数量及合格评定的要求按规范相关条文执行
	2. 直膨表冷器安装（第 8.2.3 条）								
	3. 燃油系统安装（第 8.2.4 条）								
	4. 燃气系统安装（第 8.2.5 条）								
	5. 制冷设备严密性试验及试运行（第 8.2.6 条）								
	6. 氨制冷机安装（第 8.2.8 条）								
	7. 多联机空调（热泵）系统安装（第 8.2.9 条）								
	8. 空气源热泵机组安装（第 8.2.10 条）								
	9. 吸收式制冷机组安装（第 8.2.11 条）								
	…								
一般项目	1. 制冷及附属设备安装（第 8.3.1 条）								
	2. 模块式冷水机组安装（第 8.3.2 条）								
	3. 多联机及系统安装（第 8.3.6 条）								
	4. 空气源热泵安装（第 8.3.7 条）								
	5. 燃油泵与载冷剂泵安装（第 8.3.8 条）								
	6. 吸收式制冷机组的安装（第 8.3.9 条）								
	…								

施工单位检查评定结果	专业工长： 项目专业质量检查员： 年　月　日
监理单位验收结论	专业监理工程师： 年　月　日

单 元 小 结

本单元主要介绍了蒸气压缩式冷水机组的类型和结构组成、蒸气压缩式冷水机组的选择、安装及试运转等方面的内容。应掌握冷水机组各设备的结构原理、冷水机组的能量调节方法、设计选型方法、机组安装程序及要求。

蒸气压缩式冷水机组根据制冷压缩机的形式主要分为活塞式、涡旋式、螺杆式、离心式冷水机组，它们的相同点是制冷基本原理相同，即机组的核心设备都是由压缩机、冷凝器、节流装置、蒸发器四大部件组成，不同点是制冷压缩机的工作原理及冷水机组的制冷量调节的方式不同。活塞式、涡旋式、螺杆式冷水机组的冷凝器、节流装置和蒸发器选用的形式基本相同，离心式冷水机组的蒸发器采用满液式蒸发器，其节流装置采用浮球阀或节流孔板。学习时要熟悉蒸气压缩式冷水机组系统组成及各设备的结构原理，制冷量调节方式。

选择蒸气压缩式冷水机组形式时要根据单机制冷量大小、能耗及能源的综合利用、环境保护与防振、一次性投资与运行管理费等方面综合考虑，选择冷水机组大小时，要考虑当地气象条件与机组名义工况的差别，按产品样本提供的修正系数进行修正。安装冷水机组要根据设计图纸要求，依据规范，按照安装程序安装，机组水平度要求为 1/1000。机组试运转时做好试运转前准备工作，严格按照开停机顺序操作，出现问题时从四大部件和控制部件的作用出发，分析原因，解决问题。

思 考 题 与 习 题

1. 水冷式蒸气压缩式冷水机组根据压缩机的不同分为哪几种形式？它们在结构组成上有哪些异同？
2. 螺杆式冷水机组的主要特点是什么？其制冷量调节方法是什么？
3. 离心式冷水机组的制冷量调节方法有哪些？简述调节原理。
4. 冷水机组的性能系数 *COP* 和综合部分负荷性能系数 *IPLV* 的定义是什么？
5. 冷水机组的制冷量单位换算中，冷吨（USRT）与 kW 间的换算关系是什么？
6. 冷水机组中常用多种形式的壳管式换热器，试简述壳管式冷凝器、干式壳管式蒸发器、满液式壳管式蒸发器中介质间换热原理。
7. 如何根据单机制冷量选择压缩式冷水机组的台数和形式？
8. 冷水机组安装的程序是什么？安装的水平度要求是什么？冷水机组开机顺序是什么？
9. 如何根据室外气象参数的变化来选择风冷热泵机组的大小？
10. 冷水机组试运转前有哪些准备工作？开停机顺序是什么？

教学单元 5 溴化锂吸收式冷水机组

【教学目标】 通过本单元教学，使学生掌握双效吸收式制冷循环原理、溴化锂吸收式制冷机选择、安装要求；熟悉溴化锂吸收式制冷机结构和工作原理；能够正确识读溴化锂吸收式冷水机组机房施工图。

溴化锂吸收式冷水机组是采用吸收式制冷循环的冷水机组，以热能作动力，其优点是能利用低势热能（余热、废热、排热），用电很少，且整个机组运转安静，制冷机在接近真空下运行，无高压爆炸危险，安全可靠，制冷量调节范围广，可实现20%～100%无级调节，在空调工程中被大量使用。但溴化锂吸收式冷水机组还存在着冷却水量较压缩式机组大、只能制取0℃以上的冷冻水、机组冷量衰减较压缩式机组快等缺点。溴化锂吸收式冷水机组的分类如下：根据能源的利用次数分为单效式和双效式，单效式机组设有一个发生器，双效机组有两个发生器，一个高压发生器和一个低压发生器，高压发生器中稀溶液被加热产生的热蒸汽再去加热低压发生器中的溶液，这样热能被利用了两次；根据功能分为冷水机组和冷（温）水机组，冷水机组只产生冷水，冷（温）水机组在制冷工况时产生冷水，制热工况产生热水；根据热源的种类分为蒸汽型、热水型、直燃型和太阳能型，它们分别使用蒸汽、热水、燃气（或燃油）和太阳能作为动力。溴化锂吸收式机组的加热热源的种类及其参数见表5-1。

空调工程中常用蒸汽双效式溴化锂吸收式冷水机组、直燃型双效溴化锂吸收式冷（热）水机组。本单元主要介绍溴化锂吸收式冷水机组的形式、机组制冷量调节方法、机组选型原则与机房施工图识读，以及机组的安装方法与试运转步骤等内容。

各类溴化锂吸收式机型的加热热源参数表 **表5-1**

机型	加热源种类及参数	机型	加热源种类及参数
蒸汽单效机组	废汽（0.1MPa）	热水单效机组	废热（85～140℃热水）
蒸汽双效机组	蒸汽额定压力（表）（0.25、0.4、0.6、0.8MPa）	热水双效机组	＞140℃热水
直燃机组	天然气、人工煤气、轻柴油、液化石油气		

5.1 蒸汽双效溴化锂吸收式冷水机组

蒸汽双效溴化锂吸收式冷水机组采用热蒸汽作为动力，蒸汽来源可以是外部引入的热蒸汽、单独设置的锅炉等。根据稀溶液进入高低压发生器的流程，蒸汽双效溴化锂吸收式制冷循环分为并联型和串联型。在并联型机组中，稀溶液分别进入高压和低压发生器，串联型机组稀溶液先进入高压发生器，再进入低压发生器。下面分别对两种流程进行介绍。

5.1.1 并联型双效溴化锂吸收式冷水机组

如图5-1所示为并联型蒸汽双效溴化锂吸收式冷水机组的并联流程，它与单效型的区别是增加了一个高压发生器和一个高温热交换器。其工作原理是：机组由三个筒体组成，高压发生器单独一个筒体，低压发生器与冷凝器在一个筒体内，蒸发器和吸收器在一个筒体内。吸收器中的稀溶液经溶液泵加压，分成两路，一路经低温热交换器进入低压发生器，另一路经高温热交换器进入高压发生器。在高压发生器内，稀溶液被加热浓缩成中间浓度的溶液，稀溶液中的部分水生成高温水蒸气进入低压发生器作为低压发生器中的加热热源。在低压发生器中，稀溶液被加热浓缩，产生的蒸汽进入冷凝器，同时，高压发生器中的高温水蒸气变成凝结水后进入冷凝器。在冷凝器中，冷却水冷却低压发生器产生的蒸汽和高温凝结水，使两者变成了常温冷剂水（此时冷剂水温度比冷却水温度略高），经U形管节流降压进入蒸发器，节流后的冷剂水温度大约为5℃，用于冷却冷冻水。在蒸发器中冷剂水吸收冷冻水的热量，冷剂水气化成水蒸气，而冷冻水被冷却用于空调系统的空气处理。冷剂蒸汽则进入吸收器，在吸收器中被浓溶液吸收，使浓溶液成为稀溶液。吸收器的浓溶液分别来自高压发生器和低压发生器。

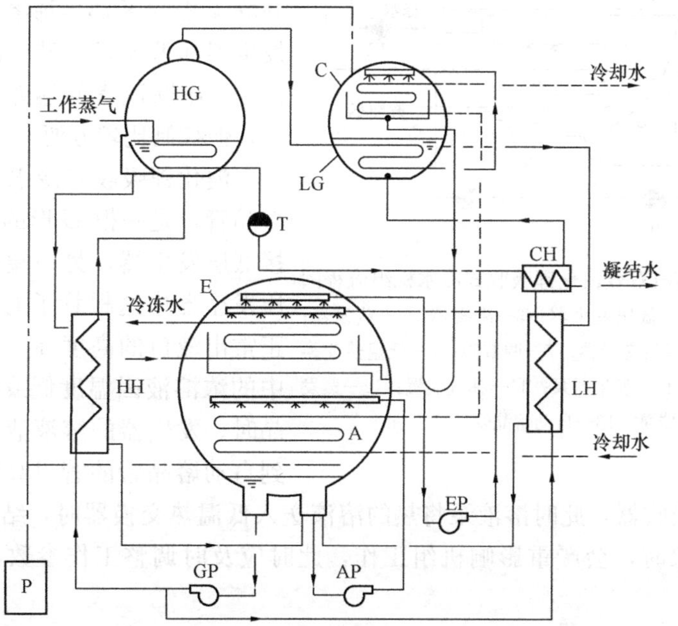

图5-1 并联型蒸汽双效溴化锂吸收式制冷机流程图

C—冷凝器；LG—低压发生器；HG—高压发生器；E—蒸发器；A—吸收器；AP—吸收器泵；GP—发生器泵；EP—蒸发器泵；HH—高温热交换器；LH—低温热交换器；CH—凝水热交换器；T—疏水器；P—抽气装置

为了提高吸收器的吸收效果和蒸发器的换热效果，溴化锂吸收式冷水机组多采用喷淋方式。即在吸收器中，混合溶液（浓溶液与稀溶液混合后）喷淋到吸收器管束外表面以液膜形式向下流动，边流动边吸收来自蒸发器的冷剂蒸汽，这样，虽然混合后的中间溶液的质量分数比浓溶液的质量分数降低了，但溶液喷淋量增加，有利于吸收过程的进行。由于吸收过程是一个放热过程，需要冷却水在管内流动吸收热量，保证吸收过程在一定的温度下正常进行。在蒸发器中，将冷剂均匀地喷淋在换热管表面，吸收管内冷冻水的热量，喷淋量较一次蒸发量多，应能使管壁面均匀湿润。机组的冷却水流程一般设计成冷却水先进入吸收器再进入冷凝器，在机组内吸热后被送到冷却塔冷却，再返回机组循环冷却。

由于溴化锂吸收式冷水机组的设备都是在负压下工作，机组带有抽气装置，会将渗入的空气及时抽出，保证机组正常工作。

在这种流程中，稀溶液先后进入高压发生器和低压发生器被浓缩，称为并联流程，且加热热能被利用了两次，因此称为双效型。

5.1.2 串联型双效溴化锂吸收式冷水机组

如图 5-2 所示为串联型蒸汽双效溴化锂吸收式冷水机组流程图，串联流程采用的设备与并联型流程的相同，它与并联流程的区别是稀溶液先后进入高压发生器和低压发生器，因此称之为串联流程。串联流程的热力系数较并联流程低，但控制比较方便。

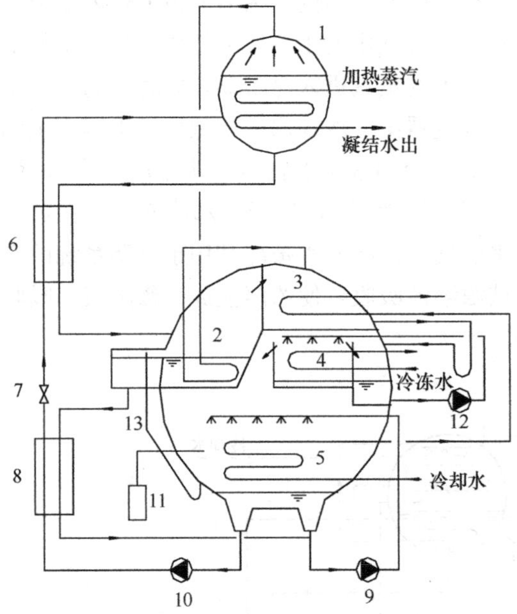

图 5-2 串联型蒸汽双效溴化锂吸收式冷水机组流程图
1—高压发生器；2—低压发生器；3—冷凝器；4—蒸发器；5—吸收器；6—高温热交换器；7—调节阀；8—低温热交换器；9—吸收器泵；10—发生器泵；11—抽气装置；12—蒸发器泵；13—自动熔晶管

溴化锂吸收式冷水机组都带有自动熔晶管，是一根 U 形的管子，管子一端接低压发生器，另一端接吸收器。在低压发生器中这根管子的开口高度比溶液正常出液口的高度高，当低温热交换器中的浓溶液因温度低或浓度高等原因结晶时，发生器的溶液液面会升高，当达到自动熔晶管的管口高度时，热的浓溶液会直接流入吸收器，此时溶液泵将热的溶液送入低温热交换器时，结晶自动解除。机组出现结晶现象时，会严重影响机组工作，此时应及时调整工作参数，防止结晶再次出现。

5.2 直燃型双效溴化锂吸收式冷（温）水机组

直燃型机组依靠燃油或燃气直接燃烧发热作为热源，省去了锅炉等设备，夏季供冷时可提供 7℃冷水，冬季采暖时提供 60℃热水。机组根据用户要求，还可常年提供卫生热水。与水冷压缩式冷水机组比较，机房内不需热交换器用于冬季采暖，仅采用一套冷冻水管路系统，就可实现夏季制冷冬季供暖的目的，一机两用，使得整个中央空调的设备和系统大为简化，可减少初投资，特别适于用电紧张、燃料价格合理的地区。近几年广泛地用于宾馆、会堂、商场、体育场馆、办公大楼、影剧院等无余热、废热可利用的中央空调系统。

5.2.1 直燃型溴化锂吸收式冷热水机组的制冷循环

直燃型溴化锂吸收式冷热水机组的内部结构和蒸汽双效溴化锂吸收式制冷机有相似之处。主要区别是高压发生器单独设置，内部装有燃烧器，通过燃烧加热稀溶液。机组是冷热水机组，其上有切换阀门，用来改变机组的工作状态，实现提供冷热水的目的。机组采用三筒型，高压发生器单独一个筒体，冷凝器和低压发生器组合为一个筒体，蒸发器和吸收器组合为一个筒体，另外设有高温热交换器、低温热交换器，以及吸收器泵、发生器泵和蒸发器泵（即冷剂泵）。

图 5-3 为夏季空调提供冷冻水的制冷循环，循环的过程是：吸收器底部的稀溶液经发生器泵加压后通过低温、高温热交换器进入高压发生器。在高压发生器中，燃烧器燃烧加热稀溶液，形成两个产物，一个是冷剂水蒸气，另一个是稀溶液被初步浓缩成为中间浓度的溶液。冷剂水蒸气进入低压发生器的换热管内，作为低压发生器的热源，中间浓度的溶液经高温热交换器降温（同时降压）进入低压发生器的换热管外，被进一步加热浓缩，变成浓溶液。在低压发生器中，换热管内的冷剂水蒸气凝结成冷剂液体（即水）进入冷凝器，同时，溶液中产生的冷剂水蒸气上升经挡水板也进入冷凝器，而浓溶液则经低温热交换器流回吸收器。在冷凝器中，冷却水冷却从低压发生器来的冷剂水蒸气和冷剂水，成为常温的冷剂水，集聚在水盘中。由于冷凝器压力高于蒸发器压力，高压的冷剂水经 U 形管或孔板降压后进入蒸发器，大部分流入蒸发器的承水盘中，由冷剂泵加压后送入蒸发器中喷淋到蒸发器换热管壁面上，吸收换热管内冷媒水的热量，冷媒水温度降低，而冷剂水则汽化经挡水板进入吸收器。在吸收器中，蒸发器产生的低温冷剂蒸汽被吸收器泵送入的溶液（该溶液是浓溶液与稀溶液的混合物，目的是提高喷淋量，更好地发挥吸收作用）吸收，变成稀溶液。吸收器底部的稀溶液被发生器泵加压再被送入高压发生器。上述过程不断重复。在机组中，冷却水循环也是使冷却水先进入吸收器带走吸收热，再进入冷凝器带走高温冷剂水蒸气的冷凝热。

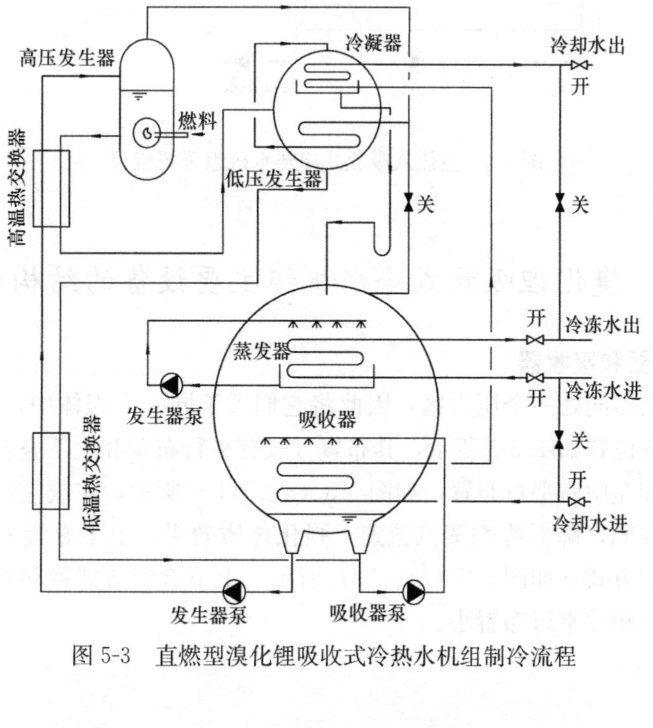

图 5-3　直燃型溴化锂吸收式冷热水机组制冷流程

5.2.2 直燃型溴化锂吸收式冷（温）水机组的制热循环

图 5-4 为冬季空调提供热水的采暖循环。此时冷却水系统关闭，热水先后进入在吸收器和冷凝器的换热管内被溶液和蒸汽加热，作为冬季空调热水。其流程为：吸收器底部的稀溶液经发生器泵加压，再通过低温热交换器和高温热交换器送入高压发生器。在高压发生器中，燃烧器燃烧加热稀溶液，产生的高温冷剂水蒸气直接进入冷凝器，稀溶液被浓缩后经高温热交换器流入低压发生器。在冷凝器中，高压发生器产生的高温冷剂蒸汽加热冷凝器换热管内的热水，冷剂蒸汽凝结成冷剂水与低压发生器中的浓溶液一起，经低温热交换器降温后，与吸收器泵出口的稀溶液混合，喷淋到吸收器的换热管壁面上，用于加热热水。这样，热水先后在吸收器和冷凝器中被加热，达到提供空调热水的目的。机组作采暖循环运行时，其实是一个真空锅炉。

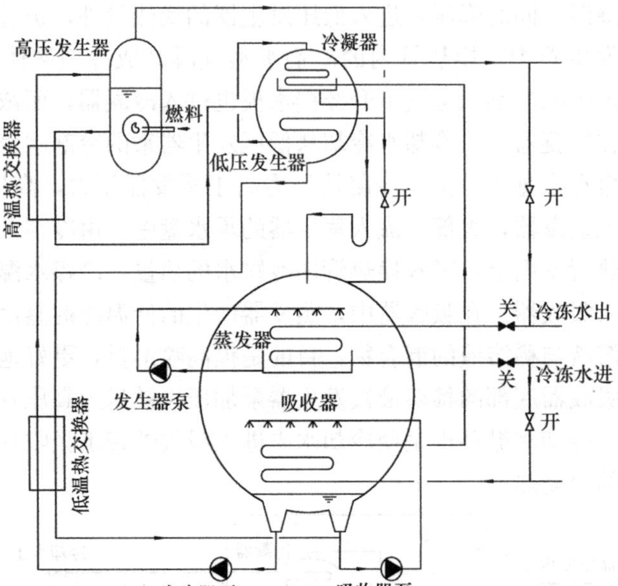

图 5-4　直燃式吸收式冷热水机组采暖流程

5.3　溴化锂吸收式冷水机组主要设备的结构原理

5.3.1 蒸发器和吸收器

蒸发器与吸收器同处一个压力区，因此将它们置于同一个壳体中，组成蒸发-吸收器筒体。两者的布置位置如图 5-5 所示，其布置方式有平行布置和上下叠置，平行布置又分为左右平行布置和左中右平行布置，如图 5-5（a）、（b）所示，左或左右为吸收器。平行布置方式能节省空间，降低冷剂蒸汽流速，强化传质效果。上下叠置一般采取蒸发器在上，吸收器在下的方式，如图 5-5（c）、（d）所示。上下叠置方式换热管排数减少，但蒸发器的蒸汽通道面积较平行布置小。

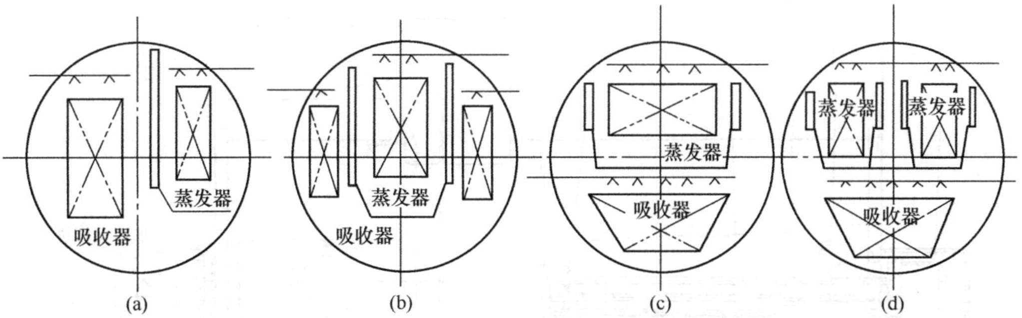

图 5-5　蒸发-吸收器结构布置图

(a) 左右平行布置；(b) 左中右平行布置；(c) 上下叠置；(d) 双水盘结构

5.3.2　低压发生器和冷凝器

低压发生器和冷凝器同属一个压力区，因此将两者放置在一个筒体内。两者的布置也有上下布置和左右布置两种形式，如图 5-6（a）所示是一个上下布置的发生-冷凝器，冷凝器在上，发生器在下，冷凝器两侧为挡水板，底部为承水盘。如图 5-6（b）所示是左右布置的形式，发生器为喷淋式结构，中间是挡液装置，水盘位于冷凝器下部，喷淋系统旁设有挡液板，防止溶液溅出。左右布置的发生器也可以将换热管沉浸在溶液中，此时，发生器与冷凝器间由挡板隔开，发生器产生的蒸汽从挡板上部穿过进入冷凝器。

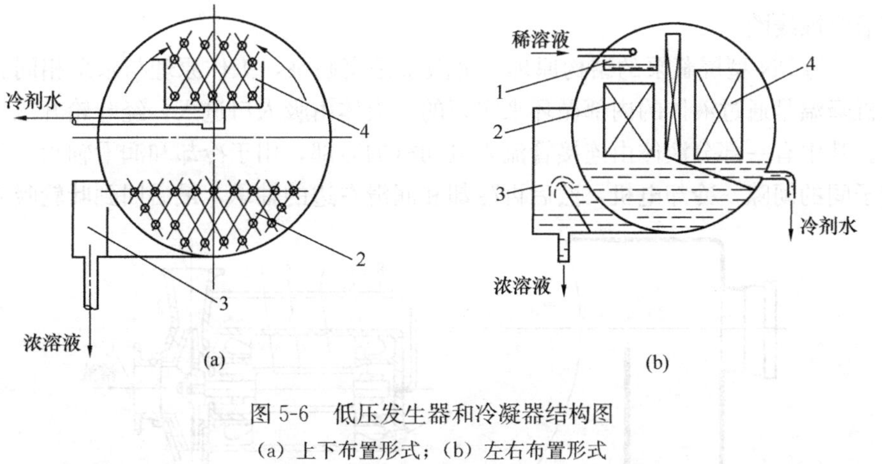

图 5-6　低压发生器和冷凝器结构图

(a) 上下布置形式；(b) 左右布置形式

1—布液水盘；2—低压发生器；3—液囊；4—冷凝器

5.3.3　高压发生器

高压发生器通常为沉浸式结构。如图 5-7 所示，其结构主要由筒体、传热管、挡液装置、液囊、浮动封头、端盖、管板及折流板等组成。传热管内通以加热蒸汽，传热管沉浸在溶液中。稀溶液在传热管外由一端流向另一端，受到管内加热蒸汽的加热而沸腾，产生冷剂蒸汽，溶液被浓缩。冷剂蒸汽从发生器顶部引出进入低压发生器，浓溶液（或中间溶液）出液囊后流往高温热交换器。为保证发生器内的溶液液位，设置了液囊结构，如图 5-8所示。

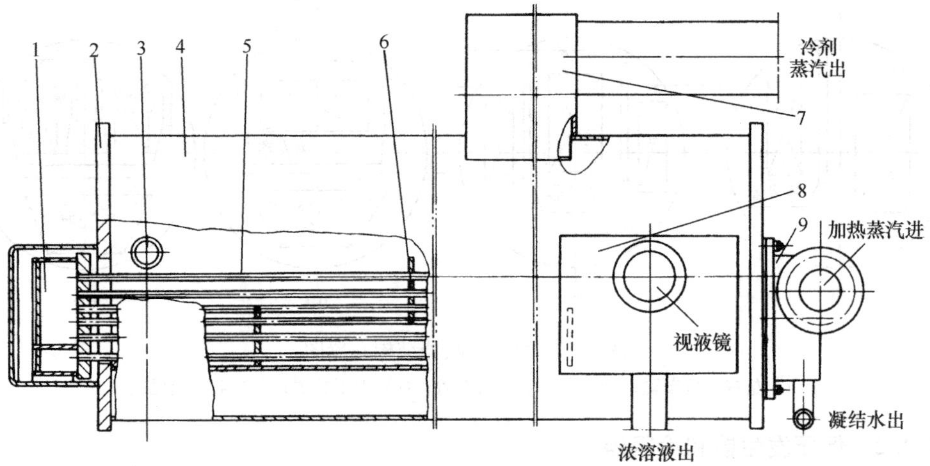

图 5-7　高压发生器结构图

1—浮动封头；2—管板；3—稀溶液进液管；4—筒体；5—传热管；6—折流板；
7—汽包；8—液囊；9—蒸汽端盖

5.3.4　屏蔽泵

溴化锂吸收式冷水机组的吸收器泵、发生器泵（或称溶液泵）和蒸发器泵都采用屏蔽泵，屏蔽泵的叶轮和电动机的转子装在同一根轴上，泵与电动机共用一个外壳，电动机转子的外侧及定子的内侧，各加上一个圆筒形不锈钢屏蔽套，使电动机的绕线与溶液分开，防止溶液腐蚀线圈。

图 5-9 为 PN 型屏蔽泵的结构原理，屏蔽泵是离心泵，工作原理与水泵相同。泵的润滑和电机降温是通过液体的内部循环来实现的。液体由吸入口进入，经叶轮升压后从排出口排出。其中有一部分液体由连接管流入电动机的后部，用于冷却和润滑轴承，并通过转子和定子间的间隙，冷却电机，然后再冷却和润滑右边的轴承，最后回到叶轮吸入口。

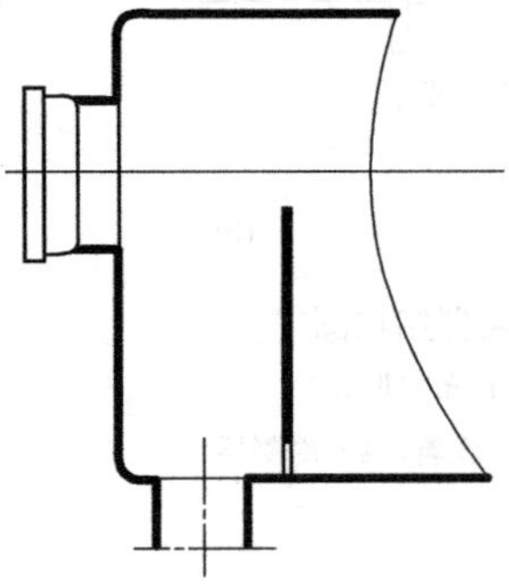

图 5-8　发生器液囊结构

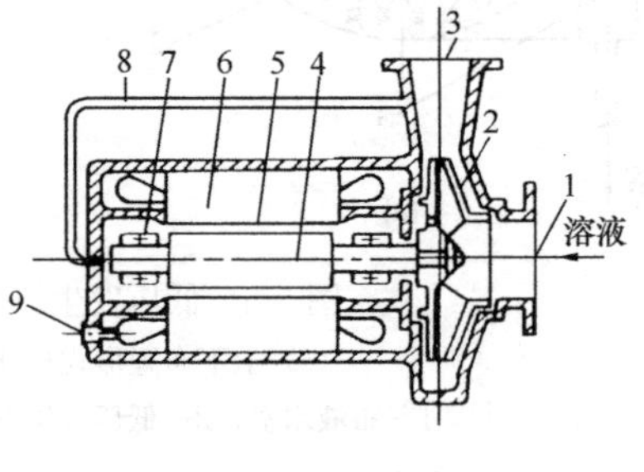

图 5-9　屏蔽泵结构图

1—吸入口；2—叶轮；3—排出口；
4—转子；5—屏蔽套；6—定子；
7—轴承；8—连接管；9—接线孔

5.3.5　抽气装置

溴化锂吸收式冷水机组的制冷系统内的压力远低于大气压力，如蒸发器中的绝对压力约为 0.87kPa，冷凝器内的绝对压力约为 9.5kPa。在如此低的压力下，难免有少量空气渗入设备内，再加上腐蚀产生的一些不凝性气体，会造成机组制冷量大大降低。因此，溴化锂吸收式冷水机组带有机械真空泵抽气装置和自动抽气装置，不仅要在开机前将系统抽真空，而且在运行过程中，也需要及时排除系统中的不凝性气体。抽气装置还可用于系统的抽真空试验及充液。

如图 5-10 所示机械真空泵抽气装置系统，主要由真空泵、冷剂分离器和阻油器等设备组成。常用的旋片式真空泵有 2X 型和 2XZ 型两种系列。冷剂分离器的作用是分离不凝性气体和水蒸气，其原理是：从装置中抽出的不凝性气体和冷剂水蒸气一起进入冷剂分离器中，冷剂水蒸气被喷淋的溴化锂溶液所吸收。吸收时放出的凝结热被冷却盘管中的冷却水带走，不凝性气体利用真空泵抽出。阻油器的作用是防止真空泵停止工作时，泵内润滑油倒流入制冷系统中。

机械真空泵抽气装置只有定期抽气。为了保持溴化锂吸收式冷水机组的真空度，随时抽除不凝性气体，还应附设自动抽气装置。如图 5-11 所示自动抽气装置，其原理是利用引射器的引射作用，抽出吸收器内的不凝性气体。具体工作过程是：将溶液泵出口的一部分高压溶液通过引射器，在引射器的喉部会产生很低的压力，将吸收器的不凝性气体抽出，溶液和不凝性气体的混合物进入贮气室，在贮气室内不凝性气体与溶液分离，上升到贮气室顶部，溶液再经回流阀返回到吸收器。当不凝性气体聚积到一定量时，关闭回流阀，打开放气阀，将不凝性气体排出。

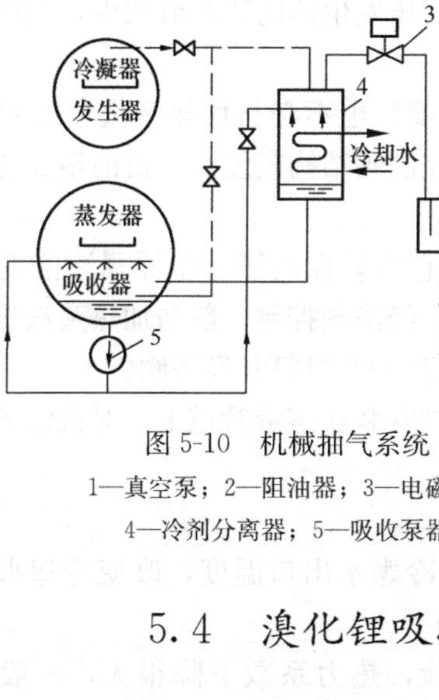

图 5-10　机械抽气系统

1—真空泵；2—阻油器；3—电磁阀；4—冷剂分离器；5—吸收泵器

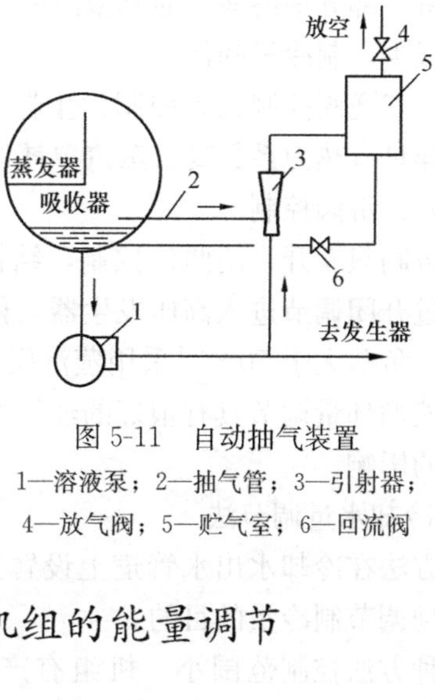

图 5-11　自动抽气装置

1—溶液泵；2—抽气管；3—引射器；4—放气阀；5—贮气室；6—回流阀

5.4　溴化锂吸收式冷水机组的能量调节

5.4.1　蒸汽型、热水型机组制冷量调节

1. 工作蒸汽量或热水流量调节

此方法根据冷媒水的出口温度，调节工作蒸汽调节阀或热水供应阀的开度，改变工作蒸汽量，以改变机组的制冷量，使冷媒水的出口温度保持恒定。

这种方法的优点是调节反应较快，缺点是低负荷下（50%以下），热力系数降低。因此，采用这种方法时，负荷最好不低于 50%。

对于实际的溴化锂吸收式冷水机组，如果改变加热蒸汽量或热水流量，发生器中的溶液液位会随之变化，特别是双效机组。为此在发生器中设有液位控制器，液位控制器根据发生器液位变化控制进入发生器的稀溶液流量，使液位基本恒定。因此，这种方法一般要和溶液循环量的调节配合使用，共同完成制冷量的调节。

2. 稀溶液循环量调节法

控制稀溶液循环量有变频控制、两通调节阀控制、三通调节阀控制和经济阀控制等多种方法。

(1) 变频控制

变频控制是目前常用的方法，即根据冷媒水的出水温度，调节溶液泵的转速，达到调节循环溶液循环量的目的。其优点是流量调节比较有效，节能且能延长溶液泵的寿命；不足的是当变频器频率小到一定程度时，会使溶液泵扬程小于高压发生器内的压力而影响机组的正常运行，也影响以溶液泵排出溶液为动力的自动抽气装置的正常工作，因而频率调节的幅度受到一定的限制。

(2) 两通阀控制

两通阀控制就是根据冷媒水的出水温度，调节两通阀的开度来调节循环溶液循环量。两通阀控制一般与加热蒸汽量控制组合使用，但溶液循环量不能过分减少，否则会出现高温侧的结晶和腐蚀。

(3) 三通阀控制

三通阀控制就是在高压发生器稀溶液进口管道上安装三通调节阀，根据冷媒水的出口温度，将一部分稀溶液旁通到浓溶液管道，使进入高压发生器的稀溶液减少，则产生的冷剂蒸汽减少，制冷量降低。

采用三通阀控制无需控制发生器出口的溶液温度，也不必与加热蒸汽量控制组合使用，同样具有热力系数高、蒸汽单耗低等优点，但控制阀结构较复杂，目前很少使用。

(4) 经济阀控制

经济阀只有开、闭两位控制，结构较为简单，它安装在高压发生器稀溶液进口管道上，通过开闭调节进入高压发生器的稀溶液循环量。经济阀控制一般与加热蒸汽量控制组合使用，负荷大于50%时采用蒸汽压力调节法，低于50%时打开经济阀。

溶液循环量调节具有很好的经济性，但因调节阀安装在溶液管道上，对机组的真空度有一定的影响。

3. 冷却水量调节法

此方法在冷却水出水管道上设置三通阀，根据冷媒水出口温度，改变冷却水的循环量，达到调节制冷量的目的。

这种方法控制范围小，机组有产生结晶的危险，热力系数下降很大，一般只能在80%～100%负荷内调节。

4. 加热蒸汽量与稀溶液循环量组合调节法

此方法是同时调节加热蒸汽量和稀溶液循环量，两种方法组合起来对机组制冷量进行调节，可以使循环的各状态点基本保持不变，机组在最佳工况下工作。其制冷量调节的范围可达到10%～100%。

5.4.2 直燃型机组的制冷量调节

直燃型机组是通过调节燃料和空气的流量来调节制冷量。直燃型机组根据燃料不同，控制方法略有不同。燃气燃料的控制包括空气量控制与燃气量控制，在燃烧管路和空气管路上均设有流量调节阀，两者通过连杆机构保证同步运动。燃油量控制分非回油式和回油式两种，非回油式的油量调节范围很小，一般采用开关控制或设置多个喷嘴。回油式调节范围比较大，多余的油料可以通过油量调节阀回流，从而保证燃油压力变化不大的情况下，根据负荷来调节燃烧的油量，无论是何种调节方法，油量的调节必须同时对空气量进行调节。

5.5 溴化锂吸收式冷水机组的选择

5.5.1 溴化锂吸收式冷水机组的名义工况和性能参数

溴化锂吸收式冷水机组的性能参数是在名义工况下测出的参数，蒸汽型吸收式机组的名义工况见表 5-2。直燃型机组的名义工况见表 5-3。

蒸汽溴化锂吸收式冷水机组的名义工况和性能参数 表 5-2

名义工况						性能参数
形式	加热源 蒸汽（饱和）（MPa）	冷水出口温度（℃）	冷却水出口温度差（℃）	冷却水进口温度（℃）	冷却水出口温度（℃）	单位制冷量加热源耗量［kg/（h·kW）］
蒸汽单效型	0.1	7	5	30（32）	35（40）	2.35
蒸汽双效型	0.25	13			35（38）	1.40
	0.4	7				
		10				1.31
	0.6	7				
		10				1.28
	0.8	7				

注：括号内数值为可选择的参考值。

直燃型溴化锂吸收式冷（温）水机组名义工况和性能参数 表 5-3

	冷水、温水		冷却水		性能系数 *COP*
	进口温度	出口温度	进口温度	出口温度	
制冷	12℃	7℃	30℃（32℃）	35℃（37.5℃）	≥1.10
供热		60℃			≥0.90
污垢系数	$0.018m^2·℃/kW$		$0.044m^2·℃/kW$		
电源	三相交流，380V50Hz（单相交流，220V50Hz）				

注：括号内数值为可选择的参考值。

机组的技术参数主要有：

1. 名义制冷量

名义制冷量是指溴化锂吸收式冷水机组在名义工况下进行试验时，测得的由循环冷水带出的热量，单位为“kW”。

2. 名义供热量

名义供热量指直燃型溴化锂吸收式冷（温）水机组在名义工况下进行试验时，测得的通过循环温水带出的热量，单位为“kW”。

3. 名义加热源耗量

名义加热源耗量指机组在名义工况下进行试验时，机组所消耗的加热源或燃料的流量，单位为“kg/h”或“m^3/h”。

4. 名义加热源耗热量

名义加热源耗热量指名义工况加热源耗量换算成的热量值，单位为“kW”。当加热源为燃气或燃油时，以低位热值计。

5. 名义消耗电功率

名义消耗电功率指机组在名义工况下进行试验时，测得的机组消耗的电功率，单位为“kW”。

6. 性能参数、名义性能系数 *COP*

蒸汽型溴化锂吸收式冷水机组的性能参数用单位制冷量加热源耗量表示，即单位制冷量蒸汽耗量，单位为“kg/（h·kW)”。直燃型机组用名义性能系数 *COP*，指在名义工况下试验时，测得的制冷（热）量除以加热源耗热量与消耗电功率之和所得的比值。

生产厂家会列出所机组的技术参数，设计人员可根据工程负荷大小选择。表 5-4 为某厂家蒸汽双效型溴化锂吸收式冷水机组的技术参数。

蒸汽双效溴化锂吸收式冷水机组的技术参数　　表 5-4

产品型号		SXZ-350A	SXZ-580A	SXZ-1160A	SXZ-1750A
制冷量	kW	350	580	1160	1750
	10^4 kcal/h	30	50	100	150
蒸发器（冷媒水）	进口温度（℃）	12	12	12	12
	出口温度（℃）	7	7	7	7
	流量（m^3/h）	60	100	200	300
	流程数	5	4	4	3
	压头损失（MPa）	0.08	0.13	0.13	0.13
冷凝器（冷却水）	进口温度（℃）	32	32	32	32
	出口温度（℃）	37	37	37	37
	流量（m^3/h）	120	200	400	600
	流程数	5	4	4	3
	压头损失（MPa）	0.05	0.085	0.085	0.12
高压发生器（加热蒸汽）	蒸汽进口压力(表压)(MPa)	0.4	0.4	0.4	0.4
	消耗量（kg/h）	510	850	1700	2550
	流程数	4	4	4	4
消耗电功率	发生器泵（kW）	1.1	1.1	1.1	1.1
	溶液泵（kW）	2.2	2.2	5.5	5.5
	冷剂水泵（kW）	2.2	2.2	2.2	2.2
	真空泵（kW）	1.1	1.1	1.1	1.1

续表

产品型号		SXZ-350A	SXZ-580A	SXZ-1160A	SXZ-1750A
机组外形尺寸	长（mm）	4250	6250	6690	9190
	宽（mm）	2430	6250	2700	2700
	高（mm）	3090	3090	3830	3830
质量	机组质量（t）	8	11.5	16	22
	机组运转质量（t）	12	16.5	22	33
	最大搬运质量（t）	9.5	13	18	24.5

5.5.2 溴化锂吸收式冷水机组的选型

1. 形式的选择

应根据当地的实际情况选用不同形式的溴化锂制冷机。有余热、废热或有压力不低于0.03MPa的蒸汽或温度不低于85℃的热水等适宜的热源可资利用时，且制冷量大于或等于350kW，所需冷水温度不低于5℃，经技术经济比较合理时，应采用溴化锂吸收式冷水机组。

当使用地点有不低于0.25MPa的蒸汽可资利用，且技术经济比较合理时，可采用蒸汽双效型溴化锂吸收式冷水机组。

天然气是直燃型溴化锂机组的最佳能源，应优先采用天然气。在无天然气的地区宜采用人工煤气或液化石油气。选用时应进行经济技术比较，当与电制冷机、蒸汽型吸收式制冷机比较较为合理时，再采用直燃型溴化锂吸收式制冷机。

2. 制冷容量的计算

选择的溴化锂吸收式制冷机应考虑制冷机本身和水系统的冷（热）量损失，一般应比空调冷负荷大10%～15%。

3. 机组台数

溴化锂吸收式冷（温）水机组一般选用2～4台，中小型工程选用2台，机组台数选择应考虑互为备用和轮换使用，从便于维修管理的角度考虑，尽量选用同机型、同规格的机组；从节能和运行调节的角度考虑，必要时也可选用不同机型、不同负荷的机组搭配组合的方案。

4. 溴化锂吸收式冷水机组机房设备布置要点

机房内设备布置和管道连接应符合工艺流程，并应便于安装、操作和维修，机房内设备布置应符合以下要求：

(1) 机组与墙之间的净距离不小于1m。

(2) 机组与机组或其他设备之间的净距离不小于1.2m。

(3) 机房内留有不小于蒸发器、冷凝器或低压发生器长度的维修距离。

(4) 机组与其上方管道、烟道或电缆桥架的净距离不小于1m。

(5) 机房主要通道的宽度不小于1.5m。

(6) 制冷机顶部与机房屋架下弦的高度应大于1.5m。

(7) 冷媒水泵、冷却水泵、水池均宜设计在靠近机房处。

(8) 制冷机房中必须留有检修设备和配制溶液的场地。

(9) 温度计、压力表及其他测量仪表应设置在便于观察的地方，阀门高度一般离地1.2～1.5m，高于此高度，应设工作平台。

(10) 机房应有排水设施。因为机组接管处不可避免的会产生凝结水，且外部系统管路阀门可能产生渗漏；遇到停电等紧急情况时，还必须将溴化锂吸收式制冷机组水室中冷却水排出，机组较大时，水室内的冷却水较多，一旦机房集水，将引发电路故障和机组锈蚀。

5. 机房的通风要求

吸收式冷水机组的机房应通风，通风不良会造成直燃机组运转所需空气不足，影响机组正常工作。对于蒸汽或热水机组，机房通风与电制冷机组相同。但对于直燃型机组，机房正常通风量应为必需燃烧空气量与通风换气量之和。直燃机单位燃料燃烧发热量的必需空气量一般取 0.36m^3/kJ，机房正常通风换气次数取 3～10 次，以防止形成爆炸混合物和因机房潮湿而腐蚀机组。

5.6 溴化锂吸收式冷水机组的安装

5.6.1 溴化锂吸收式冷水机组机房施工图识读

蒸汽型和热水型溴化锂吸收式冷水机组的机房布置与压缩式冷水机组基本相同。直燃型机组与其他冷水机组的区别是增加了一套燃料供应系统和烟囱，下面以某直燃机房为例，解读其施工图的系统原理、设备布置和管道布置特点。直燃机房施工图包括设计施工说明、系统流程图、机房平面布置图、剖面图、基础图等，下面重点讲述系统流程图、机房平面图、剖面图和燃气系统平面布置图。

1. 系统流程图

该机房内冷热水系统的工作原理如图 5-12 所示，机房内由两台直燃机提供空调冷（温）水，可提供空调用冷水、热水和生活热水，该空调系统包括冷却水系统、冷冻水系统、补水系统、生活热水系统（图中未画出）、燃料供应系统和排烟系统。另外，机房内要做好通风，以保证足够的空气量和人员新风量，限于篇幅，机房通风不在此讲述。

图 5-12 的左侧为燃气供给系统流程图，单独画出。其中燃气由室外中低压燃气管道接入，经调压装置调压后，分别由燃气补偿器、流量计进入两台直燃机组。为保证安全，燃气管道上设有放散管，当燃气压力超过一定压力后，安全阀自动开启，燃气排到室外。机组燃烧后的废气经烟囱排出。

机房水路系统综合了冷却水系统、冷冻水系统和定压补水系统等，其流程为：对冷却水系统，在夏季，冷却塔开机运行，从冷却塔（两台并联）出来的冷却水通过冷却水泵（3 台并联，LQB-1、LQB-2、LQB-3，其中 1 台备用）进入直燃机（两台并联），在直燃机内部，冷却水经过吸收器、冷凝器吸收热量温度升高，再回到冷却塔降温。对冷冻水系统，来自建筑物内各个空调器的回水依次经集水器、冷冻水泵（3 台并联，1 台备用）进入直燃机，在直燃机内部，回水在蒸发器内被冷却，出直燃机组时温度一般为 7℃，再通过分水器送到各个空调器。冬季冷却水系统不工作，冷冻水系统流程与夏季过程相同，只是此时直燃机额定出水温度 60℃，供给各个空调器。图 5-12 右下方为定压补水系统，其流程为：自来水经过全自动软水器处理后，进入软化水箱，再通过系统补水泵（2 台并

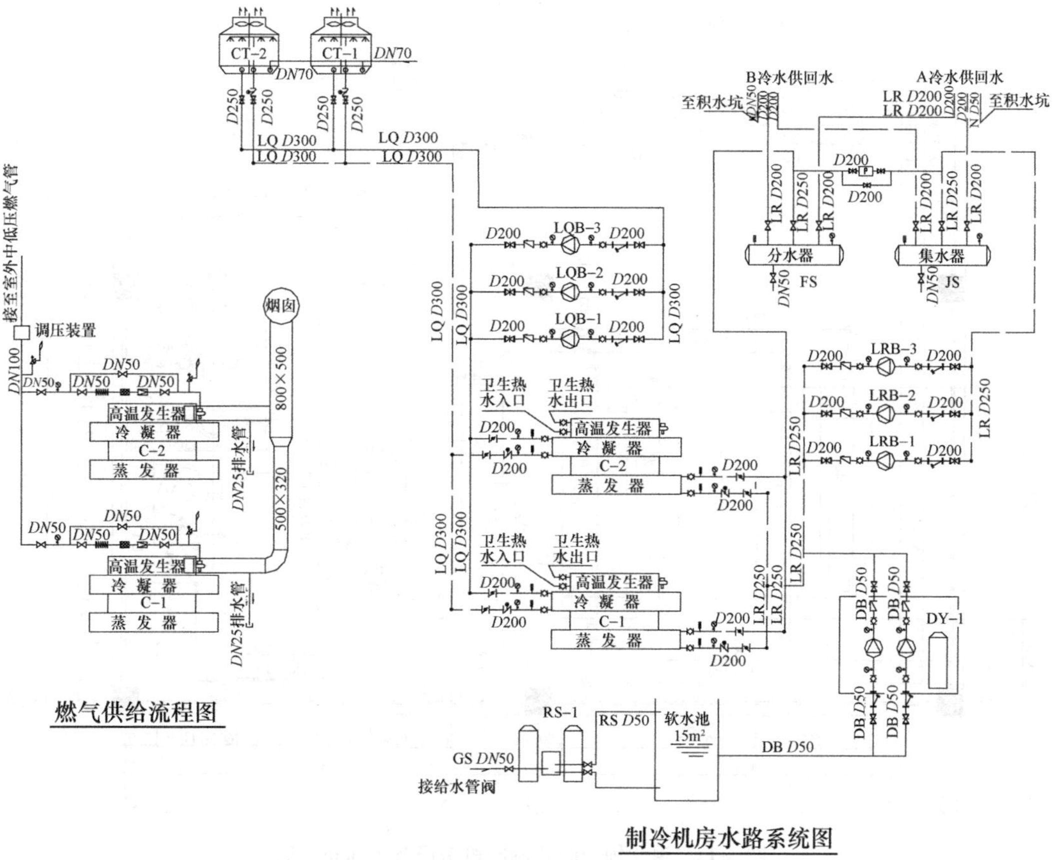

图 5-12 吸收式溴化锂制冷机房系统流程图

联，初始加水和大量补水开 2 台，正常补水开 1 台）和定压罐对冷冻水系统进行补水定压。补水点设在冷冻水泵吸入口，补水的启停由电接点压力表控制，当定压罐内的压力（也是冷冻水泵吸入口处的压力）下降到一定数值时，电接点压力表控制补水泵启动，当定压罐内的压力升高到一定数值时，电接点压力表控制自动停泵。

根据用户需要，直燃机还可以提供生活热水，供建筑物生活使用，生活热水最高温度 95℃，其供回水管道与建筑物热水系统相连。

2. 机房平面布置图

图 5-13 为机房平面布置图，机房平面图应严格按流程图绘制，直燃机房的燃气系统单独绘制。机房平面布置图反映了该机房内主要设备和管道的布置情况，包括设备的编号、台数、大小，管道的管径和定位尺寸。图中粗实线为设备轮廓线和管道线。按照从上到下、从左往右的顺序，该机房布置了 2 台直燃机组、1 台冷冻水系统定压罐、1 台软水器、1 个软化水箱、2 台补水泵、3 台冷冻水泵、3 台冷却水泵。所有设备的大小和定位尺寸都应标注清楚，定位尺寸可以依轴中心或墙面定位。部分设备和管道高度方向的尺寸可以从剖面图中获得。图中直燃机组布置考虑了抽管空间，机组间距 1700mm，分集水器布置在靠近供冷区域的位置。冷却水泵和冷冻水泵单独布置在水泵间里，水泵中心距 1270mm。在水泵间里还布置了软化水器、软水箱、定压罐等设备。

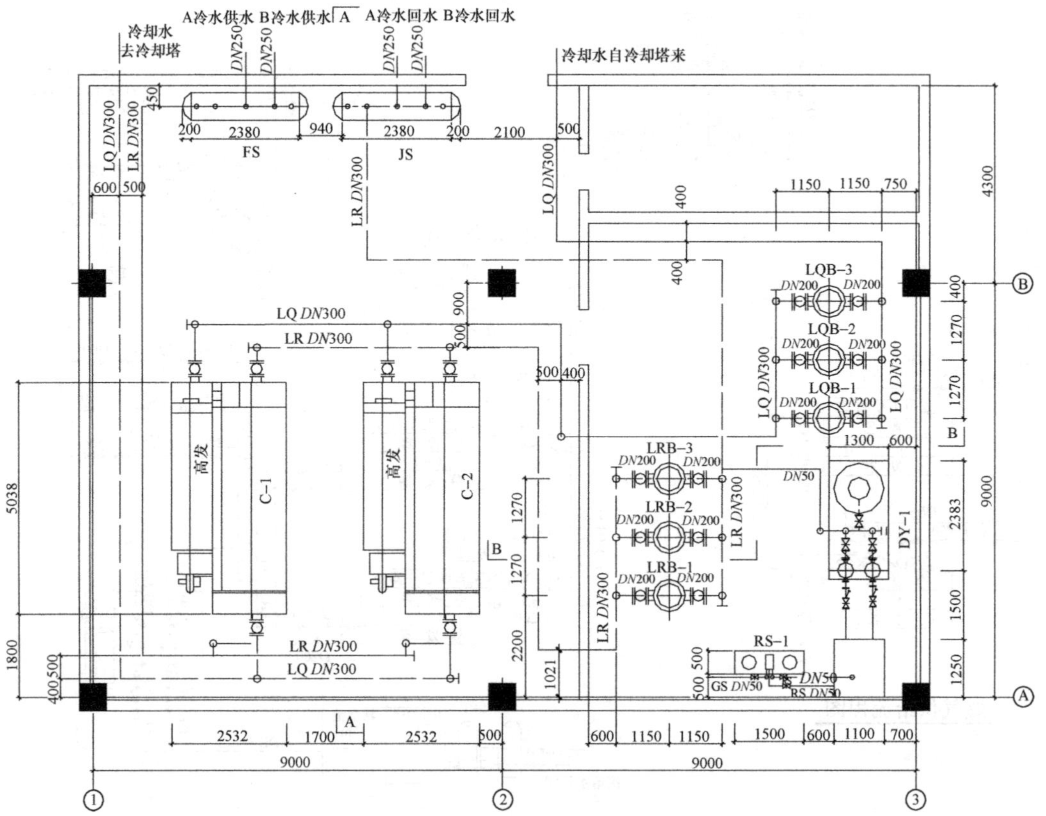

图 5-13　溴化锂吸收式制冷机房设备平面布置图

3. 机房剖面图

图 5-14 为 A-A 和 B-B 剖面图，机房剖面图主要反映设备和管道的高度，所有标高均以机房室内地面为±0.000。读图时以平面图为主，剖面图为辅，依据流程图的系统，逐一弄清楚各系统管路的走向、位置和高度。在 A-A 剖面图中，主要反映了直燃机组及相应管道的高度和安装位置，还反映了集水器及管道的安装情况。直燃机组安装在高度 200mm 的基础上，冷却水从标高 0.840m 的位置进入直燃机组，从标高 2.365m 的位置流入冷却塔。冷冻水从标高 1.798m 位置进入直燃机组，从 1.558m 位置流入分水器。直燃机组右侧冷水供水和冷却水去冷却塔的水平管标高为 3.300m，主要是为了让开烟囱，从烟囱的底下通过。直燃机右侧的冷水回水和冷却水回水的水平管距顶层楼板面为 1000mm，在梁下布置。在 B-B 剖面图中，主要反映了水泵的安装高度和相应的管道安装高度，冷却水泵和冷冻水泵均是安装在高度为 200mm 基础上的，为节省占地和操作方便，连接水泵的立管上安装有阀门和过滤器等附件，考虑到减振，在水泵进出口均接有软接。可以看出，与水泵相连接的管道架空敷设，水平管道布置在梁下，其中冷却水泵出水管从水平冷水管下方通过，标高为 3.400m，管中心低于水平冷水管中心 600mm。

4. 机房燃气系统平面布置图

如图 5-15 所示为燃气系统平面布置图，从图中可以看出，燃气管道从室外中低压燃气管道接入后，架空布置，管中心标高 3.600m，其上安装有阀门、补偿器、过滤器等附

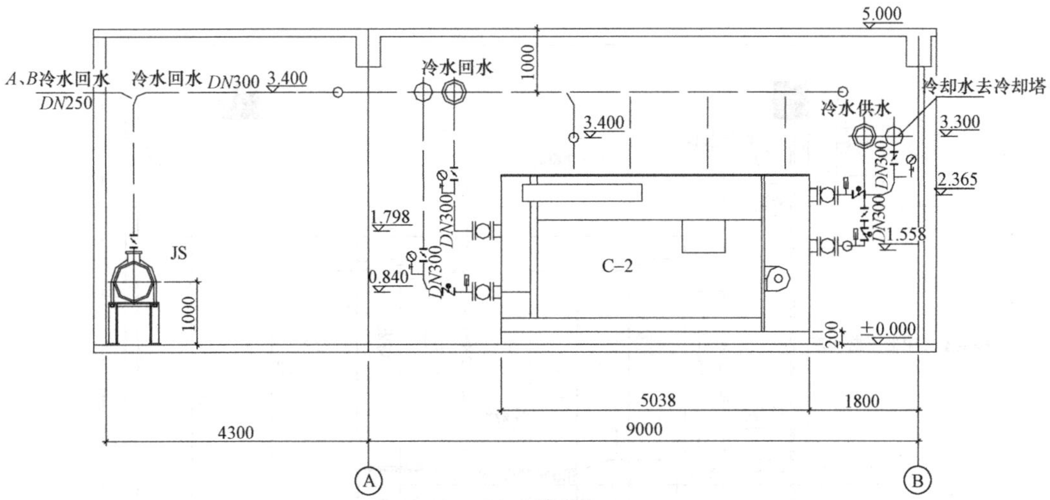

A-A剖面图1:50

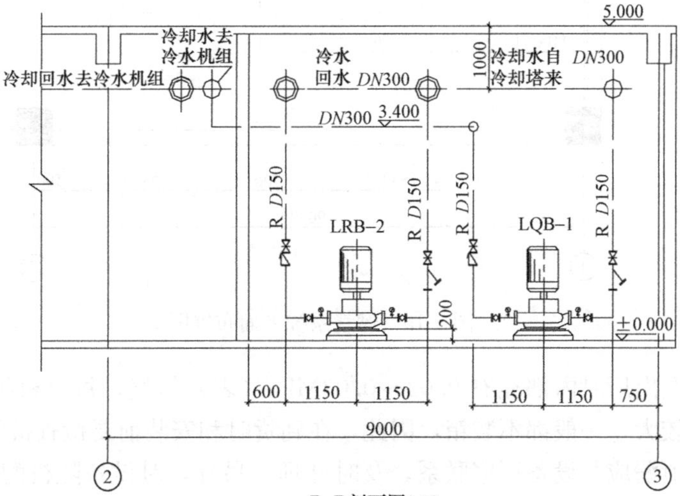

B-B剖面图1:50

图 5-14 溴化锂吸收式制冷机房剖面图

件，然后接入燃烧器，要注意的是图中未画出放散管的连接，放散管通到机房外放空。室内烟道的干管分别为 500mm×320mm 和 800mm×500mm，管底标高 3.8m，伸出外墙后与室外直径 1000mm 烟囱相接。

5.6.2 溴化锂吸收式冷水机组的安装

1. 溴化锂吸收式冷水机组的安装

溴化锂吸收式冷水机组的安装程序与蒸气压缩式冷水机组基本相同。其安装程序是：基础检查验收、机组搬运就位、机组找正与找平、一次灌浆、精平、二次灌浆等。溴化锂吸收式冷水机组的运动部件少，振动和噪声较小，对基础及安装要求不高，但机组的水平度是保证机组性能及正常运行的重要环节之一，规范规定水平度应小于 1/1000。

(1) 机组和基础检查

机组到货后，首先要核对设备名称、型号、规格是否与设计文件相符，其次溴化锂吸

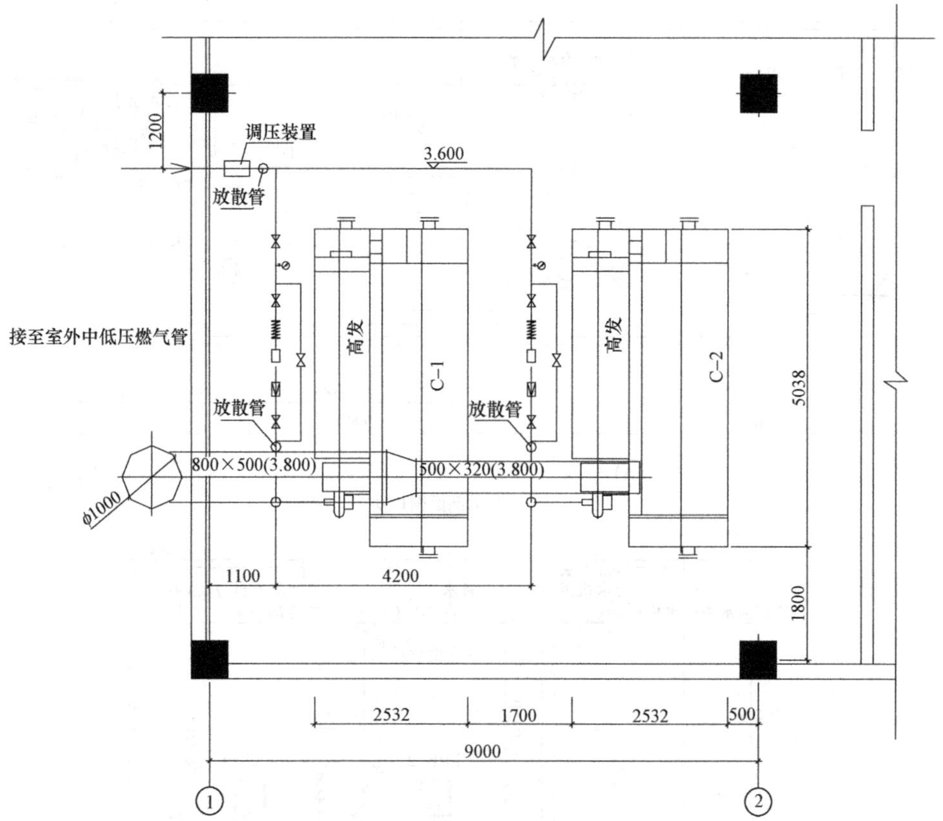

图 5-15　燃气系统平面布置图

收式冷水机组在出厂时内部充有 0.02～0.03MPa（表）氮气，每台机组一般都装有压力表。由于机组较大，一般都不装箱，因此，在到货时和安装前要检查机组内部气密性，一旦发生损坏和泄漏应与设备厂家联系，及时处理。另外，对设备随机配件进行清点检查，作出记录和鉴定，并填写《设备开箱检查记录单》，作为移交凭证。清点检查主要是清点机组的零件、部件、附件、附属材料以及设备的出厂合格证和技术文件是否齐全。如发现缺陷、损坏、锈蚀、变形、缺件等情况，应填入记录单中，并进行研究和处理。

根据设备实际尺寸，检查基础是否符合要求，主要是检查基础标高、尺寸和水平度，并在基础上画出设备就位的纵横基准线。

（2）机组的搬运

溴化锂吸收式冷水机组机体较大，重量较重，搬运和吊装时应注意不得损坏机组本体，不要碰坏设备上的阀门、管线及电气箱等部件。吊装时，一般采用外包尼龙的钢丝绳来起吊机组，有的生产厂在起吊部位上作有标记或吊装环，如没有在机组上做出吊装部位时，大多是采用两根钢丝绳起吊机组主筒体的两端。机组由远处搬运至基础部位时，一般用滚杠垫在机组下面，通过牵拉等方式移动到基础部位。

（3）机组安装

溴化锂吸收式冷水机组是一种大型制冷设备，根据机组制冷量的大小，一般分为整体出厂和分体出厂两种形式。

1）整体出厂的机组安装

溴化锂吸收式冷水机组放置在基础上时，要求先在基础上垫一块与机脚尺寸相当的钢板（厚 5～10mm），然后在钢板上垫同样大小的橡胶板（厚 5～10mm），最后将机脚落上去。

机组必须校正纵向和横向的水平度，校正时，首先选取基准点，有的厂家会在机组上标出标准点印记，可以直接按标志找水平。没有标出基准点的，基准点可以是筒体管板的两端，或是在筒体的两端找出机组的中心点。水平度的测量，一般采用水平仪即可，也可以取一根透明的塑料管，在管内充满水，注意塑料管不得打结，也不得被压扁，且将管内的气泡排除，在机组的两端的中心放置水平仪，一端为基准点，另一端则表明了纵向的水平差。横向水平度测量时，将塑料管置于机组端部的两边，用同样的方法来校正横向的水平差。水平度要求小于 1/1000。经过水平校核，将低的一端用起吊设备吊起，塞入钢制的长垫片，如果没有合适的起吊设备，可在机组一端的底座下半部焊上槽钢，再用两只千斤顶，均匀地将机组顶起，塞入垫铁，来调节机组水平。水平达到要求后，填满混凝土，洒水保养。机组与基础安装时的垫铺见图 5-16。

2）分体机组的安装

分体出厂的溴化锂吸收式冷水机组与整体出厂的机组的基础是一样的，安装前要在基础上放置厚度为 10mm 的硬橡胶板。

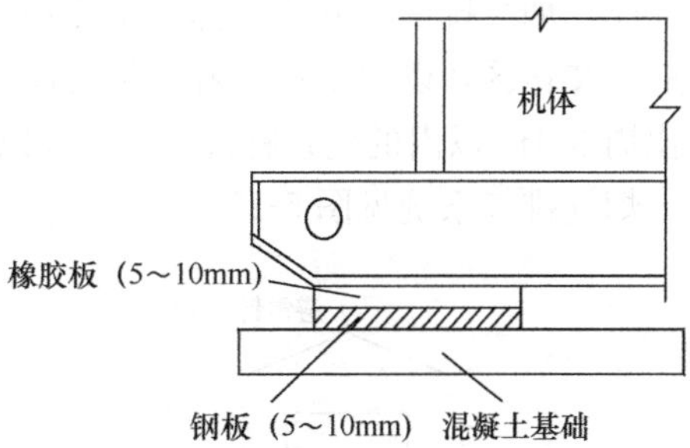

图 5-16　溴化锂吸收式制冷机与基础间的垫铺

对于分成两件或三件的机组吊装，与单件整体机组的吊装基本一样，其不同点是应先将下筒体用钢丝绳吊到基础上并校正水平，而后将上筒体吊装在下筒体上。分体机组就位后，同样进行机组的校平。可先对下筒体校平，校正包括纵向和横向两个方向。当下筒体的水平度达到要求后，方可将上筒体吊装在下筒体上，之后再对上筒体进行纵向和横向的水平校正。

水平度校正可用垫钢板的方法。如果分体机组的各部件均已就位，但机组的水平度未作调整时，也可用上述方法对上下筒体的水平度进行校正，同样可采用垫钢板来进行水平度调整。

2. 溴化锂吸收式冷水机组配套管道的安装

机组安装固定好后，开始安装配套的管道，管道应尽量架空或地下敷设，目前常用架空敷设。蒸汽管道至少应有一段架空管道，以方便安装流量计及其仪表。管道焊接前应做好管道内部的清洁，去除管道内部存在的污物、杂质。管道连接后应用盲板将与机组接口处的管口封闭，以备进行水压试验。

管道安装完毕应进行压力试验。压力试验根据设计文件或施工验收规范进行。试验合格后进行管道保温，目前冷冻水系统的保温材料常用离心玻璃棉或橡塑等材料，蒸汽管道采用岩棉材料保温。

机组仪表和配套的电气安装应与管道安装交叉进行。

3. 直燃式溴化锂冷（热）水机组排气系统安装

直燃机组的检查及基础验收等与前述相同，不同的是直燃机组的排气系统的施工要注意以下几个方面：

（1）可以与同种燃料的直燃机、锅炉共用烟道，但不能与非同种燃料或其他类型设备（如发电机）共用烟道。

（2）共用烟道截面尺寸之和应乘以 1.2 倍的系数。

（3）共用烟道的连接必须采用插入式。每台机组排气口应设风门和防爆门。

（4）烟道材料应耐用 20 年以上。烟囱最好采用砖、混凝土制作，在其内衬以耐火混凝土（由矾土水泥、耐火砖配成），如因条件限制，须采用钢制烟囱的，其钢板厚度应不少于 4mm。

（5）钢制烟道、烟囱应予保温，室外部分应予防水。保温材料按耐热 400℃选用，厚度 30～50mm，可用硅酸铝棉、玻璃纤维棉、岩棉等，外包玻璃纤维布；防水材料最好用铝箔或不锈钢板、镀锌钢板，在其接口处填树脂胶等材料密封。

（6）在直管段较长处设伸缩器，在法兰口垫石棉绳。不可让膨胀力压在机组上。

（7）烟道内不可避免的会产生凝结水，如不及时排除，会造成钢板腐蚀及烟道结垢，排水管宜采用水封结构，连续排除凝结水。烟囱口必须设防风罩、防雨帽及避雷针。

（8）烟气排气口方位选择：距冷却塔 12m 以上或高于塔顶 2m 以上，尽可能不暴露于商业、文化区，以免影响市容。尽可能方便机房人员观察，以便及时了解排烟情况。排气口比周围 1m 以内的建筑物高出 0.6m 以上。

烟气排气系统见图 5-17。

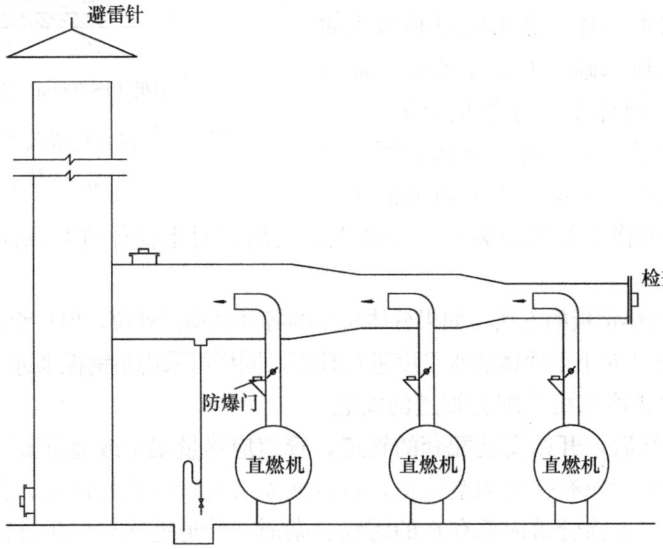

图 5-17　排气系统简图

溴化锂吸收式冷水机组安装后应填写设备安装记录表，表格形式与蒸气压缩式冷水机组安装相同。

5.6.3　溴化锂吸收式冷水机组的试运转

1. 调试前的准备

机组调试前应分别检查蒸汽凝水系统、冷水系统、冷却水系统以及供电系统是否正常，并应对管道连接处和机组水室的密封情况进行检查。除此以外，还须做好下面的准备工作。

(1) 机组的气密性试验

机组由于起吊、运输与安装等方面的原因，可能引起某些部位的泄漏。为确保机组一次调试成功并长期运行，需对机组进行气密性试验。气密性试验的内容包括压力检漏、卤素检漏和真空试验。

进行机组气密性试验时需配备的仪器有：卤素检漏仪、U 形管绝对压力计、旋转式麦氏真空计。

1) 压力检漏

压力检漏的要求为：试验气体应为干燥洁净的空气或氮气，试验压力筒体侧应为 0.15MPa (绝)；试验时缓慢加压至试验压力，并保压 24h。试验开始和结束时记下大气压力、环境温度和机组内部压力，扣除环境温度变化引起的压力变化，机组压力降低小于 66.5Pa (0.5mmHg) 为合格，计算方法见式 (5-1)。检漏时可在法兰、螺纹连接处、传热管的管接头处，以及焊缝等可能泄漏的地方，涂以肥皂水或其他发泡剂进行检漏。发现泄漏后，可将机组内的氮气放完后进行修补，而后重新检漏。机组由于泄漏而引起的压力降可由式 (5-1) 求出。

$$\Delta p = (B_1 + p_1)\frac{273 + t_2}{273 + t_1} - (B_2 + p_2) \tag{5-1}$$

式中 Δp——机组因温度变化引起的压力变化，Pa；

p_1——试验开始时的 U 形管上水银柱高度，Pa；

p_2——试验结束时的 U 形管上水银柱高度，Pa；

B_1——试验开始时的大气压力，Pa；

B_2——试验结束时的大气压力，Pa；

t_1——试验开始时的温度，℃；

t_2——试验结束时的温度，℃。

2) 卤素检漏

由于溴化锂吸收式制冷机组的充气压力受到限制和观察时间过长，不能满足低漏率的检测要求。为了提高机组的气密性，在压力检漏合格后，再进行卤素检查。可以使用氟利昂 R134a，卤素检漏仪有较高的灵敏度（灵敏度在 0.2Pa · mL/s），可以检查出微小的泄漏。检漏时先将机组抽空至 50Pa (绝对)，而后向机组充入一定比例的氟利昂，使氟利昂约占 20%，与机组内的气体充分混合后，方可使用卤素检漏仪对焊缝、阀门、法兰的密封面及螺纹接头进行检漏。

3) 真空试验

气密试验合格后，再进行真空试验。试验时，应将系统内绝对压力抽至 50Pa，关闭抽气阀门，保持压力 24h，扣除温度变化引起的压力变化后，机组压力上升不应大于 5Pa (制冷量≥1250kW 不超过 10Pa) 为合格。

如果机组内有水分，例如机组清洗后，其内部的水分是排除不干净的，此时很难将机组内真空度抽到 133Pa 以下。此时可将机组内的绝对压力抽至高于当时水温对应的饱和蒸汽压力，以避免水蒸发。此时可将机组内的绝对压力抽至 9.33kPa（对应水的蒸发温度为 44.5℃），保持 24h，并记录试验前后的大气压、温度和机内压力值，扣除大气压与温度的影响，如机组内的绝对压力上升不超过 5Pa，则同样认为设备在真空状态下的气密性是合格的。此时测量真空压力时，不可使用麦氏真空计，这是因为麦氏真空计仅适于理想气体，机组含有水分时，测量的空气是空气与水的混合体，会产生误差。

（2）其他检查

1）电器、仪表的检查

检查电源送电是否正常；温度、压力、液位传感机构是否可靠；蒸汽电动调节阀、蒸汽电磁阀、溶液电动调节阀等执行机构动作是否可靠；检查燃烧器动作是否可靠，火焰监测系统功能是否完好；根据制造厂家的自动控制说明书，检查控制箱是否具备了自动控制所要求的各项功能；另外，还要检查测量仪表如水表、温度计、压力表等是否达到安装要求与精度要求等。

2）真空阀门的检查

检查所有真空隔膜阀和真空蝶阀的位置是否符合要求，动作是否灵敏等。

3）真空泵抽气系统的检查

真空泵油位应在视镜中部，若油呈乳白色，则应更换新油；用手转动传动带盘，检查转动是否灵活；点动真空泵，检查转向是否正确，电磁真空充气阀是否正常工作，真空泵的抽气性能是否良好等。

4）屏蔽电动机绝缘电阻值的检查

检查屏蔽泵电动机的绝缘电阻是否符合要求。

（3）机组清洗

机组清洗仅是对机组制造过程中尚存有不清洁之处而采取的补救措施，倘若生产厂家生产的机组，由于制造过程中严格控制了清洁度的指标，机组投入运行前就无需进行清洗。机组清洗时最好使用蒸馏水，若没有蒸馏水，也可用软化水代替。充灌溶液之前对机组清洗的目的在于清除机内的浮锈、油污及灰尘等污物，具体方法如下：

1）把蒸馏水充入机内，充灌量可略大于机组所需的溴化锂溶液量。

2）启动冷却水泵，使冷却水在机组内循环。

3）启动溶液泵，使注入的清水在机内循环。

4）打开热源阀门，向高压发生器（或发生器）中提供热量，使在机内循环的清水温度升高并产生水蒸气。水蒸气经低压发生器（或直接）进入冷凝器被冷却水冷凝成凝水，最后进入蒸发器的液囊。

5）当蒸发器液囊中的水位达到一定高度时，启动冷剂泵，使凝水在蒸发器中循环。

这样，机组实际上已经投入正常运转，只是机内的工质是清水，不起吸收作用。随着清洗过程的延续，蒸发器中的水将越来越多，可通过旁通管路，将其旁通至吸收器。机组运行一段时间后将水放出。若水比较干净，则清洗工作结束。如果放出来的水较脏，则应再充入清水，重复上述过程，直到放出来的水干净为止。

清洗工作结束后，应观察蒸发器液囊和吸收器液囊内滤网是否堵塞，如堵塞，应拆开液囊上的视液镜加以清除。最后，启动真空泵，将机内抽至与环境温度相应的水的饱和压力。

（4）溶液充灌

市售溴化锂溶液的质量分数为50%左右，一般已加入0.1%～0.3%的铬酸锂缓蚀剂，且pH值已调至9.0～10.5，可直接加入机组。

一般情况下，溴化锂溶液加入机组前，均应封存小样，以便调试过程中碰到溶液质量等问题时进行分析。

溶液充灌主要有两种方式：溶液桶充灌和贮液罐充灌。

1）溶液桶充灌

溴化锂溶液出厂时采用深色（黑色、棕色或蓝色）塑料桶包装，每桶净重25kg，溶液充灌量可参照各生产厂家的样本或使用说明书，充灌方法如下：

① 备一只溶液缸（一般用0.6m^3左右的搪瓷缸），按照图5-18所示方法连接，其中软管内应充满溶液，以排除管内的空气。然后一端接溶液充注阀，另一端插入盛满溶液的缸内。溶液缸的缸口可加设不锈钢丝网或无纺布等过滤装置，以免溶液桶内的杂质或其污物进入缸内。

② 打开溶液充注阀，因机组内部处于真空状态，溴化锂溶液会自动由溶液缸进入机组。充灌时应保证橡胶管始终浸入溶液中，以免空气沿橡胶管进入机内。同时，橡胶管应与溶液缸底保持100mm的距离，以避免积存在缸底的杂质吸入机内，还应注意溶液桶加液速度和溶液充注阀的开度，使溶液缸内保持合适的液面位置。

③ 当溶液按规定充灌完毕后，关闭充注阀，启动溶液泵，观察发生器、吸收器中的液位和喷淋情况，如正常则可认为充灌的溶液量基本合适。否则，应重新充灌，直到满足要求为止。

④ 若充入机内的溶液过多，可启动溶液泵，打开溶液充注阀，把溶液从机内排出。

2）贮液罐充灌

机组检修时和冬季机组停止使用时，一般将溶液转移至贮液罐内，使之沉淀，去除其中的杂质。机组使用前要将溶液从贮液罐向机组充灌，充灌方式见图5-19。具体操作方法如下：

① 关闭阀A，打开阀B，将氮气充入贮液罐，使罐内保持0.02MPa（表压），然后关

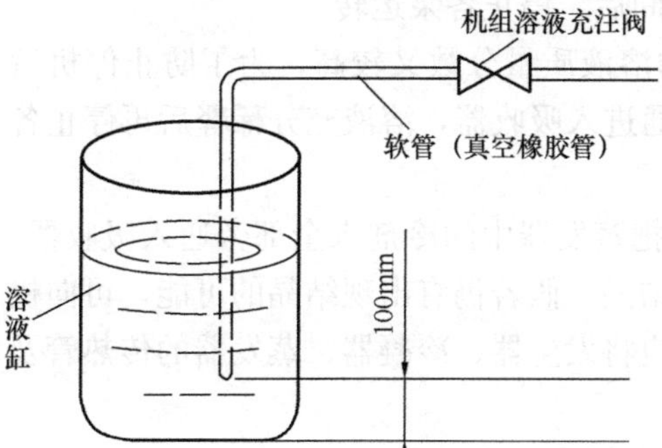

图5-18　溶液桶充灌图

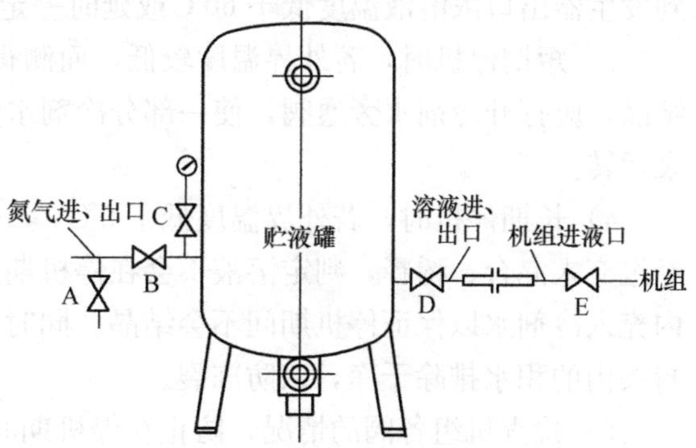

图5-19　贮液罐充灌图

闭阀 B。

② 在溶液罐进、出阀 D 和机组溶液充注阀 E 间接上真空橡胶管。为防止空气进入机组，可以先将真空橡胶管与阀 D 连接，慢慢打开阀 D 让溶液充满真空橡胶管后，再将真空橡胶管与阀 E 连接。

③ 依次打开阀 D、阀 E，溶液进入机组。根据贮液罐上安装的液位计液位的变化，来保证机组所需的充灌量。

④ 加液完毕后，依次关闭阀 E、阀 D。

2. 机组的调试

机组的性能调试一般在专业生产厂的试验台上进行，而现场调试因受各种条件的限制，很难创造给定的工况条件，一般仅作运转试验。在运转试验中，测定使用工况下的机组性能、制冷（热）量、热源耗量等；检查自动抽气系统、自动保护及控制系统的工作性能；通过一定时间的连续运转，检验机组的运转性能。

（1）机组开、停机

机组调试前准备工作完毕后，进入机组调试阶段。溴化锂吸收式机组一般采用手动调试、自动运行的工作方式。下面以蒸汽双效溴化锂吸收式冷水机组的开、停机程序为例说明开停机的过程。

开机程序如下：

1）启动冷却水泵和冷水泵，慢慢打开两泵的排出阀，并调整流量至规定值。通水前一般先将封头箱上的放气旋塞打开，以排除空气。

2）启动溶液泵，通过调节溶液泵出口的 2 个阀门，分别调节送往高压发生器、低压发生器的溶液量，使高压发生器的液位保持一定，低压发生器的喷淋效果达到良好。

3）打开凝水放泄阀，排除蒸汽管路中的凝水，然后徐徐打开蒸汽阀，向高压发生器供汽。对装有减压阀的机组，还应调整减压阀，使进入机组的蒸汽压力达到规定值。特别要注意的是，蒸汽进入高压发生器时，应将管内的凝水排净，以免引起水击。

4）随着发生过程的进行，冷剂水不断由冷凝器进入蒸发器。当蒸发器液囊中冷剂水的液位达到规定值时，启动冷剂泵，机组便投入正常运转。

停机程序如下：

1）关闭加热蒸汽阀，停止对高压发生器供汽。

2）溶液泵、冷剂泵、冷水泵及冷却水泵继续运转一段时间，使稀溶液充分混合，直到发生器出口浓溶液温度低于 60℃或延时一定时间后，停止各泵运转。

3）短期停机时，若外界温度较低，而测得的溶液质量分数又较高，为了防止停机后结晶，应打开冷剂水旁通阀，使一部分冷剂水旁通进入吸收器，溶液充分稀释后再停止各泵运转。

4）长期停机时，若外界温度低于 0℃，一般把蒸发器中的冷剂水全部旁通入吸收器，经过充入混合、稀释，判定溶液不会在停机期间结晶。假若仍有出现结晶的可能，可向机内充入冷剂水以保证停机期间不会结晶。同时，应将发生器、冷凝器、蒸发器的传热管及封头内的积水排除干净，以防冻裂。

5）检查机组各阀的情况，防止在停机期间空气漏入机内。

6）停止冷却塔风机运转，并切断电源总开关。

(2) 机组调试时的基本操作

机组调试时的基本操作主要有以下内容：

1) 冷剂水的充灌与排出

冷剂水一般用蒸馏水或离子交换水（软水），不能采用自来水。

冷剂水的充灌量与溶液的质量分数有关。对质量分数为50%的溶液，可先不加冷剂水，通过溶液的浓缩来产生冷剂水，当冷剂水量不足时再行补充。冷剂水由冷剂水取样阀充灌，其操作方法与溶液充灌方法大致相同，充灌冷剂水时应停止冷剂泵的运转。

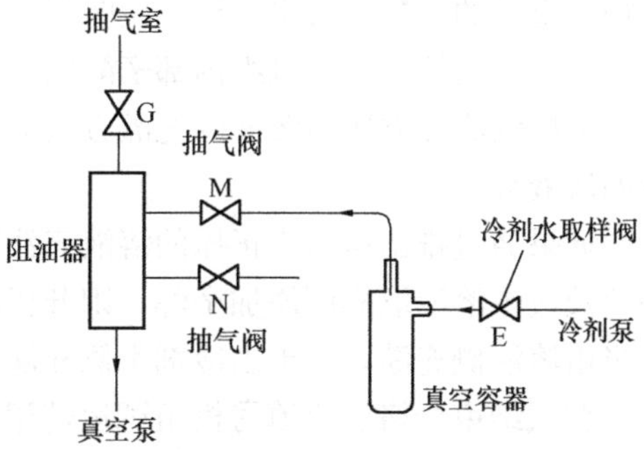

图 5-20　负压取样示意图

通常，质量分数为50%的溶液在机组内浓缩时，所产生的冷剂往往过多，必须排出一部分，才能将溶液的质量分数调整到所需的范围。由于冷剂泵的扬程较低，冷剂水的排出必须借助真空泵才能完成。其操作见图 5-20。冷剂水排出前应关闭抽气总阀 G、排气阀 M 和抽气阀 N，然后启动真空泵，打开抽气阀 M，抽除真空容器内的不凝性气体。当确认真空泵无气体排出时，关闭冷剂泵出口的阀门，打开冷剂水取样阀 E。借助真空泵的抽吸作用使冷剂水由机组内排出。当真空容器内冷剂水充满时，先关闭冷剂水取样阀 E，再打开冷剂泵出口的阀门，然后关闭抽气阀 M，将真空容器内的冷剂水倒入冷剂水桶内。

机组运行时需检测冷剂水密度，由于取出的冷剂量较小，可以采用图 5-21 的取样器代替图 5-20 中的真空容器。

2) 溶液的取样和质量分数测定

溶液的取样和质量分数测定方法如下：

① 稀溶液的取样

稀溶液的取样分为两种：一种是溶液泵的扬程较高，稀溶液可借助溶液泵直接排出，如图 5-22 所示的正压取样示意图；另一种是溶液泵的扬程较低，稀溶液必须借助真空泵才能排出，操作方法与冷剂水的取样大致相同。

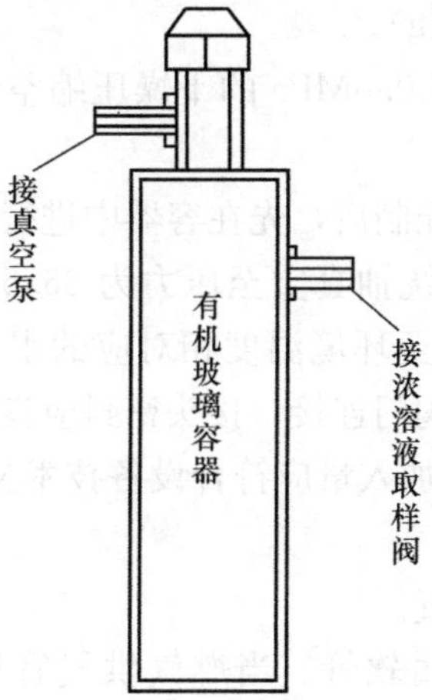

图 5-21　真空容器示意图

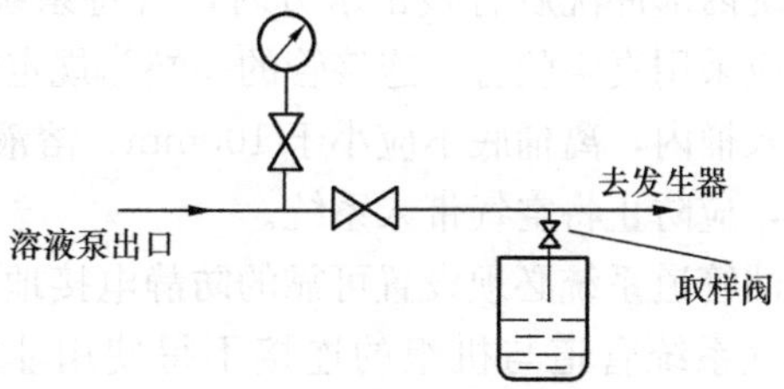

图 5-22　正压取样示意图

② 中间溶液和浓溶液的取样

中间溶液和浓溶液取样也必须借助真空泵，操作方法可按照冷剂水的取样方法进行。

3）辛醇的添加

试验表明，添加辛醇可提高机组制冷量10%～15%。机组手动调试结束后可在机内添加一定量的辛醇，机组运行一段时间后，机内的辛醇挥发后被真空泵排出机外，必须适量补充。一般情况下，机组内部辛醇的质量分数应维持在0.1%～0.3%。

辛醇的添加方法与溶液的充灌方法大致相同。不过，可采用容量小的广口瓶代替大容量的溶液缸。

如果通过排出压力为正压的溶液充注阀添加辛醇，则必须在停机时进行。如果通过中间溶液或浓溶液取样阀添加辛醇，则开机时就能进行此项操作。有时辛醇的添加也可采取一半由溶液侧充灌，一半由冷剂水侧充灌的方法，这样可提高效果，收效更快。

调试结束合格后应填写机组试运转记录表，表格形式与蒸气压缩式冷水机组试运转记录表相同。

5.6.4 溴化锂吸收式冷水机组安装质量标准与验收

溴化锂吸收式冷水机组的安装质量要符合《通风与空调工程施工质量验收规范》GB 50243—2016和《制冷设备、空气分离设备安装工程施工及验收规范》GB 50274—2010有关规定的要求。

1. 安装质量要求

（1）不论是整体出厂还是解体出厂的机组，均应在相应底座或与底座下平行的加工面上纵、横向进行检测，其偏差均不应大于1/1000。

（2）真空泵就位后，应找正水平，抽气连接管应采用真空胶管，并宜缩短设备与真空泵间的管长。

（3）系统气密性试验应采用干净的空气或氮气。试验压力宜为设计压力，且不应小于0.08MPa。用泡沫剂检查应无泄漏，再用灵敏度大于或等于$1\times10^{-6}Pa\cdot m^3/s$的氦质谱仪检漏，机组整体泄漏不应大于$2\times10^{-6}Pa\cdot m^3/s$。

（4）系统抽真空试验应在气密性试验合格后进行，试验时应将机组通往大气的阀门关闭，启动真空泵将系统内绝对压力抽至66.5Pa（0.5mmHg）后，关闭真空泵上的抽气阀门，其24h后压力的上升不应大于26.6Pa（0.2 mmHg）。

（5）系统气密性试验和抽真空试验后，应用0.5～0.6MPa的干燥压缩空气或氮气按顺序反复吹扫，直至排污口处的标靶上无污物。

（6）应按随机技术文件的规定配制溴化锂溶液。配制后，先在容器中进行沉淀，并保持洁净，不得有油类物质或其他杂物混入。然后将系统抽真空至压力为66.5 Pa（绝压）以下，当系统内部冲洗后有残留水分时，可将系统抽至环境温度相对应的水蒸气饱和压力。加液管应采用真空胶管，连接管的一端与规定的阀门连接，接头密封应良好；连接管的另一端插入桶内，离桶底不应小于100mm。溶液的加入量应符合设备技术文件的规定。加液过程中，应防止将空气带入系统。

（7）燃油管道系统必须设置可靠的防静电接地装置。

（8）燃气系统管道与机组的连接不得使用非金属软管。当燃气供气管道压力大于5kPa时，焊缝无损检测应按设计要求执行。当设计无规定，应对全部焊缝进行无损检测。

燃气管道的吹扫和压力试验应采用空气或氮气，严禁使用水。

2. 制冷系统的试运转要求

（1）启动运转

1）应向冷却水系统和冷冻水系统供水，当冷却水温均低于 20℃时，应调节阀门减少供冷却水量。

2）启动发生器泵、吸收器泵，使溶液循环。

3）应慢慢开启蒸汽或热水阀门，向发生器供蒸汽或热水；对以蒸汽为热源的机组，应使机组先在较低蒸汽压力状态下运转，无异常现象后，再逐渐提高蒸汽压力至随机技术文件的规定值。

4）当蒸发器冷剂水液囊具有足够的积水后，应启动蒸发器泵，并调节制冷机，且应使其正常运转。

5）启动运转过程中，应启动真空泵，抽除系统内的残余空气或初期运转产生的不凝性气体。

（2）运转中

1）稀溶液、浓溶液和混合溶液的浓度、温度，冷却水、冷冻水的水量和进、出口温度差，加热蒸汽的压力、温度和凝结水的温度、流量或热水的温度及流量，均应符合随机技术文件的规定。

2）混有溴化锂的冷剂水的比重不应大于 1.04。

3）系统应保持规定的真空度。

4）屏蔽泵工作稳定，并无阻塞、过热、异常声响等现象。

5）各安全保护继电器的动作应灵敏、正确，仪表指示准确。

单 元 小 结

本单元主要介绍了双效型溴化锂吸收式冷水机组和直燃式双效溴化锂吸收式冷（温）水机组的系统流程、主要设备的结构，机组的制冷量调节方法，机组的选型，机组的安装和调试等内容。

蒸汽双效型溴化锂吸收式冷水机组和直燃式双效溴化锂吸收式冷（温）水机组的制冷循环及其主要设备的结构形式基本相同，其共同点是双效机组都由高压发生器、低压发生器、冷凝器、蒸发器和吸收器，以及高温和低温热交换器组成，不同点是制冷流程根据稀溶液进入高低压发生器的先后顺序有并联和串联两种形式。直燃型机组可以冬夏两用，在夏季机组制冷循环工作提供低温冷冻水，而在冬季机组相当于低压锅炉加热空调热水。

溴化锂吸收式冷水机组的制冷量调节可以采用加热蒸汽量调节、稀溶液循环量调节、冷却水量调节和组合调节等方式，其中机组常用组合调节法，即加热蒸汽量与溶液循环量组合调节，制冷量可以在 10％～100％范围内无级调节。

溴化锂吸收式冷水机组选型时应经过经济技术比较，即与电制冷的机组在初投资、运行费用等方面做全面比较，当采用溴化锂吸收式机组有优势时，才能选用。选型时，应考虑机组的能量损失和冷冻水输送过程的能量损失，一般机组的容量较空调负荷大10％～15％。

溴化锂吸收式冷水机组的机房布置时要考虑机组的维修空间，留出抽管距离。管道一般架空敷设。机房施工图中要明确机组和其他设备的布置位置、管道和阀门等附件的安装高度。

机组安装时要保证机组纵横向水平度小于 1/1000，施工中应严格按相应的施工规范执行。机组安装后进行调试，应做好调试前的准备工作，主要是对机组进行气密性检查，包括压力检漏、卤素检漏和真空试验。调试过程中要严格按开停机步骤进行，以保证机组的安全正常使用。

思考题与习题

1. 溴化锂吸收式机组的选型应考虑哪些内容？
2. 溴化锂吸收式机组的气密性试验包括哪些内容？
3. 溴化锂吸收式机组的机房设计的原则有哪些？
4. 溴化锂吸收式机组的性能参数主要有哪些？
5. 直燃机组的排气系统施工时要注意哪些问题？
6. 溴化锂吸收式机组添加辛醇的作用是什么？如何操作？
7. 溴化锂吸收式机组制冷量调节的方法有哪些？各有什么特点？
8. 溴化锂吸收式机组是如何分类的？
9. 溴化锂吸收式机组的开停机操作步骤是什么？
10. 如何安装整体出厂的溴化锂吸收式机组？

教学单元6　空调蓄冷应用技术

【教学目标】 通过本单元教学，使学生掌握空调蓄冷应用技术的基本概念，冰蓄冷系统和水蓄冷系统的流程形式及特点；熟悉蓄冷设备的选择方法和安装要求；了解动态蓄冰系统的工作原理及特点。

自2003年起在全国范围内推行峰谷电价，并对高耗电产业进行限制。推行峰谷电价是为了解决普遍存在的高峰期电力不够用，低谷期电力用不了的状况。峰谷电价是根据电力系统负荷曲线的变化将一天分成多个时间段，对不同时间段的负荷或电量，按不同的价格计费的电价制度。国内现行的峰谷电价在不同地区有所差异，通常白天峰值电价是夜间谷值电价的2到3倍以上。峰谷分时电价促使用电企业采取措施，尽量开发利用低谷电力，增加谷段用电量、减少峰段用电量，达到“削峰填谷”的目的。而对供电方而言，可充分提高现有电网的运营效率，进而提高整个社会的能源使用效率，实现社会资源利用的最大化。

蓄冷空调，即在夜间电网低谷时间（同时也是空调负荷很低的时间），制冷主机开机制冷并由蓄冷设备将冷量储存起来，待白天电网高峰用电时间（同时也是空调负荷高峰时间），再将冷量释放出来满足高峰空调负荷的需要或生产工艺用冷的需求。这样，制冷系统的大部分耗电发生在夜间用电低谷期，而在白天用电高峰期只有辅助设备在运行，从而实现用电负荷的“移峰填谷”并减少了空调运行费用。

6.1　空调蓄冷技术应用场合及蓄冷空调的分类

6.1.1　空调蓄冷系统应用场合

蓄冷空调系统可以起到移峰填谷、平衡电网的作用，具有一定的社会效益。要推广应用，应该保证用户取得一定的经济效益，影响蓄冷空调系统经济性的主要因素是电价结构和空调负荷特性。电价结构是国家电力部门按照不同的用电时段制定的电费结构，即峰、平、谷三个时段的电价，据测算，峰谷电价比为2∶1时，可以考虑采用蓄冷空调系统，峰谷电价比为3∶1时，可以大胆采用蓄冷空调系统。空调负荷特性与建筑物的功能有关，经过经济技术比较，蓄冷空调系统适用以下场合：

（1）空调最大负荷比平均冷负荷大得多的场合，如办公楼、宾馆、饭店、百货商场、银行等建筑。

（2）电力峰、谷差价大，电力优惠大的地区。据测算，峰谷差价大于3倍，就可以采用蓄冷空调系统。

（3）空调时间短、空调冷负荷大的周期性使用场合，如影剧院、体育馆、学校、礼堂、教学、餐厅等。这类场合采用蓄冷系统，可以提前蓄冷，在建筑物使用时，由蓄冷系统和制冷机同时供冷，以减少制冷机的容量。

(4) 必须配备备用冷源的场合，如医院、计算机房等。

(5) 扩建或重建空调工程。这类建筑的空调系统需要增大容量，此时采用蓄冷空调系统往往更为有利。

(6) 有现成的蓄冷空间可以利用的场合。在改建工程中，可以充分利用现有建筑的某些建筑空间作为蓄冷空间。如现有的消防水池通过稍加改造就可用作水蓄冷水池。这样，可以避免体积庞大槽体的投资，提高蓄冷系统的经济性。

(7) 与低温送风相结合的空调系统。空调系统中利用蓄冰技术可以实现低温送风，低温送风温度一般为6～9℃，这样，可以实现大温差、小风量的送风方式，达到减少输送管道系统的投资和节省建筑初投资效果。

(8) 作为区域供冷的冷源。由于区域供冷容量大，为特大型离心式制冷机的使用提供了条件，这使得设备初投资和运行费用更加经济。

6.1.2 蓄冷空调的分类、蓄冷运行策略及冷水机组运行特性

1. 蓄冷空调的分类

目前，用于空调的蓄冷方式较多，按储能方式可分为显热蓄冷和潜热蓄冷两大类。显热蓄冷是指蓄冷介质温度降低但不发生任何相变和化学反应来储存冷量，如水蓄冷空调就是显热蓄冷。潜热蓄冷是指蓄冷介质发生相变吸热来储存冷量，如冰蓄冷空调、共晶盐蓄冷和气体水合物蓄冷。按蓄冷介质可分为水蓄冷、冰蓄冷、共晶盐蓄冷和气体水合物蓄冷四种方式。水蓄冷是利用水的显热来储存冷量，水经过冷却后储存于蓄冷罐中。冰蓄冷是利用水的相变潜热来储存冷量。共晶盐蓄冷是利用共晶盐发生相变来储存冷量。气体水合物蓄冷是利用某些气体溶入水时会放出热量，从水中逸出时会吸收热量的特性来储存冷量。目前常用的是水蓄冷和冰蓄冷。

2. 蓄冷空调的运行策略

蓄冷空调的运行策略，是指蓄冷系统以设计循环周期（通常是设计日）的负荷及其特点为基础，按电费结构等条件对系统做出的最优的运行安排。常用的蓄冷运行策略有两种：全负荷蓄冷和部分负荷蓄冷策略。

全负荷蓄冷策略即蓄冷时，蓄冷装置蓄存空调系统使用时所需的全部冷量（一般是蓄存一天的冷量）。如图6-1所示为全负荷蓄冷策略空调冷负荷分布图。图中空白柱形表示白天空调逐时负荷，阴影柱形表示夜间制冷机蓄冷工作时段和负荷，理论上夜间蓄冷量等于白天全天冷负荷，空白柱面积等于阴影柱面积。全负荷蓄冷策略的特点是转移尖峰电力

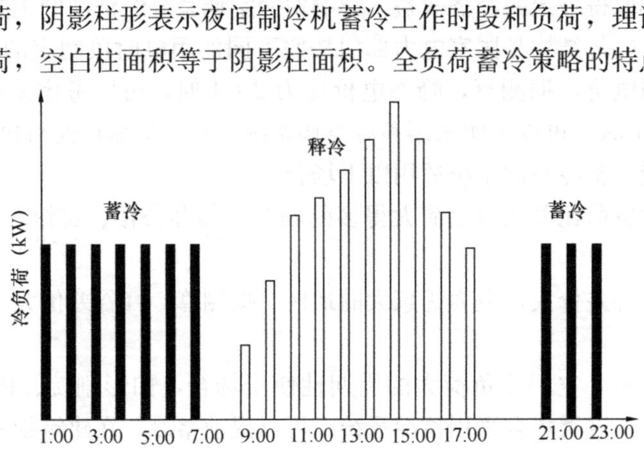

图6-1　全负荷蓄冷策略空调冷负荷分布图

最多，运行费用最节省，特别适合于空调负荷大、使用时间短的场合，但要求压缩机和蓄冷槽的容量大，初投资大。

部分负荷蓄冷策略指的是在蓄冷时，冷水机组满负荷运行，蓄冷装置储存空调所需的部分冷量。供冷时，蓄冷装置和冷水机组同时工作，这种策略有三种供冷控制方式，即冷机优先、融冰优先和比例控制。冷机优先就是供冷时冷水机组满负荷工作，蓄冷装置补充空调负荷中不足的那部分冷量；融冰优先则相反，冷机优先和融冰优先的部分负荷蓄冷策略负荷分布图分别见图 6-2 和图 6-3。比例控制是指根据蓄冷装置的剩余冷量和融冰率，随时调整冷水机组制冷量与蓄冷装置释冷量的投入比例，投入比例可以通过调节限定制冷机制冷量，或调节限定蓄冷装置释冷量来实现，这样，冷水机组和蓄冷装置各自承担一定比例的供冷负荷，由于冷水机组的供冷量随着供冷负荷的变化而变化，因此比例控制的制冷效率不稳定，蓄冷装置内可能发生冷量残留或冷量不足等情况。比例控制的运行费用介于冷机优先和蓄冷装置优先之间。

部分负荷蓄冷策略的特点是冷水机组的运行时间长，冷机和蓄冷装置的利用率高，冷水机组容量和蓄冰量均明显减少，初期投资费用大幅度降低，一般舒适性空调均可采用，尤其适合于全天空调时间长、负荷变化大的场合。

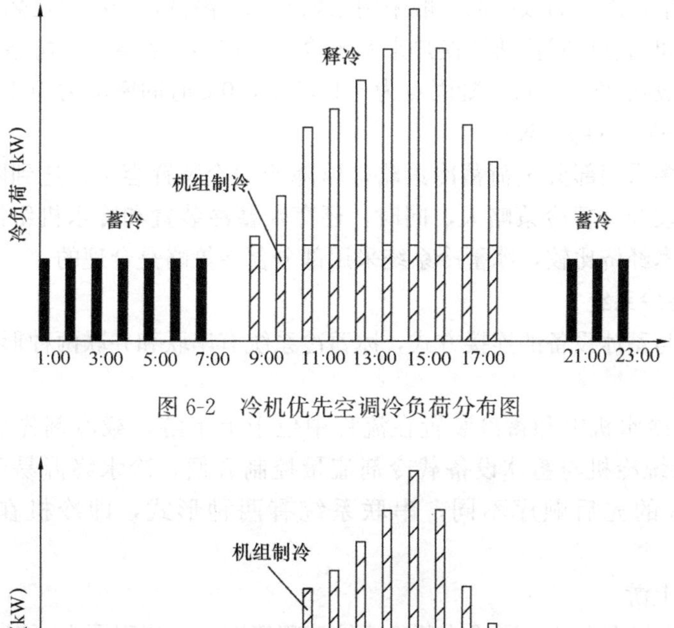

图 6-2　冷机优先空调冷负荷分布图

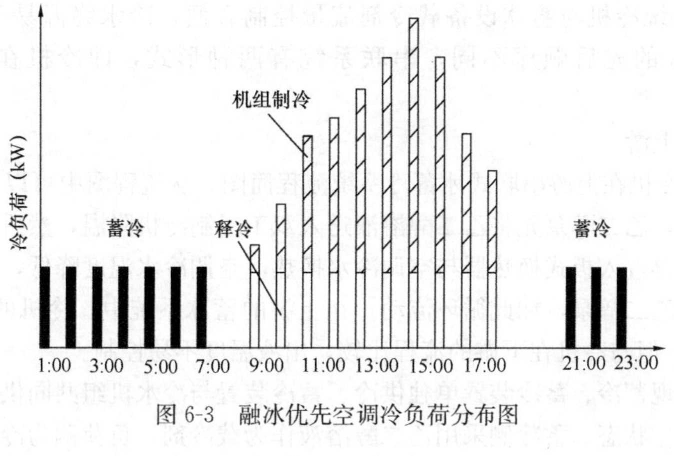

图 6-3　融冰优先空调冷负荷分布图

3. 冷水机组的运行特性

空调蓄冷系统中使用的冷水机组根据蓄冷介质不同，采用不同类型的冷水机组。对水蓄冷系统，为有效利用水蓄冷装置，水蓄冷系统的蓄冷温度一般为5℃，回水温度为13～15℃，即供回水温差在8～10℃，较常规空调供回水温差大3～5℃。因此，冷水出水温度较常规冷水机组出水温度（7℃）低，选择冷水机组时应对机组的制冷量进行修正。冰蓄冷系统中，采用乙烯乙二醇作为载冷剂，蓄冰时乙烯乙二醇出冷水机组的温度为−4～−6℃，冷水机组蒸发温度一般在−10℃左右，按经验值制冷系统蒸发温度每降低1℃，制冷量降低3%，制冷系数降低1%计算，此时机组的制冷量是空调工况制冷量的70%～75%，机组*COP*值是原来的90%左右，查生产厂家的产品样本可以准确确定蓄冰工况时的制冷量和耗功率。因此，蓄冰机组应选择在低温工况下的*COP*较高的机组，目前蓄冰空调中常用的是螺杆式双工况冷水机组，大型的蓄冰空调系统可以选用两级或三级离心式冷水机组。虽然冷水机组蓄冰工作在晚间，机组冷凝温度低一些，考虑到蓄冰时乙二醇泵的耗功等问题，总的来说，冷水机组在蓄冰时是不节能的，只是由于晚间的电费低，运行费用低，对用户有利。

6.2 冰蓄冷系统及其设备

冰蓄冷系统中蓄冷侧的载冷剂一般采用乙烯乙二醇溶液，释冷时乙烯乙二醇溶液与空调侧的冷冻水之间通过板式换热器换热来实现冷量的传递。乙烯乙二醇溶液在冰蓄冷系统中使用的浓度一般在25%左右，凝固点为−10.7℃，0℃时的密度为1043.72kg/m^3，0℃时的比热为3.679kJ/（kg·K）。

冰蓄冷系统多采用部分负荷蓄冷策略，以降低蓄冷装置容量，达到降低初投资的目的，但运行费用较全部蓄冷策略大，同时，还存在蓄冷装置和冷水机组制冷量分配的问题。经过综合技术经济比较，冰蓄冷系统采用部分蓄冷策略是合理的。

6.2.1 冰蓄冷系统

按照制冷机与蓄冰设备的连接方式，冰蓄冷系统有串联和并联两种形式。

1. 串联系统

串联系统即冷水机组和蓄冷装置在流程中位于上下游，载冷剂先后进入这两种机器设备。这种系统冷机与蓄冰设备载冷剂流量控制方便，冷水终温易于控制。根据释冷时载冷剂流入的先后顺序不同，串联系统有两种形式，即冷机在上游和冷机在下游。

（1）冷机在上游

如图6-4为冷机在上游串联式冰蓄冷系统流程简图。从流程图中可以看出，冷机和蓄冷槽同时释冷时，乙二醇泵先将乙二醇溶液送入双工况制冷机降温，然后再进入蓄冰槽进一步降温，最后再进入板式换热器与空调冷水换热，空调冷水温度降低，乙二醇溶液温度升高，再次进入乙二醇泵，如此循环流动。在上游的蓄冰系统中，冷机的出液温度较高，机组*COP*较高，但与冷机在下游的流程比较，出液温度不易控制。

系统可以实现蓄冷、蓄冷装置单独供冷、蓄冷装置与冷水机组共同供冷和冷水机组单独供冷等四种工作状态。蓄冷侧采用乙二醇溶液作为载冷剂，负荷侧为冷冻水，冷冻水通过板式换热器换热获取冷量。冷机在上游串联式冰蓄冷系统各阀门位置及设备工作状态见表6-1。

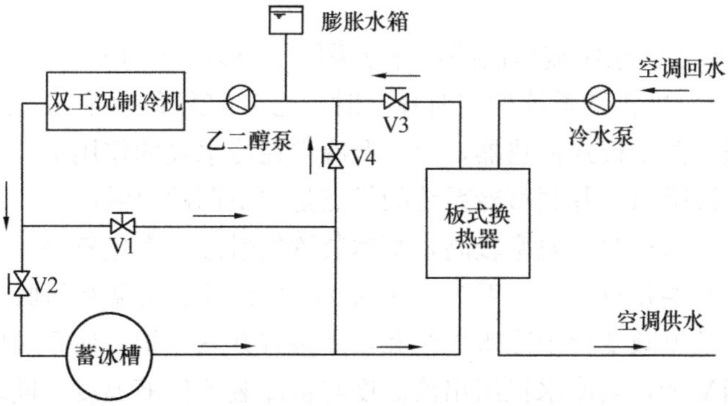

图 6-4　冷机在上游串联式冰蓄冷系统流程简图

冷机在上游串联式冰蓄冷系统各阀门位置及设备工作状态　　表 6-1

运行模式	名称	阀门状态				蓄冷装置	冷水机组
		V1	V2	V3	V4		
1	蓄冷	关	开	关	开	蓄冷	低温工况下满负荷工作
2	蓄冷装置供冷	调节	调节	开	关	按空调负荷需要供冷	停机
3	蓄冷装置与冷水机组共同供冷	调节	调节	开	关	融冰优先：蓄冷装置最大供冷量供冷	融冰优先：空调冷量不足部分由冷水机组补足
						冷机优先：空调冷量不足部分由蓄冷装置补足	冷机优先：冷水机组满负荷工作
4	冷水机组供冷	开	关	开	关	停用	空调工况下制冷，机组根据负荷变化自动调节制冷量

（2）冷机在下游

如图 6-5 所示为冷机在下游串联式冰蓄冷系统流程简图。供冷时，由于冷水机组自身带有准确的出水温度控制系统，冷机在下游的蓄冷系统供冷温度易于控制，但冷水机组的 *COP* 低于冷机在上游的系统。如图 6-5 所示流程可以实现蓄冷、蓄冷装置单独供冷、蓄冷装置与冷水机组共同供冷和冷水机组单独供冷等四种工作形式，系统各阀门位置及设备工作状态见表 6-1。

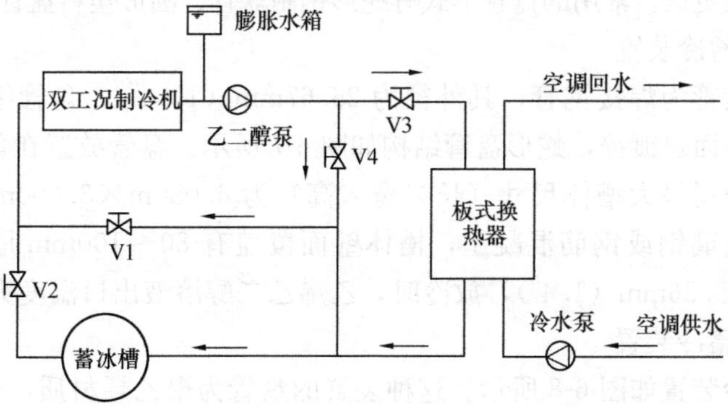

图 6-5　冷机在下游串联式冰蓄冷系统流程简图

2. 并联系统

如图 6-6 为并联蓄冷系统流程简图，并联系统也可以实现上述的四种运行形式。从图 6-6 中可以看出，当制冷机和蓄冰槽同时释冷时，乙二醇泵和融冰乙二醇泵同时工作，分别将乙二醇溶液送入两个板式换热器，而空调冷水在冷水泵的作用下，分别进入两个板式换热器被乙二醇溶液降温。并联蓄冷系统的优点是向空调用户供冷时，冷水机组和蓄冰装置均处在高温段，冷水机组的效率较高，蓄冰装置的融冰速率也较高。但这种连接方式供水温度较高，供回水温差较小（一般为 5～6℃），不能用于大温差和低温供水、低温送风空调系统。冷负荷的增减变化由冷水机组和蓄冰装置并联分担，使系统的出水温度和出水量的控制变得相当复杂，当冷水机组出液温度与蓄冷装置出液温度不同时，易造成混合能量损失。

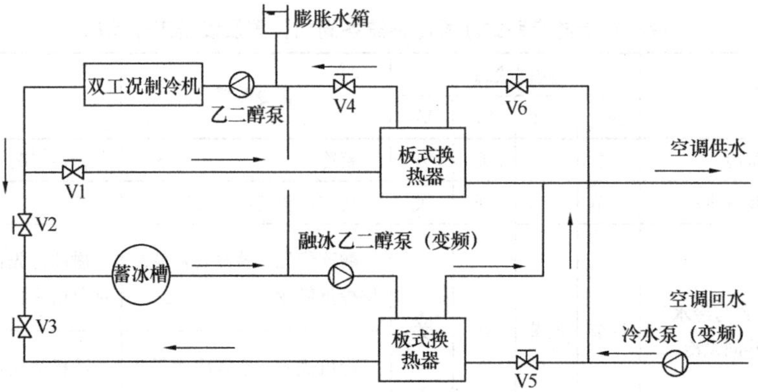

图 6-6　并联蓄冷系统流程简图（单位：mm）

6.2.2　冰蓄冷设备

目前在国内外应用较多的是盘管式内融冰蓄冷系统及封装冰蓄冷系统，其他蓄冷系统较少应用。

1. 盘管式内融冰蓄冷装置

盘管式内融冰蓄冷装置是指蓄冰槽内安装有换热盘管，充冷时，冷水机组产生的约－4～－6℃的乙烯乙二醇溶液进入盘管内，将盘管外的水冻结成冰；放冷时，根据控制策略不同，12～7℃的乙烯乙二醇溶液在盘管内流动，盘管外的冰从内部逐渐融化，溶液供冷温度在 2～3℃，甚至更低。常用的盘管形式有蛇形钢制盘管、圆形塑料盘管和 U 形塑料盘管。

1）蛇形盘管蓄冷装置

这种装置的盘管为焊接钢管，其外径为 26.67mm（1.05″），盘管组装在钢架上，装配后进行整体外表面热镀锌，蛇形盘管结构如图 6-7 所示。盘管放置在蓄冰槽内，蓄冰槽为长方体，如某公司最大槽体尺寸（长×宽×高）为 6.050m×3.600m×2.390m，材料可以选用是钢、玻璃钢或钢筋混凝土，槽体壁面覆盖有 80～100mm 厚的保温层。蓄冰时，冰层厚度为 35.56mm（1.4″），放冷时，乙烯乙二醇溶液出口温度为0.1℃。

2）圆形盘管蓄冷装置

圆形盘管蓄冷装置如图 6-8 所示。这种装置的盘管为聚乙烯材质，外径为 16mm，结冰厚度一般为 12mm，蓄冰筒体为厚度 9.6mm 的聚乙烯板，某公司筒体直径 1.880～

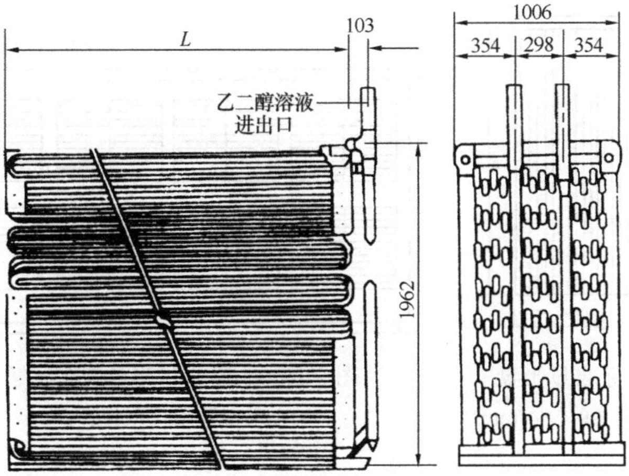

图 6-7　蛇形盘管结构图（单位：mm）

2.261m，高 2.083～2.566m，外敷 50mm 厚绝热层，外表包 0.8mm 厚铝箔。为提高传热效率，相邻两组盘管的流向相反，使蓄冷和放冷时温度均匀。25%的乙烯乙二醇溶液在盘管内流动，水在盘管外被完全冻结。充冷时进液温度为－5.6℃，放冷时出口温度为 0～7℃。

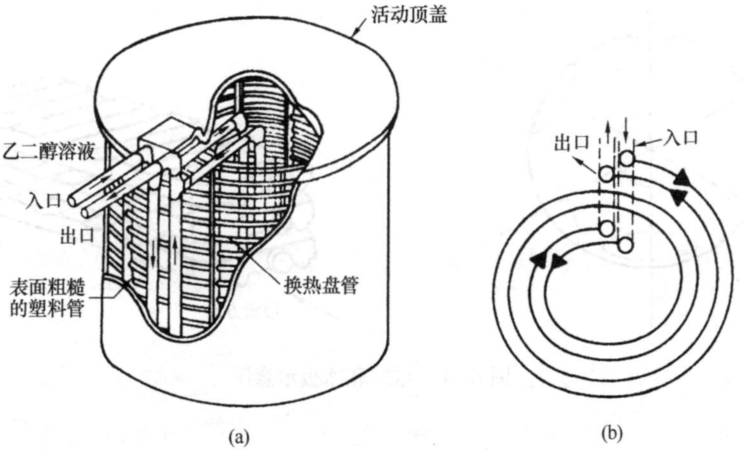

图 6-8　圆形盘管蓄冷装置结构图

3）U 形盘管蓄冷装置

U 形盘管结构和 U 形盘管蓄冰槽如图 6-9 和图 6-10 所示，这种装置的盘管材料为耐高低温的聚烯烃石蜡脂塑料管，管外径为 6.35mm。使用时，将 200 根塑料管弯成 U 形并联起来，管两端与直径 50mm 的集管相连构成一个盘管单元。其结冰厚度通常为 10mm。蓄冰槽壁为 6mm 厚镀锌钢板，内壁敷设带有防水膜的保温层，蓄冰槽高度为 2.083m，宽度为 2.348m，长度为 1.661～5.979m。U 形盘管管径小，载冷剂进入盘管前应经过滤器过滤。

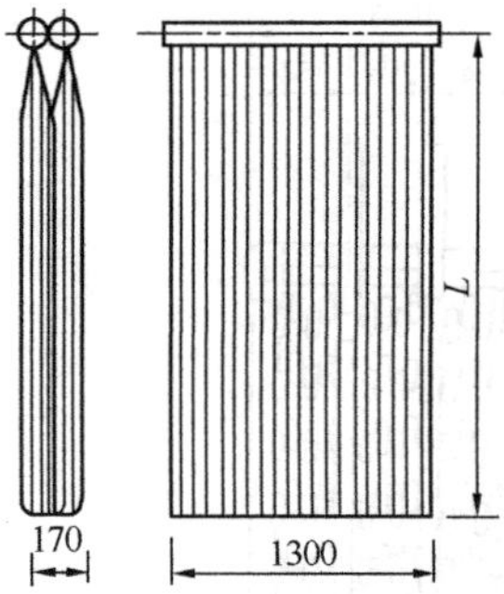

图 6-9　非标准 U 形盘管单元结构图（单位：mm）

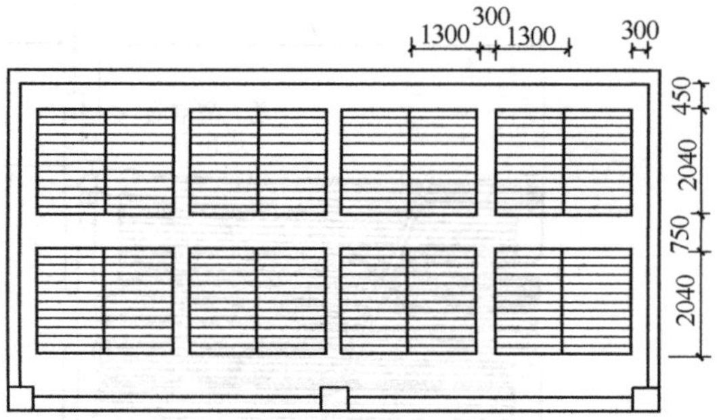

图 6-10　非标准 U 形盘管在混凝土贮槽内布置图（单位：mm）

2. 封装式蓄冷装置

封装式蓄冷装置是将蓄冷介质封装在球形或板状小容器内，做成冰球或冰板，其形状如图 6-11 所示。蓄冷介质有两种，即冰或其他相变材料。使用时，将冰球或冰板密集地放置在立式或卧式的槽体内，乙烯乙二醇溶液在槽体内流动，将冰球或冰板内的蓄冷介质冻结或融化，完成制冰和融冰过程。

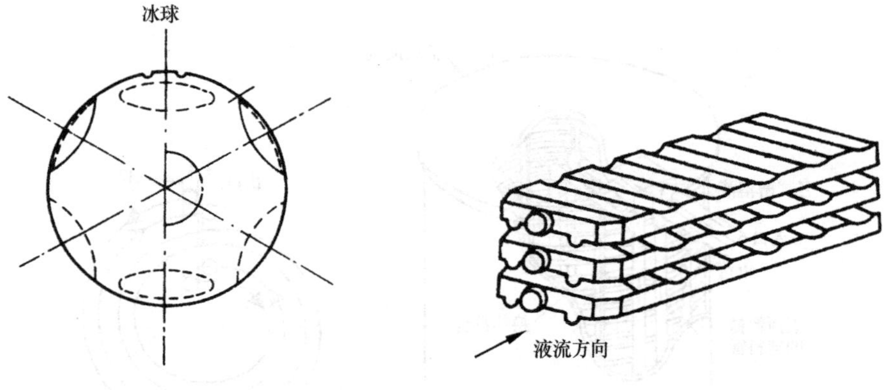

图 6-11　冰球和冰板示意图

1）冰球

冰球外径为 96～110mm，外壳是用高密度聚乙烯材料制成的，内充去离子水和成核添加剂。球内预留约 9%的膨胀空间，水在其中被冻结蓄冷。为了增强传热，有的冰球设计成外表面带有褶皱，内部装有导热金属芯的结构。

2）冰板

冰板呈扁平板状，内部中空。其外形尺寸一般为 812mm×304mm×44.5mm，由高密度聚乙烯材料制成，板内注入去离子水。

3）蓄冷槽

蓄冷槽有卧式和立式两种，可根据安装位置不同来选用，冰板使用卧式蓄冷槽。图 6-12 为立式蓄冷槽结构图，其直径为 2.0～4.4m，高度为 2.2～5.2m，上下设人孔以供装卸冰球用，上下扩散器使乙二醇溶液在蓄冷槽内均匀流过，蓄冷槽外壁及底座均应良好隔热。要注意的是，在蓄冷槽中，冰球或冰板要密集堆放，防止载冷剂在蓄冷槽内出现短路情况。

3. 蓄冰率的概念

蓄冰率是指蓄冰装置内制冰的容积与蓄冰装置容积的比值，通常用 IPF 来表示。

$$IPF=\frac{\text{蓄冰装置内制冰容积}}{\text{蓄冰装置容积}}\times 100\% \tag{6-1}$$

蓄冰率决定蓄冰装置的大小。目前各种蓄冰装置的 IPF 值约在 20%～70%之间。

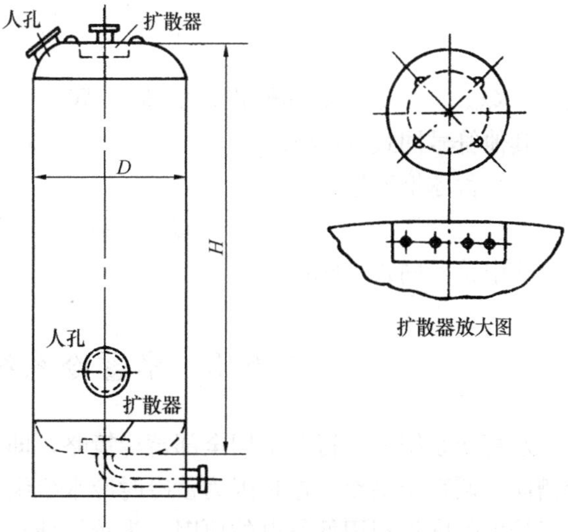

图 6-12 立式蓄冷槽结构图

6.2.3 冰蓄冷设备选择计算

1. 蓄冷系统的负荷

蓄冷系统的负荷应根据设计日逐时气象数据、建筑围护结构、人员、照明、内部设备以及工作制度，采用动态计算法逐时计算，设计日空调总冷量按下式计算：

$$Q=\sum_{i=1}^{n}q_i\quad(\text{kW}\cdot\text{h}) \tag{6-2}$$

式中 q_i——逐时冷负荷（kW）；

n——设计日空调运行小时数。

在方案设计或初步设计阶段，可采用系数法或平均法，根据峰值负荷估计设计日逐时冷负荷。

2. 部分蓄冰系统的制冷机和蓄冰装置容量计算

（1）制冷机容量

1）冷机优先

采用冷机优先的运行策略所需主机及蓄冷槽容量最小，其主机容量按下式确定：

$$q_c=\frac{Q+\Delta Q}{n_1+C_f n_2}\quad(\text{kW}) \tag{6-3}$$

式中 ΔQ——蓄冷槽冷损（kW·h）；

n_1——白天使用空调时间（h）；

n_2——夜间机组制冰运行时间（h）；

C_f——压缩机容量变化率，即冷水机组在制冰工况时的制冷量与空调工况时制冷量之比，对螺杆式制冷机组为 0.7，对往复活塞式制冷机组为 0.65。

2）融冰优先

采用融冰优先的运行策略能充分利用低谷电力，运行费用最省。融冰优先主机容量按下式确定：

$$q_c = \frac{n_1 Q_{max}}{n_1 + C_f n_2} \quad (kW) \tag{6-4}$$

式中　Q_{max}——建筑物高峰设计负荷（kW）。

其他符号同式（6-3）。

（2）蓄冰槽容量

$$Q_s = n_2 C_f q_c \quad (kW \cdot h) \tag{6-5}$$

式中符号同式（6-3）。

6.3　水蓄冷系统及其设备

水蓄冷系统的运行多采用全部蓄冷策略，即蓄冷时冷水机组满负荷运行，供冷时由蓄冷槽向空调系统供冷。这是因为蓄冷时冷水机组工作在空调工况下，较蓄冰工况 *COP* 高，可以最大限度地利用低谷电的原因。为较好地利用蓄冷水池并降低造价，一般蓄冷温差取10℃，如蓄冷时进水温度为5℃，放冷时回流温度为15℃，蓄冷槽的体积利用率一般为95%。蓄冷效率可以达到85%～95%，蓄冷效率指蓄冷槽实际放冷量与理论可用放冷量之比。

6.3.1　水蓄冷系统

1. 简单水蓄冷空调系统

如图6-13所示为简单水蓄冷系统流程图。其蓄冷槽为开式水池，而空调冷水系统一般均采用闭式系统。系统中，V1～V4为电动阀，V5为电动调节阀，V6为阀前压力调节阀；水泵P1为冷水机组直接供冷用水泵，水泵P2为蓄冷用水泵，该水泵流量小于P1水泵流量，以增大进出水温差，有利于蓄冷，水泵P3为取冷用水泵。该系统可以实现4种运行模式，即蓄冷、冷水机组直接供冷、蓄冷槽供冷和冷水机组与蓄冷槽同时供冷。4种运行模式各阀门和水泵状态见表6-2。由于蓄冷槽是开式形式，蓄冷槽供冷时，要通过V6调节阀的自动调节来保证该阀前压力为膨胀水箱维持的系统静水压力，这样可保证系统全部充满水，实现可靠运行。

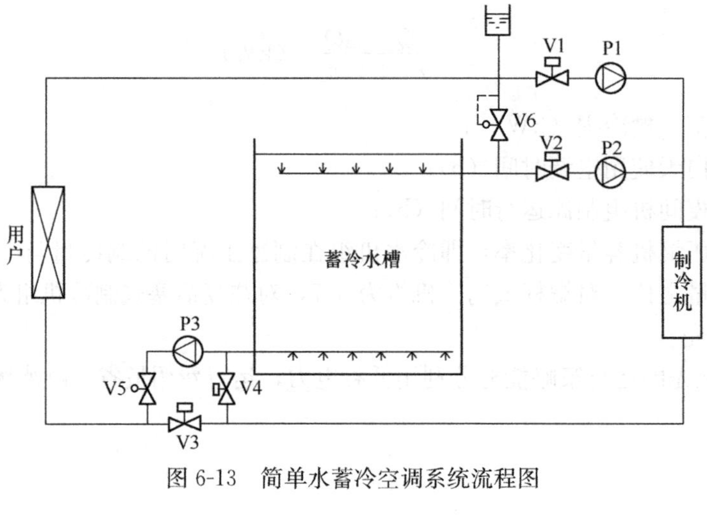

图6-13　简单水蓄冷空调系统流程图

水蓄冷系统工作模式及各阀门调节状况　　表 6-2

工　况	冷水机组	P1	P2	P3	V1	V2	V3	V4	V5	V6
蓄冷	开	关	开	关	关	开	关	开	关	关
冷水机组供冷	开	开	关	关	开	关	开	关	关	关
蓄冷槽供冷	关	关	关	开	关	关	关	关	调节	调节
冷水机组、蓄冷槽供冷	开	开	关	开	开	关	开	关	调节	调节

该系统在空调水蓄冷系统中应用较为普遍，主要特点是可以直接向用户供冷，具有系统简单、一次投资低、温度梯度损失小等优点。但该系统也存在一些不足之处：

（1）蓄冷槽与大气相通，水质易受环境污染，水中含氧量高，且易生长菌藻类植物。为防止系统管路、设施的腐蚀及有机物的繁殖，需设置相应的水处理装置。

（2）整个水蓄冷槽为常压运行，其制冷及供冷回路应考虑防止虹吸、倒空而引起的运行工况破坏。系统设置了 V6 阀前压力调节阀和膨胀水箱来实现这一要求。一般适用于不超过 6 层建筑的水蓄冷系统。

2. 换热器间接供冷式水蓄冷空调系统

如图 6-14 所示为换热器间接供冷式水蓄冷空调系统流程图。该系统在供冷回路中换热器与用户形成间接连接，换热器一次侧与水蓄冷槽组成开式回路，而供至用户的二次侧形成闭式回路，这样用户侧管路可不受氧化腐蚀、有机物及菌类繁殖等影响。

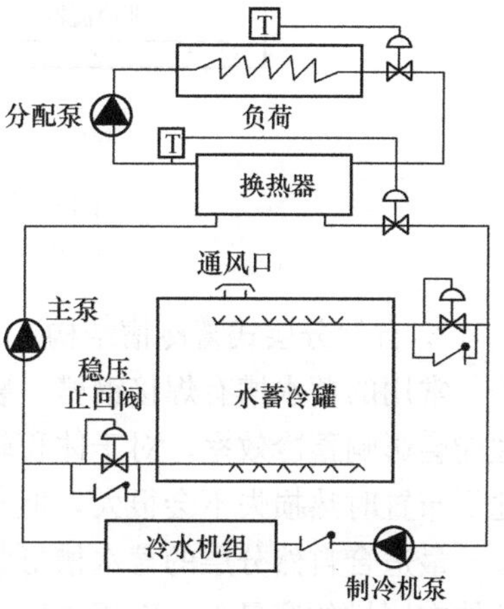

图 6-14　间接供冷式水蓄冷空调系统

该系统可根据用户的要求选用相应的设备承受各种静压，因此，该系统主要适用于高层、超高层空调供冷。

由于该系统用户的换热器二次侧回路为闭式流程，水泵扬程降低，故其耗电量减少，但需增加设备及相应的投资。另外，由于系统中设置中间换热器会降低蓄冷系统的可用温差，其供水温度将比直接供冷提高 1～2℃，使制冷机组容量降低及电耗增加，故此系统应根据规模大小及供冷条件进行技术经济比较后再作选择。一般认为，高层建筑物的空调系统，采用间接供冷方式较为经济。

6.3.2　水蓄冷设备

水蓄冷技术的关键问题是蓄冷槽应能防止所蓄存的冷水与回流热水混合。为实现这一目的，目前常采用自然分层蓄冷、多槽式蓄冷、迷宫式蓄冷和隔膜式蓄冷方法。其中自然分层蓄冷方法简单、有效，是保证水蓄冷系统最为经济和高效的方法。

1. 自然分层蓄冷原理

自然分层，就是利用密度原理将热水与冷水分隔开。众所周知，水的密度与温度有关，温度越低，密度越大，直到水温低至 4℃；但水温低于 4℃，则密度减小，直至冻结。因此，在自然分层蓄冷槽中，冷水机组制取的 4～6℃的冷水应该稳定地积聚在水槽的最低部位，而 13～15℃的空调回水应积聚在水池的高部位。要防止冷热水的掺混，要在上部热区和下部冷区之间创造和保持一个温度剧变层（称为斜温层），依靠稳定的斜温层阻止下部的冷水与上部的热水相互混合，如图 6-15 所示为自然分层蓄冷槽及斜温层示意图。由于斜温层的存在，会引起一定的冷量损失，一般斜温层厚度为 0.3～1.0m。

在自然分层蓄冷槽中要防止水的流入和流出对储存冷水的影响，一般是通过稳流器从槽中取水和向槽中送水，水流稳流器可使水缓慢且均匀地流入水槽和从水槽中流出，以尽量减少紊流和扰乱斜温层。当蓄冷槽蓄冷时，随着冷水不断从下部送入水池和热水不断从上部被抽出，槽内斜温层稳步上升。反之，当取冷时，随着热水不断从上部流入和冷水不断从下部被抽出，槽内斜温层逐渐下降。好的分层蓄冷槽所蓄存能量的 90% 可以有效地用于供冷。

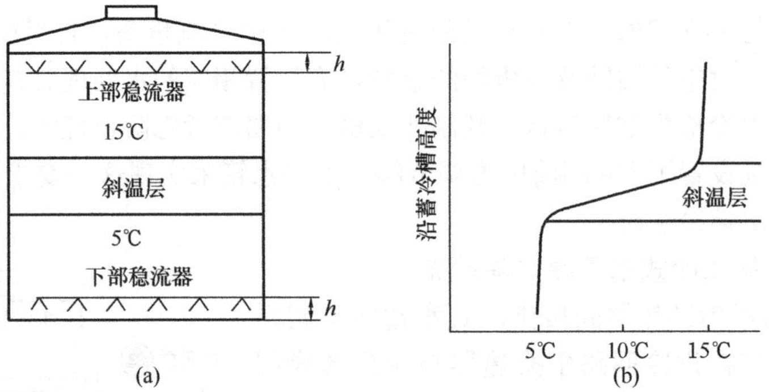

图 6-15　自然分层蓄冷槽及斜温层示意图

(a) 自然分层蓄冷槽；(b) 斜温层

2. 自然分层式蓄冷槽结构

常用的蓄水槽有焊接钢槽、装配式预应力水泥槽和现场浇筑水泥槽。钢槽良好的导热性能会影响蓄冷效率，对于体积较小的蓄水槽这种影响较明显。水泥槽的绝热性能较好，地下布置时热损失不会很大，但水泥槽的绝热性能同时会造成斜温层品质的下降。

最适合自然分层的蓄水槽形状是直立平底圆柱体，与长方体或立方体蓄水槽相比，圆柱体在同样的容量下，面积与容量之比最小。蓄冷槽的面积与容量之比越小，热损失就越小，单位冷量的建设投资就越低。圆柱体蓄水槽的高度与直径之比是设计时需要考虑的一个形状参数，通过技术经济比较，钢筋混凝土贮槽的高径比宜取 0.25～0.5，一般范围在 0.25～0.33，地面以上的钢贮槽高径比为 0.5～1.2。立方体和长方体的蓄水槽可以与建筑物一体化，如利用现有的消防水池作蓄水槽，虽然这样热损失较大，但可以节省一个单独的蓄水槽。

对蓄冷槽要进行保温和防水处理，保温层厚度应保证与空气接触的表面温度不低于空气的露点温度。常用的保温和防水材料的组合形式有如下几种：成型保温材料（聚苯乙烯发泡体）和灰浆防水材料、成型保温材料（聚苯乙烯发泡体）和板型防水材料，以及现场发泡保温材料（硬质聚氨酯发泡体）和防水表面涂层（环氧树脂型防水）。

采用外保温或内保温施工方法，应注意防止产生冷桥。外保温施工容易，造价低，且不容易发生剥离等问题，但需要对基础进行处理。内保温容易发生剥离等现象，对隔热保温材料及施工方法要求较高。各类管孔、立管、人孔、槽的顶面等部位施工难度较大，应特别注意。

6.3.3 水蓄冷设备设计计算

1. 冷水机组容量

水蓄冷系统一般是全部蓄冷策略，冷水机组的容量按下式计算：

$$q_c = \frac{Q + \Delta Q}{n_2} \quad (\mathrm{kW}) \tag{6-6}$$

式中各符号同式（6-3）。

2. 蓄冷槽容量

$$V = \frac{Q + \Delta Q}{\rho c_p \varepsilon \alpha \Delta T} \quad (\mathrm{m^3}) \tag{6-7}$$

式中 ρ——蓄冷水的密度（$\mathrm{kg/m^3}$）；

c_p——水的定压比热容［kJ/（kg·K）］；

ΔT——放冷时回水温度与蓄冷时进水温度之间的温差（℃）；

ε——蓄冷槽的完善度，一般取85%～95%；

α——蓄冷槽的体积利用率，一般取95%；

Q、ΔQ同式（6-3）。

6.4 其他蓄冷技术

6.4.1 外融冰式冰蓄冷系统

如图6-16所示为外融冰式冰蓄冷系统原理图。蓄冰槽中的盘管内通制冷剂，盘管浸没在水中。融冰时，温度较高的空调回水直接送入结冰的蓄冰水槽，使盘管表面上的冰层自外向内逐渐融化。由于空调回水与冰直接接触，换热效果好，取冷快，来自蓄冰槽的供水温度可低至1℃左右，特别适用于短时间内要求冷量大、温度低的场合。制冰时，低温制冷剂直接将管外的水冻结成冰，但是，为了使外融冰系统达到快速融冰放冷，蓄冰槽内水的空间应占一半，即蓄冰槽的蓄冰率（*IPF*）不大于50%，故蓄冰槽容积大。同时，由于盘管外表面冻结的冰层不均匀，易形成水流死角，使蓄冰槽局部形成永不融化的冰层，故需采取搅拌措施，以促进冰的均匀融化，增加了耗电量。

外融冰式冰蓄冷系统还有如下特点：

（1）制冷系统的压缩机多选用往复式或螺杆式。

（2）因采用外融冰方式，若蓄存的冰没有完全融化而再度制冰，由于冰的热阻较大，会增加制冷设备电耗。

（3）蓄冰槽一般做成开式，其水系统管路需要安装止回阀和稳压阀等控制部件，以防止停泵时系统水回流、蓄冰槽水外溢以及开机时蓄冰槽水被抽空。

6.4.2 冰片滑落式制冰

上述的蓄冷装置其蓄冰层或冰球系一次冻结完成，故称为静态蓄冰。这类装置蓄冰时，冰层冻结得越厚，制冷机的蒸发温度越低，性能系数也越低。如果控制冻结冰层的厚度，每次仅冻结薄层片冰，而进行高效率地反复快速制冷，则可提高制冷机的蒸发温度（约为−4～−8℃），比采用冰盘管时提高2～3℃。冰片滑落式蓄冷装置就是在制冷机的板式蒸发器表面上不断冻结薄片冰，然后滑落至蓄冰水槽内进行蓄冷，此种方法又称为动

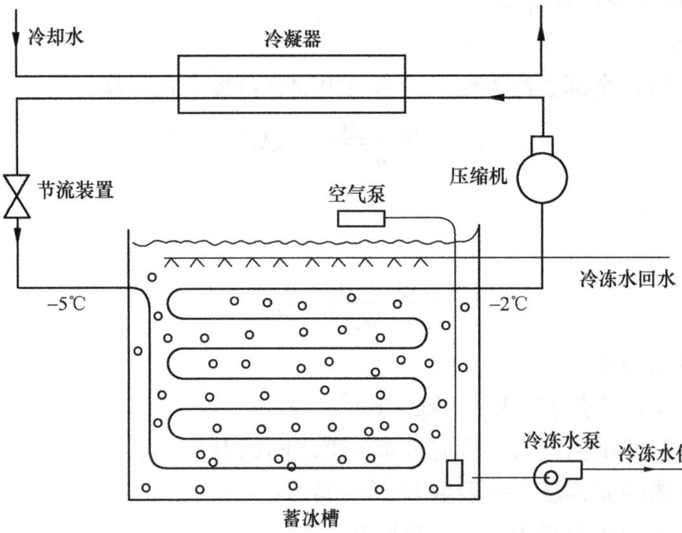

图 6-16　外融冰式冰蓄冷系统原理图

态制冰。如图 6-17 所示为冰片滑落式蓄冷装置示意图。

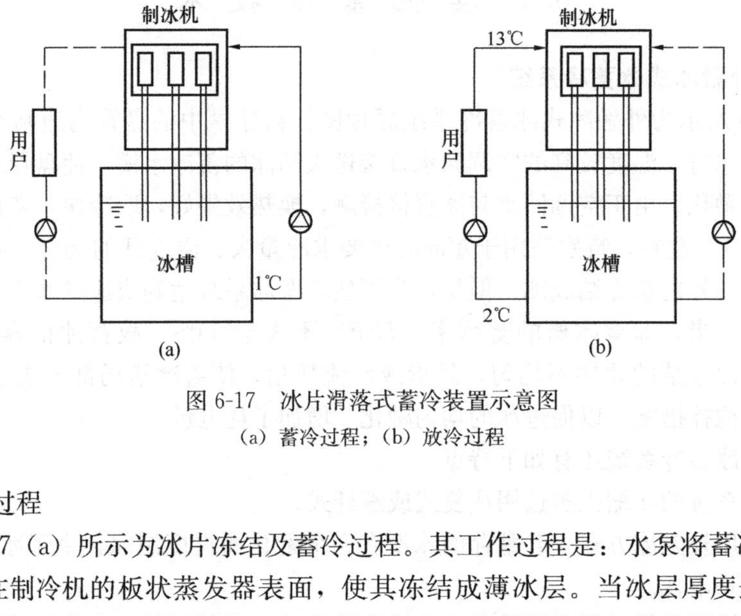

图 6-17　冰片滑落式蓄冷装置示意图
(a) 蓄冷过程；(b) 放冷过程

1. 蓄冷过程

如图 6-17 (a) 所示为冰片冻结及蓄冷过程。其工作过程是：水泵将蓄冷水槽的水自上向下喷洒在制冷机的板状蒸发器表面，使其冻结成薄冰层。当冰层厚度达到 3～6mm 时，通过制冰机上的四通阀，将高温气态制冷剂通入蒸发器，使与蒸发器板面接触的冰融化，则冰片靠自重滑落至蓄冷槽内，如此反复冻结和取冰过程。蓄冷槽的蓄冰率为 40%～50%。

2. 放冷过程

如图 6-17 (b) 所示为融冰放冷过程。其工作过程是：约 13℃的空调回水自上向下地喷洒在制冷机板状蒸发器表面，或向蓄冰水槽均匀送入空调回水，使槽内冰片不断融化，送出温度约 2℃的空调用水。为了满足全天供冷需要，放冷过程中制冷机可同时运行，以降低流经板状蒸发器表面的空调回水，使其降温后流入蓄冰水槽，这样可以延缓融冰过程，以保证供冷要求。

6.4.3 冰晶式制冰

冰晶式蓄冷装置也属于动态制冰。如图 6-18 所示为一种冰晶式蓄冷装置流程简图，该装置使用专门生产冰晶的制冰机和特殊的蒸发器。水和乙二醇或丙三醇的混合溶液被蒸发器冷却至 0℃以下，如过冷温度为－2℃，然后将此状态的过冷水溶液送入蓄冰水槽，溶液中便会生成细小的 0℃ 冰晶，直径约为 100μm。由于单颗粒冰晶十分细小，冰晶在蓄冰水槽中分布十分均匀，冰槽蓄冰率约为 50%。这种结晶化的溶液可用泵直接输送，管道内为冰和水的混合物，流速一般为 0.5～2m/s，须注意防止冰浆在输送管道内发生固液分离，堵塞管道。当槽内冰晶达到要求数量或载冷剂温度低于设定值时，蓄冰过程结束。

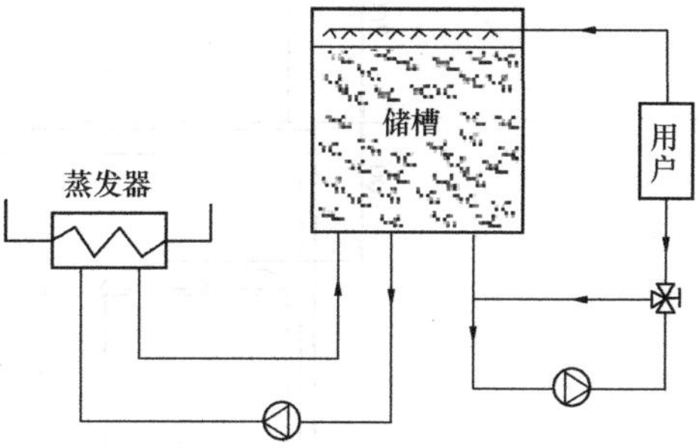

图 6-18　冰晶式蓄冷装置流程简图

取冷时，含有冰晶的混合溶液在热交换器处与空调回水交换热量，升温后返回蓄冰槽。由于冰晶的颗粒细小且数量巨大，因此接触表面积大，单位时间内取冷量大，取冷速率快。

制冰滑落式和冰晶式蓄冷系统适用于中小容量快速反应的蓄冷系统。其控制要求高，价格较高，应用受到限制。

6.5　蓄冷设备的安装与维护

6.5.1 蓄冷设备的安装

1. 蓄冰槽的安装

(1) 内融冰蓄冰槽的安装

蓄冰槽（筒）可以放在屋顶或机房，也可埋在地下。整体式蓄冰槽和现场砌筑的混凝土槽体布置在地面上时，都要求地面平整、水平度好。在冰槽下砌高 100mm 的水平基础，必须能承受槽体的运行重量，在槽基附近应有排水沟、上下水管。槽间距及槽与墙的距离，不得小于 400mm。槽顶与顶棚至少保持 1.0～1.5m 的距离，以满足接管与安装的要求；如果是混凝土槽，则要求槽上空间尺寸适当加大，以满足冷盘管的整体吊装。

蓄冰槽（筒）埋在地下时，坑底泥土应湿润并压实，再填上不积水的砂层。安放蓄冰槽时，采用轻型吊车慢慢轻放，冰槽（筒）放在隔热垫上，先注入部分水，然后用砂回填，砂层要均匀，砂层表面平整。

全埋冰槽的上部要用一刚性保护挡板覆盖在上面，并装上检修管延伸管，用以检查水位和填砂层厚度。蓄冰槽的安装见图 6-19。

蓄冰槽安装的水平度要求为 1/1000。

设备与管道间连接可采用 4 层织物的橡胶软管，其破裂压力为 2.4MPa。每个供冷管和回流管中应装有溢流阀。

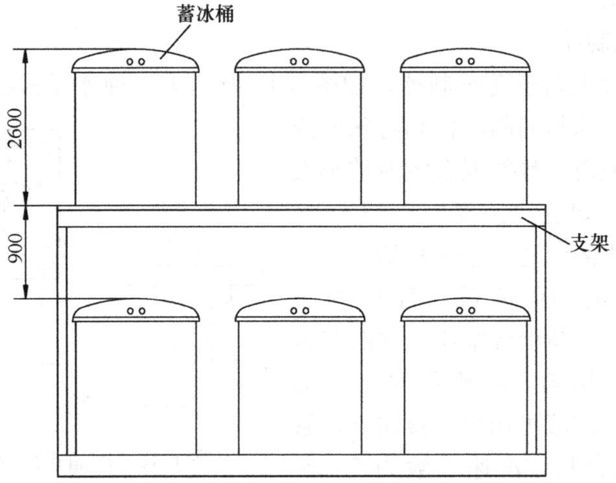

图 6-19　蓄冰槽安装位置示意图（单位：mm）

（2）封装冰蓄冷槽的安装

封装冰蓄冷槽应在顶部设置最小直径 0.6m 的人孔。设备运到现场就位前应进行检查，且须小心安装，水平度要求为 1/1000。管道连接必须正确，在蓄冷时载冷剂入口应通过下部扩散器。

2. 蓄冰系统管道的试压

由于内融冰蓄冰装置和封装冰蓄冷槽在出厂时已进行了严密性试验，只对连接管道进行试验。管道进行气密性试验前，应断开与蓄冰槽间的连接，用压缩空气进行试压，加压至 0.6MPa 后，在 24 小时内压力下降不大于 0.07MPa 为合格。

3. 管道的清洗和钝化

压力试验后应对管道用清水进行清洗，让清水在管路中循环 1～2h，清洗后放净冲洗水。

将浓度为 10g/L 的六偏磷酸钠注入管路，在系统内循环流动 2h 以上，然后排空。再将清水注入系统多次清洗，直至管路状况满意要求。清洗完要放净冲洗水，如果管道内存在没有放净的水，加注乙二醇溶液后会稀释溶液，混合不均匀会引起结冰。

4. 冰球的填充

封装冰系统加注乙二醇溶液前要装填冰球或冰板，安装要求如下：

（1）填充冰球前，先关闭蓄冷槽进出口阀门，灌入约蓄冷槽容积 30%的水，以便接纳落下的冰球，并使冰球均匀分布于槽内。

（2）卧式蓄冷槽填装一半时，必须有人进入蓄冷槽内将冰球推到容器两端（或四周），保证整个蓄冷槽内充满冰球。对于开式蓄冷槽，冰球可以不完全充满蓄冰槽，但需将冰球堆放平整，保证乙二醇溶液完全淹没冰球。

5. 溶液的加注

系统应充 25%浓度的乙烯乙二醇溶液。在充注前应在单独容器中配制并充分混合，以防混合不匀少量的水会被冻结。充入管道后循环 24h，应测试溶液浓度。若浓度低于 25%，应放出部分溶液，再加入纯乙二醇，使其达到要求浓度。

6.5.2 蓄冷系统调试

1. 工况调试

调试时应有自控人员、制冷主机厂家、蓄冰装置厂家技术人员在场。

冰蓄冷系统比常规制冷机房有更多的运行工况，包括蓄冰工况、制冷工况、融冰工况、联合供冷工况等。因此还要对各蓄冷工况进行调试。

（1）蓄冰工况调试：首次制冰需将蓄冰罐内的常温水降至0℃并完成制冰，蓄冰工况调试大约需要12h左右；确保各阀门到位、先开启水泵然后开主机的开启次序；在蓄冰槽内水降温的过程中，蓄冰槽的液位会下降，调试人员应随时观察蓄冰槽内的液位，当蓄冰槽内温度约为4℃时（乙二醇回主机温度约3.5℃）通过补水或排水将液位调整到0液位；在制冰过程中，注意观察板换乙二醇进出口温度以及板换裸露部分结露与结霜现象，确保板换温度高于0℃，防止板换结冰；当乙二醇进入板换的阀门没有关死时可能会出现板换结冰现象，导致板换损坏，解决办法是调整阀门或开启冷冻水泵；制冰过程中，调试人员应不大于每隔半小时记录下主机运行参数、蓄冰装置进出口温度、蓄冰量变化等主要运行参数；调试完毕依次关闭主机、水泵与阀门。

（2）制冷工况调试：先开启部分或全部末端，确保各阀门、水泵、主机依次开启，在运行过程中，观察随着负荷变化，主机是否能自动加减载，是否能提供稳定的出水温度，调试人员应不大于每隔半小时记录下主机运行参数以及分集水器各运行参数，调试完毕依次关闭主机、水泵与阀门。

（3）融冰工况：先开启部分或全部末端，确保各阀门、水泵依次开启，在运行过程中，观察随着负荷变化，蓄冰装置旁通阀是否能自动调节，保证提供稳定的出水温度，调试人员应不大于每隔半小时记录下蓄冰装置运行参数、板换运行参数以及分集水器运行参数，调试完毕依次关闭水泵与阀门。

（4）联合供冷工况：先开启部分或全部末端，确保各阀门、水泵、主机依次开启，在运行过程中，观察随着负荷变化，蓄冰装置旁通阀是否能自动调节，保证提供稳定的出水温度，调试人员应不大于每隔半小时记录下主机运行参数、蓄冰装置运行参数、板换运行参数以及分集水器运行参数，调试完毕依次关闭主机、水泵与阀门。

2. 自控调试

（1）各传感器的调试：冰蓄冷系统传感器较多，为保证系统稳定的运行，要求传感器输出参数正确与准确，在系统调试之前需对每个传感器进行检查，检查输出参数是否与测点对应、是否正确。

（2）各阀门调试：逐个观察所有阀门的开启与关闭与自控系统是否一致，不得出现对应错误，检查各阀门开度是否与自控系统显示一致。

（3）水泵调试：逐个观察所有水泵开启与关闭是否与自控系统显示一致，水泵是否存在反转，水泵运行是否正常。

（4）工况调试：逐个调试各工况，检查各工况是否为安装要求的次序以及延时启停等，各阀门是否按照自控系统要求进行调节或开关，各设定参数是否能在设计参数范围内波动；各工况之间转换是否存在问题等。

单 元 小 结

本教学单元主要介绍了空调蓄冷系统的形式、运行策略、冰蓄冷系统和设备、水蓄冷系统和设备及动态蓄冰系统的形式。目前空调蓄冷系统有冰蓄冷和水蓄冷。冰蓄冷系统有串联式和并联式，串联式中有冷机在上游和下游两种形式。冰蓄冷系统释冷时有三种控制策略，冷机优先、融冰优先和比例控制。目前常用的蓄冰设备有盘管内融冰和封装冰装置。

水蓄冷系统常用的是自然分层型水蓄冷系统，在水蓄冷槽上下设置稳流器来保证进出水时对斜温层的稳定，斜温层是在蓄冷槽冷热水交界面处存在的一层温度变化层。动态蓄冰有冰片滑落式和冰晶式，可以快速地制冰，蓄冰和放冷速度都较快。

思考题与习题

1. 蓄冷空调系统是否节能？
2. 蓄冷空调与常规空调系统有何异同？
3. 冷水机组制冰时会降低 *COP* 值，为什么还要采用冰蓄冷系统？
4. 既然蓄冷空调可以利用低谷电来节省运行费用，为什么有的蓄冷空调采用部分蓄冷控制策略？
5. 选用输送乙烯乙二醇溶液的泵应当考虑哪些因素？
6. 螺杆式冷水机组的等熵效率（或称为指示效率）为 80%，机械效率（或称摩擦效率）为 85%，冷凝温度为 35℃，制冷剂为 R22，假定制冷循环无过冷和过热。试分别计算蒸发温度为 2℃和－10℃时冷水机组的 *COP* 值。

教学单元7 多联式空调机组

【教学目标】通过本单元教学，使学生掌握多联机的工作原理、系统的设计方法、室内外机和管道施工安装要求；熟悉室内机的形式、系统调试和验收的要求；了解数码涡旋压缩机和喷气增焓系统的工作原，能够正确识读多联机系统施工图。

多联式空调（热泵）机组，简称多联机，是一种由一台或数台风冷室外机连接数台相同或不同形式、容量的直接蒸发式室内机所构成的单一制冷循环系统，它可以向一个或数个区域提供处理后的空气。多联机技术在20世纪80年代出现，具有使用节能、舒适、控制灵活等特点，在我国已大量应用于舒适性空调，成为中小型建筑的主要空调方式之一。多联机首先由日本大金公司研发成功，并将其命名为VRV（Variable Refrigerant Volume），因此多联机常被称为VRV空调系统。

7.1 多联机的工作原理及特点

7.1.1 多联机的工作原理

如图7-1所示，多联机由数台室内机、一台或数台室外机、连接管路和自动控制系统等部分组成。室内机部分主要有蒸发器、电子膨胀阀和风机等设备；室外机部分有风冷冷凝器、变频（或数码）涡旋式压缩机、电子膨胀阀、四通阀和板式换热器等机器设备；连接管路由供液管、回气管和分歧管等组成，除此之外还有一套完善的温度和制冷剂流量自动控制系统。其工作原理是：制冷工况下，室内温度控制器控制电子膨胀阀的开度，从而

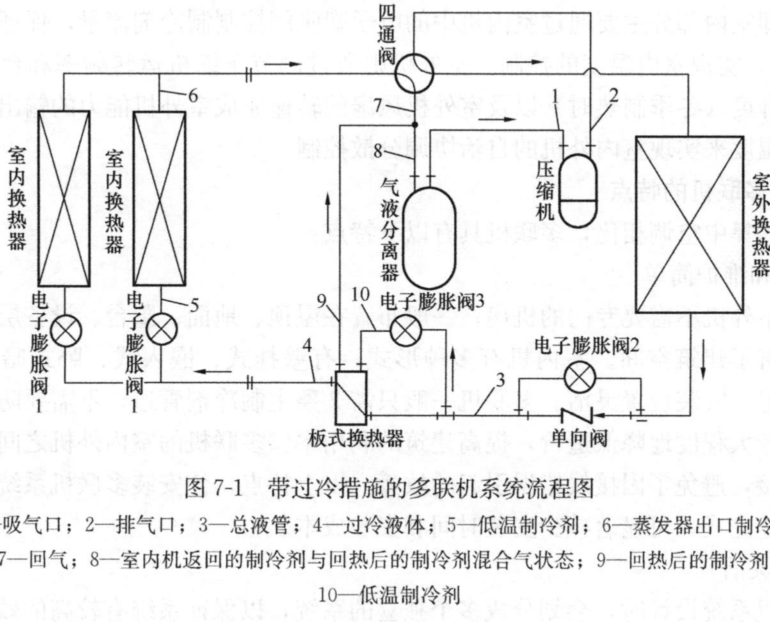

图7-1 带过冷措施的多联机系统流程图

1—吸气口；2—排气口；3—总液管；4—过冷液体；5—低温制冷剂；6—蒸发器出口制冷剂；7—回气；8—室内机返回的制冷剂与回热后的制冷剂混合气状态；9—回热后的制冷剂；10—低温制冷剂

控制各室内机制冷剂流量并使制冷剂节流降压，实现对室温的控制。各台室内机的制冷剂在蒸发器内吸热气化，经四通阀和气液分离器流回压缩机，制冷剂经压缩机压缩后排入冷凝器，在冷凝器中，制冷剂被冷凝成为常温高压液体。常温高压的制冷剂液体经单向阀后分别进入板式换热器（简称板换）和电子膨胀阀，板换起到了过冷器的作用，用少部分制冷剂经电子膨胀阀节流后进入板换，将其余大部分制冷剂液体过冷，从而保证了制冷剂在输送过程不会因压力降低而汽化。这样过冷的制冷剂再分别流入各室内机吸热汽化制冷，如此循环不断。制热工况下，从压缩机排出的高温高压制冷剂蒸气进入室内机加热室内空气，产生制热效果，制冷剂在室内机里放出热量后成为常温高压的液体，经电子膨胀阀(起调节流量作用)、板换后进入电子膨胀阀，在电子膨胀阀内节流降压，再进入室外换热器，吸收室外空气热量后汽化成为蒸气，经气液分离器流回压缩机，再经压缩机压缩后，进入各室内换热器加热室内空气，如此不断循环。自动控制系统根据回气压力（或回气温度）的变化，改变压缩机频率、台数和室外机电子膨胀阀的开度（制热工况时），调节压缩机的排气量，与各室内机所需制冷剂流量相匹配。多联机系统采用涡旋式压缩机，目前常用变频调节和数码控制来改变压缩机的排气量。变频调节是通过改变压缩机转速来改变压缩机的排气量，数码控制是利用涡旋压缩机附带的控制阀，改变控制阀的通断时间比例，从而改变涡旋压缩机动涡旋盘的工作时间比例，达到改变压缩机排气量的目的，即所谓的“数码涡旋”。

多联机系统的冬夏季转换，也是通过改变四通阀的位置来实现。为了保证较长管路制冷剂的正常流动，室外机内设置了板式换热器，将一部分冷凝器出液节流降温后进入板式换热器，用于冷却室内机的制冷剂液体，使这部分制冷剂液体有较大的过冷度（最大可以达到18℃），这样有效地降低了制冷剂管道过长引起的蒸发压力下降。

为了降低制冷剂管路的流动阻力，机组的制冷剂供液、回气管道在液体分流和气体汇合处使用专门制作的三通，称为分歧管。

制冷剂的流量控制是关键技术之一，多联机采用的控制策略是基于现场总线技术的分散式控制，即室内部分主要通过室内机中的电子膨胀阀控制制冷剂流量，保证室内机制冷（或制热）量，实现室内温度的控制。室外机则通过调节压缩机运转频率和台数、室外电子膨胀阀的开度（冬季制热时）以及室外机风扇的转速完成室外机能力的输出。通过吸气压力或吸气温度来实现室内外机的自治协调分散控制。

7.1.2 多联机的特点

与传统的集中空调相比，多联机具有以下特点：

1. 安装和维护简单

多联机室外机不需要专门的机房，一般布置在屋顶、地面、阳台、设备层等通风较好的地方，节省了建筑空间。室内机有多种形式，有壁挂式、嵌入式、卧式暗装、卧式明装、风管机等，安装位置灵活。多联机一般只需2条主制冷剂管道，不需要防冻措施，管道较细，可较大程度地降低造价，提高建筑的利用率。多联机的室内外机之间的通信线采用无极性连接，避免了因接线错误引起的故障。以上特点，使安装多联机系统只需少数人参与就能快速完成，可显著减少安装时间和安装成本。

2. 使用灵活

在多联机系统设计时，会划分成多个独立的系统，以保证系统有较高的效率。多联机的每个系统可以自由的开停机并可以分区实现电费的计量。

3. 节能

空调系统在全年的绝大部分时间里是处于部分负荷状态，在多联机系统设计时，一般将机组的最高 *EER* 值设计在机组满负荷的 50%～75%之间，能够最大限度地提高部分负荷时的能源效率。多联机完善的控制系统，能够根据负荷的变化随时调整压缩机的流量，保证机组以较高效率运行，达到节能的目的。对办公楼、写字楼等建筑，不同楼层、不同房间空调的开停时间不统一，特别是周末加班时间负荷很少的情况下，采用多联机可以通过开启某一个或几个多联机系统工作，从而比采用冷水机组的空调系统更节能。

4. 初投资较高

多联机系统的造价较高，采用完善的自动控制系统，制冷剂管路系统的安装要求较高，使多联机系统较常规空调系统的初期投资较高。一般多联机比采用冷水机组的空调系统造价高 20%～30%。

5. 需单独设置新风

多联机系统不能直接引入新风，需单独设置新风系统，一般是采用全热交换器或新风机组向房间送入新风。

7.2 多联机的设备

7.2.1 室内机

室内机的形式很多，有四面出风嵌入式、两面出风嵌入式、壁挂式、风管式、落地式暗装、落地式明装、顶棚悬挂式和顶棚内置式等。图 7-2 是四面出风嵌入式室内机外形图。室内机包括翅片管式换热器、承水盘、风机、电子膨胀阀、机体等部件。

7.2.2 室外机

1. 室外机的组成

室外机有上出风型和侧面出风型，图 7-3 为上出风型室外机的外形图。室外机包括压缩机、翅片管式换热器、风机、四通阀、室外机电子膨胀阀等机器设备。压缩机一般为变频控制或数码控制的涡旋式压缩机。

图 7-2 四面出风嵌入式室内机外形图

1—冷媒液体管；2—冷媒气体管；3—回风口；4—冷凝水排出管；5—出风口

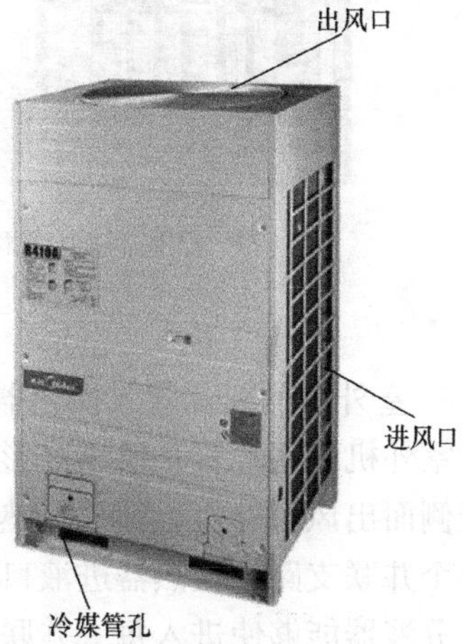

图 7-3 多联机室外机外形图

2. 数码涡旋式压缩机的工作原理

常规涡旋式压缩机结构原理已在教学单元3中详细讲述，在此仅介绍数码涡旋压缩机的结构和工作原理。

如图7-4所示为数码涡旋压缩机控制原理图，图中为数码控制涡旋式压缩机的顶部结构，如同前文所述的涡旋式压缩机一样，涡旋式压缩机上部为静涡旋盘，下部是动涡旋盘，动涡旋盘在曲轴的带动下绕静涡旋盘旋转。与教学单元3所述压缩机不同的是，上部静涡旋盘可以上下移动1.0mm，在静涡旋盘的上部还连接活塞，压缩机外部设电磁阀，电磁阀的两端分别接压缩机进、排气管。在活塞上部有一个调节小室，它通过直径为0.6mm的孔与排气腔相通。外部电磁阀失电后，电磁阀处于闭合位置时，直径0.6mm的排气孔与排气腔相通，活塞上下的压力为排气压力，在重力作用下，两个涡旋盘密切配合，压缩机正常工作，处于加载状态。

当电磁阀通电时，调节小室中的气体就被低压卸载了。于是，活塞上部压力小于下部压力，活塞带动上部的涡旋盘上移1.0mm，两个涡旋盘上下分离，气体不能被压缩，也就没有气体排出压缩机，压缩机处于卸载状态。值得注意的是，上部的静涡旋盘仅移动1.0mm，因此，从高压区流向低压区的高压气体非常少。

数码涡旋的工作有两个阶段，即电磁阀关闭时的“加载状态”，以及电磁阀开启时的“卸载状态”。在加载状态期间，压缩机满负荷工作，制冷量和质量流量最大。卸载状态则制冷量和质量流量为零。图7-5为电磁阀开闭状态与输出能力示意图，从图中可以看出，以20s为一个时间周期为例，如果负载状态时间为10s，卸载时间也为10s，那么压缩机的输出能力=(10×100%+10×0)/20=50%。改变电磁阀的开闭时间，就能使压缩机输出从10%～100%无级调节。

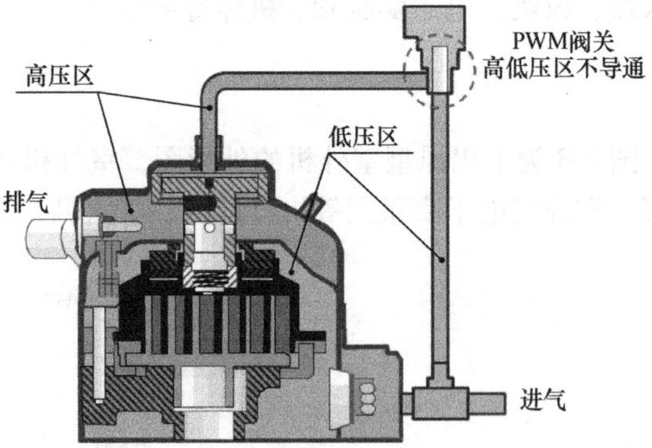

图7-4　数码涡旋压缩机控制原理图

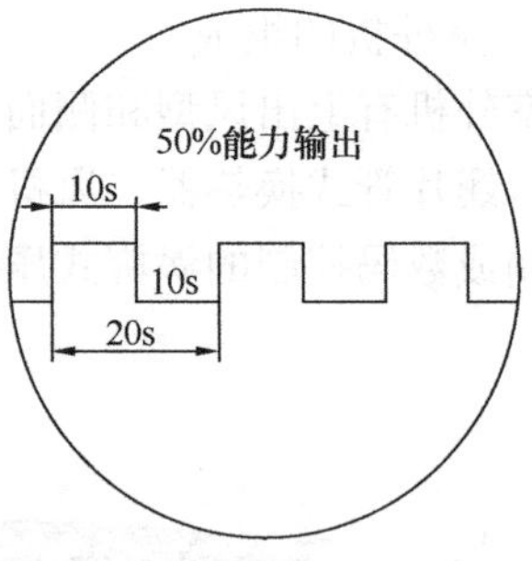

图7-5　电磁阀开闭状态与输出能力示意图

3. 室外机的翅片管式换热器

室外机的翅片管式换热器形式有L形和U形，其中L形与空调器外机冷凝器相同，用于侧面出风式外机。U形换热器如图7-6所示，用于上出风式外机，图中的蛇形盘管分为多个并联支路，换热器进液口前装有分液器，室外机冬季制热循环时，该换热器为蒸发器，分液器能够使进入每一并联支路的液体量均匀。

4. 喷气增焓技术原理

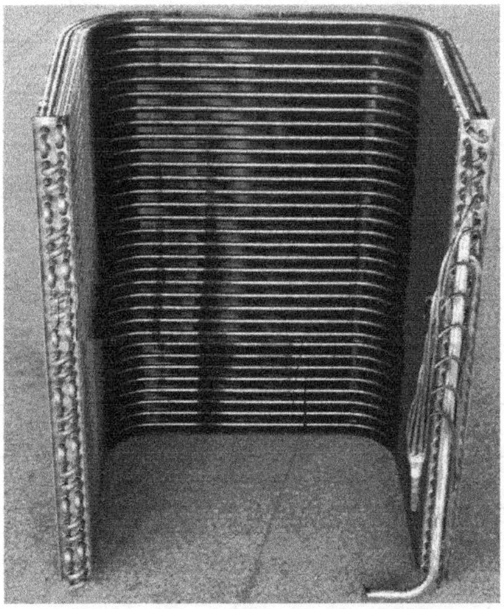

图 7-6　室外机用 U 形冷凝器

在冬季环境温度较低的地区使用多联机，喷气增焓技术用于制热工况有独特的优势。冬季制热时，室外机换热器作为蒸发器，当室外环境温度很低时，蒸发温度较低，蒸发器出口的蒸气比容较大，压缩机吸气的质量流量减少，从而造成制热量减少。同时，压缩机的压比增大，排气温度升高，严重时会烧毁压缩机。而采用喷气增焓技术的涡旋式压缩机设计有两个回气口，制冷系统上增加了一个闪蒸器，如图 7-7 所示喷气增焓制热循环流程图，压缩机排出的制冷剂蒸气经冷凝器后成为制冷剂液体，经膨胀阀节流降压后进入闪蒸器，节流后闪发出来的中压制冷剂蒸气进入压缩机，液体则进一步节流降压，进入蒸发器吸收外界环境空气的热量，吸热气化后的制冷剂蒸气进入压缩机的吸气口。制热循环各状态点在压焓图上的表示如图 7-8 所示，从压焓图上可以看出，喷气增焓技术在单一压缩机内实现了二级压缩，与单级压缩相比，排气温度降低，由于压缩机采用了中间补气，冷凝器的制冷剂质量流量增大，制热量增大，因此能够在较低的环境温度下正常工作。

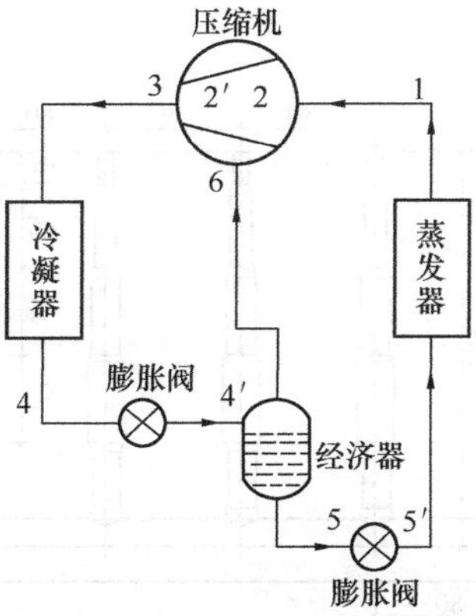

图 7-7　带闪蒸器的喷气增焓系统流程图

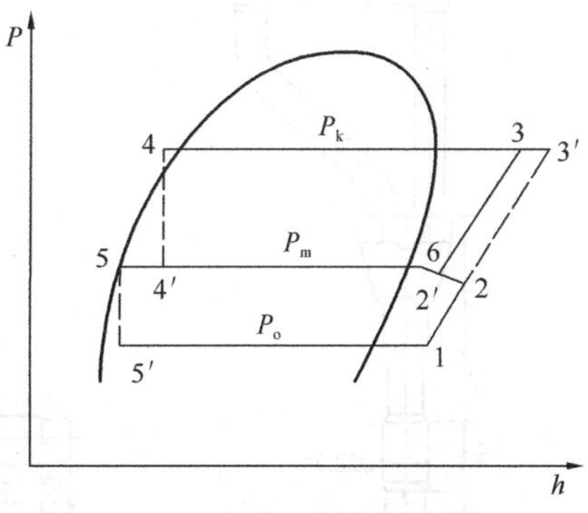

图 7-8　喷气增焓制热循环在压焓图上的表示

7.2.3　管路系统

多联机的配管采用铜管，铜管材质为磷脱氧无缝紫铜管，其规格和状态见表 7-1。多联机的管路系统在三通处使用分歧管，分歧管的外形见图 7-9 和图 7-10，使用时根据连接管路的直径，在分歧管接管相应位置的中部割开，与铜管钎焊焊接。

铜管规格选用表　　　　**表 7-1**

铜管外径（mm）	铜管材质	铜管壁厚（mm）	铜管材质	铜管壁厚（mm）
6.35	M	0.8		
9.53	M	0.8		

续表

铜管外径（mm）	铜管材质	铜管壁厚（mm）	铜管材质	铜管壁厚（mm）
12.7	M	0.8		
15.88	M	1.0		
19.0	M	1.0		
22.2	M	1.2	Y2	1.0
25.4	M	1.2	Y2	1.0
28.6	M	1.4	Y2	1.0
31.75	M	1.4	Y2	1.2
34.88	M	1.4	Y2	1.3
38.1	M	1.7	Y2	1.4
44.5	M	2.0	Y2	1.5

注：M 为软状态，盘管；Y2 为半硬状态，直管。

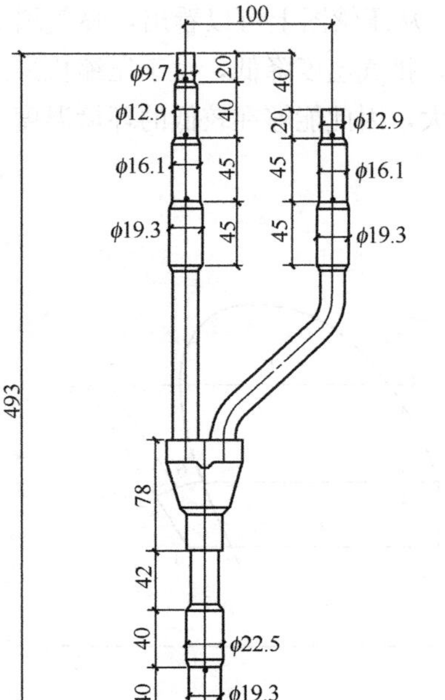

图 7-9　Y 形分歧管外形图
（单位：mm）

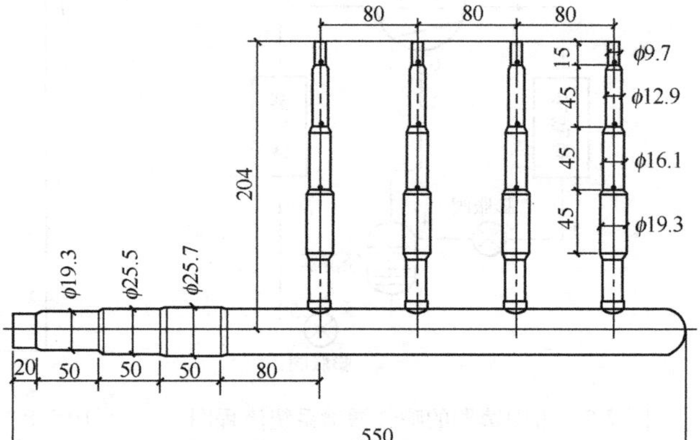

图 7-10　集管形分歧管外形图（单位：mm）

7.3　多联机系统的设计

多联机系统的设计包括室内外机选择计算、新风处理设备的选择计算、分歧管的选择和制冷剂管径的选择计算。

多联机系统设计的步骤是：

（1）调研、收集资料，确定初步方案，并确定室外机的大体位置；

(2) 建筑物冷热负荷计算；

(3) 室内机选择计算、新风处理设备选择计算；

(4) 布置室内机及新风设备；

(5) 根据房间使用功能或要求划分多联机系统；

(6) 确定室外机位置；

(7) 根据划分系统计算选择室外机；

(8) 校核各室内机的实际制冷量、供热量，若实际制冷量、制热量不满足要求，适当调整室内机的型号；

(9) 检查各系统的室内、室外机容量配比（50%～130%），适当调整室外机型号，使其满足配比要求；

(10) 根据室内机容量，标注配管管径和分歧管型号规格。

7.3.1 室内机、室外机的选择计算

对于多联机系统室内机、室外机的选择方法各厂家提出了不同的设计选型方法，本教材介绍其中一种选型方法。实际工程设计时，应根据所选设备厂家推荐的选择方法进行选择。

1. 室内机的选择计算

考虑房间间歇使用和房间传热的影响，室内计算负荷宜适当加大10%～30%。室内机的夏季制冷量和冬季制热量为：

$$Q_{nm} = kQ_{nj} \quad (kW) \tag{7-1}$$

式中 Q_{nj}——室内计算冷负荷或热负荷（kW）；

k——室内计算负荷放大系数，取1.1～1.3。

按室内机夏季制冷量和冬季制热量 Q_{nm}，取其中大的型号作为初选的室内机。各房间室内机额定制冷量或制热量用 Q'_{nm} 表示。要说明的是，如果室内机组承担新风负荷，计算室内冷负荷或热负荷值 Q_{nj} 时，应将新风负荷计算在内。如采用新风换气机（或称全热交换器）处理新风，室内机增加的新风负荷应扣除热回收部分，一般新风换气机的焓效率在70%～80%，由所选用的新风换气机决定。

2. 多联机系统的划分和室外机位置的确定

多联机系统容量不宜太大，最长管路不宜太长；不同朝向或使用时间有差别的房间宜划为一个系统，同时使用率最好在50%～80%，因为此时系统能效比较高，还能确保个别房间实际负荷超过计算负荷时，系统能保证各室内机的正常工作；系统不宜跨越多层划分系统，最多不超过3层，最好同层划分系统，以减少重力作用对制冷剂分配的影响；使用不频繁的大空间房间宜单独设置系统，如大会议室、多功能厅等。

室外机位置要根据室外机的尺寸，保证通风、环境、安装维修和噪声振动的要求，结合建筑、结构、供电、排水等专业要求来确定。

3. 室外机的选择计算

室外机位置确定后，管路长度大体确定，管长修正基本确定，根据划分系统服务的房间计算系统最大冷负荷和冬季热负荷，选取其中大的型号，若所选的型号过大或过小，则重新划分系统，重新计算，直到选出合适的室外机为止。具体计算步骤如下：

(1) 夏季、冬季系统空调负荷计算

室外机夏季冷负荷根据系统综合最大冷负荷计算。夏季系统空调负荷是按逐时负荷计算的，系统的综合最大冷负荷是指同一系统内各房间同一时刻负荷之和的最大值。一般情况下，系统的综合最大冷负荷小于各房间最大冷负荷之和，这是室内机、室外机配比大于100%的原因。冬季热负荷计算是按稳态计算的，系统的最大热负荷就是各房间热负荷之和。考虑到房间间歇使用和邻室传热，选择室外机时宜适当放大5%～20%。

夏季、冬季空调负荷计算完成后，可进行室外机容量计算。

(2) 室外机夏季制冷额定容量计算

$$Q_{ms}=\frac{\beta\sum Q_{nmax}}{n_1 n_2}\quad (kW) \tag{7-2}$$

式中 $\sum Q_{nmax}$——系统某一时刻综合最大冷负荷（kW）；

n_1——管长高度修正系数，见图7-11；

n_2——夏季室外机进风、室内机回风温度修正系数，见表7-2；

β——设备运行污垢系数，取1.05。

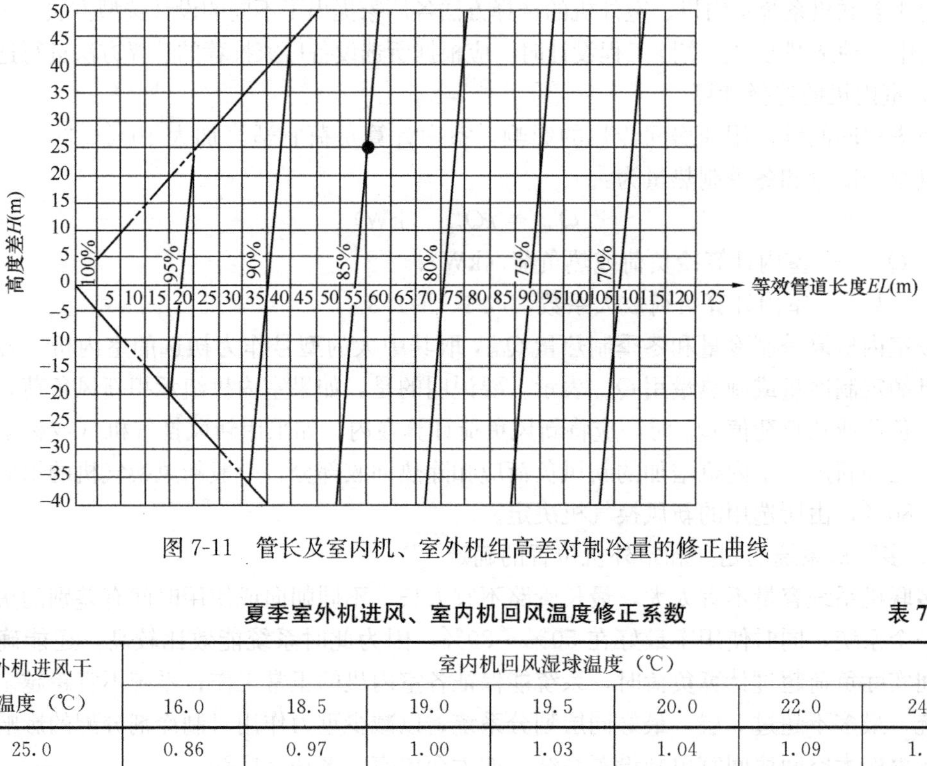

图7-11 管长及室内机、室外机组高差对制冷量的修正曲线

夏季室外机进风、室内机回风温度修正系数 **表7-2**

室外机进风干球温度（℃）	室内机回风湿球温度（℃）						
	16.0	18.5	19.0	19.5	20.0	22.0	24.0
25.0	0.86	0.97	1.00	1.03	1.04	1.09	1.14
30.0	0.86	0.97	1.00	1.03	1.04	1.09	1.14
35.0	0.86	0.97	1.00	1.03	1.04	1.09	1.14
40.0	0.82	0.94	0.96	0.99	1.00	1.06	1.11

(3) 冬季制热额定容量的计算

$$Q_{mw}=\frac{\beta\sum Q_{n}}{n_1 n_2 n_3}\quad (kW) \tag{7-3}$$

式中 $\sum Q_{n}$——系统所有房间计算热负荷之和（kW）；

n_1——管长高度修正系数，见图7-12；

n_2 ——冬季室外机进风、室内机回风温度修正系数，见表 7-3；

n_3 ——除霜修正系数，见表 7-4；

β ——设备运行污垢系数，取 1.05。

根据 Q_{ms} 和 Q_{mw} 分别选取室外机，取其中大者为初步室外机型号。

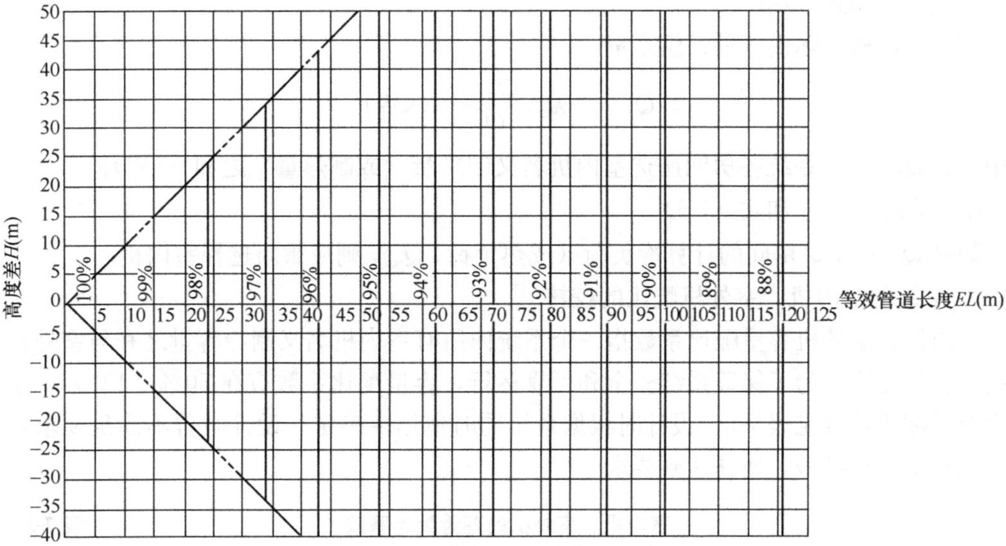

图 7-12 管长及室内外机组高差对制热量的修正曲线

冬季室外机进风、室内机回风温度修正系数 **表 7-3**

室外机进风干球温度（℃）	室内机回风干球温度（℃）					
	16.0	18.0	20.0	21.0	22.0	24.0
−15.0	0.65	0.64	0.62	0.62	0.62	0.62
−10.0	0.78	0.77	0.76	0.75	0.75	0.74
−5.0	0.89	0.87	0.86	0.84	0.84	0.83
0.0	0.97	0.96	0.94	0.92	0.92	0.86
5.0	1.05	1.03	0.99	0.98	0.94	0.88
6.0	1.06	1.04	1.00	0.98	0.95	0.88
10.0	1.12	1.08	1.02	0.99	0.95	0.88

除霜运行时制热量修正系数 **表 7-4**

室外机进风干球温度（℃）	−7	−5	−3	0	3	5	7
修正系数	0.95	0.93	0.88	0.85	0.87	0.90	1.0

4. 校核室内机实际供冷量、供热量

（1）夏季室外机的实际供冷量

$$Q_{ws}=\frac{n_1 n_2 Q_m}{\beta}\quad (kW) \tag{7-4}$$

式中 Q_m ——所选室外机夏季名义制冷量（kW）；

其他符号同式（7-2）。

（2）冬季室外机的实际供热量

$$Q_{ws}=\frac{n_1 n_2 n_3 Q_m}{\beta}\quad (kW) \tag{7-5}$$

式中　Q_m——所选室外机冬季名义制热量（kW）；

其他符号同式（7-3）。

（3）室内机实际供冷量、供热量

$$Q_{ns}=Q_{ws}\frac{Q'_{nm}}{\sum Q'_{nm}}\quad (kW) \tag{7-6}$$

式中　$\sum Q'_{nm}$——系统各房间所选室内机名义制冷量（或制热量）之和（kW）；

Q_{ws} 同式（7-4）和式（7-5）。

如果 Q_{ns} 小于该房间的计算冷负荷（或热负荷）Q_{nm}，则应重新选择室内机。

5. 系统的室内机、室外机配比的校核

室内机、室外机容量配比系数指一个系统内所有室内机名义制冷容量之和与室外机名义制冷容量之比，为了保证系统安全和可靠运行，容量配比系数应在 50%～130%。系统最大容量配比系数见表 7-5，设计时根据系统同时使用率确定。设计时若不满足要求，可适当调整室外机型号，使其达到要求。

室内机、室外机的容量配比系数　　**表 7-5**

同时使用率	最大容量配比系数	同时使用率	最大容量配比系数
≤70%	120%～130%	>70%，≤90%	100%～110%
>70%，≤80%	110%～125%	>90%	100%

【例 7-1】 一多联机系统，由四个房间组成。

（1）温度条件

夏季室外空调计算干球温度 35℃，室内设计温度 25℃，相对湿度 60%。

冬季室外空调计算干球温度−5℃，室内设计温度 18℃，相对湿度 40%。

（2）房间冷热负荷

房间冷热负荷见表 7-6。

房间冷热负荷表　　**表 7-6**

	房间 A	房间 B	房间 C	房间 D	系统综合最大冷负荷 $\sum Q_{nmax}$	系统热负荷 $\sum Q_n$
冷负荷 Q_{nj1}（kW）	2.2	3.0	3.2	4.8	12.9	
热负荷 Q_{nj2}（kW）	1.9	2.1	4.5	4.3		12.8

（3）系统同时使用率 100%。

（4）管道等效长度：30m。

（5）室内外机高差：10m（室外机在上室内机在下）。

【解】（1）初选室内机

1）确定室内机类型。选择高静压风管室内机。从产品样本中查得该机型名义制冷、制热量，见表 7-7。

高静压风管室内机性能参数表（取自产品样本）　　表 7-7

型号	功能	制冷量（W）	制热量（W）
20 型	冷暖	2000	2300
25 型	冷暖	2500	3000
30 型	冷暖	3000	3500
35 型	冷暖	3500	3800
40 型	冷暖	4000	4500
50 型	冷暖	5000	5800
60 型	冷暖	6000	7000
70 型	冷暖	6600	8000

2）室内机制冷（热）量计算

选取室内机计算冷、热负荷放大系数 $k=1.1$。据式（7-1）计算修正后的制冷负荷及初步确定室内机型号，见表 7-8。

初选室内机型号　　表 7-8

选型方法	项目	房间 A	房间 B	房间 C	房间 D
按制冷选	冷负荷 Q_{nj1}（kW）	2.2	3.0	3.2	4.8
	修正后冷负荷 Q_{nm1}（kW）	2.42	3.3	3.52	5.28
	初选型号	25 型	35 型	35 型	50 型
	室内机名义制冷量 Q'_{nm1}（kW）	2.5	3.5	3.5	5.0
按制热选	热负荷 Q_{nj2}（kW）	1.9	2.1	4.5	4.3
	修正后热负荷 Q_{nm2}（kW）	2.09	2.31	4.95	4.73
	初选型号	20 型	25 型	50 型	50 型
	室内机名义制热量 Q'_{nm2}（kW）	2.3	3.0	5.8	5.8
初步确定机型		25 型	35 型	50 型	50 型

（2）初选室外机

从产品样本中查得室外机名义制冷（制热）量，见表 7-9。

室外机性能参数表（取自产品样本）　　表 7-9

型号	85 型	100 型	130 型	150 型	200 型
制冷量（W）	8500	10000	13000	15000	20000
制热量（W）	9500	11000	14000	16500	22000

1）按制冷选

取设备运行污垢系数 $\beta=1.05$。根据管道等效长度 30m，室外机高于室内机 10m（高度差＝－10m），查图 7-11 得，管长修正系数 $n_1=92.5\%$。根据室外空调计算干球温度 35℃，室内设计湿球温度 19.5℃（室内设计温度 25℃，相对湿度 60%），查表 7-2 得夏季室外机进风、室内机回风温度修正系数 $n_2=1.03$，室外机负荷放大系数取 1.05。

则室外机名义制冷量应为：

$$Q_{ms1}=\frac{\beta\Sigma Q_{nmax}}{n_1n_2}=\frac{1.05\times(1.05\times12.9)}{0.925\times1.03}=14.93\text{kW}$$

本系统同时使用率为100%，根据表7-5的要求，室内外机的最大容量配比系数为100%，室内机额定制冷容量之和为$\Sigma Q'_{nm1}=2.5+3.5+5.0+5.0=16\text{kW}$，因此，从室外机性能参数表7-9中选200型室外机1台，名义制冷量为$Q_{m1}=20\text{kW}$。

2）按制热选

与按制冷选的方法相同，查图7-12得管长修正系数$n_1=97.4\%$，查表7-3得室内外回风温度修正系数$n_2=0.87$。查表7-4得融霜系数$n_3=0.93$。取设备运行污垢系数$\beta=1.05$，室外机负荷放大系数取1.05。冬季室外机名义制热量应为：

$$Q_{mw2}=\frac{\beta\Sigma Q_n}{n_1n_2n_3}=\frac{1.05\times(1.05\times12.8)}{0.974\times0.87\times0.93}=17.91\text{kW}$$

从室外机性能参数表7-9中选200型室外机1台，名义制热量为$Q_{m2}=22\text{kW}$。

因此选择200型室外机1台，名义制冷量$Q_{m1}=20\text{kW}$，名义制热量为$Q_{m2}=22\text{kW}$。

若两种选择方法选择的室外机型号不同，则应选择较大的机型作为室外机。

（3）校核室内机制冷量和制热量

室外机实际供冷量：

$$Q_{ws1}=\frac{n_1n_2Q_{m1}}{\beta}=\frac{0.93\times1.03\times20}{1.05}=18.25\text{kW}$$

室外机实际供热量：

$$Q_{ws2}=\frac{n_1n_2n_3Q_{m2}}{\beta}=\frac{0.973\times0.87\times0.93\times22}{1.05}=16.49\text{kW}$$

校核计算过程见表7-10。

室内机制冷量校核过程表 **表7-10**

校核方法	项目	房间A	房间B	房间C	房间D	
	室内机型	25型	35型	50型	50型	
校核制冷量	冷负荷Q_{nj1}（kW）	2.2	3.0	3.2	4.8	$\Sigma Q_{nmax}=12.9$
	室内机名义制冷量Q'_{nm1}（kW）	2.5	3.5	5.0	5.0	$\Sigma Q'_{nm1}=16$
	室内机实际制冷量（kW）$Q_{ns1}=Q_{ws1}\frac{Q'_{nm1}}{\Sigma Q'_{nm1}}$	2.85	3.99	5.70	5.70	$Q_{ws1}=18.25$
校核制热量	热负荷Q_{nj2}（kW）	1.9	2.1	4.5	4.3	$\Sigma Q_n=12.8$
	室内机名义制热量Q'_{nm2}（kW）	3.0	3.8	5.8	5.8	$\Sigma Q'_{nm2}=18.4$
	室内机实际制热量（kW）$Q_{ns2}=Q_{ws2}\frac{Q'_{nm2}}{\Sigma Q'_{nm2}}$	2.92	3.70	5.65	5.65	$Q_{ws2}=16.49$

从上表中可以看出，室内机实际制冷量和制热量均满足室内冷热负荷要求。

(4) 室内外机容量配比为16/20=80%，满足容量配比要求。

因此本系统室内机采用25型1台，35型1台，50型2台，室外机采用200型1台，满足室内冷热负荷要求。

7.3.2 管道管径的选择

生产厂家在产品样本和设计指导等资料中会给出管道管径的选择方法和相应数据。现对管径选择的原则和制冷量与配管尺寸关系作简单介绍。

1. 系统管径选择和分歧管选择规则

(1) 室外机与分歧管之间管道外径与室外机制冷剂管道接口相同；

(2) 室外机出来的第一个分歧管以室外机的型号为依据选择，其余的分歧管的型号取决于其后面连接所有室内机的总容量；

(3) 分歧管之间的管道外径取决于其后面连接的所有室内机的总容量；

(4) 分歧管与室内机之间管道外径与室内机制冷剂管道接口尺寸相同；

(5) 当支管长度超出一定要求时，液管管径应增大。

2. 第一分歧管到最后分歧管间管道的管径

表7-11给出了第一分歧管到最后分歧管间管道的配管尺寸。

第一分歧管到最后分歧管间管道的配管尺寸　　表7-11

室内机容量合计 (kW)	配管管径尺寸	
	气管 (mm)	液管 (mm)
$C \leqslant 5.6$	12.7	6.35
$5.6 < C \leqslant 14.2$	15.9	9.52
$14.2 < C \leqslant 22.0$	19.05	9.52
$22.0 < C \leqslant 30.0$	22.2	9.52
$30.0 < C \leqslant 45.0$	28.6	12.7
$45.0 < C \leqslant 67.0$	28.6	15.9
$67.0 < C \leqslant 95.0$	34.9	19.05
$95.0 < C \leqslant 135.0$	41.3	19.05
$135.0 < C \leqslant 160.0$	44.5	22.2
$160.0 < C \leqslant 210.0$	54.1	25.4

3. 当最长距离（从室外机到最远的室内机之间）超过90m（等效管长）时，应将主配管（从室外机到第一分歧管之间）的气、液管放大一档（或气体管放大一档，各厂家要求略有不同）。

主配管指室外机到第一分歧管之间的管段。

7.3.3 多联机系统的设计

多联机系统设计应考虑系统冷媒管道长度、室内机、室外机间和室内机间的高度差和新风采集等主要问题。

1. 系统冷媒管长度

多联机系统室内机和室外机之间通过冷媒管连接，冷媒管路将制冷压缩机、室内外换热器、节流装置和其他辅助部件及自控调节模块连接形成一个庞大闭式管网系统，依靠冷媒流动进行冷量转换和传输，系统管道长度是影响多联机系统性能的重要因素。冷媒管长度过长，会引起冷媒的流动阻力增大，可能出现闪发现象，系统的制冷量和能效比 *COP*

降低过大，制冷剂的分配偏差增大，从而使部分房间偏离室内设计温度。因此，一般要保证室内机、室外机间的等效配管长度小于等于175m，管道总长度小于等于300m，第一分歧管到最远配管等效长度小于等于40m。系统配管长度不能超过规定的要求，以图7-13为例，系统配管长度要求见表7-12，各厂家略有不同。

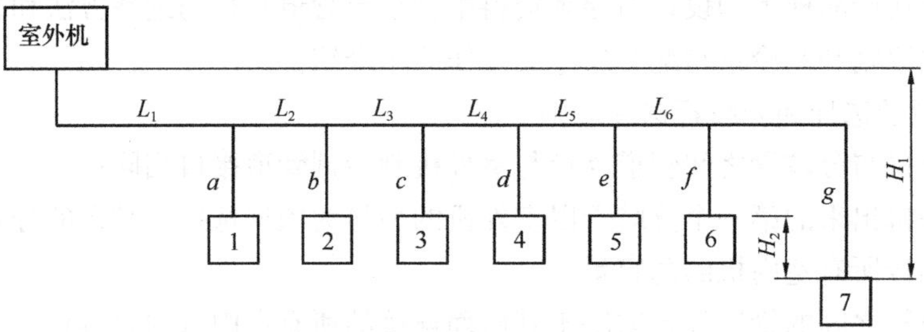

图7-13　多联机室内外机管道布置图

系统配管长度要求　　**表7-12**

管段	项目	要求	计算公式
室内机、室外机之间	最远实际配管长度	≤150m	$L_1+L_2+L_3+L_4+L_5+L_6+g\leqslant 150m$
	等效配管长度	≤175m	
	室外机至所有室内机总长度	≤300m	$L_1+L_2+L_3+L_4+L_5+L_6+a+b+c+d+e+f+g\leqslant 300m$
第一分歧管到最远室内机之间	配管长度	≤40m	$L_2+L_3+L_4+L_5+L_6+g\leqslant 40m$

等效长度是指考虑了弯头等局部阻力部位的压力损失后的换算长度。

管段的等效长度＝实际直管长度＋弯头数量×各弯头的当量长度＋存油弯数量×各存油弯的当量长度＋分歧管个数×分歧管当量长度。

要说明的是，当室内机、室外机之间等效配管长度超过90m时，主配管管径应加粗。管径加粗会减小管道阻力，因此，管径加粗后，室内机、室外机间的等效配管长度按如下要求计算：

总等效长度＝主配管等效长度×0.5＋第一分歧管后的等效长度。

局部阻力件的当量长度取值，Y形分歧管当量长度取0.5m，多支分歧管当量长度取1m。弯头和回油弯当量长度见表7-13。

弯头和回油弯当量长度　　**表7-13**

管径(mm)	弯头当量长度(m)	回油弯当量长度(m)	管径(mm)	弯头当量长度(m)	回油弯当量长度(m)
9.52	0.18	1.3	25.4	0.45	3.4
12.7	0.2	1.5	28.58	0.5	3.7
15.88	0.25	2.0	31.8	0.55	4.0
19.05	0.35	2.4	38.1	0.65	4.8
22.22	0.4	3.0	44.5	0.8	5.9

【例 7-2】一多联机系统，连接 4 台室内机，各段管道长度及分歧管等附件数量见表 7-14，计算系统的等效配管长度。

多联机配管表　　表 7-14

	气管管径（mm）	直管长（m）	弯头数量	分歧管数量
室外机至第一分歧管	19.05	10.0	3	1
第一分歧管到第二分歧管	19.05	3.0	0	1
第二分歧管到第三分歧管	15.88	3.0	0	1
第三分歧管到最远室内机	12.7	3.0	2	

【解】查表 7-13 得弯头当量长度，分歧管当量长度按 0.5m/件，根据等效管长计算公式，计算结果见表 7-15。

多联机系统等效管长计算表　　表 7-15

项目	气管管径（mm）	直管长（m）	弯头		分歧管		小计（m）
			数量	等效长度（m）	数量	等效长度（m）	
室外机至第一分歧管	19.05	10.0	3	0.35×3=1.05	1	0.5	11.55
第一分歧管到第二分歧管	19.05	3.0	0	0	1	0.5	3.5
第二分歧管到第三分歧管	15.88	3.0	0	0	1	0.5	3.5
第三分歧管到最远室内机	12.7	3.0	2	0.2×2=0.4			3.4
	合计（m）						21.95

即该多联机系统等效管长为 21.95 m。

2. 室内机、室外机之间和室内机之间的高度差

室内机、室外机间的高差对电子膨胀阀的工作有直接影响，室内机电子膨胀阀在制冷时起节流作用，在制热时起调节流量作用，室外机电子膨胀阀在制热时起节流作用。室内机、室外机间的高差所形成的冷媒液体静液柱附加压力会影响电子膨胀阀前后压差，从而引起系统的制冷或制热效果。另外，室内机、室外机高度差过大，充灌润滑油的量增加，设计不当，会造成部分润滑油沉积在冷媒管道内，长期运行会造成润滑油沉积在管道内造成回油困难。

室内机之间高度差较大，由于冷媒液体静液柱形成的附加压力会造成冷媒分配变化，也会影响系统的制冷或制热效果。

因此，在系统设计时一般采用分区或分层放置的方式使一个系统内的室内机、室外机之间的距离最短，高差最小。对高差大、管路长的系统要适当增加机组的容量，这样才能保证空调的使用效果。一般室内机、室外机间高度差 $H_1 \leqslant 50$m（图 7-13）；室内机、室外机高差大于 30m 时，每 10m 需有一个回油弯；室外机（主机）与室外机（辅机）间的高差小于等于 5m；室内机与室内机之间高度差 $H_2 \leqslant 15$m（图 7-13）。

3. 新风采集

目前常用的新风处理方式有以下几种：

（1）采用专用处理新风的室内机。这类新风机通常是按新风状态设计，可将新风处理到室内等焓状态点。但此种方法工程造价较高，在室外温度较高时，压缩机长时间不间断运行，会影响机组的寿命。在工程设计中一般不将专用新风机与普通室内机连接在一个系统中，应单独设置新风处理系统。

（2）用全热交换器处理新风。将室外新风经过全热交换器与室内排风进行热湿交换后送入室内，热回收效率达到70%～80%，这样大幅降低了处理新风所需能量，达到高效节能的目的。但设计时需要将新风口和排风口集中在一起，这给系统布置带来一定困难，该系统较复杂，应避免新风和排风交叉污染的问题，还要注意其噪声带来的影响。

（3）室内机兼作新风机来处理新风。用风机箱将未经过处理的新风直接接入各个室内机，其负荷由室内机承担，这样会使机组型号加大，噪声也增大，且室内机不能将新风处理到室内状态点。在室外温度较高时，会使室外机长时间超负荷运转，出现过流保护。在高湿度地区室内湿度较难控制，室内机除湿负荷增大，可能出现结露现象，影响空调效果。

（4）设置风冷热泵机组为新风系统。当工程设计中要求新风量大，新风处理要求较严格，直接蒸发式新风机和全热交换器在设备布置和处理新风上无法满足要求时，可以采用水系统新风机组处理新风，冷热水由风冷热泵机组提供。这种设计大多用在较大的工程特别是带有公共部分的裙房工程，这类工程主楼设置多联机空调系统，裙房空调及主楼新风系统的冷热源由风冷热泵机组提供，降低了工程造价，但运行管理较为繁琐。

另外，有些建筑的多联机系统不设新风供应系统，仅靠门窗缝隙渗透或打开窗的方式引入新风。这种新风供应方式，由于建筑物的风压、热压作用，不同朝向、不同楼层的房间其渗入室内的空气量是不同的，有些房间打开门窗也不能引进新风，即使部分能引入新风的房间，所引入的新风无论是洁净度还是新风量都无法保证。直接引入未经处理的新风，增大了室内空调负荷，可能造成冬季供热不足，夏季相对湿度无法保证。

7.4 多联机施工图识读

多联机空调施工图全套图纸包括设计施工说明、主要设备材料表、空调冷媒流程图、风系统平面图、空调冷媒管路平面图等。图7-14为某多联机空调工程的空调冷媒流程图，图7-15为该工程的空调冷媒管路平面图。

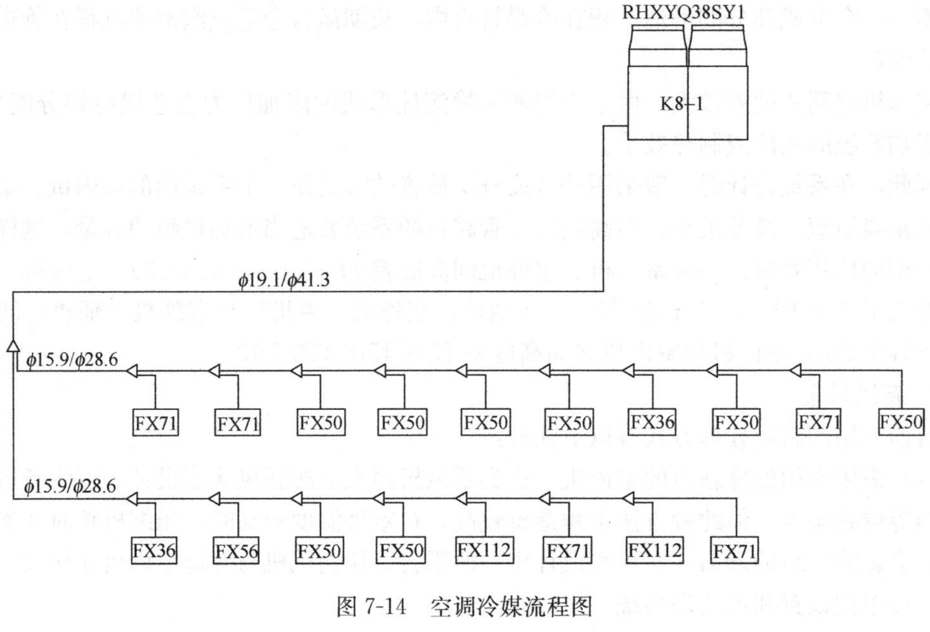

图7-14 空调冷媒流程图

7.4.1 空调冷媒流程图

图 7-14 空调冷媒流程图表示多联机系统制冷剂管路与室内外机连接的关系。图中注明了室外机和室内机的型号，与室外机连接的供液回气管路的管径和第一分歧管后的供液回气管径，其余的管径从冷媒管路平面图中查出。要说明的是，多联机系统表示冷媒的管路只画出一根，表示供液和回气两根管路。

7.4.2 空调冷媒管路平面图

图 7-15 空调冷媒管路平面图表示室内机的位置、冷媒管路和冷凝水管路的布置。图中应注明室内机的型号，各段冷媒管的管径和冷凝水管的管径。在这个平面图中，采用了吊顶式风管机、四出风型嵌入式和两侧出风型嵌入式室内机。其中，吊顶式风管机布置在房间内靠近走廊的内墙一侧，嵌入式室内机布置在房间中央的位置。冷媒管从空调管井中引出，供液和回气管管径分别是 19.1mm 和 41.3mm，经第一主分歧管分成两条支路，供液和回气管管径分别是 15.9mm 和 28.6mm，分别向各房间供冷媒，随着负担的制冷量逐渐减小，供液和回气管管径逐渐减小。连接室内机的供液回气管径不在图上表示，与所连接的室内机的接管管径相同。

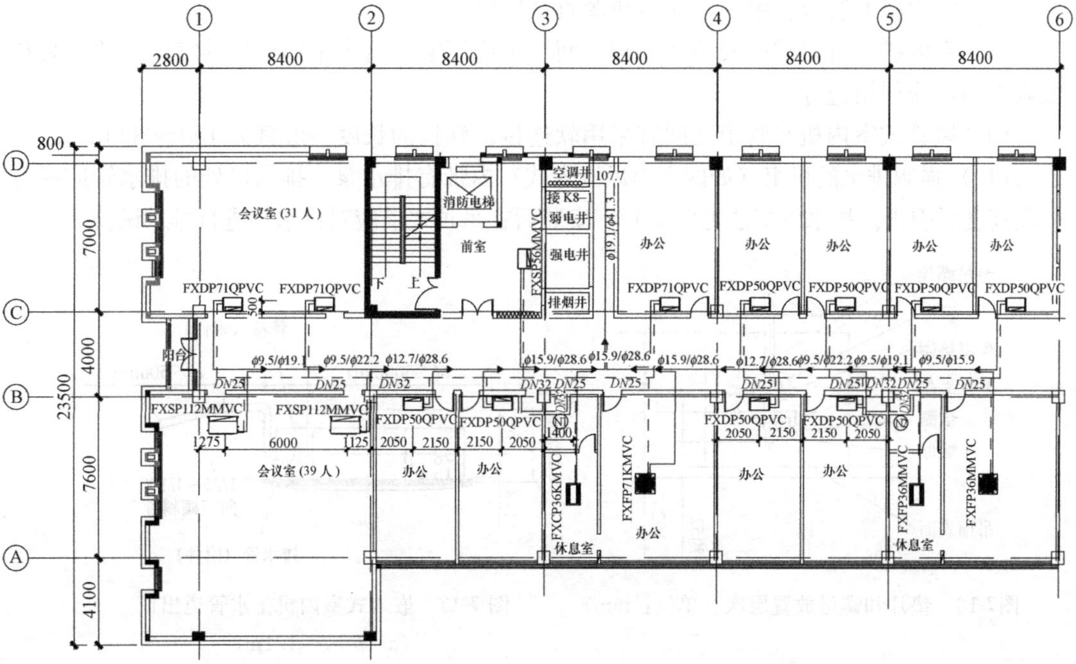

图 7-15 空调冷媒管路平面图

在图 7-15 中，冷凝水管路设计了两个系统，分别将室内机的冷凝水汇集起来与管井中的立管 N1 和 N2 相接，集中排到室外，图中仅画出了冷凝水管进入管井中。

7.5 多联机的安装

多联机安装应符合《多联机空调系统工程技术规程》JGJ 174—2010 和《通风与空调工程施工质量验收规范》GB 50243—2016 的相关规定。多联机设备安装施工前，应进行图纸会审、编写施工组织设计、工具准备等工作，现分别对室内机、室外机安装和管道安装的主要内容进行介绍。

7.5.1 室内机的安装

目前市场上比较实用的室内机机型较多，生产厂家会给出不同机型室内机的安装要求，其主要的要求是：

（1）室内机安装前，不得拆除包装。

（2）室内机必须单独固定，不得与其他设备、管线共用支吊架或悬挂在其他专业的吊架上。

（3）吊装时应使用四根吊杆，吊杆直径不得小于 10mm 的圆钢。吊杆长度超过 1.5m 时，必须在对角线处加两条斜撑以防止晃动。

（4）室内机吊杆的一端要用两个螺母固定，为防止松动，将吊杆和螺母部分涂螺纹锁固剂，否则会产生噪声或螺纹松动。室内机悬吊安装示意图见图 7-16。

（5）吊装在吊顶内的室内机，在电控箱位置处应留有 450mm×450mm 的检修口。

（6）室内机之间最大高差不得超过 15m。

（7）室内机安装位置附近不能有热源直接辐射。

（8）室内机应有足够的安装和维修空间。生产厂家会给出不同机型的室内机的安装和维修空间，应严格遵守。

（9）风管式室内机与管道之间宜采用软连接。软接的长度一般宜为 150～300mm。

（10）强制排水的机组（如四面出风嵌入式）内带有排水泵，排水口处的排水管应提升一段高度后引出。排水管接法见图 7-17。安装后在吊顶之前应对排水泵进行排水试验。

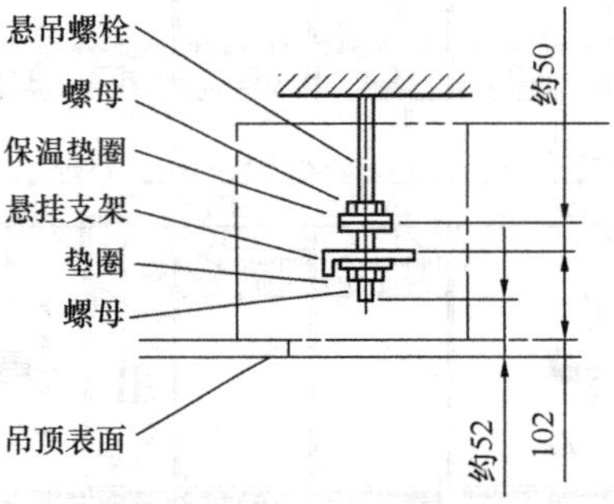

图7-16 垫片和螺母放置层次（单位：mm）

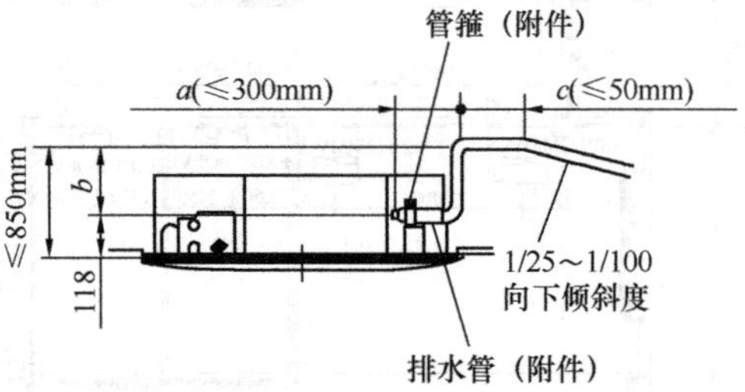

图 7-17 嵌入式室内机排水管道出口（$a+b+c\leqslant1.1$m）

（11）室内机吊装后，应调整室内机水平，但允许室内机排水侧稍低 0～5mm，以利排水。用水平仪或软管灌水法进行检查调节。

（12）排水管安装完毕后，应进行排水试验。

（13）现场安装的室内机应进行防尘保护。

（14）安装的步骤：确定安装位置⟶画线标位⟶打膨胀螺栓⟶吊装室内机。

7.5.2 室外机的安装

安装室外机首先要了解室外机的结构形式和固定形式，室外机运行时的排风形式等。室外机运行时需要充分保证所需的通风量。安装室外机要从位置、基础、固定、通风量几个方面着手。

1. 室外机组的布置安装应遵循的原则

（1）室外机组应设置在通风良好的场所，并考虑季风和楼群风对室外机组排风的影响，如图 7-18 所示。

（2）室外机组宜设置于阴凉处，应避开阳光直射或高温热源的直接辐射，且不应设置在多尘或污染严重的地方。

（3）室外机组应远离电磁波辐射源设置，与辐射源的间距至少在 1m 以上。

（4）室外机组的排风不应影响邻居住户的开窗通风。

（5）室外机组应尽可能设置在离室内机组较近的位置。

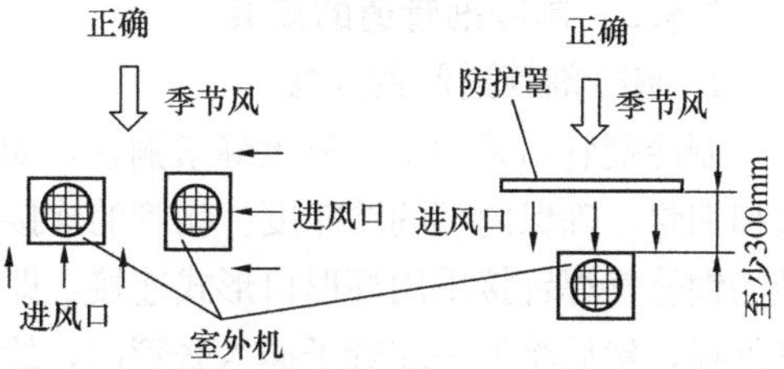

图 7-18　室外机安装考虑季节风因素示意图

（6）室外机组之间、室外机组与周围障碍物之间应有安装、维护空间或通道。

（7）机体本身要有可靠的接地。

（8）在调试以前，禁止将室外机气、液管的截止阀打开。

2. 室外机安装的基础

室外机的基础有混凝土基础和钢结构基础。

（1）混凝土基础

如图 7-19 所示为室外机混凝土基础图，其基本要求是：

1）基础的高度应该在 100mm 以上，对北方地区考虑冬季下雪的厚度，基础厚度适当增加到 300mm。

2）基础必须有预埋螺栓孔，用以固定室外机的预埋螺栓。

3）在地基底座四周以及基础的中间要做一个相通的排水槽以便于排水。

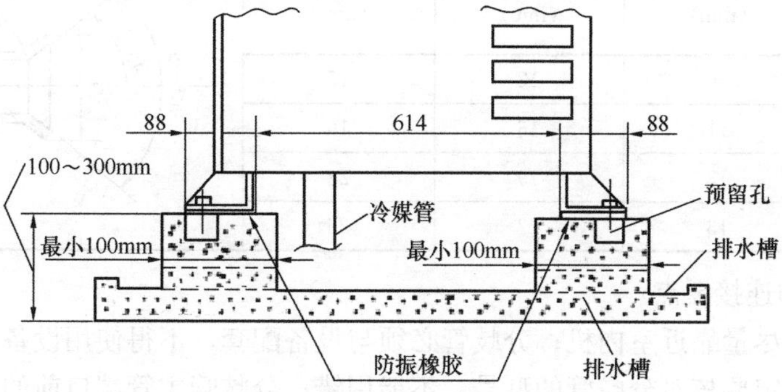

图 7-19　室外机混凝土基础图（单位：mm）

（2）钢结构基础

钢结构基础一般采用 14 号或者以上的槽钢，其要求如下：

1）基础应水平，各槽钢必须焊接牢固。

2）基础的承重点应为建筑物的立柱位置。基础要采取严格的固定措施，防止基础松动和振动，从而导致与室外产生共振和噪声。

3）基础和室外机底座之间的接触面要充分起到承重的作用，防止室外机底座变形。

4）由于槽钢基础一般是中间悬空的，需要依据基础上面所放置的室外机数量和重量以及槽钢支撑点之间的距离来计算槽钢的变形量，从而确定槽钢的大小。采用槽钢基础时也要考虑冬季制热化霜水的排放。

7.5.3 制冷剂管道的安装

1. 制冷剂管道间的连接

制冷剂管道采用磷脱氧无缝紫铜管，如厂家没有清洗，到货后应进行清洗，可采用氮气吹扫铜管，确保内部的洁净度。铜管的连接有气焊钎接和喇叭口螺纹连接两种方式。相同管径的铜管气焊钎接采用杯形口形式连接，即将一端的铜管用专用工具将管口胀扩到略大于铜管外径，然后将另一端管子插入胀管内，然后再进行钎接，杯形口的深度见表 7-16。管道钎接时管内应充以氮气，以防止管内氧化物的产生。室内、室外机与管道间用喇叭口螺纹连接，需将铜管扩成喇叭口，制作喇叭口之前套上螺帽（制冷上称为纳子帽），用专用工具制作好喇叭口后与室内外机接头拧紧。喇叭口尺寸见表 7-17。喇叭口螺纹连接见图 7-20。

杯形口深度 *B* 要求　　表 7-16

管道外径 *A*（mm）	杯形口最小深度 *B*（mm）
5＜*A*≤8	7
8＜*A*≤12	8
12＜*A*≤16	8
16＜*A*≤25	10
25＜*A*≤35	12
35＜*A*≤45	14

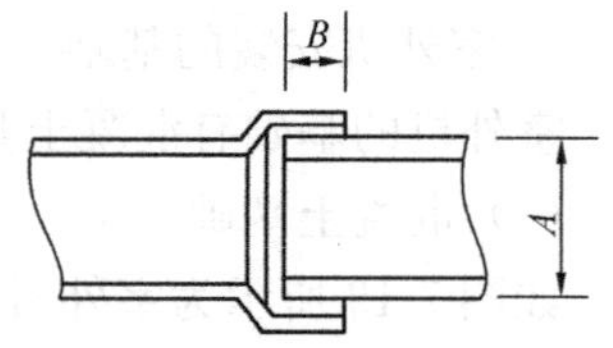

喇叭口尺寸　　表 7-17

铜管外径 *d*（mm）	喇叭口外径 *D*（mm）	铜管外径 *d*（mm）	喇叭口外径 *D*（mm）
6	9	12	15
8	11	16	19
9	13	19	23
10	13	22	26

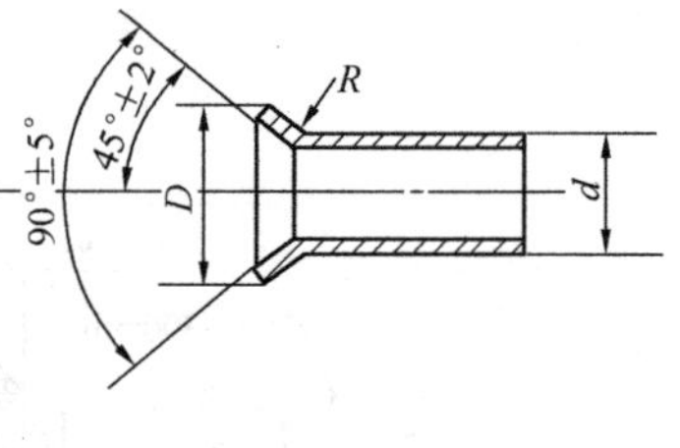

2. 分歧管的连接要点

（1）分歧管尽量靠近室内机；分歧管必须与设备配套，不得使用设备厂家规定以外的产品；安装前一定要核对分歧管的型号，不能用错；分歧管主管端口前的直管段长度不小于 500mm；相邻两个分歧管之间的直管段长度不得小于 500mm。

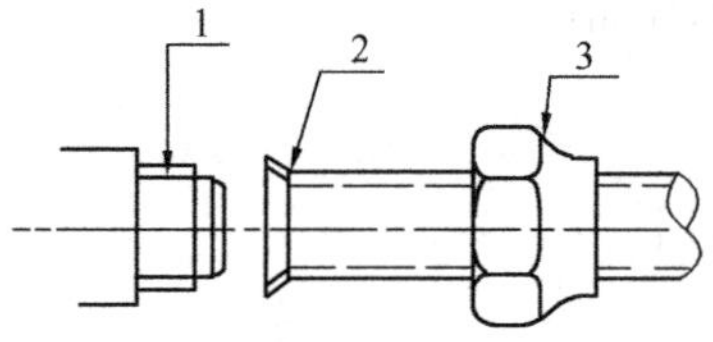

图 7-20　铜管喇叭口螺纹连接图

1—接头；2—铜管喇叭口；3—螺帽

（2）分歧管水平安装时，要求三个端口在同一个水平面上，保证两个分支管不得处于上下位置，如图 7-21 所示。不得改变分歧管的定形尺寸和装配角度。

（3）分歧管垂直安装时，要保证三个端口在一个立

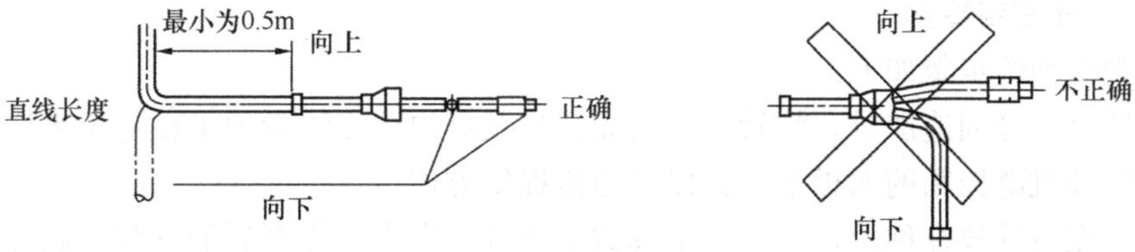

图 7-21　分歧管水平安装

面上，不允许偏斜。

7.6　多联机的调试与验收

7.6.1　系统的试压检漏

出厂时，室外机气、液管截止阀已关闭，安装时应进行确认。

在系统试验前，连接氮气管的接头应在螺帽与管端处涂少量矿物油（合成油），固定螺帽时，应采用两只扳手操作。管道的试验压力，制冷剂使用 R22 时，试验压力为 3.0MPa；制冷剂使用 R407C 时，试验压力为 3.3MPa；制冷剂使用 R410A 时，试验压力为 4.0MPa。

气密性试验必须使用氮气作介质，氮气要干燥。缓慢加压，分三步进行：

第一阶段：慢慢加压至 0.5MPa，停留 5min，进行泄露检查，可能发现大的渗漏；

第二阶段：慢慢加压至 1.5MPa，停留 5min，进行气密性检查，可能发现较小渗漏；

第三阶段：慢慢加压至试验压力。停留 5min，进行强度试验，可能发现细微渗漏或砂眼。

加压至试验压力后，保压 24h，观察压力是否下降，在环境温度不变的情况下压力不降即为合格。

检查是否泄漏的方法可采用手感、听感、肥皂水检查，或者在氮气试压完成后将氮气放至 0.3MPa 后加注相应制冷剂，至压力为 0.5MPa 时用与制冷剂相适应的检漏仪检测。

7.6.2　系统抽真空

系统抽真空的操作步骤为：

（1）抽真空前，再次确认气、液管截止阀处在关闭状态。建议使用 40L/min，真空度可以达到 755mmHg 以上的真空泵。

（2）用充注导管将调节阀与真空泵连接到气阀和液阀的检测接头上，从气管和液管同时抽真空。

（3）抽真空 1.5～2h，直到系统内绝对压力达到 5.3kPa（40mmHg）以下，此压力为《多联机空调系统工程技术规程》JGJ 174—2010 要求的数值，实际工程的要求较该数值严格。抽完真空后，关闭调节阀，停止抽真空并保持 1h，确认调节阀上的压力表指示没有上升，如真空达不到要求，说明可能存在泄漏或系统中含有水分，如检漏后再次抽真空仍达不到要求，可断定管道内存有水分。系统中存有水分时，应向系统中充入 0.05MPa 的氮气或少量氟利昂制冷剂，再次抽真空 2h，保真空 1h。真空稳定后，保持 24 小时，系统压力不回升为合格。

（4）对制冷剂 R407C 和 410A 应使用专用的工具和仪表抽真空。

7.6.3 充注制冷剂

充注制冷剂的步骤如下：

(1) 计算制冷剂追加量，将管道系统充注量及室内机充注量记录在随机表格中，并将表格贴在室外机电控箱的面板上，为以后检修提供方便。

(2) 将充液罐放在称重计上，记下读数，并计算充完制冷剂后的读数。制冷剂过多或不足均会给机组带来严重损伤。

(3) 用充注导管将带有调节阀的双头压力表及充液罐接到气阀和液阀的检测接头上。在连接之前，先放出一部分制冷剂，将充注导管内的空气排出。

(4) 确认室外机气、液管截止阀处在关闭状态。

(5) 在未开机状态下，打开充液罐调节阀门，制冷剂 R22 从气、液管同时充注制冷剂。制冷剂 R407C、R410A 必须以液态形式充注。

(6) 观察称重计的读数，达到要求后立即关掉调节阀，然后再关闭充液罐的阀门。如果充注一瓶以上的制冷剂，则要记录每个充液罐的始末读数。

(7) 如制冷剂不能完全加入，还可在开机时加入。从气管检测接口处充注气态制冷剂。

7.6.4 工程验收

多联机的设备安装、清洗、检漏、抽真空和充注制冷剂等操作应严格按生产厂家提供的说明书进行，并应符合《通风与空调工程施工质量验收规范》GB 50243—2016 和《多联机空调系统工程技术规程》JGJ 174—2010 中的有关规定和设计图纸的要求。

工程安装调试过程中，应填写以下表格：设备、材料进场检查记录见表 7-18，隐蔽工程验收记录见表 7-19，制冷系统气密性试验记录见表 7-20，室外机组运转测试数据见表 7-21，室内机组试运转测试数据见表 7-22，压缩机调试数据见表 7-23，综合效果检验验收记录见表 7-24。

设备、材料进场检查记录 **表 7-18**

工程名称		分部（或单位）工程	
设备名称		型号、规格	
系统编号		装箱单号	
设备检查	1. 包装 2. 设备外观 3. 设备零部件 4. 其他		
技术文件检查	1. 装箱单　份（张） 2. 合格证　份（张） 3. 说明书　份（张） 4. 设备图　份（张） 5. 其他		
存在问题及处理意见			
（盖章） 监理（建设）单位： 签名： 年　月　日		（盖章） 安装单位： 签名： 年　月　日	

隐蔽工程验收记录 **表 7-19**

工程名称			工程地点		
隐蔽工程内容	序号	名称	安装部位/检查结果	安装质量检查结果	备注
	1				
	2				
	3				
	4				
	5				
	6				
	7				
	8				
	9				
	10				
	11				
	12				
验收意见	验收人员（签名）：				

（盖章） 监理（建设）单位： 签名： 年　月　日	（盖章） 安装单位： 签名： 年　月　日

制冷系统气密性试验记录 **表 7-20**

<table>
<tr><td>工程名称</td><td colspan="2"></td><td>分部（或单位）工程</td><td></td></tr>
<tr><td>试验部位</td><td colspan="2"></td><td>试验日期</td><td></td></tr>
<tr><td rowspan="2">管道编号</td><td colspan="4">气密性试验</td></tr>
<tr><td>试验介质</td><td>试验压力（MPa）</td><td>定压时间（h）</td><td>试验结果</td></tr>
<tr><td></td><td></td><td></td><td></td><td></td></tr>
<tr><td></td><td></td><td></td><td></td><td></td></tr>
<tr><td></td><td></td><td></td><td></td><td></td></tr>
<tr><td rowspan="3">管道编号</td><td colspan="4">真空试验</td></tr>
<tr><td>设计真空度</td><td>试验真空度</td><td>定压时间</td><td rowspan="2">试验结果</td></tr>
<tr><td>（MPa）</td><td>（MPa）</td><td>（h）</td></tr>
<tr><td></td><td></td><td></td><td></td><td></td></tr>
<tr><td></td><td></td><td></td><td></td><td></td></tr>
<tr><td></td><td></td><td></td><td></td><td></td></tr>
<tr><td>验收意见</td><td colspan="4"></td></tr>
</table>

（盖章） 监理（建设）单位： 签名： 年 月 日	（盖章） 安装单位： 签名： 年 月 日

室外机组运转测试数据 **表 7-21**

项目名称：						
地址：			电话：			
供货商：			出货日期： 年 月 日			
安装单位：			负责人：			
调试单位：			负责人：			
系统追加制冷剂量： kg		制冷剂名称： (R22、R407C、R410A)				
调试状态： □ 制冷			□ 制热			
室外机组型号： 安装位置和编号：	单位	开机前	30min	60min	90min	备注
室外环境温度	℃					
排气温度（定频/数码/变频）	℃					
油温变（定频/数码/变频）	℃					
高压	Pa					
低压	Pa					
风速	档位					
气管温度	℃					
液管温度	℃					
运转电流	A					
电压	V					
验收意见						

（盖章） 监理（建设）单位： 签名： 年 月 日	（盖章） 安装单位： 签名： 年 月 日

室内机组试运转测试数据 **表 7-22**

调试状态：　　制冷　　制热

室内机型号： 安装位置和编号：	单位	开机前	30min	60min	90min	备注
蒸发器进管/出管温度	℃					
室内出/回风温度	℃					
室内环境温度/室内设定温度	℃					
出风口风速	m/s					
回风口风速	m/s					
验收意见						

（盖章） 监理（建设）单位： 签名： 年　月　日	（盖章） 安装单位： 签名： 年　月　日

压缩机调试数据 **表 7-23**

调试状态： 制冷 制热

<table>
<tr><td colspan="3">压缩机报告：</td><td>单位</td><td>开机前</td><td>30min</td><td>60min</td><td>90min</td><td>备注</td></tr>
<tr><td rowspan="4">压缩机编号：</td><td rowspan="2">定容量
压缩机</td><td>T1/T2/T3
电流</td><td>A</td><td></td><td></td><td></td><td></td><td></td></tr>
<tr><td>V1/V2/V3
电压</td><td>V</td><td></td><td></td><td></td><td></td><td></td></tr>
<tr><td rowspan="2">变容量
压缩机</td><td>Tl/T2/T3
电流</td><td>A</td><td></td><td></td><td></td><td></td><td></td></tr>
<tr><td>V1/V2/V3
电压</td><td>V</td><td></td><td></td><td></td><td></td><td></td></tr>
<tr><td>验收意见</td><td colspan="8"></td></tr>
</table>

（盖章） 监理（建设）单位： 签名： 年 月 日	（盖章） 安装单位： 签名： 年 月 日

综合效果检验验收记录 **表 7-24**

工程名称		分部（或单位）工程	
工程地点		开工日期	年 月 日
竣工日期		交验日期	年 月 日
工程内容			
验收资料	环境温度 ℃，室内机出风口温度 ℃，室内机回风口温度 ℃ 室外机安装牢固　　铜管连接元泄漏 室外机和室内机通电运转正常无杂声　　温度控制器操作有效 各送风口尺寸符合设计要求　　回风箱安装到位 回风管道安装到位　　各回风尺寸符合设计要求		
验收评定意见			
（盖章） 监理（建设）单位： 签名： 年 月 日		（盖章） 安装单位： 签名： 年 月 日	

单 元 小 结

本单元主要介绍了多联机空调系统的原理、系统组成、室内外机选择的计算方法和安装要求等内容。多联机是一种由一台或数台室外机连接数台相同或不同形式、容量的直接蒸发式室内机所构成的单一制冷循环系统。室内机的形式有多种，适用于不同安装要求的建筑，室外机大多为风冷式机组。多联机的压缩机多采用涡旋式压缩机，通过变频调速或数码技术进行变容量调节，以适应室内机制冷量变化的要求。为使多联机能够在较低的环境温度下工作，多联机制冷系统设计了喷气增焓系统，其实质是一个二级压缩循环，它可以降低压缩机的排气温度，提高了压缩机的排气量。多联机是一种安装维护简单、运行节能的空调系统，但初投资较高，且需要独立的新风系统，适用于办公楼、饭店、学校、高档住宅等建筑。

多联机设计时要注意在初步设备选型后，要校核室内机的实际能力，并使室内外机的容量配比在50%～130%范围内。安装设备和配管时要严格按照生产厂家提供的安装要求进行施工，并符合《多联机空调系统工程技术规程》JGJ 174—2010的规定。

思考题与习题

1. 多联机系统由哪几部分组成？
2. 多联机的特点及适用的场合是什么？
3. 简述室内外机的选型方法。
4. 多联机室内、室外机容量配比率的概念是什么？工程设计时如何确定最大容量配比率？
5. 室内机的安装原则是什么？
6. 简述数码涡旋压缩机的工作原理。
7. 简述多联机系统试验的步骤和要求。
8. 简述多联机系统抽真空的要求。

教学单元8　地 源 热 泵 技 术

【教学目标】通过本单元教学，使学生掌握地源热泵的概念，地源热泵的分类、地埋管换热器的形式和地埋管的管材；熟悉垂直地埋管施工步骤和试压要求；了解地源热泵系统的验收内容。

8.1 概　　述

地源热泵系统是以地源能（土壤、地下水、地表水、低温地热水、污水或废水）作为夏季热泵制冷的冷却源和冬季采暖供热的低温热源，实现采暖、制冷和提供生活热水的热泵系统。热泵型房间空调器和风冷热泵式冷（热）水机组是通过四通阀来实现制热的，它们在制热时吸收空气中的热量，属于空气源热泵。但空气源热泵冬季制热时，受室外空气温度和结霜的影响，限制了其应用的地区。地源热泵空调系统具有不受地区限制、高效节能等特点，国家出台了具体的鼓励政策，大力推广应用。当然，一个完善的地源热泵系统与工程勘察设计、施工和运行管理各环节密切相关，随着水（地）源热泵的大量使用，由于在工程设计、施工和运行的某些环节不够完善，出现了一些运行效果较差的工程，需要从各方面总结经验教训，使此项节能技术达到满意的效果。

根据地热能交换系统形式的不同，地源热泵系统分为地埋管地源热泵系统、地下水地源热泵系统及地表水地源热泵系统三种。在地下水丰富或地表水水源良好的地方，采用地下水或地表水的地源热泵系统，换热性能好、换热系统小、能耗低，性能系数高于地埋管地源热泵系统。由于地下水或地表水水源并非到处可得，且地下水资源受到保护，故其使用范围受到一定的限制。随着污水源热泵技术的逐渐成熟，污水源热泵系统正在兴起。目前地埋管地源热泵系统被大量使用，本单元主要讲述地埋管地源热泵系统的形式、地埋管的类型、水地源热泵机组的选择及地埋管系统的施工安装等内容。

8.1.1　地源热泵系统组成及工作原理

地源热泵系统主要由三部分组成：室外地热能交换系统、水源热泵机组及建筑物内空调末端系统。室外地热能交换系统指地埋管地源热泵系统中的地下埋管换热器、地下水地源热泵系统中的水井系统及地表水地源热泵系统中的地表水换热器。水源热泵机组有水-空气热泵机组（即冷热风型地源热泵机组）或水-水热泵机组（即冷热水型地源热泵机组）两种形式。与此相应的空调系统有水-空气空调系统和水-水空调系统。水源热泵机组与地热能交换系统之间的换热介质通常为水或防冻液（如乙二醇溶液），与建筑物内空调末端换热的介质可以是水或空气。

1. 冷热风型地源热泵系统

图8-1为采用水-空气水源热泵机组的地埋管地源热泵系统工作原理图。在夏季，水源热泵机组作制冷运行，水源热泵机组中，冷热源侧换热器、负荷侧换热器、压缩机和节

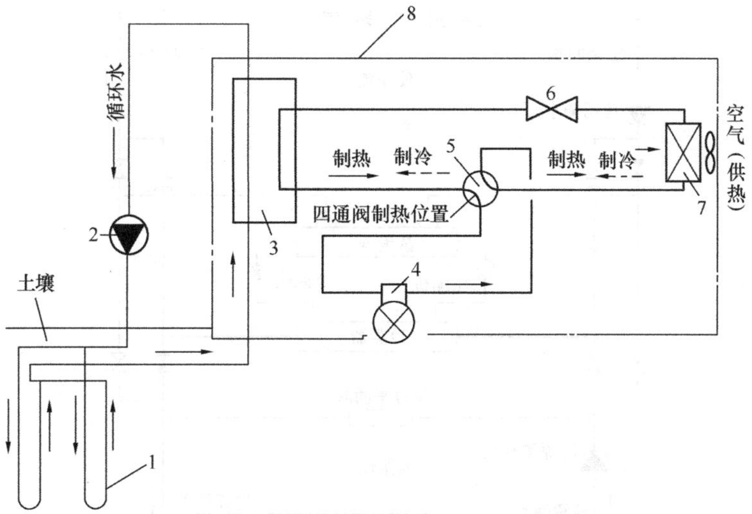

图 8-1　冷热风型地埋管地源热泵系统工作原理图

1—地埋管换热器；2—循环水泵；3—冷热源侧换热器；4—压缩机；5—四通换向阀；
6—节流装置；7—负荷侧换热器；8—水-空气水源热泵机组

流装置构成了一个制冷系统，四通换向阀处于制冷状态。冷热源侧换热器是制冷剂-液体（水或防冻液）换热器，负荷侧换热器是空气-制冷剂换热器。制冷剂在蒸发器（负荷侧换热器）中吸收空调房间的热量，在冷凝器（冷热源侧换热器）中放热，放出的热量等于蒸发器中吸收的热量加上压缩机耗功所转化的热量，热量传给了冷却介质（水或防冻液）。在循环水泵的作用下，冷却介质（水或防冻液）再通过地埋管换热器，将热量传给土壤，如此不断循环。结果是水源热泵机组不断从室内取出多余的热量，通过地埋管换热器，将热量释放给大地，达到使房间降温的目的。冬季水源热泵机组作制热运行，四通换向阀换向（制冷剂按图中虚线箭头方向流动），水（或防冻液）通过地埋管换热器从土壤中吸收热量，并将它传递给水源热泵机组蒸发器（冷热源侧换热器）中的制冷剂，制冷剂在冷凝器（负荷侧换热器）中将所吸收的热量连同压缩机消耗的功所转化的热量一起传给室内空气，如此循环以达到向房间供热的目的。

2. 冷热水型地源热泵系统

水-水地源热泵空调系统工作原理图见图 8-2，该系统处于冬季热泵制热状态。图中空心的阀门示为开启状态，实心的阀门示为关闭状态。从图中可以看出，水源热泵机组由蒸发器、冷凝器、压缩机、节流阀构成，蒸发器和冷凝器均是制冷剂-液体换热器。水源热泵机组中的蒸发器和冷凝器在冬夏季不作切换，但冬夏季供水的来源在使用侧和地源侧之间进行转换。这样就可以实现夏季制冷运行时，向使用侧供冷水，冬季作热泵制热运行，向使用侧供热水，这种水地源热泵机组称为冷热水型地源热泵机组。水-水地源热泵空调系统工作原理是：冬季作热泵运行时，空调回水通过水泵进入冷凝器，被制冷剂加热后从机组流出，供空调器加热空气。同时，地源侧载冷剂回水经水泵进入蒸发器，放出热量后，流出机组再回到地热源盘管中吸收地热。夏季工作过程阀门开启和关闭的状态相反，则使用侧空调水进入蒸发器，地源侧地源回水进入冷凝器。

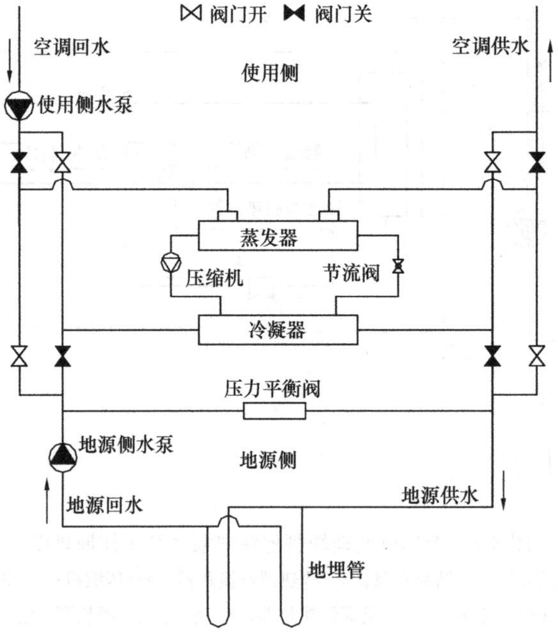

图 8-2 冷热水型地源热泵系统工作原理图（冬季热泵制热状态）

8.1.2 地源热泵系统的特点

地源热泵系统具有如下独特的优点：

1. 高效节能，运行费低

地能或地表浅层地热资源的温度一年四季相对稳定，冬季比环境空气温度高，夏季比环境温度低，是最好的热泵热源和空调冷源。这种温度特性，使得地源热泵系统在供热时其制热系数可达 3.5～4.5，比空气源热泵空调系统高出 40%；运行费用比常规中央空调系统低 40%～50%，比空气源热泵空调系统低 30%～40%。

2. 利用可再生能源，环保效益显著

地源热泵系统利用地球表面浅层的地热资源作为冷热源，这种能源是一种可再生能源。地热资源可自行补充，持续使用。地源热泵系统的污染物排放，与空气源热泵相比，减少 40%以上，与电供暖相比，减少 70%以上。

3. 运行安全稳定，可靠性高

地源热泵系统夏季不会向大气排放热量（或排放热量较少），不会加剧城市的“热岛”效应；冬季不受外界气候影响，运行稳定可靠，不存在空气源热泵除霜和供热不足的问题。土壤源热泵地下换热管路采用高密度聚乙烯塑料管（PE-X）或聚丁烯管（PB），使用寿命长达 50 年以上。

4. 一机多用，应用范围广

地源热泵系统可用于冬季供暖和夏季供冷，还可供生活热水，一机多用，无需室外管网，也不需要较高的入户电容量。

基于以上优点，国家出台了节能补贴政策，促进了地源热泵空调工程的发展，目前地源热泵技术在空调工程中被大量应用。下面重点讲述地埋管地源热泵系统的形式、地埋管的类型、地埋管换热器的施工和地埋管地源热泵系统的调试等内容。

8.2 地埋管换热器形式及管材

8.2.1 地埋管换热器埋管形式

地埋管换热器的埋管主要有两种形式，即水平埋管和垂直埋管。换热管路埋置在水平管沟内的地埋管换热器为水平埋管。换热管路埋置在垂直钻孔内的地埋管换热器为垂直埋管。选择哪种形式埋管主要取决于现场可用地表面积、当地岩土类型及钻孔费用。尽管水平埋管通常是浅层埋管，可采用人工挖掘，初投资比垂直埋管要少些，但它的换热性能比垂直埋管差很多，并且往往受可利用土地面积的限制，所以在实际工程应用中，垂直埋管多于水平埋管。

水平埋管按照埋设方式，可分为单层埋管和多层埋管两种；按照埋管在管沟中的管型不同，可分为直管和螺旋管两种。水平埋管应埋在当地冰冻线以下，单层管最佳深度为0.8～1.0m，双层管为1.2～1.8m，螺旋管型的换热效果优于直管，如可利用的地面较小，可采用螺旋盘管形式，但其不易施工。图8-3、图8-4为几种常见的水平直管和螺旋地埋管换热器形式。

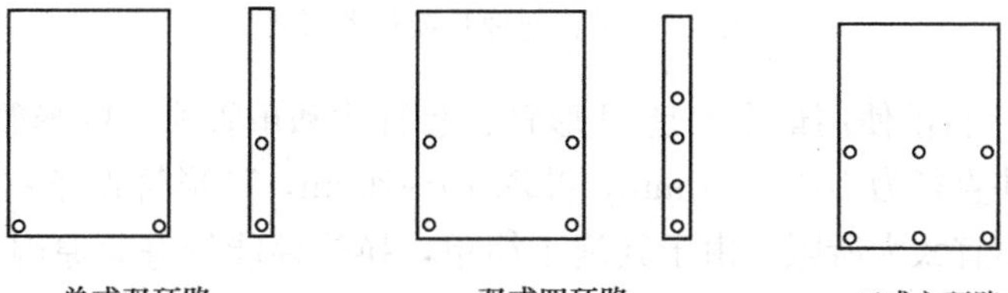

图 8-3　水平直管埋管形式

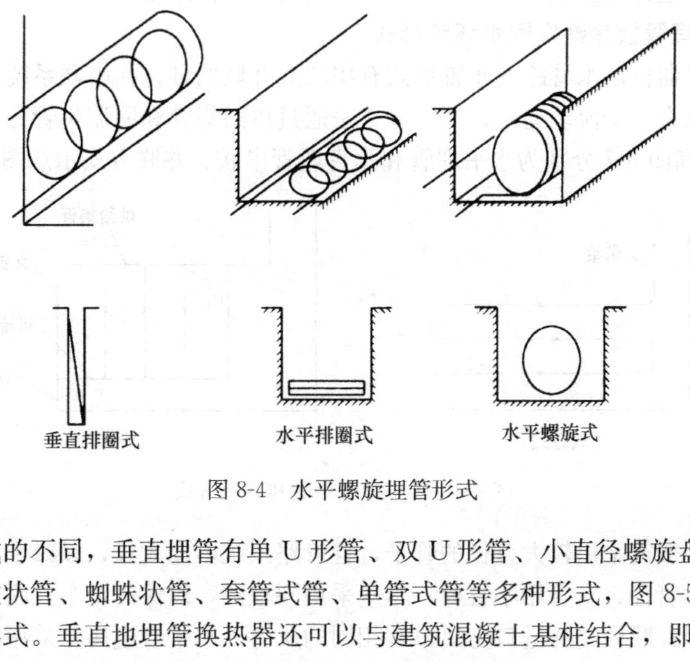

图 8-4　水平螺旋埋管形式

根据其形式的不同，垂直埋管有单U形管、双U形管、小直径螺旋盘管、大直径螺旋盘管、立式柱状管、蜘蛛状管、套管式管、单管式管等多种形式，图8-5为垂直地埋管换热器的几种形式。垂直地埋管换热器还可以与建筑混凝土基桩结合，即将U形管捆扎在钢筋网架上，然后浇筑混凝土。按埋设深度不同分为浅埋（≤30m）、中埋（30～80m）

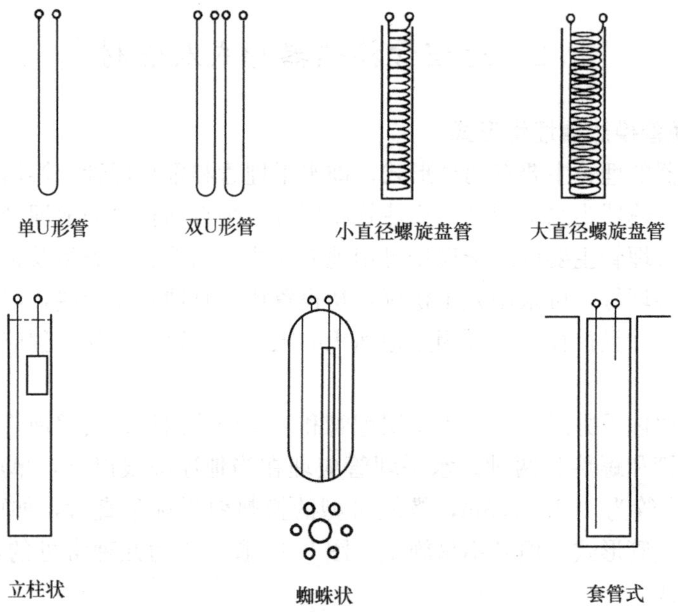

图 8-5 垂直地埋管换热器形式

和深埋（>80m）。目前使用最多的是 U 形管、套管式和单管式。U 形管是在钻孔的管井内安装，一般管井直径为 100～150mm，井深 10～200m，U 形管直径一般在 50mm 以下，这主要是受流量不宜太大所限。由于其施工简单，换热性能较好等原因，目前应用最多。套管式的外管直径一般为 100～200mm，内管直径为 15～25mm，由于增大了管外壁与岩土的换热面积，可减少钻孔数和埋深，但内管与外腔中的流体发生热交换会带来热损失。单管式安装费和运行费较低，但这种方式受水文地质条件限制。

8.2.2 地埋管换热器供回水环路形式

地埋管换热器供回水管路的布置形式有串联和并联两种。在串联系统中，几个井（水平管为管沟）只有一个流动通路；并联方式是通过供给集管和回流集管分别连接各井（或管沟）。图 8-6 和图 8-7 分别为水平埋管和垂直埋管串联、并联方式示意图。

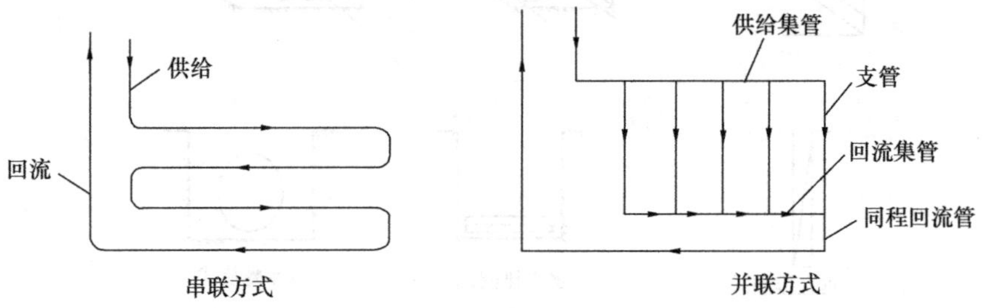

图 8-6 水平埋管串联和并联方式

串联方式一般需采用较大直径的管子，且管路系统不能太长，以减小系统阻力。并联方式的集管用大管径，支管用小管径，尽量采用同程式，以保证每个并联回路有相同的流量，来确保每个并联回路的进口与出口有相同的压力。水平管连接除采用集管式外，还可以采用分集水器并联连接的布置方式，如图 8-8 所示。

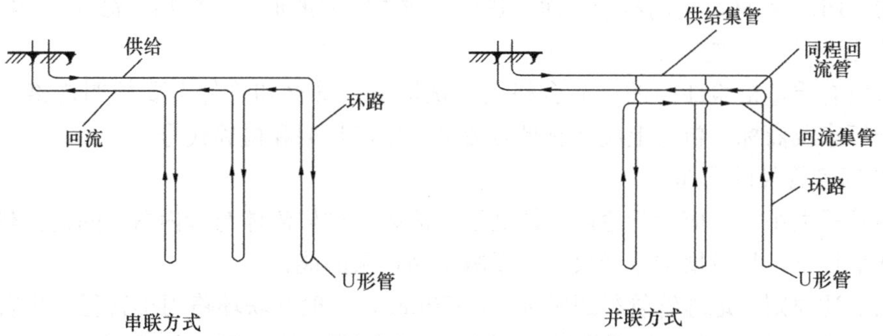

图 8-7　垂直埋管串联和并联方式

地埋管换热器的主要组成如下：

(1) 供、回水集管。供、回水集管是地埋管换热器从水源热泵机组到并联环路的流体供、回管路。它们输送热泵机组的全部流量。

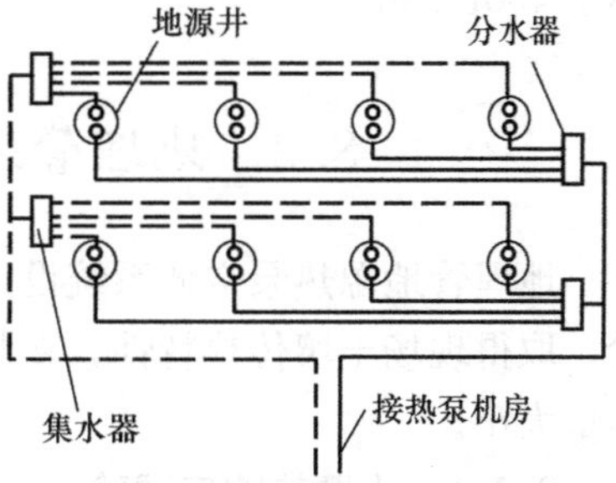

图 8-8　设分集水器的放射式连接

(2) 环路。管道从供给集管到一个孔洞或沟，再从相同孔洞或沟返回，再接到回流集管。

(3) 同程回流管。用于并联系统中，保证并联系统中每个环路有相同的压力降。它用于消除沿集管长度方向上压力损失的影响。

(4) U形弯头。如图 8-9 所示单 U 形弯头，它是一种管件，用于连接垂直埋管换热器的底部管口以构成水回路，它有多种形式，但都是 180°转向。双 U 地埋管专用的双 U 形弯头如图 8-10 所示，其中 4 孔两两相通，从而构成双 U 形地埋管换热器，也有多种形式。

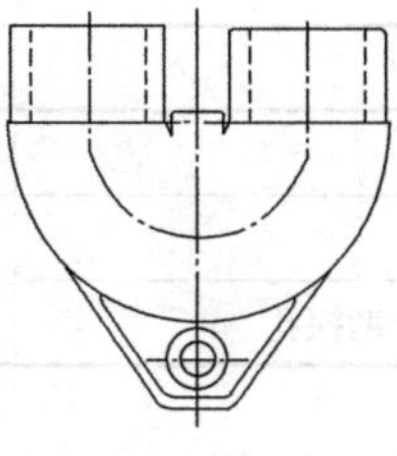

图 8-9　单 U 形弯头

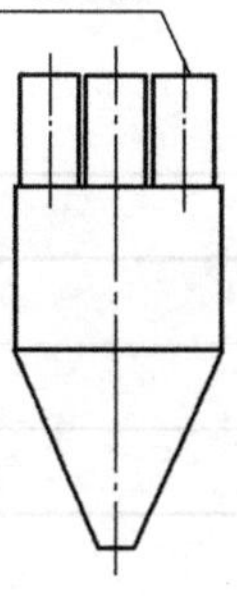

图 8-10　双 U 形弯头

8.2.3　地埋管换热器埋管管材

1. 对管材的要求和常用管材

对管材特性的要求是：化学稳定性好、耐腐蚀、流动阻力小、热导率大、强度要高，密封性能要好，价格合理。地埋管质量应符合国家现行标准中的各项规定，管材公称压力不应小于 1.0MPa，工作温度应在−20～50℃范围内。目前常用高密度聚乙烯（HDPE）

和聚丁烯（PB）管材，它们易于弯曲且热熔形成更牢固的形状，使用寿命在50年以上。

2. 对管材质量的要求

管材应有质量检验部门的产品合格证及认证书。管材和管件上要标明规格、公称压力、生产厂家及商标。包装上应标有批号数量、生产日期和检验代号。

3. 地埋管管径的选择

选择管径大小时，应使管道内流体处于紊流区，这样流体与管内壁之间的换热效果较好。在此前提下，尽量增加管径尺寸，以减小循环泵的能耗。

根据上述原则，地埋管管径通常为25～50mm，一般并联环路用小管径，集管用大管径。管内流速大小按以下原则选取：对于小于 $DN50$ 的管子，管内流速应在0.46～1.2m/s范围内，对于大于 $DN50$ 的管子，管内流速应小于1.8m/s，并使所有管子的压降小于400Pa/m。

8.3 地理管地源热泵地埋管及机房系统设计

地埋管地源热泵空调系统设计除按常规计算空调逐时负荷外，还要进行土壤热响应试验，取得现场土壤传热特性，在此基础上，设计地埋管系统和选择水源热泵机组的形式及容量大小。

8.3.1 土壤热响应试验

地埋管地源热泵空调系统应进行土壤源换热器的实地试验研究，测试当地土壤准确的取、放热特性，为地源热泵的优化设计和可靠运行提供保证。

竖直地埋管换热系统勘察采用钻探，勘探孔深度应根据现场条件确定，勘探孔的数量因埋管的面积大小而不同，具体要求见表8-1。对勘探孔应进行取样，现场测试岩土体应在测试埋管状况稳定后进行。对两个以上勘探孔做的热响应测试，其测试结果为其算术平均值。测试方法有电加热测试法和风冷热泵测试法。施工结束后应绘制勘探孔综合柱状图并提交设计单位。

勘探孔数量 **表8-1**

埋管区面积（m^2）	勘探孔数量	勘探孔布置位置
≤2500	≥1	埋管区中部
2500～10000	≥2	根据埋管区域平面形态和场地状况合理布置
＞10000	每增加10000m^2增加1个勘探孔	

1. 电加热测试法

图8-11为电加热测试法热响应试验原理图。其原理是通过电加热的方法将水加热并保持出水温度不变，向测试井的埋管内通入一定温度的热水，经过地埋管换热系统向地下散热，经过一段时间，回水温度达到恒定（供回水温差达到恒定），即地埋管换热器放热量恒定。通过试验测得此放热量，然后除以井深，即可得单位井深的放热量。

该种设备测试较简单，只能模拟夏季工况。

2. 风冷热泵测试法

图8-12为风冷热泵测试法热响应试验原理。其原理是利用风冷热泵模拟地源换热器

运行工况，通过地下换热器给土壤加热或取热，并记录相关温度数据。根据所收集的数据和专业分析软件分析，得到土壤热导率等参数。对于特定的地埋管换热器，经过一段时间运行，地埋管换热器放热量、取热量达到恒定，通过试验测得此放热量，然后除以井深，即可得单位井深的放热量（或取热量），以此数据计算地埋管的长度，从而确定竖井数或水平沟数。

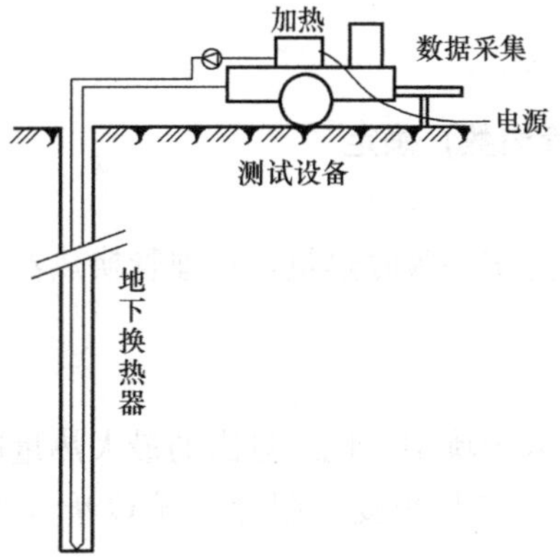

图 8-11　电加热测试法热响应试验原理图

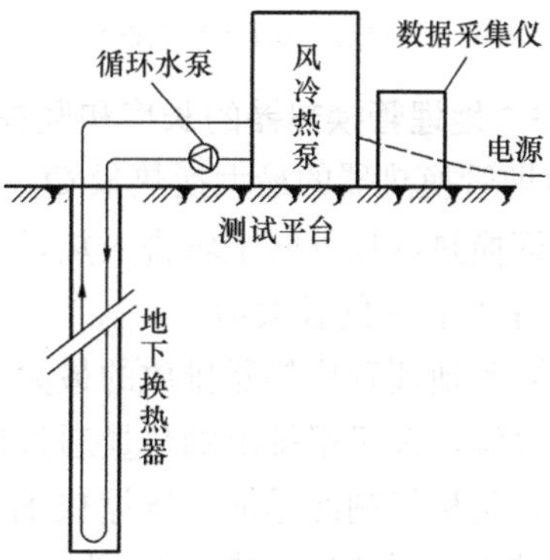

图 8-12　风冷热泵测试法热响应试验原理图

该种设备测试比较复杂，能够模拟不同季节运行工况，但测试成本较高。

8.3.2　水源热泵机组的确定

水源热泵机组是指以循环流动于地埋管中的水或井水、湖水、河水、海水或生活污水及工业废水或共用管路中的水为冷（热）源，制取冷（热）风或冷（热）水的设备。水源热泵的“水”还包括“盐水”或类似功能的流体（如乙二醇水溶液），根据机组所使用的热源液体而定。根据热源不同，水源热泵机组包括水环式机组、地下水式机组、地表水式机组和地埋管式机组。根据使用侧换热器的不同，水源热泵机组包括冷热风型机组和冷热水型机组。冷热水型水源热泵机组的台数和容量的确定方法与常规集中空调用蒸气压缩式冷水机组相似。其区别是水源热泵机组的名义工况与常规集中空调用蒸气压缩式冷水机组不同。国家标准《水（地）源热泵机组》GB/T 19409—2013 规定的机组试验工况参数见表 8-2，以地埋管式水源热泵机组为例，其制冷名义工况是：使用侧（蒸发器）的出水温度约为 7℃，进水温度为 12℃；地源侧（冷凝器）中的冷却介质进水温度为 25℃，出水温度约为 29℃（以水为介质）。制热名义工况是：使用侧（冷凝器）的出水温度 45℃，进水温度 40℃，地源侧（蒸发器）的进水温度为 10℃，出水温度 6℃（以水为介质）。生产厂家的产品样本中会给出机组在不同工况下的制冷量和制热量修正值，选择水源热泵机组容量时，应根据当地实际情况，对机组的制冷量和制热量进行修正。

冷热水型水源热泵机组的试验工况　　**表 8-2**

试验条件		使用侧出水温度/水流量	进水温度/水流量			
			水环式	地下水式	地埋管式	（地表水）
制冷运行	名义制冷	7/0.172	30/0.215	18/0.103	25/0.215	25/0.215

续表

试验条件		使用侧出水温度/水流量	进水温度/水流量			
			水环式	地下水式	地埋管式	(地表水)
制热运行	名义制热[b]	45/—[a]	20/—[a]	15/—[a]	10/—[a]	10/—[a]

注：1. 水流量单位为“m^3/（h·kW）”，温度单位为“℃”；

2. 上标 a 表示采用名义制冷工况确定的水流量；

3. 上标 b 表示单热型的水流量按设计温差（15℃/8℃）确定。

8.3.3 地埋管换热器的长度和竖井数（或管沟数）确定

1. 地埋管换热器的最大换热量 Q_{max}

地埋管换热器夏季向土壤排入热量，冬季从土壤中吸收热量，地埋管换热器的最大换热量 Q_{max} 是两者中的较大值。

（1）夏季地埋管换热器排放的最大热量 Q_1

夏季水源热泵机组排出的热量通过地埋管排入土壤中，机组排出的最大热量即冷凝器的热负荷，是机组制冷量加上压缩机消耗的功。已知机组夏季制冷工况 COP_c，则夏季埋管换热器排入土壤的最大热量 Q_1 为：

$$Q_1 = Q_c\left(1+\frac{1}{COP_c}\right) \quad (kW) \tag{8-1}$$

式中 Q_c ——水源热泵机组夏季制冷量（kW）；

COP_c ——水源热泵机组夏季制冷时的性能系数。

（2）冬季地埋管换热器从土壤吸收的最大热量 Q_2

冬季地埋管换热器吸收的最大热量即蒸发器吸收的热量，是机组制热量减去压缩机消耗的功。已知机组的冬季制热工况 COP_h，则冬季地埋管换热器从土壤吸收的最大热量 Q_2 为：

$$Q_2 = Q_h\left(1-\frac{1}{COP_h}\right) \quad (kW) \tag{8-2}$$

式中 Q_h ——水源热泵机组冬季制热量（kW）；

COP_h ——水源热泵机组冬季制热时的性能系数。

2. 地埋管换热器的长度确定

通过热响应试验和参照类似工程，取得地埋管换热器的单位垂直埋管深度或单位管长的换热量。在通常的情形下，垂直埋管的单位管长换热量在 35～55W/m 范围内，水平埋管的单位管长换热量为 20～40W/m。此时埋管长度可按下式计算：

$$L = \frac{1000Q_{max}}{q_l} \quad (m) \tag{8-3}$$

式中 q_l ——每米管长换热量（W/m）；

Q_{max} ——夏季向埋管换热器排放的最大热量 Q_1 和冬季从埋管换热器吸收的最大热量 Q_2 中的较大者（kW）。

以上计算的热量为地埋管夏季和冬季传热的瞬时最大热流量。在一个空调季或一个采暖季向土壤总排入的热量或总取出的热量，应采用负荷计算软件，通过模拟的方法计算。一般情况下，夏季放热较冬季取热大，为了避免夏季放热和冬季取热不平衡造成的土壤温度逐年上升的现象，当夏季放热和冬季取热量相差较大时，一般不平衡率超过 20%时，应采用辅助散热设备，如通过增加冷却塔的方式来将多余的热量散发到空气中。冷却塔的开停由设置在地埋管换热器回水总管的温度来控制，如某工程设定地埋管侧机组进水温度高于 29℃时冷却塔自动投入运行，低于 27℃时冷却塔停止运行。

3. 确定地埋管换热器的竖井数或管沟数

已知地埋管换热器的总管长后，可确定水平埋管的管沟数或垂直埋管的竖井数。水平埋管的管沟数或垂直埋管的竖井数 N 可根据下式确定：

$$N = \frac{L}{nH} \quad (个) \tag{8-4}$$

式中 L——埋管总长（m）；

H——竖井深度或管沟长度（m）；

n——每一管沟或竖井中的管子数（根）。

应对竖井数或管沟数计算结果进行圆整。若计算结果偏大，可以通过增加竖井深度或沟长来减少竖井数或管沟数。

8.3.4 地源热泵机房

1. 地源热泵机房系统流程图

冷热水型地源热泵机房工艺系统流程图见图 8-13，该工程选用了 3 台冷热水型水源热泵机组，其中 R-1 水源热泵机组不提供生活热水，R-2 和 R-3 为热回收型水源热泵机组，其中 1 台为变频机组，这两台机组除用于冬夏季空调外，还可以提供生活热水。水源热泵机组的冬夏季变换是通过安装在冷凝器和蒸发器上的阀门启闭实现的。3 台热泵机组的运行要求是：过渡季节时，空调不运行，开启热泵机组 R-2/R-3 中的 1 台制备热水。夏季运行：60%及以下负荷时开启热泵机组 R-2/R-3 中的 1 台或 2 台机组运行并制备热水；60%～80%负荷时开启热泵机组 R-1 及 R-2、R-3 中的变频机组并制备热水，冷却塔不运行；80%以上负荷时，3 台热泵机组同时运行，冷却塔开启。冬季运行：40%及以下负荷时，开启热泵机组 R-2/R-3 中的 1 台变频机组运行并制备热水；40%～80%负荷时开启 R-2、R-3 两台机组并制备热水；80%以上负荷时开启 R-1 及 R-2、R-3 中的变频机组并制备热水。

系统流程是：夏季工况时，空调侧的冷冻水回水经集水器 JS-1 和空调负荷侧水泵 Bfh-1～Bfh-4（三用一备），进入水源热泵机组的蒸发器降温，再经分水器 FS-1 向空调负荷侧供冷冻水。同时在地源侧，经地埋管系统降温的冷却水进入地源侧水泵 Bdy-1～Bdy-3（二用一备），经水泵加压后进入冷凝器，冷凝制冷剂，冷却水温度升高，冷却水出冷凝器后再进入地埋管系统，向地源介质放热，温度降低后再进入地源侧水泵，如此不断循环。夏季排热量较大时，应开启冷却塔，减少向地源排入的热量，以保证冬、夏季排入地下的热量与取出的热量相等，维持地温不变，该工程中设置了 1 台冷却塔，配 2 台冷却水泵 Blq-1、Blq-2。冬季工况时，空调负荷侧散热后的热水经集水器 JS-1 和空调负荷侧水泵 Bfh-1～Bfh-4，进入水源热泵机组的冷凝器，热水被制冷剂加热，温度升高，再经分水器供空调侧空调器用于供暖。同时，地源侧载冷剂被地热加热后经地源侧水泵 Bdy-1～Bdy-3 加压进入蒸发器，制冷剂吸收载冷剂热量，载冷剂温度降低，载冷剂再流回地埋管系统，吸收地热，温度升高后再进入地源侧水泵，如此不断循环。负荷侧和地源侧水系统均为闭式系统，分别设定压罐定压。

2. 冷热水型地源热泵系统机房平面图

图 8-14为该地源热泵冷热水机房工艺布置平面图，对照流程图可以更清楚地看出，

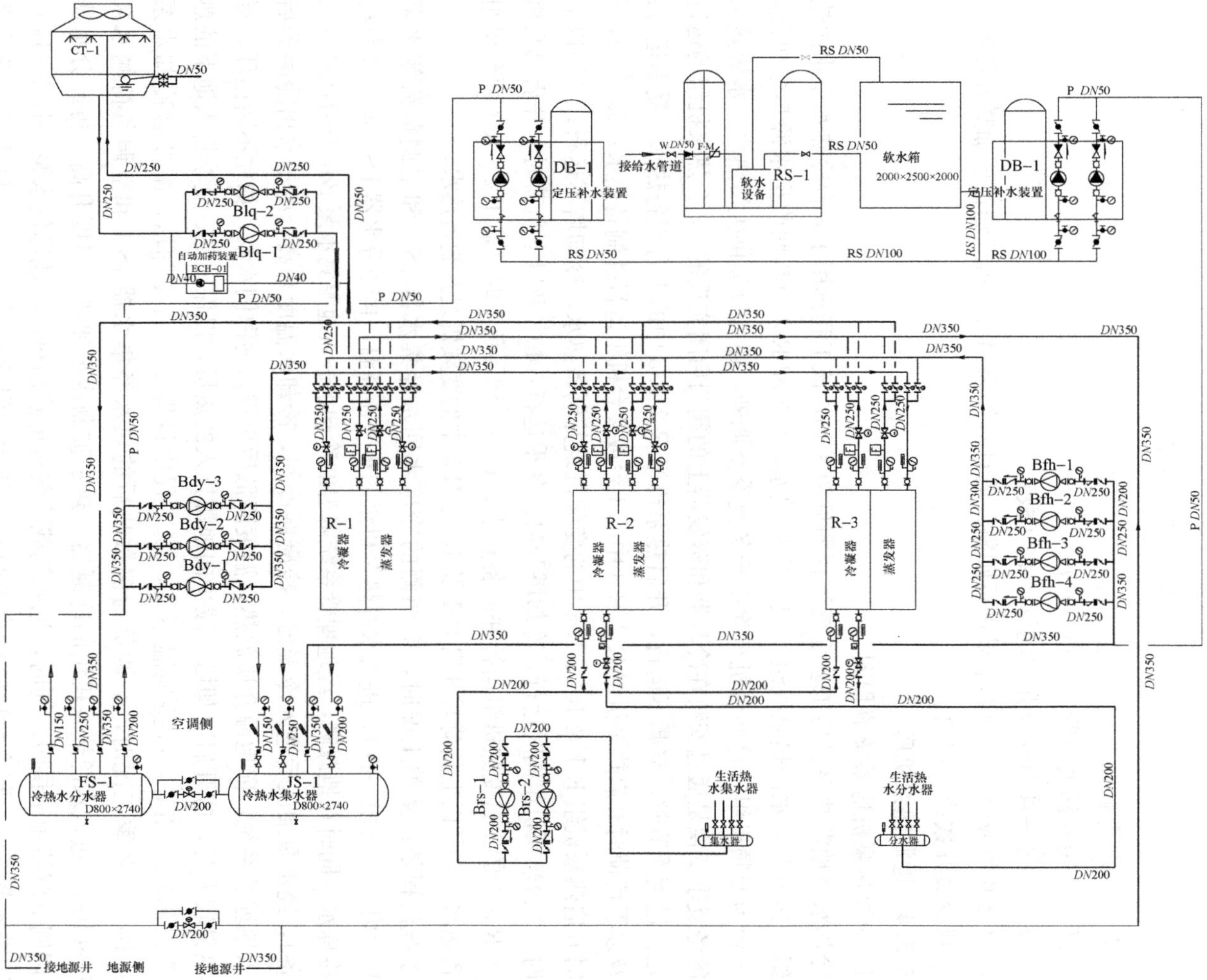

图 8-13　地埋管地源热泵冷热水机房工艺系统流程图

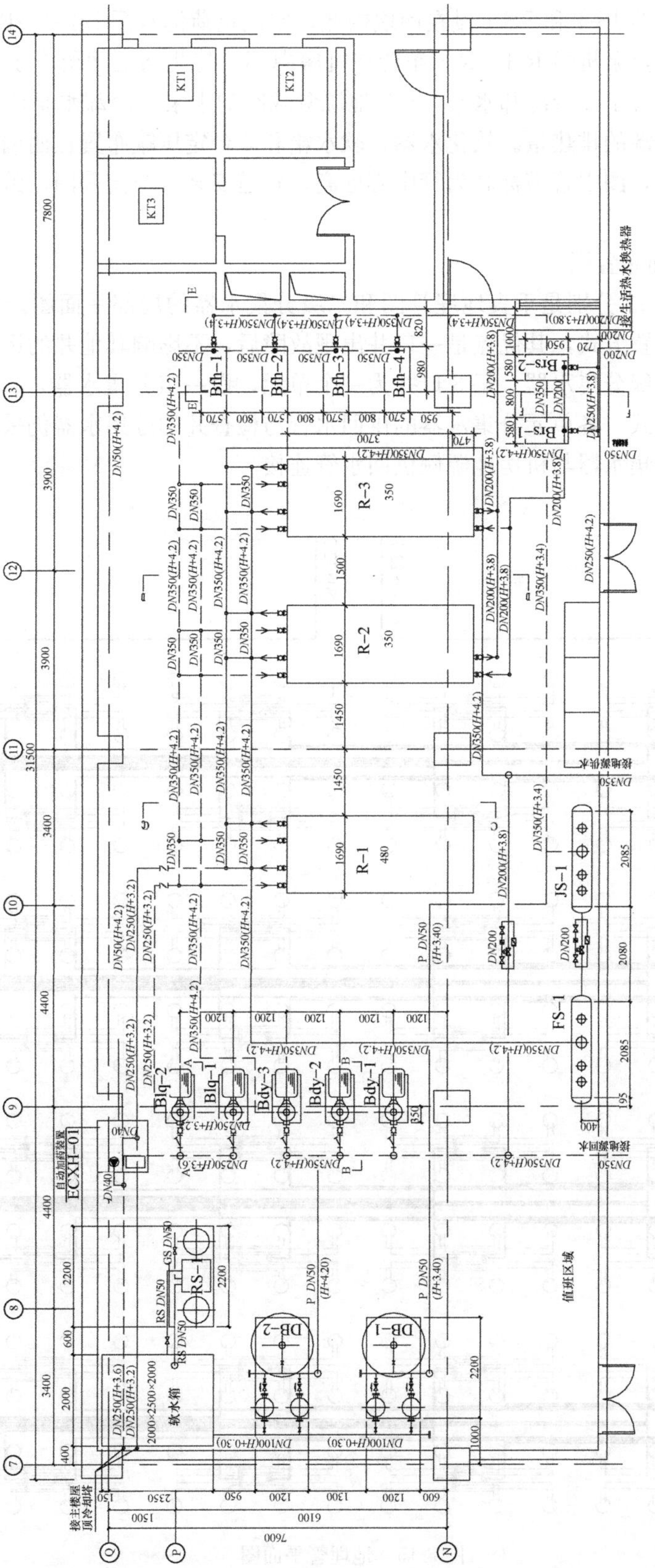

图 8-14 地源热泵冷热水机房工艺布置平面图

空调负荷侧分集水器 JS-1 和 FS-1 设在南墙内侧，空调负荷侧水泵 Bfh-1～Bfh-4 布置在靠近东墙附近。水源热泵机组 R-1～R-3 布置在机房中部，与北墙之间留出了足够的抽管维修距离。在⑨轴布置了 2 台冷却水泵，3 台地源侧载冷剂水泵。冷却水泵用于夏季向冷却塔供水，减少向地源的排热量。软化水器、软水箱和 2 台定压罐布置在西墙内侧。机房内管道采用架空布置，图中管道标高为管中心标高，管道安装应与流程图一致。机房南墙设置了 2 个外门。

3. 地埋管平面布置图

图 8-15～图 8-17 分别是垂直地埋管图和二级分集水器的局部平面图。该工程水平地埋管采用放射式布置方式，其优点是一口井出现故障后，不影响其他井的运行。为保证水力平衡，设置了二级分集水器。每 8 口井为一个单元，设一组分集水器，8 口井水平管道采用放射式布置方式。各单元分集水器的供回水管与检查井的分集水器仍采用放射式连接方式。检查井的分集水器与机房地源侧供回水管连接。

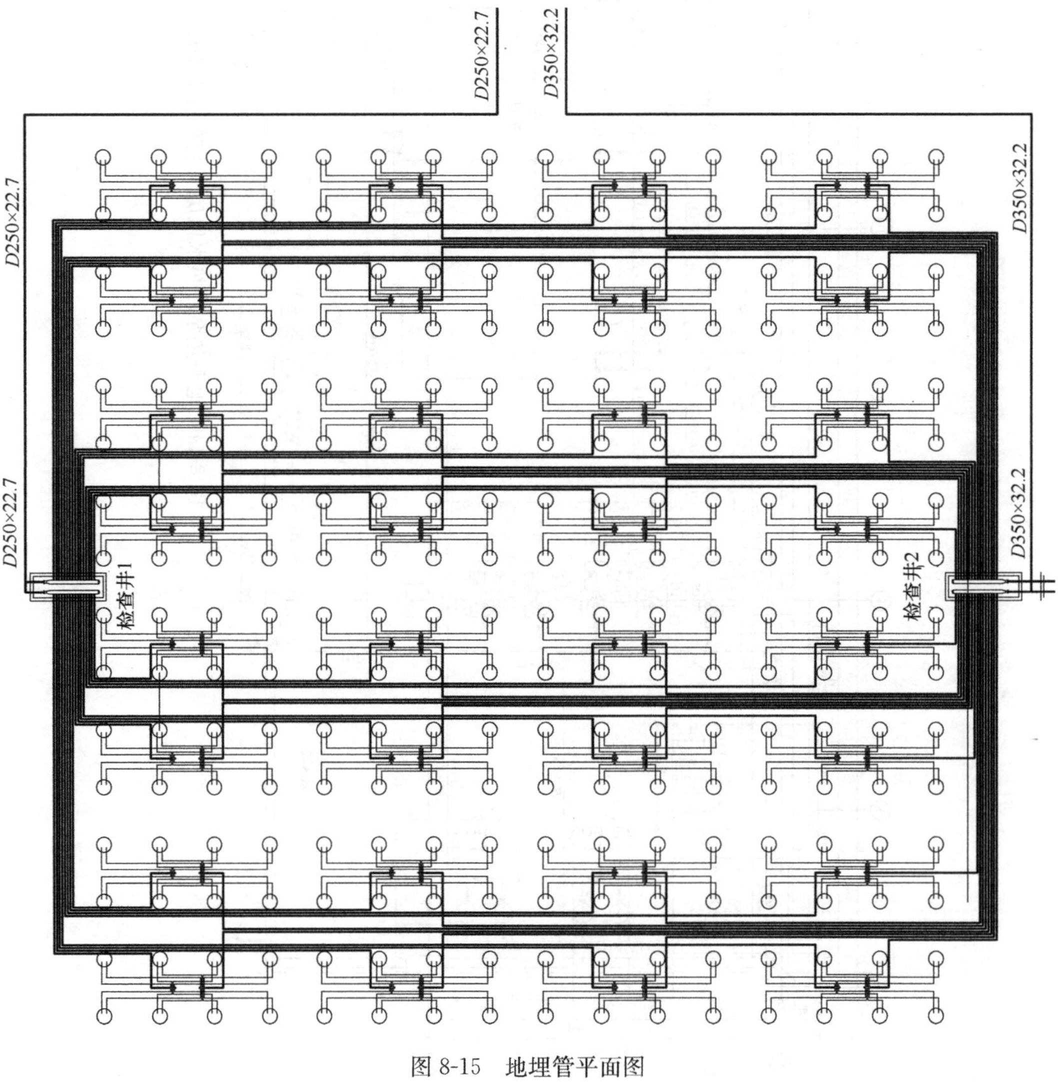

图 8-15　地埋管平面图

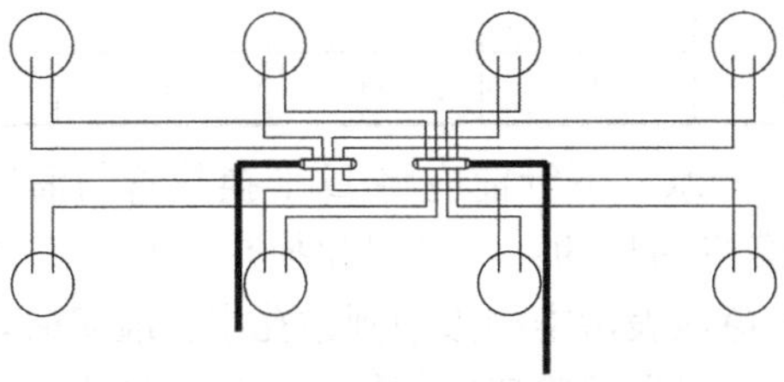

图 8-16 垂直地埋管水平管道布置平面图

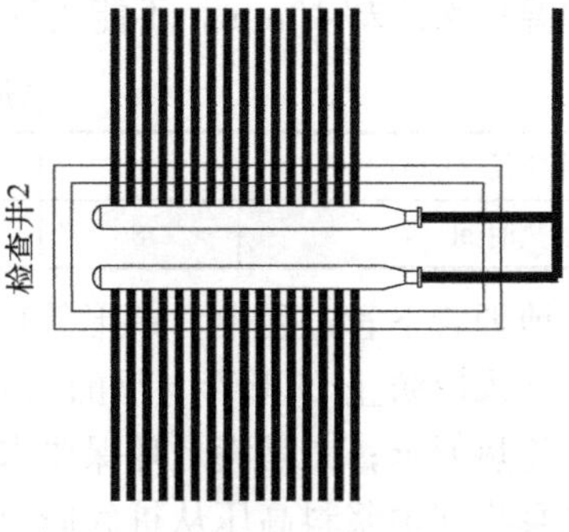

图 8-17 检查井分（集）水器安装平面图

8.4 竖直地埋管换热器的安装、施工和系统调试

由于竖直地埋管换热器相对于水平地埋管换热器施工难度较大，这里主要以竖直地埋管换热器为例，对其安装、施工和系统调试进行说明。

8.4.1 地埋管换热器的安装与施工

1. 进场准备

在进行地下埋管施工前，首先应详细了解工程勘测资料、设计图样。制定系统完善的施工方案，并根据现场的地质情况选择合适的施工设备。在钻机进场以前，应对钻孔施工场地进行地面清理、铲除杂物、平整场地。为钻机和PE管的连接、材料的堆放、人员的操作留出足够的场地。对地下管线、市政设施等做好标记。完成这些工作以后，根据图样，在现场对埋管孔位用木桩等进行精确定位，并请监理和甲方进行复核。对在基础下埋管的工程，如遇孔位和桩基冲突时，可在同一轴线上进行位移避让。

2. 管材的验收

地埋管的质量对地埋管换热系统至关重要。进入现场的地埋管及管件应逐件进行外观检查，破损和不合格产品严禁使用，不得采用出厂已久的管材。

3. 地埋管换热器的施工

钻孔地埋管换热器的施工流程见图 8-18。各施工环节的主要要求如下：

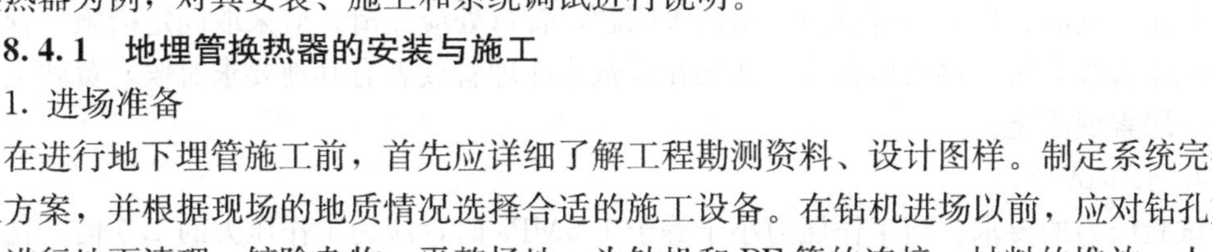

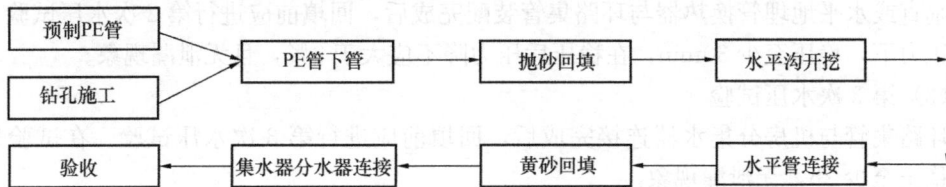

图 8-18 钻孔地埋管施工流程

（1）钻机钻孔深度应超过设计深度 0.2～1.0m，确保埋管深度达到设计要求。

（2）竖直地埋管换热器的 U 形弯管接头，宜选用定形的 U 形弯头成品。管子采用热熔或电熔连接，注意熔接温度和时间。PE 管热熔的熔接温度控制在 260±10℃，热熔结束，在常温自然冷却 10min，不能用湿抹布等强行冷却。热熔加热时间见表 8-3。

热熔加热时间的要求 **表 8-3**

管外径（mm）	32	40	50	63	85	90
加热时间（s）	8	12	18	24	30	40

（3）地埋管下管过程中，U 形管内宜充满水。下管前应将 U 形换热管与灌浆管捆绑在一起，并采取防止 U 形管上浮的措施。灌浆的目的：一是强化换热管与孔壁之间的传热，满足传热要求；二是满足环保要求，避免地表污染物渗漏到钻孔中。灌浆时，用注浆泵或泥浆泵将回填浆料高压从桩底向上封入。根据灌浆速度的快慢，逐步抽出导管，使混合浆自下而上回灌封井，确保回灌密实无空腔。

（4）灌浆回填料一般为膨润土和细砂（或水泥）的混合浆，或其他专用灌浆材料。膨润土的比例宜为 4%～6%。室外环境温度低于 0℃时，不宜进行地埋管换热器的施工。

（5）水平管应埋于冻土层以下，施工前应安排人工开槽找平并留有一定的坡度，以使水平汇总管向集水器方向保持一定的坡度以利排气，严禁 U 形管倒坡。水平管铺设前，在水平沟上方铺一层黄砂保护管道。水平管在铺设时，严禁管道上下蜿蜒，造成管道积气。水平管应在水平方向蜿蜒铺设，留有一定膨胀、收缩空间，避免因热胀冷缩影响管道使用寿命。同时管道不应有折断、扭结等问题，转弯处应光滑，应采取固定措施。管道连接并试压验收合格，再回填黄砂。如果在建筑物底埋管或者有其他要求时候，黄砂上面应再捣一层素混凝土。

4. 水压试验

试验压力的要求：当工作压力小于等于 1.0MPa 时，应为工作压力的 1.5 倍，且不应小于 0.6MPa；当工作压力大于 1.0MPa 时，应为工作压力加 0.5MPa。整个地埋管施工时应做 4 次水压试验，水压试验宜采用手动泵缓慢升压。升压过程中应随时观察与检查，不得有渗漏，不得以气压试验代替水压试验。水压试验步骤如下：

（1）第 1 次水压试验

竖直地埋管换热器插入钻孔前，应做第 1 次水压试验。在试验压力下，稳压至少 15min，稳压后压力降不应大于 3%，且无泄漏现象；将其密封后，在有压状态下插入钻孔，完成灌浆之后保压 1h。水平地埋管换热器放入沟槽前，应做第 1 次水压试验。在试验压力下，稳压 15min，稳压后压力降不应大于 3%，且无泄漏现象。

（2）第 2 次水压试验

垂直或水平地埋管换热器与环路集管装配完成后，回填前应进行第 2 次水压试验。在试验压力下，稳压至少 30min，在稳压后压力降不应大于 3%，且无泄漏现象。

（3）第 3 次水压试验

环路集管与机房分集水器连接完成后，回填前应进行第 3 次水压试验。在试验压力下，稳压至少 2h，无泄漏现象。

（4）第 4 次水压试验

地埋管换热系统全部安装完毕，且冲洗、排气及回填完成后，应进行第 4 次水压试验。在试验压力下，稳压至少 12h，稳压后压力降不应大于 3%。

8.4.2 运转、调试与验收

1. 运转与调试

(1) 地源热泵系统的整体调试和验收应符合《通风与空调工程施工质量验收规范》GB 50243—2016、《制冷设备、空气分离设备安装工程施工及验收规范》GB 50274—2010 和《地源热泵系统工程技术规范》GB 50366—2009 的规定。

(2) 地源热泵系统运转调试之前应会同建设单位进行全面检查，符合设计与相关规范要求后，才能进行运转与调试。

(3) 地源热泵系统运转与调试应符合以下规定：

1) 调试前应编制调试方案，并报送专业监理工程师审核批准。

2) 调试前应进行水力平衡调试，确定系统循环总流量、各分支流量及各末端设备流量达到设计要求。

3) 水力平衡调试完成后，应进行设备单体试运转。运转结果应符合相关参数，并调整到符合设计要求。

(4) 调试完成后应编写调试报告及运行操作规程，并提交甲方确认并存档。

2. 验收

(1) 竣工验收应在地源热泵系统调试合格后进行，竣工验收应由建设单位负责，组织施工、设计、监理等单位共同进行，合格后应办理竣工验收手续。

(2) 地源热泵系统的验收应包括设备验收、工程验收、效果验收三部分。

(3) 验收时，施工单位应提供下列资料：

1) 设计文件、设计变更通知单、图纸会审记录和竣工图；

2) 主要设备、材料等的出场合格证明及验收报告；

3) 管道安装施工纪录，包括施工过程中对重大技术问题的处理情况；

4) 质量检验记录和质量验收报告；

5) 隐蔽工程验收单和中间验收记录；

6) 制冷系统试验记录；

7) 空调系统的联合试运转记录；

8) 竣工报告。

单 元 小 结

本单元主要介绍了地源热泵的概念，地源热泵的分类，重点介绍了地埋管换热器的形式、环路的形式、地埋管的管材、地埋管的计算以及地埋管施工步骤、运转调试和验收要求。地源热泵系统是以地源能（土壤、地下水、地表水、低温地热水、污水或废水）作为夏季热泵制冷的冷却源和冬季采暖供热的低温热源，实现采暖、制冷和提供生活热水的热泵系统。与空气源热泵相比，相同点是它们都是利用制冷循环原理，在冬季从外界环境吸收热量，消耗一定的功后，向空调空间放热，达到冬季制热的目的；不同点是地源热泵系统在冬季吸收的是地源能（如土壤、地下水等）的热量，而空气源热泵吸收室外空气的热量。由于地源热泵吸收的热量比空气源热泵高得多，从而使地源热泵系统的 *COP* 较空气源热泵高。

目前应用较多的地埋管换热器有水平式和垂直式两种，地埋管一般采用高密度聚乙烯(PE-X)。地埋管换热器设计计算时，首先要进行土壤热响应计算，取得单位管长传热量后，才能确定地埋管的数量，当夏、冬季热量不平衡时，要考虑采用冷却塔等辅助设备平衡夏季放取热量，以保证地下热环境。安装地埋管时要进行 4 次试压，以保证安装质量。

思考题与习题

1. 地源热泵系统进行热响应试验的方法有哪些？如何进行热响应试验？各有什么特点？

2. 水（地）源热泵机组的名义工况是如何规定的？选择水（地）源热泵机组时如实际工况与名义工况不同，应如何选择机组？

3. 土壤源热泵在夏季和冬季向土壤放热和吸热量不同，如何保证土壤温度不会逐年升高？

4. 土壤源热泵系统设置冷却塔时，开停冷却塔的条件是什么？

5. 如何使地埋管换热器管道与土壤接触良好？

6. 简述地埋管设计的步骤。

7. 地埋管的材料有哪些？管子热熔时的温度如何控制？

8. 简述图 8-13 中的系统夏冬季如何运行？在图上标出夏季时各管道内介质的性质和流动方向。

9. 地埋管换热器的施工顺序是什么？

10. 为什么地埋管换热器试压时不得以气压试验代替水压试验？

11. 简述地埋管换热器的水压试验程序和要求。

12. 地源热泵系统竣工验收时，施工单位应提交哪些资料？

教学单元 9　蒸气压缩式制冷系统的调试与故障处理

【教学目标】 通过本单元教学，使学生掌握制冷系统严密性试验和充灌制冷剂的要求、制冷系统工作参数是否正常的分析方法；熟悉几种常见故障的现象及原因，初步具备分析制冷系统故障原因的能力。

9.1　制冷系统的严密性试验、制冷剂的充灌和回收

制冷系统安装完毕后，要进行严密性试验和充灌制冷剂。运行制冷系统要在冷凝器和蒸发器能够正常工作后才可以进行。

9.1.1　严密性试验

严密性试验包括压力试验、真空试验和充注制冷剂试验。严密性试验的目的是检查制冷系统在设计压力下工作时是否存在泄漏。

1. 压力试验

压力试验的介质，对 R22、R134a 制冷剂用 N_2，在无 N_2 的情况下，也可用干燥的压缩空气。对于 R410A 制冷剂使用 N_2 或 CO_2 气体试压，不采用压缩空气试压。制冷系统严禁使用 O_2 试压，曾发生过用 O_2 试压引起爆炸的事故。用 N_2 检漏的操作步骤如下：

(1) 用耐压橡胶管将氮气瓶与压缩机排气截止阀通孔的接头连接起来，如图 9-1 所示。

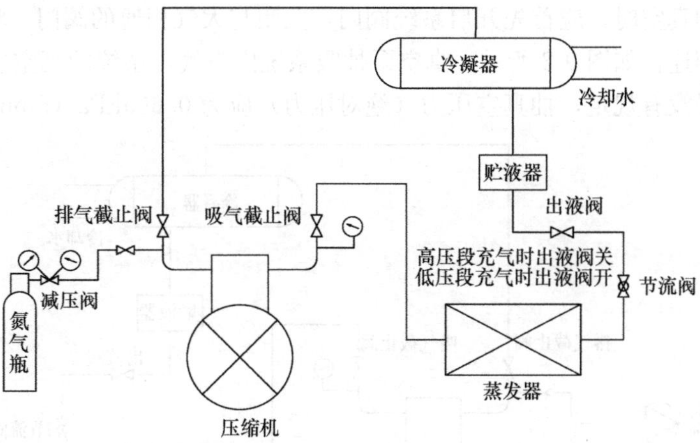

图 9-1　压力试验

(2) 旋开钢瓶阀门，减压阀上的一只压力表指示出瓶内 N_2 的压力值。顺时针旋动减压阀的阀杆，钢瓶上的另一只压力表指示出减压后的 N_2 压力值。边充气，边开大减压阀，直至压力表指示系统内充气压力达到 1.0MPa。用肥皂水涂系统焊口、螺栓、法兰、

阀门等处，检查有无漏气现象，保持压力 6h，记录压力表压力及环境温度，允许压力降 0.02～0.03MPa，如无漏气，再继续试验高压系统。

(3) 关闭贮液器的出液阀，再开大减压阀使出液阀前的高压侧升压至 1.6MPa (R134a)。如果制冷机采用的工质是 R22，高压侧的压力要充至 2.0MPa。

(4) 停止充气后，关闭减压阀和压缩机排气截止阀的旁通孔，拆下耐压橡胶管，拧上堵塞。

(5) 顺时针旋转排气截止阀杆，将排气管封闭。至此，制冷系统的高压侧被充入 1.6MPa 或 2.0MPa 的 N_2，低压侧被充入 1.0MPa 的 N_2。

(6) 将肥皂液用毛笔涂于接头的缝隙和焊缝处，如发现冒气泡说明该处有渗漏。检漏是一件细致的工作，要反复检查多遍。发现漏点就做上记号，等全部检漏完毕后，放掉 N_2 进行补漏。补焊完毕需再次充气检漏，直至整个系统不漏为止。

(7) 如无泄漏，则应稳压 18h。若稳压前后室温有所变化，所产生的压力变化可按以下公式进行检查校核：

$$p_2 = p_1 \frac{273 + t_2}{273 + t_1} \quad (\text{MPa}) \tag{9-1}$$

式中 p_2、p_1——稳压终了、稳压开始时的压力 (MPa)；

t_2、t_1——稳压终了、稳压开始时的室温 (℃)。

若高压系统稳压 18h 后压力值与上式计算值相差较大，则说明系统还有漏气现象。必须重新进行检漏并处理，直到合格为止。低压和高压试验时，试验数据应每 2h 记录 1 次。

2. 真空试验

真空检漏的目的，是进一步检查系统在真空下的密封性和为系统充氟打好基础。制冷系统抽真空一般使用真空泵，条件限制没有真空泵时，可以利用本身的压缩机来抽真空。

(1) 用真空泵抽真空

用真空泵抽真空时，应首先开启系统阀门，关闭与大气相通的阀门，将真空泵与系统制冷剂充注口相连，如图 9-2 所示。真空泵抽吸系统内空气，系统的真空度要求应按有关规定执行，如果没有规定，抽真空压力（绝对压力）应为 0.665kPa (5mmHg) 以下，此

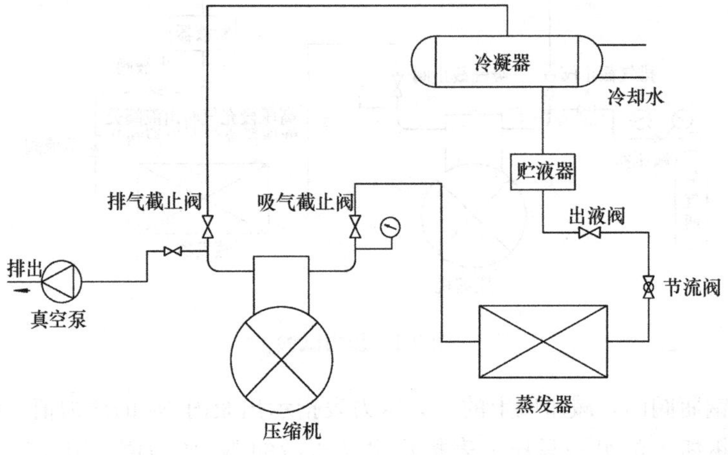

图 9-2 用真空泵抽真空

时用 U 形压力计测量绝对压力值，若用压力真空表测量，表指针近乎指示在－0.1MPa。达到真空度要求时，先关闭系统与真空泵的连接阀，再停止真空泵的工作，以防止真空泵中的油被倒吸入压缩机。然后再进行查漏，方法是用点燃的烟靠近可能出现漏点的地方，若有抽吸现象则表明此处泄漏。小型制冷系统真空度稳定后，应保证 24h 内基本无变化。对于大中型系统真空度应在 24h 内回升不超过 0.665kPa（5mmHg）。对小型系统抽真空时，如系统很快达到真空值，应检查管道系统是否有堵塞或阀门没有开启，确认管道系统通畅后才可确认抽真空结束。

（2）利用自身压缩机抽真空

对于小型氟利昂制冷机，如图 9-3 所示的系统可利用系统本身的压缩机抽真空，其步骤如下：

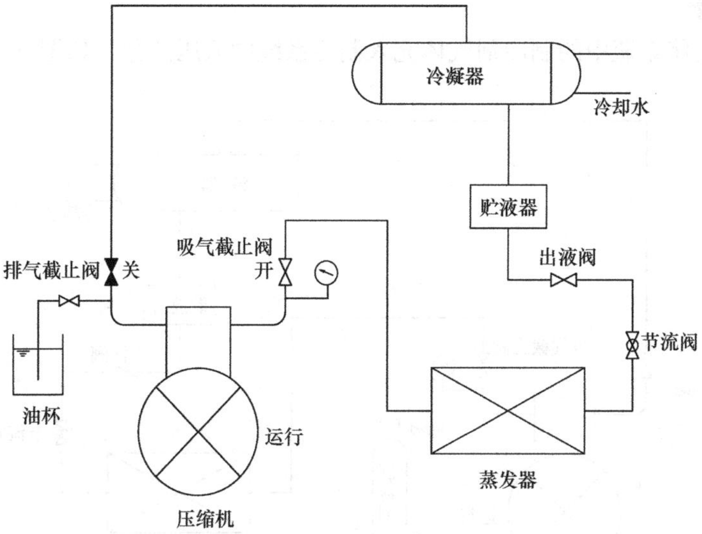

图 9-3　系统本身压缩机抽真空

1）关闭压缩机的排气截止阀，在旁通孔上装锥牙接头和排气管。

2）使压力继电器上的低压开关短路，以便压缩机在真空时还能运转。

3）启动压缩机抽真空。当压缩机连续抽气至排气管听不见气流声时，将管口浸入冷冻机油杯中，观察管口冒气泡情况。

4）若 5min 内无气泡冒出，低压端压力真空表的值低于 4kPa 绝对压力时，可以认为系统内气体基本抽完。当整个系统抽到规定的真空度后，视系统大小，使压缩机继续运行一至数小时，以彻底消除系统的中的残存水分。这时可用手指堵住排气管口且将排气截止阀杆快速退足关闭旁通孔道。停机拆下排气管，拧上堵塞，抽气结束。

5）保持 24h，压力升高不超过 0.665kPa（5mmHg）为合格。否则应对整个系统重新检查、处理。

3. 充注制冷剂试验

氟利昂制冷剂的渗透性较强，因此在真空试验后应充注少量的制冷剂作进一步检查。具体做法有下列两种：

（1）从已抽真空的制冷系统充氟口处充注制冷剂，系统压力达 0.3MPa 时停止充注。

然后用卤素检漏仪对氟利昂系统进行检漏。

(2) 也可先向系统充入少量制冷剂，然后再充入 N_2 至 1.0MPa 时进行全面检查。

从可靠性讲，以第二种方法为宜，但这种方法在试漏后要重新抽真空，浪费一定量的制冷剂，不经济。若压力试验和真空试验质量比较好，可采用第一种方法。所以，应根据系统的实际密封情况决定采取哪种方法。

9.1.2 制冷剂充灌

制冷系统经过抽真空并确认无渗漏后就可以开始充灌制冷剂。充灌制冷剂有气相充灌和液相充灌两种形式，对单一组分的制冷剂如 R22、R134a 等制冷剂，小型制冷系统一般采用气相充灌。但对于 R407C 或 R410A 等混合制冷剂，必须采用液相充灌，如果这类系统的制冷剂泄漏，制冷系统内的制冷剂组分比例已经改变，应将系统内的制冷剂放掉，重新充灌。

1. 气相充灌

气相充灌是将钢瓶中的制冷剂气体充入制冷系统的低压部分，如图 9-4 所示。气相充灌步骤如下：

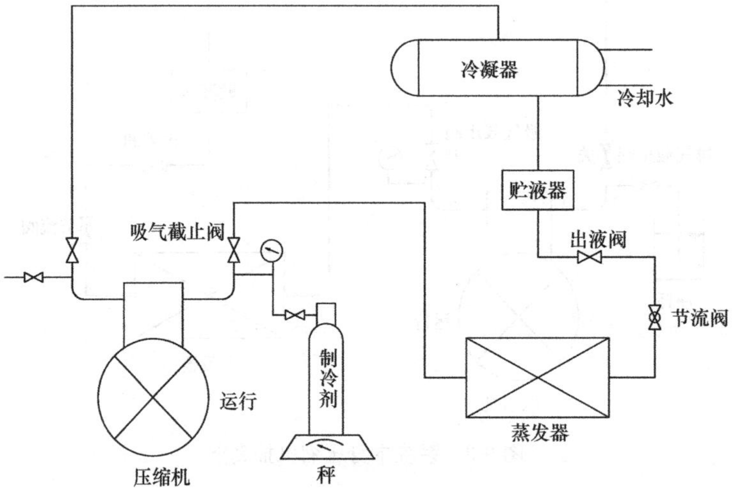

图 9-4 低压段充灌制冷剂

(1) 将吸气截止阀阀杆逆时针退足，关闭旁通孔道，装上锥牙接头，用铜管把旁通接头和氟利昂瓶阀连接起来。

(2) 微开启钢瓶阀，再松一松吸气截止阀旁通接头上的管子接扣，让管内空气被制冷剂赶出，然后旋紧。

(3) 将氟利昂钢瓶竖放在磅秤上，记录磅秤的重量。

(4) 开启制冷系统中的冷却水阀，检查排气截止阀是否打开，再启动压缩机。

(5) 开启氟利昂钢瓶阀，顺时针转动吸气截止阀阀杆 1～2 圈，于是氟利昂蒸气通过旁通孔吸入压缩机。这时钢瓶表面会逐渐地先结露，然后结白霜。

(6) 随时查看磅秤读数。当充入量足够时，关闭钢瓶阀，再逆时针旋转退足吸气截止阀杆以关闭旁通孔道，拆下接管，充灌工作完毕。

2. 液相充灌

液相充灌用于大型制冷系统和混合制冷剂的充灌。这种方法充灌速度快、方便安全，尤其是在系统抽真空的情况下或安装完毕后第一次向系统内充灌制冷剂更为方便，使用这种方法充氟，压缩机必须停止运转，以免发生液击事故。

对大型制冷系统进行液相充灌的具体操作方法为：

（1）按图 9-5 将制冷剂钢瓶斜放在台秤上，口朝下并固定，注意钢瓶必须高于贮液器，使其两者之间形成高差；

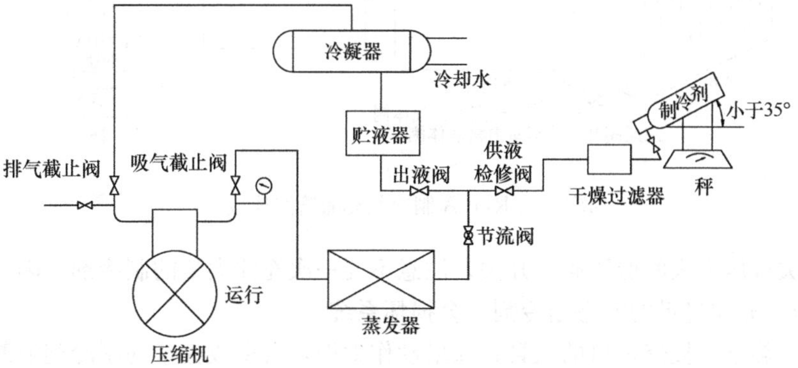

图 9-5　高压段充氟（液相充灌）

（2）接通电磁阀（蒸发器前），使其开启；

（3）关闭压缩机排气截止阀，开启旁孔，卸下旁通孔堵头，用铜管将制冷剂钢瓶与旁通孔连接；

（4）微开制冷剂钢瓶并随即关闭，再将旁通孔端的接头松一松，使用制冷剂排除管内空气，然后旋紧，并记录台秤读数；

（5）开启制冷剂钢瓶，正常情况下，应能听到气流声；

（6）制冷剂在压差作用下，进入系统，当系统压力达到 0.2～0.3MPa 时停止充注，进行全面检查，无异常后，继续灌制冷剂；

（7）充入量达到设计或设备技术文件要求时，关闭钢瓶，加热充灌管，使液体汽化后进入系统，然后关闭排气截止阀旁通孔；

（8）卸下充氟管，用堵头堵死旁通孔，恢复电磁阀正常工作，充氟完毕。

对 R410A 制冷剂只能进行液相充灌，充灌方法与上述方法基本相同，也是在系统抽真空后进行制冷剂充灌，由于 R410A 制冷剂冷凝压力比 R22 制冷剂高约 1.6 倍，充灌时要采用 R410A 制冷剂专用设备，如专用胶管、专用真空泵、专用阀门、专用 HFC 检漏仪等。其步骤如下：

制冷剂充灌在系统抽真空之后，拆下真空泵，准备好制冷剂罐和电子秤。

（1）按如图 9-6 所示连接充注制冷剂的管路。把制冷剂罐放在电子秤上，记录电子秤的读数，并确定要充注的制冷剂重量。

（2）稍稍打开制冷剂罐的开关，立刻关闭。

（3）轻按制冷剂罐出口连接管端的顶针阀，让气体从顶针处喷出，立刻放开（按顶针阀的时间不能太久，轻按一下即放开）。

（4）重复（2）、（3）操作 2～3 次；这样就排除了制冷剂罐至软管内的空气。

（5）打开压力表的低压阀门，再打开制冷剂罐的开关，进行充注。

（6）根据需要增加的制冷剂重量，观察电子秤的读数；当充注足够的制冷剂时关闭制

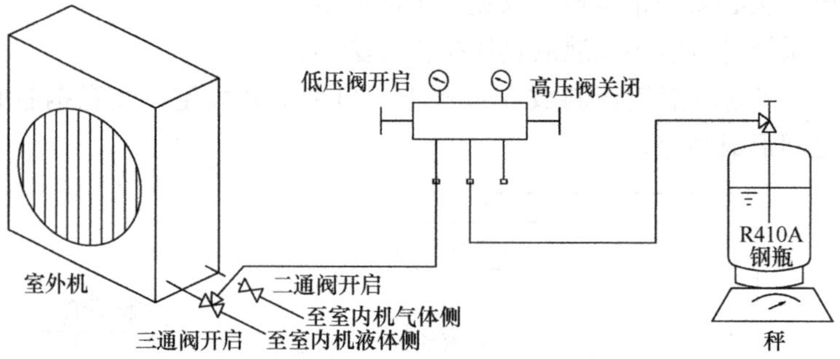

图 9-6　R410A 制冷剂充灌管路连接

冷剂罐的开关或压力表的低压阀门开关；注意不要一次充注大量的制冷剂。因为在修理口（气体侧低压）充注过量的液态制冷剂，会损坏系统。

（7）快速旋下连接修理口的软管；如果动作太慢，会造成大量的制冷剂泄漏甚至冻伤皮肤。

（8）装上修理口的螺帽，建议再用肥皂水检查制冷剂有没有泄漏。

（9）当发现系统有泄漏时，要将系统中原有的制冷剂全部放掉，并重新抽真空加液。

判定制冷剂充灌合格的方法可以有以下三种：

（1）测重量

制冷装置在出厂时一般会在铭牌上标明制冷剂充灌量，充注时，应按要求充注，制冷剂过多或过少均影响制冷系统制冷量。充注前要事先准备一个小台秤，记下钢瓶的初始重量，在充注过程中注意观察指针。当钢瓶内制冷剂的减少量等于充注量时可停止充注。采用气相充灌时，制冷剂钢瓶温度会下降，钢瓶内的压力就会相应下降，对充注不利，因此，可将制冷剂钢瓶放入一个容器中，再在容器中注入 40℃以下的温水，这样就可以保证钢瓶温度不会下降太多。

（2）测压缩机电流

充注制冷剂过程中，可用钳形电流表测压缩机工作电流，来判断制冷剂充注量是否合适。对空调器而言，制冷时，环境温度 35℃，所测得的工作电流与铭牌上电流相对应。环境温度越高，电流相应增大，温度越低电流相应减少。

（3）测压力

制冷剂饱和蒸气的温度与压力呈对应关系，制冷系统的冷凝压力和蒸发压力的表压值由高、低压压力表显示出来，从而可以知道冷凝温度和蒸发温度。因此，根据安装在系统上压力表的压力值即可判断制冷剂的充注量是否合适。如使用 R22 的空调器蒸发温度为 7.2℃，冷凝温度为 54.5℃。查 R22 的饱和温度与饱和压力对应表可知：R22 在 7.2℃时相应绝对压力值为 0.53MPa；54.5℃时的相应绝对压力值为 2.11MPa，将此压力换算为表压值即可。充氟时，若高、低压力表表压值符合上述范围即表明制冷剂的充注量合适；压力测定法较为简便，在维修时经常使用，但是缺点是准确度不高。

9.1.3　制冷剂的回收

1. 将制冷剂收集到冷凝器或贮液器内

制冷机停用时间较长时，或仅仅维修低压段的零部件时，要将制冷剂收入系统的贮液器或冷凝器中，以防泄漏。如图 9-7 所示，把制冷剂收入贮液器或冷凝器的操作步骤如下：

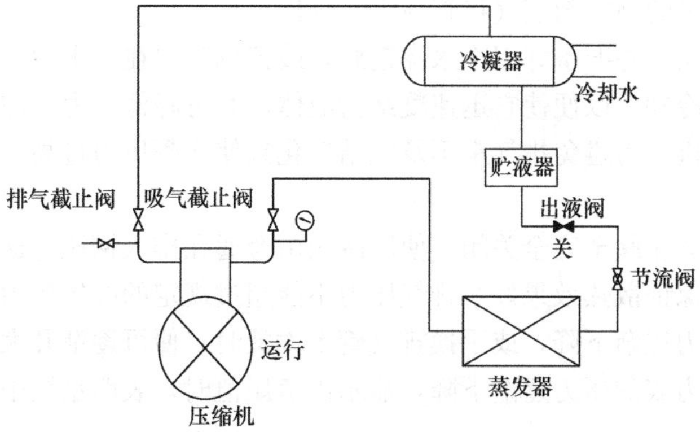

图 9-7　将制冷剂收进贮液器或冷凝器中

（1）关闭贮液器的出液阀，使制冷剂进入贮流器后不能流出。

（2）使低压继电器的触头保持常通状态，以免吸气压力过低时压缩机停机。

（3）启动压缩机并供冷却水。启动后如发现压缩机有液击声立即停车，稍等片刻后再启动，这样重复几次，待液击声消失后便可连续运转。

（4）待吸气压力表指示到零位时便可停止压缩机。若是要维修系统的低压段零部件而解体系统时，则需要继续开机，直至吸气压力表的指针到极限真空时才能停机。

（5）关闭冷凝器的进水阀和压缩机排气截止阀，并将冷凝器里的积水放尽，防止冬季冻裂水管或水盖。

2. 将制冷剂收集到外部钢瓶内

如果制冷机需要进行大修，或是高压段的部件经检查需要拆下修理，遇到这类情况制冷剂是无法贮存在制冷系统里的。这时应将制冷剂抽出回收，而不能排放到大气中。对于小型制冷机组，如图 9-8 所示，可用压缩机抽出制冷剂，其操作步骤如下：

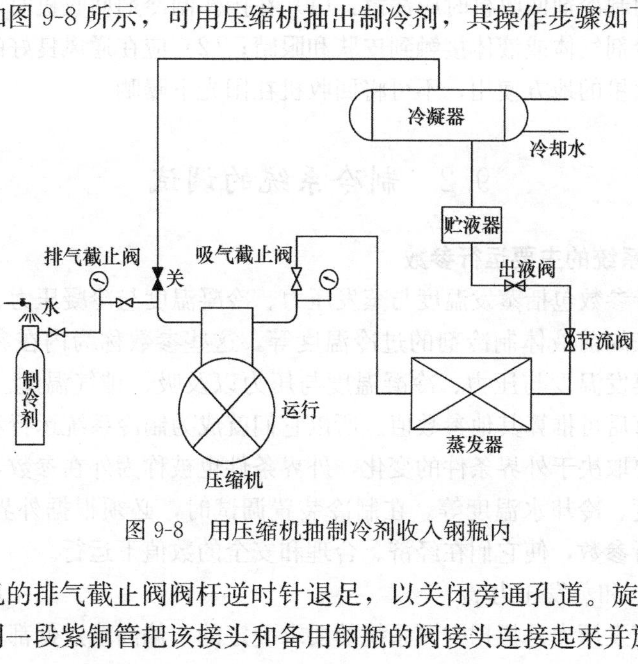

图 9-8　用压缩机抽制冷剂收入钢瓶内

（1）将压缩机的排气截止阀阀杆逆时针退足，以关闭旁通孔道。旋下旁通孔的堵塞，装上锥牙接头。用一段紫铜管把该接头和备用钢瓶的阀接头连接起来并旋紧接扣。

（2）顺时针旋动排气截止阀阀杆，稍开即关。再把钢瓶一端的管接扣旋松片刻即旋紧，让从系统中放出的制冷剂蒸气将管内空气排出。

（3）旋开钢瓶阀，并准备好用冷水浇钢瓶，或把钢瓶浸在冷水中。这样做是为了对制冷剂过热蒸气进行冷却，以便使它迅速凝结为液体，并可降低压力，加速抽出速度。

（4）启动压缩机。为避免排气来不及凝结液化致使冷凝压力过高，应先将吸气截止阀关小。

（5）关闭排气截止阀至完全关闭，使制冷剂由旁通孔排入钢瓶。这时，必须连续地向钢瓶浇冷却水，以保证散热效果好。排气压力不能超过规定的高压压力值。

（6）当排气压力逐渐下降，或手摸排气管不太烫时，便可逐渐开大吸气截止阀。

（7）当吸气压力表的压力逐渐下降，显示出负压值时，表明系统中的制冷剂已基本抽完，这时可以停机。

（8）停机后立即关闭钢瓶阀，稍等几分钟，若吸气压力回升，重新打开钢瓶阀，启动压缩机继续抽出制冷剂。若停机后吸气压力并不回升，可以倒足排气截止阀以关闭旁通孔道，拆下连接紫铜管。

（9）在抽出制冷剂的过程中，应将钢瓶放在磅秤上，及时控制其灌注量（不宜超过其容量的 60%），以免发生事故。

对于容量较大的制冷系统，注入的制冷剂量也大，若用自身压缩机抽出制冷剂容易发生危险。为此可以先从贮液器或冷凝器的输液阀上的旁通孔上接铜管，并与备用钢瓶接上。关闭输液阀，启动系统压缩机，让制冷剂液体直接排入备用钢瓶。当系统的吸气压力表指针低于零位时停机。这时可再从排气截止阀处另接一台小型压缩机，而系统压缩机不宜运转，以免发生危险。

3. 用制冷剂回收装置回收制冷剂

为了无泄漏地回收需大修的或已报废的氟利昂制冷机中的制冷剂，现已有商品化的制冷剂回收机。使用制冷剂回收机时应注意：（1）在操作制冷剂回收机时，需戴保护手套和防护镜，防止制冷剂气体或液体接触到皮肤和眼睛；（2）应在通风良好的环境中使用，不可在靠近火源和火星的地方使用，不可将回收机在阳光下曝晒。

9.2 制冷系统的调试

9.2.1 制冷系统的主要运行参数

制冷装置运行参数包括蒸发温度与蒸发压力、冷凝温度与冷凝压力、压缩机的吸、排气温度及热力膨胀阀前液体制冷剂的过冷温度等，这些参数称为内在参数。在这些参数中，最主要的是蒸发温度与压力、冷凝温度与压力以及吸、排气温度。因为它们比较直观，知道这些数值后可推算其他参数值。所以它们就成为制冷系统运行和调节的依据。各参数的变化，主要取决于外界条件的变化，外界条件也被称为外在参数，包括被冷却物体的温度、环境温度、冷却水温度等。在制冷装置调试时，必须根据外界条件和装置的特点，调整各个运行参数，使它们在经济、合理和安全的数值下运行。

1. 蒸发温度 t_0 和蒸发压力 p_0

蒸发温度和蒸发压力是根据空调系统的要求确定的，偏高或过低都不合适。蒸发温度满足空调降温需要就可以了，蒸发温度过低使压缩机的制冷量减少，运行的经济性较差。调整蒸发温度，实际上是通过调节供液量来调整蒸发温度与被冷却介质温度之间的温差值。从传热的观点考虑，温差取得大，则传热效果好、降温快。但温差过大，就要使蒸发温度降低，制冷量减少。由于冷量不足，反而使被冷却介质温度降不下去，这是得不偿失的做法。而温差取得太小，则降低传热速度，压缩机制冷量虽然增大了，但蒸发器无法充分进行热交换。因此，应根据制冷设备的不同形式合理地调节温差。

调整蒸发温度与被冷却介质温度的差值，实际操作就是调节膨胀阀的开启度。正确地调节膨胀阀的开启度，是运行中调节蒸发温度和压力的主要方法之一。蒸发温度的高低，可通过装在压缩机吸气截止阀端的压力表所指示的蒸发压力反映出来，根据吸气压力表的压力，可以查制冷剂性质表，确定蒸发温度。查表时注意，制冷剂性质表的压力为绝对压力，而压力表指示的是表压，即相对压力。

2. 冷凝温度 t_k 和冷凝压力 p_k

制冷剂的冷凝温度可根据冷凝器上压力表的读数，查制冷剂热力性质表求得。冷凝温度的高低与冷却水的温度、流量和冷凝器的形式有关。

在一般情况下，水冷式冷凝器的冷凝温度比冷却水出水温度高 3～5℃，风冷式冷凝器的冷凝温度比强制通过的冷却空气进口温度高 8～12℃。冷凝温度升高时，冷凝压力也相应升高，压缩机的压缩比增大，输气系数减小，从而使压缩机的制冷量降低，耗电量增加。冷凝温度和压力升高，使压缩机的排气温度也升高，如果排气温度过高，则增加压缩机润滑油的消耗，使油变稀，影响润滑；当排气温度与润滑油闪点接近时，还会使部分润滑油炭化并积聚在吸、排气阀口，影响阀门的密封性。降低冷却介质的温度可使得冷凝温度下降，但这受到环境条件的限制，难以人为选择。增加冷却介质的流量可降低一些冷凝温度，一般都是采用这种方法。但不能片面提高冷却水的流量，因为增大冷却水量需增加水泵功耗，故应全面综合考虑。

3. 压缩机的吸气温度

压缩机的吸气温度，是指从压缩机吸气截止阀前面的温度计读出的制冷剂温度。为了保证压缩机的安全运转，防止产生液击现象，吸气温度要比蒸发温度高一点，即应具有一定的过热度。在设回热器的氟利昂制冷装置里，保持 15℃的吸气温度是合适的。

吸气温度过高或过低均应避免。吸气温度过高（即过热度偏大）将造成压缩机排气温度升高；吸气温度过低，则说明制冷剂在蒸发器中气化不完全，压缩机吸入湿蒸气就有可能形成液击。

4. 压缩机的排气温度

压缩机排气温度可以从排气管路上的温度计读出。它与制冷剂的绝热指数、压缩比 p_k/p_1 及吸气温度有关。吸气温度越高，p_k/p_1 越大，排气温度就越高，反之亦然。

吸气压力不变，排气压力升高时，排气温度也升高；如果排气压力不变，吸气压力降低，排气温度也要升高。这两种情况都是由于压缩比 p_k/p_0 增大引起的。冷凝温度和排气温度过高对压缩机的运行都是不利的，应该防止。

9.2.2 活塞式制冷系统正常运行的标志

以氟利昂为制冷剂的活塞式制冷系统投入运行后，正常的运行标志可由以下各项表现出来：

(1) 制冷机启动后，气缸中应无杂声，只能听见吸、排气阀片有节奏的起落声。

(2) 油压表读数应比吸气压力高 0.15～0.3MPa。

(3) 气缸壁不应有局部发热和结霜情况。对于空调用的制冷机，吸气管不应结霜，一般结露至吸气口为正常。氟利昂压缩机气缸盖上应半边凉，半边热。而冷藏和低温装置，吸气管结霜一般可到吸气口。

(4) 制冷压缩机曲轴箱油温在任何情况下，氟利昂制冷机不超过 70℃。

(5) 制冷机本身应是密封的，不得渗漏制冷剂和润滑油。氟利昂制冷机轴封不许有滴油现象。

(6) 压缩机的排气温度，R22 不超过 135℃。排气温度进一步上升就与冷冻机油的闪点（160℃）接近，对设备不利。

(7) 氟利昂制冷机的吸气温度不宜超过 15℃。

(8) 冷凝器冷却水量应足够，水压应达到 0.12MPa 以上，水温不能太高，一般要求进水 32℃。

(9) 在一定的水流量下，冷却水进出应达到规定的温差，如没有温差或温差极微，说明热交换设备传热面结垢严重，需停机清洗。

(10) 一般情况下，对于水冷式冷凝器，R22 制冷剂的冷凝压力不超过 1.4MPa。如前所述，冷凝温度一般比冷却水出水温度高 5℃，根据冷凝温度查制冷剂性质表，可以确定正常的冷凝压力（制冷剂性质表中为绝对压力）。

(11) 运行中用手触摸卧式冷凝器时，应上部热下部凉，冷热交界处为制冷剂液面。油分离器上部热下部不太热，冷热交界处为油面或液面。

(12) 运行中蒸发压力与吸气压力应相近，高压端的排气压力与冷凝压力、贮液器压力相近。

(13) 贮液器液面不低于液面指示器的 1/3，曲轴箱油面不低于指示窗的水平中心线。

(14) 氟油分离器自动回油管应时冷时热，冷热周期为 1h 左右。

(15) 液体管道的过滤器前后不应有明显的温差，更不能出现结霜情况，否则说明流阻过大，是堵塞的先兆。氟利昂系统各接头不应有渗油现象，渗油即说明漏氟。氨系统各阀门及连接处不应有明显漏氨现象。

(16) 膨胀阀阀体结霜或结露均匀，但进口处不能出现厚霜。液体经过膨胀阀时，只能听流动声。

(17) 系统中各压力表指针应相对地稳定，温度计指示正确。

9.3 制冷系统故障分析及处理

蒸气压缩式制冷机是由压缩机、换热器（冷凝器和蒸发器）、膨胀阀以及附属设备所组成的相互联系相互影响的复杂系统，对制冷机的故障分析，实际上是制冷技术的综合运用。对制冷系统运行状况的检查，除使用必要的检测仪器仪表外，运行管理人员应做到一看（即看系统中有关部位的压力、温度、电流、油面、结露、结霜等情况及参数变化趋势）；二听（即听各运转设备以及制冷剂、冷却水及冷媒水流动的声音）；三闻（即闻制冷剂是否有泄漏（氨），各运转部件是否有糊味）；四摸（即摸设备、管路有关部位，以检查其温度状况和变化趋势)。深入了解制冷系统各方面的状况变化后，在熟练掌握与理解蒸气压缩式制冷循环中的四大部件作用的基础上，从掌握系统参数变化规律着手，根据外部表现分析故障的根本原因，采取相应的处理措施。下面分析几种典型的制冷系统故障，作为制冷系统故障分析的基础。

9.3.1 无制冷效果

压缩机运转但无制冷效果的原因有两种，即系统内制冷剂不能循环流动和系统内制冷剂全部泄漏。制冷剂不能流动的原因可能是膨胀阀故障（或毛细管堵塞）、过滤器堵塞或者是压缩机吸排气阀片损坏。

1. 膨胀阀故障

(1) 膨胀阀感温包内工质泄漏。从膨胀阀的结构和原理可知（图 3-15 和图 3-16），作用在膜片上方的感温包工质压力是开启作用力，如果感温包、气箱或连接的毛细管有裂缝，造成感温包内的工质泄漏，开启作用力也就消失，从而使阀孔关闭，制冷剂不能流进蒸发器，制冷机就不能制冷。

(2) 产生“冰堵”现象。系统中的氟利昂含有过量水分，若循环的蒸发温度低于0℃，就会在节流装置处发生“冰堵”，使制冷剂不能流通而不制冷。“冰堵”现象也可能在毛细管节流系统中产生。

(3) 产生“脏堵”现象。膨胀阀进口处设有过滤网，若制冷系统内污垢较多，而且是较粗的粉状物，则过滤网很容易被堵塞而不通。“脏堵”现象也可能在毛细管节流系统中产生。

上述膨胀阀不通的三种故障所引起的反常现象都是吸气压力很低，阀不结露或不结霜，制冷管道也无制冷剂过流声。因而，往往一时难于区分是哪一种故障。在这种情况下，先用热水对膨胀阀体加热，使阀孔处冰塞溶化。加热片刻后，如听到过流声且吸气压力上升，则可证实是“冰堵”。若加热无效，再用扳手轻击阀体的进口侧面（检查是否滤网堵塞），若吸气压力有反应则说明是“脏堵”。若敲击无效，可用扳手松一下膨胀阀的进液接头，看是否有制冷剂液体从中喷出，若有液体喷出，则基本肯定是膨胀阀出故障。此时应将膨胀阀拆下来检查。拆膨胀阀前应关闭供液阀和排气截止阀，停车后再进行。取出过滤网看是否有污垢堵塞。若滤网没有堵塞；可用嘴对着出口接头吹气或吸气。吹、吸都不通则表明是阀针关闭，一般说来这只能是温包内膨胀工质泄漏掉造成的。

2. 过滤器堵塞或连接管路堵塞

过滤器被污垢堵塞后的反常现象也是低压段呈真空状态，排气压力低。为证实这一故障，可用扳手轻击过滤器外壳，若吸气压力有所提高，则证实是过滤器被堵塞。这时拆下过滤器清洗，烘干后装入系统，抽空后再运转。管路堵塞一般出现在检修后，因工作疏忽，或把作为临时封头的棉纱遗留在管中，或因焊缝间隙大，钎焊时焊料流进管中堆积而堵塞通道。对于已经过一段时间正常运转的制冷机，这种堵塞现象是少见的。

3. 压缩机吸、排气阀片击碎

阀片是吸、排气阀的阀门。若吸气阀片被击碎，制冷剂蒸气就在气缸与吸气腔之间来回流动；若排气阀片被击碎，高压气体就在气缸与排气腔之间来回流动。这样，制冷剂就无法由压缩机排出去，制冷系统就不能制冷。

这种故障的反常现象是吸气压力很高。当吸气阀片被击碎后，吸气压力表指针摆动很激烈，吸气温度也高。当排气阀片被击碎时，排气压力表指针摆动很激烈，气缸与气缸盖很烫手。当发现这种现象并判断出故障后，应及时停车，打开气缸盖检查阀片并进行修理。

4. 系统内制冷剂几乎全部泄漏

如制冷系统某处有较大的泄漏点，又未及时发现，以致系统内制冷剂几乎全部漏掉。这时制冷机当然不能制冷。制冷剂几乎全部泄漏后的反常现象是吸气压力呈真空，排气压力极低，排气管不热等。在重新加注制冷剂前，应先对制冷机进行压力检漏并补漏，漏点的检查，首先看系统有无漏油油迹点，制冷剂泄漏点处，会出现油迹，发现油迹处用肥皂水检查或用卤素检漏仪检查。补漏后才能进行抽空气及重加制冷剂。

9.3.2 制冷量不足

制冷机能运转制冷，在正常工况条件下，被冷却物的温度降不到设定的温度，表明制冷机制冷量不足。如冷水机组冷冻水和冷却水进口温度及流量均正常，但冷冻水出口温度达不到设计要求。由于制冷系统的运行工况点反映了系统中各主要组成设备制冷能力配合的情况，出现制冷量不足的情况必然伴随着工作参数的变化，因此可以通过观察和分析制冷机运行工况（t_0、P_0和t_k、P_k）的变化，根据制冷系统机器设备的作用，找出冷量不足的原因。

1. 蒸发压力过低

制冷机蒸发压力（即低压压力）过低可能的原因有供液量不足、蒸发器传热效果恶化和制冷剂充灌量不足。

(1) 供液量不足

膨胀阀开度过小和阀前过滤器堵塞会造成供液量不足。

膨胀阀孔开启度太小，制冷剂循环量就少，蒸发压力下降太多，制冷机制冷量就会不足。造成供液量不足的原因，也可能是阀进口滤网不通畅，使阀孔流量有所下降。滤网堵塞和阀孔调节得太小的明显区别是：滤网被堵塞时，整个阀体都会结白霜；若是阀孔过小，只会有半片阀体结霜。阀孔过小时应适当地手动调大阀孔，这时吸气压力会上升。如是滤网不畅通应拆下清洗。

热力膨胀阀开度增大的调整方法是：先拧下阀底部的帽罩，用扳手逆时针旋转调节杆(从下往上看为逆时针方向)，此时阀内的调节弹簧放松，阀门开大，蒸发压力上升。阀开度应慢慢开大，粗调时每次可旋转调节杆一圈左右，当接近需要的调整状态时，再细调。细调时每次旋转 1/4 圈，每调一次注意观察蒸发压力的变化。

(2) 蒸发器传热效果恶化

开大膨胀阀后，蒸发压力有所回升，但制冷压缩机出现湿压缩现象，即压缩机工作声音发闷，振动增大，这表明蒸发器传热效果恶化，进入蒸发器的制冷剂液体不能完全蒸发吸热。造成蒸发器传热变差的原因主要是换热管结垢（空气冷却器则是积灰过多）或蒸发器内存有大量润滑油。此时应清洗换热管或排出润滑油。如确定为蒸发器内存油造成，要考虑对蒸发器后管道采取回油措施，如在蒸发器出口管道上设置存油弯，上升立管要保证最小带油速度等。

(3) 制冷剂充灌量不足

开大膨胀阀后，蒸发压力变化不大，而膨胀阀处产生咝咝声（即膨胀阀有气体通过），则表明是制冷剂充灌量不足。制冷剂量不足，如果是初次加注制冷剂产生这种现象，需再加注制冷剂；如果是工作一段时间后出现这种现象，显然是由于系统内有渗漏点所引起，此时不能急于添加制冷剂而应先找出渗漏部位，修复后再按充灌制冷剂的方法加注制冷剂。

2. 冷凝压力过高

制冷机冷凝压力（即高压压力）过高是冷凝器传热恶化引起的。可能的原因有冷却水量（或风机风量）不足、冷凝器内存有空气、制冷剂充灌量过多和冷凝器水垢或积油过多。

（1）冷却水量（或风机风量）不足

若冷凝压力高，冷却水出水（或风机出风）温度高，可能是冷却水水量（或风机风量）不足或冷却水进水（或风机进风）温度高引起。冷却水量（或风机风量）不足或冷却水温（或风机进风温度）过高，冷却水带走的热量减小，会引起冷凝压力升高。冷却水出水温度较正常偏高，要检查冷却水系统管路或过滤器是否有堵塞、水泵运行是否正常。冷却水进水温度高则应检查冷却塔工作是否正常。风冷式机组则检查风机是否正常工作。

（2）冷凝器内存有空气

若冷凝压力高，且压缩机排气压力表剧烈抖动，可能是冷凝器内存有空气。制冷系统在初次抽真空、加注制冷剂和润滑油时，会进入少部分空气，进入制冷系统内的空气通过制冷循环，最终会聚集在冷凝器内，冷凝器内存有过多的空气时，会出现压缩机排气压力表跳动不定的现象。此时，应及时放气，对氟利昂制冷系统，用冷凝器上的排气截止阀旁通孔排出系统中的空气。由于空气比重小，绝大部分积在冷凝器液面之上，所以从排气截止阀旁通孔放空气时带走的氟利昂最少。

（3）制冷剂充灌量过多

一般空调器和冷水机组均不设贮液器，这样制冷剂液体会存在冷凝器内，如制冷剂液体过多，减小了冷凝器的冷凝面积，影响冷凝器的传热，就会引起冷凝压力升高。制冷剂充灌量多也会造成蒸发器制冷剂供液量过多，多余的制冷剂不能在蒸发器内蒸发，会出现压缩机湿压缩和吸气温度过低现象。此时应放出一定的制冷剂。

（4）冷凝器管壁水垢或冷凝器积油过多

冷凝器管壁水垢或冷凝器积油过多会造成传热恶化，从而引起冷凝压力升高。处理方法同蒸发器。

3. 冷凝压力低，而蒸发压力高

冷凝压力低而蒸发压力高是压缩机工作效率变差引起的。对于一台经过长期运行的压缩机，由于运动部件已有相当程度的磨损，配合间隙增大。特别是排气阀的密封性能下降，导致漏气量增加严重，压缩机输气量下降，制冷系统制冷剂循环量减少，制冷量降低，冷凝压力下降。吸气阀关闭不严，压缩气体进入吸气管，则表现为蒸发压力上升。此时，应更换、研磨阀片、更换活塞或活塞环，对全封闭式压缩机则应更换压缩机。造成压缩机磨损严重的原因，还有可能是制冷系统回油不良造成压缩机缺油引起的，如制冷系统保证回油的措施不好，而仅仅给压缩机补充润滑油，又会有更多的润滑油进入制冷系统，会造成制冷量减小。

4. 蒸发压力高，排气温度低

压缩机在湿压缩下运行，会出现蒸发压力高，排气温度低的现象。造成压缩机湿压缩可能的原因有膨胀阀开度大、制冷剂充灌量过大和蒸发器换热恶化等。此时应关小膨胀阀，观察蒸发压力变化情况，再作进一步判断。

9.3.3 制冷压缩机运转出现不正常现象

压缩机是制冷系统的心脏，由于长期工作，易损件出现问题，会造成压缩机出现不正常现象。另外，制冷系统是一个各设备相互配合工作的整体，其他设备工作的状况也影响着压缩机各参数的变化。压缩机产生的不正常现象及可能的原因主要有以下几点：

1. 压缩机响声不正常

(1) 压缩机零部件损坏。若压缩机蒸发压力和冷凝压力正常，出现响声不正常，可能是曲轴轴瓦损坏，螺栓松动或连杆衬套过松。

若压缩机冷凝压力降低，蒸发压力升高，这是制冷压缩机进气阀片或排气阀片破坏的结果。

(2) 压缩机产生湿压缩。压缩机产生湿压缩时，蒸发压力升高，排气温度明显下降，压缩机工作时声音发闷，振动增加。如不及时处理，就会造成压缩机零部件损坏，与 (1) 相似。

2. 油压不正常

压缩机工作时应保证各部位的润滑正常，油泵应具有一定的油压才能使润滑油到达需润滑的部位。油压调节是通过设在油泵出口处的油压调节阀（是一个油旁通阀）来调节的，如需提高油压，应关小油压调节阀，减少直接回流到曲轴箱的油。出现油压不正常应先调节油压调节阀，如仍不能恢复正常，再考虑是其他故障。

(1) 油压过低。此时可关小油压调节阀，如仍不能解决问题，可能是压缩机缺油或油泵磨损严重，应加油或检查油泵。吸油管堵塞也会出现油压低的问题，但这种情况较少见。

(2) 油压过高。其原因是油压调节阀开度较小，应开大油压调节阀。

3. 轴封渗漏

开启式压缩机设有轴封，用来保证压缩机内的制冷剂不能从主轴伸出端向外泄漏。压缩机长时期运转后，轴封中的动环和静环磨损不均匀，摩擦面出现较大缝隙，就会出现渗漏现象，故应在停机过程中经常检查有无渗漏，有渗漏时需拆下检修。

4. 压缩机吸气温度过高

如果压缩机吸气温度高于正常值，排气温度也会相应升高，压缩机缸盖全部发热。

吸气温度过高的原因主要有：

(1) 系统中制冷剂充灌量不足，即使膨胀阀开到最大，供液量也不会有什么变化，这样制冷剂蒸气在蒸发器中过热度增大造成吸气温度增高。

(2) 热力膨胀阀开启度过小，造成系统制冷剂的循环量不足，进入蒸发器的制冷剂量少，过热度大，从而引起吸气温度升高。

(3) 膨胀阀进口滤网堵塞，蒸发器内的供液量不足，制冷剂液体量减少，蒸发器内一部分空间被过热蒸气所占据，因此吸气温度升高。

(4) 其他原因引起吸气温度过高。如回气管道隔热不好或管道过长，都可引起吸气温度过高。

5. 压缩机吸气温度过低

理论上压缩机吸入蒸气为饱和状态时其运行效果最好。为了保证压缩机安全运行，防止湿行程，压缩机吸气时必须有一定的过热度。若压缩机吸气温度过低，容易产生湿行程和使润滑条件恶化，所以应该尽量避免。

压缩机吸气温度过低的原因有：

（1）制冷剂充灌量太多，占据了冷凝器内部分容积而使冷凝压力增高，进入蒸发器的液体随之增多。蒸发器中液体不能完全气化，使压缩机吸入的气体中带有液体微滴。这样，回气管道存在液体会吸收热量，因此，会造成吸气过热度减小，使压缩机吸气温度过低。出现这种情况时，即使关小热力膨胀阀也无显著改善。

（2）膨胀阀开启度过大，蒸发器供液量过大。由于感温包绑扎过松、与回气管接触面小，或者感温包未用绝热材料包扎及其包扎位置错误等，致使感温包的温度是环境温度，使感温包中介质压力增大，从而使阀的开启度增大，导致供液量过多。

6. 压缩机的排气温度较高

排气温度过高会使润滑油变稀甚至炭化结焦，从而使压缩机润滑条件恶化。造成排气温度升高的主要原因有：

（1）吸气温度较高，制冷剂蒸气经压缩后排气温度也较高。如前所述，制冷剂充灌量少、膨胀阀开度过小、膨胀阀前过滤器堵塞等会造成吸气温度较高，进而引起排气温度较高。

（2）冷凝压力高，则排气温度高。如前所述，冷却水量少，冷凝器内存在空气以及冷凝器水垢都会造成冷凝压力升高，使压缩机的排气温度升高。

（3）排气阀片被击碎，高压蒸气反复被压缩而温度上升，气缸和气缸盖烫手，排气管上的温度计指示值也升高。

单 元 小 结

本单元主要介绍了制冷系统严密性试验要求、充灌制冷剂的方法，制冷系统工作过程中各工作参数的变化规律以及制冷系统中几种常见故障的表现。制冷系统严密性试验包括压力试验、抽真空试验和充制冷剂试验，一般情况下，要对高压系统和低压系统分别进行压力试验，不同的制冷剂压力试验值有明确的规定，压力试验合格才能保证制冷系统在工作时不泄漏。抽真空试验是检查制冷系统在真空状态时的密封质量，也是为充灌制冷剂作准备，只有将制冷系统内的空气及水分完全排除，才能使制冷系统长期高效稳定地工作。充灌制冷剂有气相充注和液相流注两种方法，对混合制冷剂如 R407C 和 R410A，必须进行液相充注，判断充灌制冷剂量是否合适，可以采用称重法、电流法和压力法，充灌制冷剂量合适才能保证制冷系统正常工作，制冷剂充灌量过多或过少，都会造成系统运行不正常。制冷系统的工作参数有一定的规律性，即冷凝温度与冷却介质的流量和温度、冷凝器的传热效果有直接关系，冷却介质的流量大，温度低，冷凝温度就低，冷凝器的传热效果也影响冷凝温度，冷凝器表面无污垢、制冷剂侧管道壁面无油膜，使传热热阻小，传热效果好，冷凝温度降低，相反会引起冷凝温度升高。同样道理，蒸发温度与被冷却介质的流量和温度，蒸发器的传热效果有直接关系。各类型的制冷压缩机的正常工作参数虽各不相同，但工作时机器的声音应正常、高低压力指示应稳定，压缩机运行时要保证正常的油压。由于压缩机吸收的是蒸发器出口的制冷剂蒸气，低压气进压缩机吸气口时温度较低，有时会看到压缩机吸气口会结露或结霜，这是正常现象，但当出现压缩机整个机头都结霜，很显然吸气温度太低，有可能吸入了制冷剂液体，就不正常了。节流装置是一个降低压力、产生低温液体的重要部件，由于节流装置的流道很窄，极易产生堵塞，因此，要学会分析判断“冰堵”和“脏堵”现象的特征。分析制冷系统故障时应根据故障的表现，结合制冷系统各设备的作用综合分析，找出真正的故障原因。如冷凝压力过高，可能有冷凝器本身的原因，如可能是因污垢增多传热恶化引起，也有可能是制冷剂充灌过多，制冷剂液体留在冷凝器内，使传热面积减少引起，还有可能是冷却介质流量过小或温度过高引起，但从这些因素中可以总结出，冷凝器作为向外界放热的换热器，如果出现不正常现象，实质是冷凝器的传热出现了问题。

思考题与习题

1. 制冷装置为什么要进行严密性试验？应分为几个阶段？
2. 制冷系统为什么要进行制冷剂试漏？如何进行？
3. 制冷剂充灌有哪几种方式？并简述充灌过程。
4. 简述将制冷剂收集到贮液器或冷凝器内的方法。
5. 利用制冷剂回收机如何回收制冷系统中的制冷剂？
6. 为什么制冷系统中会存在空气？制冷系统中存在的空气对制冷系统有什么影响？
7. 判断制冷系统蒸发压力或冷凝压力偏离正常状态的依据是什么？
8. 造成制冷系统蒸发压力过低的原因主要有哪些？
9. 造成制冷系统冷凝压力过高的原因主要有哪些？
10. 造成压缩机吸气温度低的原因主要有哪些？
11. 造成压缩机排气温度高的原因主要有哪些？

教学单元 10　制冷系统的自控装置与自动调节

【教学目标】 通过本单元教学，使学生掌握温度控制器、压力控制器和电磁阀的类型和工作原理；熟悉蒸发器、冷凝器、压缩机控制的原理并理解控制过程。

为保证生产和生活的需要，制冷装置要提供合适的温度和制冷量。制冷系统是一个有机的整体，各设备之间必须相互匹配，相互适应，当其中任一设备的某一个参数发生改变，必然会影响其他设备以及整个系统的工作。制冷装置应在各种因素变化的情况下，始终满足要求，因此，在制冷系统运行中，必须对各个设备或整个系统进行调节与控制。制冷装置的自动控制有全自动控制、系统安全保护加局部自动控制等形式，本单元主要介绍制冷装置常用控制器的动作原理和局部自动控制系统的基本原理。

10.1　温度控制器、压力控制器和电磁阀

10.1.1　温度控制器

温度控制器可用于控制房间温度和冷冻水温度，简单的温度控制器采用双位控制器，发出开或关两个动作，又称温度继电器或温度自动开关。温度控制器有电气式和电子式两种类型。

1. 电气式温度控制器

电气式温度控制器是根据被调温度参数及其波动范围的变化，使触点接通或断开，从而对压缩机的电机或电磁阀进行控制。温度控制器通常用压力式感温元件将温度参数转变为压力参数，然后借助于波纹管的伸长或缩短产生机械力以此来推动触点通与断。如图 10-1 所示为 WT-1226 型温度控制器结构示意图。其感温机构由感温包、毛细管和波纹管组成，根据控制温度的范围不同，内部充注不同的易挥发性工质（如乙醚、丙酮、氟利昂等）。温度控制器上有两个静触点 1、3，一个动触点 2，分别与接线柱 a、b、c 连接，接线柱 b-c 为控制回路，与供液电磁阀或压缩机电机控制电路配合使用；接线柱 a-c 为指示灯回路（未接）。当温度在给定控制温度范围时，触点 2、3 断开，控制电路不通，供液电磁阀关闭，此时，控制器的螺钉 12 的调节间隙 $\Delta S_1 > 0$。杠杆 10 以刀口 11 为支点，一端连接主弹簧

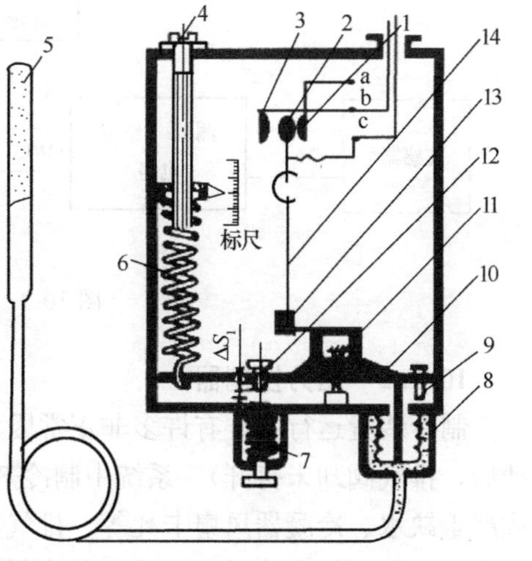

图 10-1　WT-1226 型温度控制器结构示意图
1—静触头；2—动触头；3—静触头；4—调节螺杆；5—感温包；6—主弹簧；7—差动弹簧；8—气箱室；9—顶杆；10—杠杆；11—刀口；12—螺钉；13—拨臂；14—跳簧

6，一端连接波纹管内的螺钉。当感温包感受的温度升高时，感温包内易挥发性工质的压力也升高，波纹管的推力增大，当波纹管的顶力矩大于主弹簧6的拉力矩时，杠杆逆时针转动，使 ΔS_1 逐步减少直到为零，此时，触点1与2仍然接触。如果温度继续上升，幅差弹簧参与工作，产生一个顺时针方向的力矩，此时，杠杆不但克服主弹簧的拉力，而且还要克服幅差弹簧的弹力而继续转动。当温度升高到其控制温度上限时，杠杆通过拨臂13，通过跳簧片使动触点2从静触点1跳至静触点3，控制回路被接通，供液电磁阀开启或压缩机通电。相反，当感受的温度下降后，杠杆即作顺时针方向转动，至温度降到控制温度下限时，动触点2从静触点3跳回静触点1，控制回路断电，供液电磁阀或压缩机关闭。

温度控制器主弹簧的拉力决定了温度控制器的温度值，主弹簧所调节的温度值的高低，由与弹簧联动的指针来表示。可以通过转动调节螺杆，改变主弹簧的拉力，从而改变温度控制器控制的温度值。幅差弹簧决定了控制温度的上下限范围，幅差弹簧的弹力愈大，控制器控制温度的上下限范围就大。通过旋转差动器的旋钮可以改变幅差弹簧的预紧力，即可改变控制温度的上下限范围。

2. 电子式温度控制器

电子式双位温度控制器一般由测量、给定电路、电子放大电路和开关电路等部分组成，它是电子控制器中结构比较简单的一种，图10-2是其原理框图。介质的温度通过传感器转换成电量后与仪表温度给定值在测量、给定电路中进行比较、测差，其差值经直流电压放大器放大后推动开关电路（功率级开关放大电路）。此电路根据介质的被测温度来控制继电器 $1J$。图中 e（u）是偏差量，用电压表示。e（I）是电流表示的偏差量，它是由放大电路将电压表示的偏差量转换而来。继电器有两种状态，即触头闭合和断开状态。传感器可以是热电阻也可以是热电偶。继电器 $1J$ 可控制压缩机启停或电磁阀的开闭。

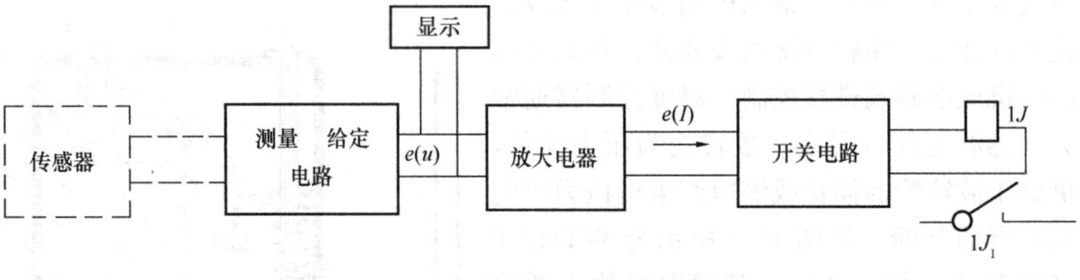

图10-2 双位控制器原理框图

10.1.2 压力控制器

制冷装置运行中，有许多非正常因素会引起排气压力过高。例如操作失误（压缩机启动后，排气阀却未打开）、系统中制冷剂充注量过多、不凝性气体含量过高、冷凝器断水或严重缺水、冷凝器风扇卡死等。排气压力过高，对制冷系统不利，轻者造成压缩机耗功增大，电机工作电流过载，重者若冷凝压力超过机器设备的承压极限时，将造成人、机事故。另外，如果膨胀阀堵塞，吸气阀、吸气滤网堵塞等，会引起吸气压力过低。吸气压力过低时，不仅运行经济性变差，还会过分降低被冷却物的温度，对冷水机组而言，严重时会使冷冻水结冰从而破坏蒸发器。系统低压侧负压严重时，能够加剧空气、水分向系统内的渗入，造成排气压力、排气温度的升高，因此，必须用压力控制器进行压力保护。制冷装置的高低压控制是通过压力控制器来实现的。它一般是由高压控制器和低压控制器组合而成，称为高低压力控制器。其作用是：当压缩机排出压力超过给定值或吸入压力低于给定值时，高低压力控制器自动断开压缩机控制回路，使压缩机自动停车，从而达到自动保护的作用。当系统高、低压力在允许的范围内时，接通电路，使系统正常运行。

高、低压控制器常把两个压力控制器组装在一起，成为高低压控制器。也有两个单独的压力控制器分别控制高压和低压。制冷系统中常用的高低压控制器有YK型、KD型、KP型等。

如图10-3所示为KD型压力控制器原理图。其工作原理是制冷剂蒸气通过毛细管，将压力作用到控制器的波纹管上，使波纹管产生变形，通过传动机构把机械量的变化转变为电信号，从而控制压缩机的停或开，保证设备安全经济运行。高压控制器的动作原理为：高压控制器与制冷系统高压气体连接，在高压控制器内部，传动杆顶部安装波纹管，传动杆上安装碟形弹簧和高压调节弹簧。高压气体作用于高压波纹管上，对传动杆形成向下的作用力。碟形弹簧受高压调节弹簧压缩时，产生向下的作用力，脱离高压调节弹簧作用时，则不产生作用力。高压调节弹簧通过手动高压调节盘改变弹簧压缩量，产生向上的作用力，高压调节盘用于设定高压压力的动作值。在正常工作时，高压压力低于设定值，此力加上碟形弹簧力的合力与向上的高压调节弹簧力相平衡，传动杆不动作，微动开关处于电路接通状态，制冷压缩机通电工作。若高压压力超过高压调节弹簧力的调定值时，即高压压力高于设定值，高压波纹管的压力大于高压调节弹簧力，传动杆下移，碟形弹簧的弹力消失，传动杆将微动开关推动，触点断开，使压缩机停止运转，相应的事故信号灯或警铃电路接通，达到停止制冷系统运行的目的。当高压压力下降时，高压调节弹簧与碟形弹簧接触，碟形弹簧被压缩，产生向下作用力，此时微动开关不动作。若高压压力加上碟形弹簧力的合力小于高压调节弹簧力时，传动杆上移，微动开关动作，触点闭合，接通电路。从动作的过程可以看出，高压压力高于高压调节弹簧的弹力时，微动开关切断电路，是高压压力的上限（为动作设定值），当高压压力低于高压调节弹簧力（向上的力）和碟形弹簧（向下的力）的合力时，微动开关动作接通电路，是高压压力的下限，高压压力动作的上下限之差即为幅差。显然，高压控制器的下限动作压力为设定值减去幅差，碟形弹簧的作用是形成高低压压力的幅差。为明确波纹管、碟形弹簧和高压调节弹簧的作用关系，表10-1列出了KD型高压控制器动作过程各作用力之间的关系。要说明的是，有的高压控制器在压力下降后不能自动复位，需要手动复位，这样可避免故障未消除前压缩机重新启动。

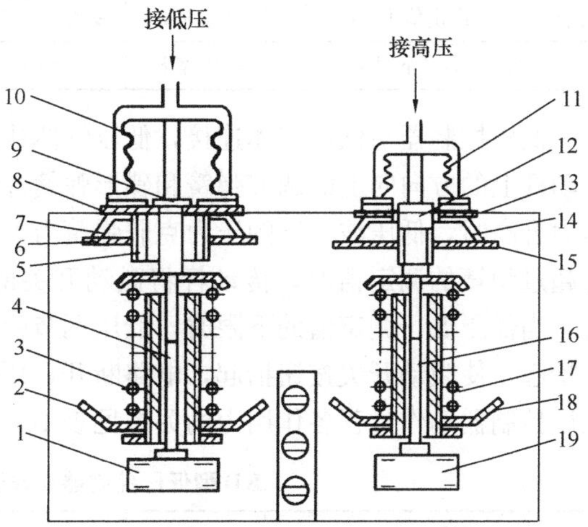

图10-3 KD型压力控制器原理图
1、19—微动开关；2—低压调节盘；3—低压调节弹簧；4、16—传动杆；5—调节螺栓；6—低压压差调节盘；7、14—碟形弹簧；8、13—垫片；9—传动芯棒；10—低压波纹管；11—高压波纹管；12—传动螺杆；15—高压压差调节盘；17—高压调节弹簧；18—高压调节盘

KD型高压控制器动作过程各作用力关系表　　　　表10-1

高压压力范围	波纹管	碟形弹簧	高压调节弹簧	三力关系	传动杆	微动开关
下限 P_1≤高压压力＜设定值 P_0（上限）	被压缩 F_1	被压缩 F_2	被压缩 F_3	$F_1+F_2=F_3$	不动作	接通电路
高压压力≥设定值 P_0（上限）	被压缩 F_1	脱离 $F_2=0$	被压缩 F_3	$F_1 \geqslant F_3$	向下移动	切断电路
高压压力＜下限 P_1	被压缩 F_1	被压缩 F_2	被压缩 F_3	$F_1+F_2<F_3$	向上移动	接通电路

低压控制器与低压气体连接，低压气体作用于低压波纹管上，在正常工作时，作用在传动杆上的方向向上的调节弹簧和碟形弹簧片弹力与向下的低压蒸气压力相平衡。当低压压力升高时，低压波纹管的压力克服弹簧力，传动杆下移，碟形弹簧片的弹力消失。若压力超过弹簧的调定值时，传动杆将微动开关的按钮按下，此时电路接通，压缩机正常运转。当低压低于调定值的下限时，低压调节弹簧的张力克服来自波纹管的压力，把传动芯棒抬起，使微动开关按钮抬起，电路断开，压缩机停止运转。与高压控制器相似，KD型低压控制器动作过程各作用力的关系见表10-2。

KD型低压控制器动作过程各作用力关系表　　　　表10-2

低压压力范围	波纹管	碟形弹簧	主弹簧	三力关系	传动杆	微动开关
设定值 P_0（下限）≤低压压力＜上限 P_1	被压缩 F_1	被压缩 F_2	被压缩 F_3	$F_1+F_2=F_3$	不动作	接通电路
低压压力＜设定值 P_0（下限）	被压缩 F_1	脱离 $F_2=0$	被压缩 F_3	$F_1+F_2<F_3$	向上移动	切断电路
低压压力≥上限 P_1	被压缩 F_1	被压缩 F_2	被压缩 F_3	$F_1 \geqslant F_3$	向下移动	接通电路

高压及低压的断开压力值，可通过高压或低压的调节盘进行调节。转动调节盘以增大调节弹簧张力，则高压及低压的断开压力值就相应增大，反之则减小。高压或低压的差动压力值（接通和断开时的压力差），可以通过高压或低压压差调节盘进行调节。转动压差调节盘使碟形弹簧张力增大时，则差动值相应增大。

10.1.3　电磁阀

电磁阀在制冷自动控制系统中是执行器的一种，它接受各种感应机构或手动开关给出的电信号而开启或关闭管路，是制冷系统中广泛应用的一种二位自动阀门。

电磁阀在制冷装置中，大多用于膨胀阀之前的供液管上，一般与压缩机联动。电磁阀的结构形式繁多，根据其作用原理，可分为直动式电磁阀和导动式电磁阀两类。

1. 直动式电磁阀

图10-4所示为直动式电磁阀的结构，它是由阀体、线圈、芯铁、阀芯和阀座等组成。其工作原理是：当线圈通电后，线圈内产生磁场，在电磁力的作用下芯铁被吸起，

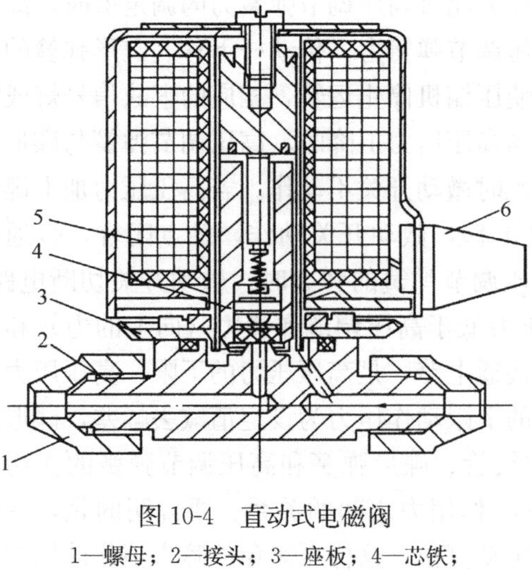

图10-4　直动式电磁阀

1—螺母；2—接头；3—座板；4—芯铁；5—电磁线圈；6—接线盒

使阀门开启，流体顺利通过；当线圈断电时，电磁力消失，芯铁在自重和弹簧的作用下落下，阀门关闭。

直动式电磁阀属于一次开启式阀门，结构简单，动作灵活，应用广泛，但线圈所产生的电磁力小，所以只适用于直径小于 13mm 的制冷管道并且压力不大的时候。

2. 导动式电磁阀

导动式电磁阀也称为间接作用式电磁阀，其由电磁导阀和主阀组成。当阀门的口径加大时，电磁阀所需要的电磁力也要大，采用直动式电磁阀，电磁阀的尺寸很大，对于各种不同口径的阀同时配备规格不同的电磁头，很不经济，因此，对于口径较大的电磁阀，常采用导动式电磁阀。

导动式电磁阀是二次开启式电磁阀，如图 10-5 所示为导动式电磁阀的结构，它是由阀体、线圈、芯铁、导阀、主阀等组成。其工作原理是：当线圈通电后，产生磁力将芯铁提起；上面的导阀开启，使主阀活塞上部与阀后的低压端接通。由于主阀下部与阀前的高压相通，使活塞上下产生压差，当此压差超过复位弹簧力及主阀活塞自重时，则主阀打开。反之线圈断电，导阀关闭，切断主阀活塞上腔与主阀出口低压侧的通路，主阀进口的高压通过平衡孔使活塞上下压力平衡，在弹簧力与活塞自重的作用下，主阀关闭。该类阀门的主阀可以是活塞式，也可以是膜片式。

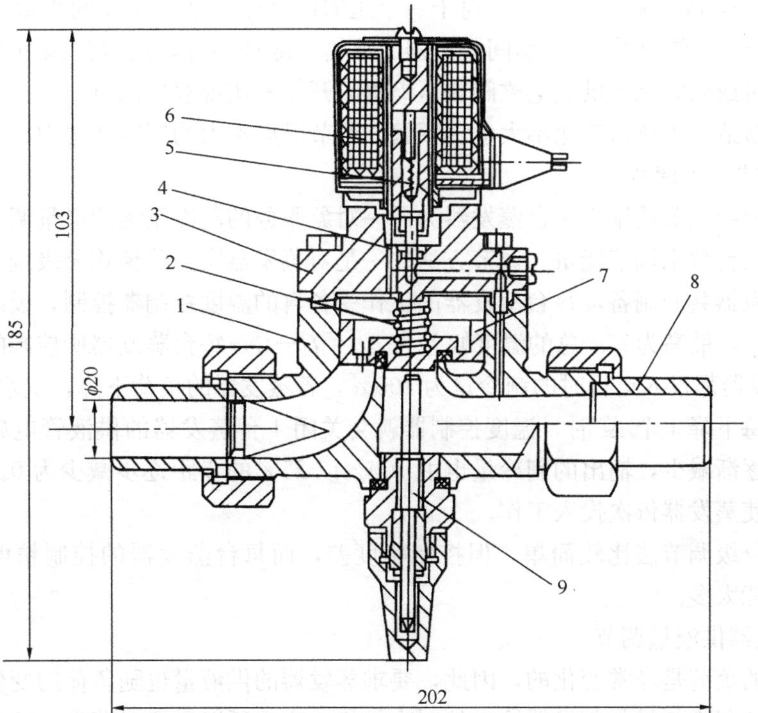

图 10-5　导动式电磁阀（单位：mm）

1—阀体；2—弹簧；3—阀盖；4—辅助阀座；5—芯铁；6—线圈；7—活塞；8—接头；9—顶杆

导动式电磁阀启闭平稳，冲击力小，尺寸小，重量轻，声音低，无论是哪种直径的规格，其电磁头和导阀可以统一规格，因此，在大口径和高压管路中广泛使用。

10.2 制冷系统的自动调节及自控元件

10.2.1 蒸发器的自动调节

蒸发器调节的任务是使蒸发器的制冷量适应负荷的变化，蒸发器的供液量适应制冷量的变化，蒸发压力（温度）适应制冷系统的要求。

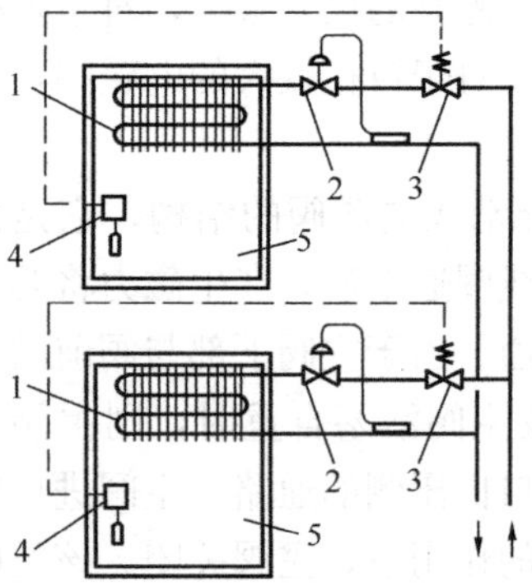

图 10-6 蒸发器双位调节的原理图

1—蒸发器；2—热力膨胀阀；3—电磁阀；4—温度控制器；5—冷室

1. 双位调节

双位调节是指调节系统中的执行机构只有全开或全关两个动作。这种调节方法是制冷系统自动调节中最常用、最简单的方法，常用于温度控制精度不高的温度调节中。蒸发器的双位调节主要是对蒸发器的供液阀进行控制。如图 10-6 所示为蒸发器双位调节的原理图，其中每个冷室有一蒸发器，蒸发器的供液管上装有电磁阀，温控器根据冷室的温度控制供液管上的电磁阀的启闭。每台蒸发器供液量的大小，由热力膨胀阀来调节。如果蒸发器有风机，温度控制器还同时控制风机电机的开停。

对于一个压缩机对应一个蒸发器的小型制冷装置，如房间空调器、冰箱、冷藏柜等，用双位调节温度控制器直接控制压缩机或同时控制供液电磁阀和压缩机的开停来实现双位调节。

双位调节适用于负荷变化不大也不频繁、调节滞后不大的制冷装置中。

2. 阶梯式分级调节

阶梯式分级调节适用于多台蒸发器为同一对象服务的制冷系统的能量调节，通过控制蒸发器工作的台数来调节能量。调节方法之一是对蒸发器实行阶梯式分级调节。例如冷冻水由 4 台蒸发器共同制备，每台蒸发器的工作受各自的温度控制器控制，设冷冻水的供水温度最低为 t_1，最高为 t_2，总的温度幅差为 $\Delta t_0 = t_2 - t_1$，每台蒸发器所控制的温度幅差为 Δt。4 台蒸发器都投入运行时的制冷量为 100%，若蒸发器的负荷下降，供水温度就下降，当供水温度每下降 1 个 Δt 时，温度控制器就会关闭 1 台蒸发器的供液管电磁阀，使蒸发器工作台数逐渐减少，输出的制冷量也由 100%以 25%的步距逐步减少为 0。反之，供水温度升高，使蒸发器依次投入工作。

阶梯式分级调节法比较简单，但控制精度差，而每台蒸发器的控制精度要求高，因此，分级不能太多。

3. 蒸发器供液量调节

制冷机的负荷是经常变化的，因此，要求蒸发器的供液量也随负荷的变化而变化，使供给蒸发器的制冷剂量与蒸发器输出的制冷量相适应，所以需要对蒸发器的供液量进行调节。在制冷系统中，常用的蒸发器供液量的自动调节设备除了热力膨胀阀、浮球膨胀阀等外，对于满液式蒸发器的供液量的调节也可用浮球液位控制器来实现，如图 10-7 所示。系统中的浮球液位控制器用作感应机构，电磁阀作为执行机构。当蒸发器中的液位降低到一定位置时，通过浮球液位控制器，将电磁阀打开，向蒸发器中供液。当蒸发器中的液位上升到一定的高度时，浮球液位控制器将电磁阀关闭，停止向蒸发器供液。电磁阀后的手

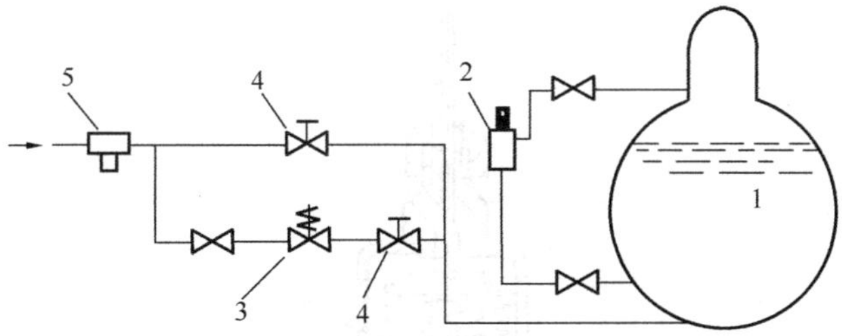

图 10-7　满液式蒸发器的供液量自动调节原理图

1—蒸发器；2—浮球液位控制器；3—电磁阀；4—手动膨胀阀；5—液体过滤器

动膨胀阀的作用是对高压液体节流，另一手动膨胀阀备用。应用浮球液位控制器及电磁阀只能使蒸发器浮球液位在两个极限位置之间不停地变动，这种调节方法属于两位调节。

10.2.2　冷凝器的自动调节

1. 冷凝器冷却水量调节原理

冷凝器调节的目的是在制冷系统内保持相应的冷凝能力，并维持一定的冷凝压力。冷凝压力太高时，会导致压缩机功耗增大，而且还容易引起事故；冷凝压力过低时，膨胀阀的通过能力下降，从而导致蒸发器供液不足。因此，冷凝器的能力应当与压缩机的制冷量相适应，应保持一定的冷凝压力。对冷凝器的调节通常是根据冷凝压力（或冷凝温度）来进行调节的。对于压缩机与冷凝器一一对应的系统，通常随着压缩机的启闭同时启闭相应冷凝器的冷却水阀门或冷却风机。

对于水冷式冷凝器，可以通过控制冷却水流量来调节冷凝器的冷凝压力及维持一定的冷凝压力。如图 10-8 所示为采用水量调节阀调节冷凝器冷凝压力的原理图。当冷凝压力下降时，阀门关小，冷却水流量减少；反之，当冷凝压力上升时，阀门开大，冷却水流量增大。在大型系统中，可以用压力控制器控制冷却水泵的运行台数来实现对冷凝器的自动调节，当冷凝压力超过压力控制器的上限调定值时，就启动对应的水泵参与工作。

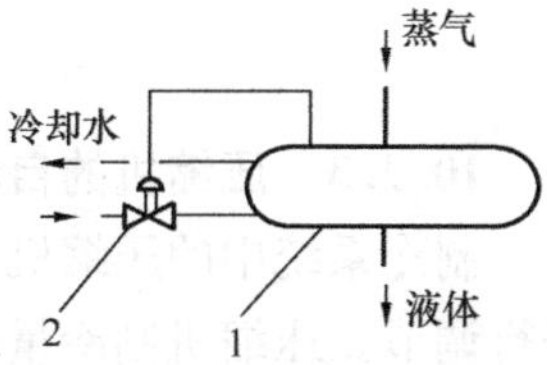

图 10-8　采用水量调节阀调节冷凝压力

1—冷凝器；2—水量调节阀

对于风冷式冷凝器，可以通过控制冷却风量来调节冷凝器的冷凝压力。冷却风量调节方法之一是采用变频器调节改变冷凝器风机电机的转速。在多台风机的冷凝器中，根据冷凝压力的升降，可以依次停开部分风机来调节风量，以调节冷凝压力。

2. 冷却水量调节阀

如图 10-9 所示为直接作用式水量调节阀的结构图，阀的顶部有一接头，与之相连接的是冷凝压力。当冷凝器的负荷增加，冷凝压力升高，波纹管受压缩，推动调节螺杆向下移动，从而推动阀芯，使阀口开大，使冷却水流量增加；反之，当冷凝器的负荷减少，冷凝压力降低，弹簧向上推动调节螺杆，使阀口关小，冷却水流量减少，从而保证冷凝压力在一定范围内。当压缩机停止运转时，由于冷凝压力大大地降低，水量调节阀自动关闭。冷凝压力的设定值可通过旋转压力调节螺杆，使可调弹簧座上下移动，改变弹簧力来实现。

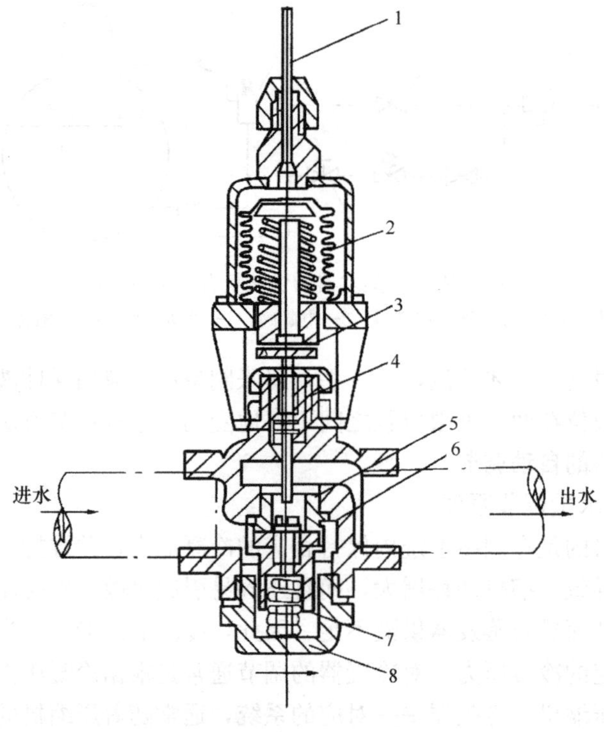

图 10-9　直接作用式水量调节阀

1—冷凝压力接管；2—波纹管；3—调节螺钉；4—顶杆；5—阀座；6—橡胶阀门；7—弹簧；8—阀盖

10.2.3　压缩机的自动调节

制冷系统中的压缩机制冷量通常应与蒸发器的负荷相匹配，即根据蒸发器的负荷大小进行调节。压缩机制冷量的自动调节方法如下：

1. 控制压缩机运行台数或缸数的调节

在多台压缩机或多缸压缩机的制冷系统中，可控制压缩机的运行台数或气缸数进行能量调节。对于多台独立制冷机为同一冷却对象服务的制冷系统，可以根据被冷却物体或空间的温度对每台制冷机进行阶梯式分级控制或延时分级控制。对于多台压缩机并联的系统或多缸压缩机的系统，压缩机的工作台数或缸数可根据系统的吸气压力进行控制。蒸发器负荷减少时，吸气压力就下降，这时通过压力控制器减少压缩机运行的台数或气缸数，使吸气压力回升；反之，当吸气压力上升，就增加压缩机运行的台数或气缸数。

如图 10-10 所示为多缸压缩机能量调节原理图，图 10-11 为压缩机的吸气压力与负荷的关系。压缩机有 8 个气缸，共分 4 级，每级 2 个气缸，由卸载油缸控制。当向油缸供有压油时，则气缸工作，反之，气缸卸载。卸载油缸的供油受三通电磁阀控制。当三通电磁阀失电，则阀的直通（*a-b*）成通路，油泵的有压油供给卸载油缸，气缸工作；当三通电磁阀通电，则阀的旁通（*b-c*）成通路，油缸内的油返回曲轴箱，气缸卸载。

2. 吸气节流调节

对压缩机的吸入蒸气进行节流，其效果与蒸发压力调节是一样的。根据这个原理，可在压缩机的吸气管路上装上自动阀门对吸气进行节流，从而实现对压缩机的能量调节。通

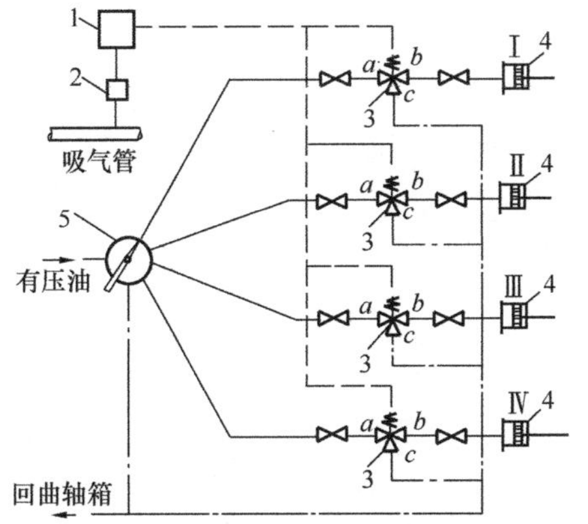

图 10-10　多缸压缩机能量调节原理图

1—压力变送器；2—分级步进调节器；3—三通电磁阀；4—卸载油缸；5—油分配阀

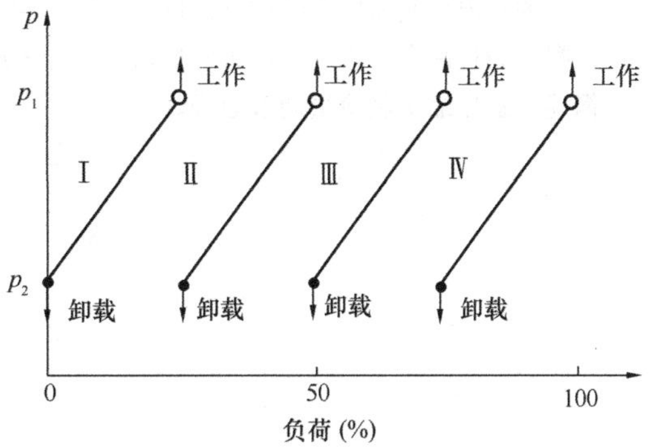

图 10-11　压缩机吸气压力与负荷的关系

常是根据蒸发压力的变化来控制自动阀门的开启度，这样控制比较简单，但能量损失大，并引起排气温度升高，因此通常用于无能量调节的小型氟利昂压缩机中。

单　元　小　结

本单元主要介绍了温度控制器、压力控制器的基本原理，电磁阀的类型和结构，蒸发器供液量的控制、冷凝器冷凝压力的控制和压缩机的控制。常见的温度控制器有电气式和电子式两种类型，电气式温度控制器感知温度变化，利用机械机构推动电触点动作，实现开关控制温度的目的。压力控制器包括高压控制器和低压控制器，高压控制器防止冷凝压力不至过高，避免引起制冷系统设备事故和系统运行失常。低压控制器防止系统低压压力过低，以避免制冷系统运行经济性变差。高、低压控制器可以单独设置，也可以用组合在一起的控制器，但两种控制器单独作用，互不影响。

蒸发器控制的实质是供制蒸发器的供液量，以产生必需的温度和制冷量，因此需要温度控制器对供液电磁阀的启闭进行控制，控制蒸发器的供液量，从而实现对冷室温度的控制。

冷凝器的控制是保证冷凝器正常工作，因此，保证冷凝器有足够的冷却水或冷却空气，是冷凝器控制的实质，根据冷凝器的冷凝压力的变化对水量调节阀的冷却水量进行调节是基本的控制方法。

制冷压缩机是制冷系统的心脏，制冷系统的制冷量由制冷压缩机提供，所提供的制冷量应与负荷相匹配才能使制冷系统正常工作。制冷系统负荷变化会引起蒸发压力的变化，因此，制冷压缩机的控制一般是根据蒸发压力来调整压缩机的台数或压缩机排气量。

思考题与习题

1. 电气式温度控制器的通断动作的原理是什么？
2. 简述 KD 型高低压控制器的工作原理。
3. 导动式电磁阀中活塞上的小孔起什么作用？

4. 电磁阀能够调节流量吗？为什么？

5. 简单的室温控制需要哪些控制部件？试绘出控制简图。

6. 冷凝压力过高会产生什么危害？如何控制冷凝压力？

7. 简述多缸压缩机制冷量调节原理。

附录 A　制冷用物理参数表

R717 饱和液体与饱和蒸气物性表　　**附表 A-1**

温度	绝对压力	密度	质量体积	焓		熵		质量热容	
		液体	气体	液体	气体	液体	气体	液体	气体
℃	MPa	kg/m³	m³/kg	kJ/kg		kJ/（kg·K）		kJ/（kg·K）	
−77.65[a]	0.00609	732.9	15.602	−143.15	1341.23	−0.4716	7.1213	4.202	2.063
−70.00	0.01094	724.7	9.0079	−110.81	1355.55	−0.3094	6.9088	4.245	2.086
−60.00	0.02189	713.6	4.7057	−68.06	1373.73	−0.1040	6.6602	4.303	2.125
−50.00	0.04084	702.1	2.6277	−24.73	1391.19	0.0945	6.4396	4.360	2.178
−40.00	0.07169	690.2	1.5533	19.17	1407.76	0.2867	6.2425	4.414	2.244
−38.00	0.07971	687.7	1.4068	28.01	1410.96	0.3245	6.2056	4.424	2.259
−36.00	0.08845	685.3	1.2765	36.88	1414.11	0.3619	6.1694	4.434	2.275
−34.00	0.09795	682.8	1.1604	45.77	1417.23	0.3992	6.1339	4.444	2.291
−33.33[b]	0.10133	682.0	1.1242	48.76	1418.26	0.4117	6.1221	4.448	2.297
−32.00	0.10826	680.3	1.0567	54.67	1420.29	0.4362	6.0992	4.455	2.308
−30.00	0.11943	677.8	0.96396	63.60	1423.31	0.4730	6.0651	4.465	2.326
−28.00	0.13151	675.3	0.88082	72.55	1426.28	0.5096	6.0317	4.474	2.344
−26.00	0.14457	672.8	0.80614	81.52	1429.21	0.5460	5.9989	4.484	2.363
−24.00	0.15864	670.3	0.73896	90.51	1432.08	0.5821	5.9667	4.494	2.383
−22.00	0.17379	667.7	0.67840	99.52	1434.91	0.6180	5.9351	4.504	2.403
−20.00	0.19008	665.1	0.62373	108.55	1437.68	0.6538	5.9041	4.514	2.425
−18.00	0.20756	662.6	0.57428	117.60	1440.39	0.6893	5.8736	4.524	2.446
−16.00	0.22630	660.0	0.52949	126.67	1443.06	0.7246	5.8437	4.534	2.469
−14.00	0.24637	657.3	0.48885	135.76	1445.66	0.7597	5.8143	4.543	2.493
−12.00	0.26782	654.7	0.5192	144.88	1448.21	0.7946	5.7853	4.553	2.517
−10.00	0.29071	652.1	0.41830	154.01	1450.70	0.8293	5.7569	4.564	2.542
−8.00	0.31513	649.4	0.38767	163.16	1453.14	0.8638	5.7289	4.574	2.568
−6.00	0.34114	646.7	0.35970	172.34	1455.51	0.8981	5.7013	4.584	2.594
−4.00	0.36880	644.0	0.33414	181.54	1457.81	0.9323	5.6741	4.595	2.622
−2.00	0.39819	641.3	0.31074	190.76	1460.06	0.9662	5.6474	4.606	2.651
0.00	0.42938	638.6	0.28930	200.00	1462.24	1.0000	5.6210	4.617	2.680
2.00	0.46246	635.8	0.26962	209.27	1464.35	1.0336	5.5951	4.628	2.710
4.00	0.49748	633.1	0.25153	218.55	1466.40	1.0670	5.5695	4.639	2.742
6.00	0.53453	630.3	0.23489	227.87	1468.37	1.1003	5.5442	4.651	2.774
8.00	0.57370	627.5	0.21956	237.20	1470.28	1.1334	5.5192	4.663	2.807
10.00	0.61505	624.6	0.20543	246.57	1472.11	1.1664	5.4946	4.676	2.841
12.00	0.65866	621.8	0.19237	255.95	1473.88	1.1992	5.4703	4.689	2.877
14.00	0.70463	618.9	0.18031	265.37	1475.56	1.2318	5.4463	4.702	2.913
16.00	0.75303	616.0	0.16914	274.81	1477.17	1.2643	5.4226	4.716	2.951

续表

温度	绝对压力	密度	质量体积	焓		熵		质量热容	
		液体	气体	液体	气体	液体	气体	液体	气体
℃	MPa	kg/m³	m³/kg	kJ/kg		kJ/（kg·K）		kJ/（kg·K）	
18.00	0.80395	613.1	0.15879	284.28	1478.70	1.2967	5.3991	4.730	2.990
20.00	0.85748	610.2	0.14920	293.78	1480.16	1.3289	5.3759	4.745	3.030
22.00	0.91369	607.2	0.14029	303.31	1481.53	1.3610	5.3529	4.760	3.071
24.00	0.97268	604.3	0.13201	312.87	1482.82	1.3929	5.3301	4.776	3.113
26.00	1.0345	601.3	0.12431	322.47	1484.02	1.4248	5.3076	4.793	3.158
28.00	1.0993	598.2	0.11714	332.09	1485.14	1.4565	5.2853	4.810	3.203
30.00	1.1672	595.2	0.11046	341.76	1486.17	1.4881	5.2631	4.828	3.250
32.00	1.2382	592.1	0.10422	351.45	1487.11	1.5196	5.2412	4.847	3.299
34.00	1.3124	589.0	0.09840	361.19	1487.95	1.5509	5.2194	4.867	3.349
36.00	1.3900	585.8	0.09296	370.96	1488.70	1.5822	5.1978	4.888	3.401
38.00	1.4709	582.6	0.08787	380.78	1489.36	1.6134	5.1763	4.909	3.455
40.00	1.5554	579.4	0.08310	390.64	1489.91	1.6446	5.1549	4.932	3.510
42.00	1.6435	576.2	0.07863	400.54	1490.36	1.6756	5.1337	4.956	3.568
44.00	1.7353	572.9	0.07445	410.48	1490.70	1.7065	5.1126	4.981	3.628
46.00	1.8310	569.6	0.07052	420.48	1490.94	1.7374	5.0915	5.007	3.691
48.00	1.9305	566.3	0.06682	430.52	1491.06	1.7683	5.0706	5.034	3.756
50.00	2.0340	562.9	0.06335	440.62	1491.07	1.7990	5.0497	5.064	3.823
55.00	2.3111	554.2	0.05554	466.10	1490.57	1.8758	4.9977	5.143	4.005
60.00	2.6156	545.2	0.04880	491.97	1489.27	1.9523	4.9458	5.235	4.208
65.00	2.9491	536.0	0.04296	518.26	1487.09	2.0288	4.8939	5.341	4.438
70.00	3.3135	526.3	0.03787	545.04	1483.94	2.1054	4.8415	5.465	4.699
75.00	3.7105	516.2	0.03342	572.37	1479.72	2.1823	4.7885	5.610	5.001
80.00	4.1420	505.7	0.02951	600.34	1474.31	2.2596	4.7344	5.784	5.355
85.00	4.6100	494.5	0.02606	629.04	1467.53	2.3377	4.6789	5.993	5.777
90.00	5.1167	482.8	0.02300	658.61	1459.19	2.4168	4.6213	6.250	6.291
95.00	5.6643	470.2	0.02027	689.19	1449.01	2.4973	4.5612	6.573	6.933
100.00	6.2553	456.6	0.01782	721.00	1436.63	2.5797	4.4975	6.991	7.762
105.00	6.8923	441.9	0.01561	754.35	1421.57	2.6647	4.4291	7.555	8.877
110.00	7.5783	425.6	0.01360	789.68	1403.08	2.7533	4.3542	8.36	10.46
115.00	8.3170	407.2	0.01174	827.74	1379.99	2.8474	4.2702	9.63	12.91
120.00	9.1125	385.5	0.00999	869.92	1350.23	2.9502	4.1719	11.94	17.21
125.00	9.9702	357.8	0.00828	919.68	1309.12	3.0702	4.0483	17.66	27.00
130.00	10.8977	312.3	0.00638	992.02	1239.32	3.2437	3.8571	54.21	76.49
132.25[c]	11.3330	225.0	0.00444	1119.22	1119.22	3.5542	3.5542		

注：上标 a 表示三相点；b 表示 1 个标准大气压下的沸点；c 表示临界点。

R22 饱和液体与饱和蒸气物性表 **附表 A-2**

温度	绝对压力	密度	质量体积	焓		熵		质量热容	
		液体	气体	液体	气体	液体	气体	液体	气体
℃	MPa	kg/m³	m³/kg	kJ/kg		kJ/（kg·K）		kJ/（kg·K）	
−100.00	0.00201	1571.3	8.2660	90.71	358.97	0.5050	2.0543	1.061	0.497
−90.00	0.00481	1544.9	3.6448	101.32	363.85	0.5646	1.9980	1.061	0.512
−80.00	0.01037	1518.2	1.7782	111.94	368.77	0.6210	1.9508	1.062	0.528
−70.00	0.02047	1491.2	0.94342	122.58	373.70	0.6747	1.9108	1.065	0.545
−60.00	0.03750	1463.7	0.53680	133.27	378.59	0.7260	1.8770	1.071	0.564
−50.00	0.06453	1435.6	0.32385	144.03	383.42	0.7752	1.8480	1.079	0.585
−48.00	0.07145	1429.9	0.29453	146.19	384.37	0.7849	1.8428	1.081	0.589
−46.00	0.07894	1424.2	0.26837	148.36	385.32	0.7944	1.8376	1.083	0.594
−44.00	0.08705	1418.4	0.24498	150.53	386.26	0.8039	1.8327	1.086	0.599
−42.00	0.09580	1412.6	0.22402	152.70	387.20	0.8134	1.8278	1.088	0.603
−40.81[b]	0.10132	1409.2	0.21260	154.00	387.75	0.8189	1.8250	1.090	0.606
−40.00	0.10523	1406.8	0.20521	154.89	388.13	0.8227	1.8231	1.091	0.608
−38.00	0.11538	1401.0	0.18829	157.07	389.06	0.8320	1.8186	1.093	0.613
−36.00	0.12628	1395.1	0.17304	159.27	389.97	0.8413	1.8141	1.096	0.619
−34.00	0.13797	1389.1	0.15927	161.47	390.89	0.8505	1.8098	1.099	0.624
−32.00	0.15050	1383.2	0.14682	163.67	391.79	0.8596	1.8056	1.102	0.629
−30.00	0.16389	1377.2	0.13553	165.88	392.69	0.8687	1.8015	1.105	0.635
−28.00	0.17819	1371.1	0.12528	168.10	393.58	0.8778	1.7975	1.108	0.641
−26.00	0.19344	1365.0	0.11597	170.33	394.47	0.8868	1.7937	1.112	0.646
−24.00	0.20968	1358.9	0.10749	172.56	395.34	0.8957	1.7899	1.115	0.653
−22.00	0.22696	1352.7	0.09975	174.80	396.21	0.9046	1.7862	1.119	0.659
−20.00	0.24531	1346.5	0.09268	177.04	397.06	0.9135	1.7826	1.123	0.665
−18.00	0.26479	1340.3	0.08621	179.30	397.91	0.9223	1.7791	1.127	0.672
−16.00	0.28543	1334.0	0.08029	181.56	398.75	0.9311	1.7757	1.131	0.678
−14.00	0.30728	1327.6	0.07485	183.83	399.57	0.9398	1.7723	1.135	0.685
−12.00	0.33038	1321.2	0.06986	186.11	400.39	0.9485	1.7690	1.139	0.692
−10.00	0.35479	1314.7	0.06527	188.40	401.20	0.9572	1.7658	1.144	0.699
−8.00	0.38054	1308.2	0.06103	190.70	401.99	0.9658	1.7627	1.149	0.707
−6.00	0.40769	1301.6	0.05713	193.01	402.77	0.9744	1.7596	1.154	0.715
−4.00	0.43628	1295.0	0.05352	195.33	403.55	0.9830	1.7566	1.159	0.722
−2.00	0.46636	1288.3	0.05019	197.66	404.30	0.9915	1.7536	1.164	0.731
0.00	0.49799	1281.5	0.04710	200.00	405.05	1.0000	1.7507	1.169	0.739
2.00	0.53120	1274.7	0.04424	202.35	405.78	1.0085	1.7478	1.175	0.748
4.00	0.56605	1267.8	0.04159	204.71	406.50	1.0169	1.7450	1.181	0.757
6.00	0.60259	1260.8	0.03913	207.09	407.20	1.0254	1.7422	1.187	0.766

续表

温度	绝对压力	密度	质量体积	焓		熵		质量热容	
		液体	气体	液体	气体	液体	气体	液体	气体
℃	MPa	kg/m³	m³/kg	kJ/kg		kJ/(kg·K)		kJ/(kg·K)	
8.00	0.64088	1253.8	0.03683	209.47	407.89	1.0338	1.7395	1.193	0.775
10.00	0.68095	1246.7	0.03470	211.87	408.56	1.0422	1.7368	1.199	0.785
12.00	0.72286	1239.5	0.03271	214.28	409.21	1.0505	1.7341	1.206	0.795
14.00	0.76668	1232.2	0.03086	216.70	409.85	1.0589	1.7315	1.213	0.806
16.00	0.81244	1224.9	0.02912	219.14	410.47	1.0672	1.7289	1.220	0.817
18.00	0.86020	1217.4	0.02750	221.59	411.07	1.0755	1.7263	1.228	0.828
20.00	0.91002	1209.9	0.02599	224.06	411.66	1.0838	1.7238	1.236	0.840
22.00	0.96195	1202.3	0.02457	226.54	412.22	1.0921	1.7212	1.244	0.853
24.00	1.0160	1194.6	0.02324	229.04	412.77	1.1004	1.7187	1.252	0.866
26.00	1.0724	1186.7	0.02199	231.55	413.29	1.1086	1.7162	1.261	0.879
28.00	1.1309	1178.8	0.02082	234.08	413.79	1.1169	1.7136	1.271	0.893
30.00	1.1919	1170.7	0.01972	236.62	414.26	1.1252	1.7111	1.281	0.908
32.00	1.2552	1162.6	0.01869	239.19	414.71	1.1334	1.7086	1.291	0.924
34.00	1.3210	1154.3	0.01771	241.77	415.14	1.1417	1.7061	1.302	0.940
36.00	1.3892	1145.8	0.01679	244.38	415.54	1.1499	1.7036	1.314	0.957
38.00	1.4601	1137.3	0.01593	247.00	415.91	1.1582	1.7010	1.326	0.976
40.00	1.5336	1128.5	0.01511	249.65	416.25	1.1665	1.6985	1.339	0.995
42.00	1.6098	1119.6	0.01433	252.32	416.55	1.1747	1.6959	1.353	1.015
44.00	1.6887	1110.6	0.01360	255.01	416.83	1.1830	1.6933	1.368	1.037
46.00	1.7704	1101.4	0.01291	257.73	417.07	1.1913	1.6906	1.384	1.061
48.00	1.8551	1091.9	0.01226	260.47	41727	1.1997	1.6879	1.401	1.086
50.00	1.9427	1082.3	0.01163	263.25	417.44	1.2080	1.6852	1.419	1.113
52.00	2.0333	1072.4	0.01104	266.05	417.56	1.2164	1.6824	1.439	1.142
54.00	2.1270	1062.3	0.01048	268.89	417.63	1.2248	1.6795	1.461	1.173
56.00	2.2239	1052.0	0.00995	271.76	417.66	1.2333	1.6766	1.485	1.208
58.00	2.3240	1041.3	0.00944	274.66	417.63	1.2418	1.6736	1.511	1.246
60.00	2.4275	1030.4	0.00896	277.61	417.55	1.2504	1.6705	1.539	1.287
65.00	2.7012	1001.4	0.00785	285.18	417.06	1.2722	1.6622	1.626	1.413
70.00	2.9974	969.7	0.00685	293.10	416.09	1.2945	1.6529	1.743	1.584
75.00	3.3177	934.4	0.00595	301.46	414.49	1.3177	1.6424	1.913	1.832
80.00	3.6638	893.7	0.00512	310.44	412.01	1.3423	1.6299	2.181	2.231
85.00	4.0378	844.8	0.00434	320.38	408.19	1.3690	1.6142	2.682	2.984
90.00	4.4423	780.1	0.00356	332.09	401.87	1.4001	1.5922	3.981	4.975
95.00	4.8824	662.9	0.00262	349.56	387.28	1.4462	1.5486	17.31	25.29
96.15[c]	4.9900	523.8	0.00191	366.90	366.90	1.4927	1.4927		

注：上标 b 表示 1 个标准大气压下的沸点；c 表示临界点。

R134a饱和液体与饱和蒸气物性表 **附表 A-3**

温度	绝对压力	密度	质量体积	焓		熵		质量热容	
		液体	气体	液体	气体	液体	气体	液体	气体
℃	MPa	kg/m³	m³/kg	kJ/kg		kJ/（kg·K）		kJ/（kg·K）	
−103.30[a]	0.00039	1591.1	35.496	71.46	334.94	0.4126	1.9639	1.184	0.585
−100.00	0.00056	1582.4	25.193	75.36	336.85	0.4354	1.9456	1.184	0.593
−90.00	0.00152	1555.8	9.7698	87.23	342.76	0.5020	1.8972	1.189	0.617
−80.00	0.00367	1529.0	4.2682	99.16	348.83	0.5654	1.8580	1.198	0.642
−70.00	0.00798	1501.9	2.0590	111.20	355.02	0.6262	1.8264	1.210	0.667
−60.00	0.01591	1474.3	1.07q0	123.36	361.31	0.6846	1.8010	1.223	0.692
−50.00	0.02945	1446.3	0.60620	135.67	367.65	0.7410	1.7806	1.238	0.720
−40.00	0.05121	1417.7	0.36108	148.14	374.00	0.7956	1.7643	1.255	0.749
−30.00	0.08438	1388.4	0.22594	160.79	380.32	0.8486	1.7515	1.273	0.781
−28.00	0.09270	1382.4	0.20680	163.34	381.57	0.8591	1.7492	1.277	0.788
−26.07[b]	0.10133	1376.7	0.19018	165.81	382.78	0.8690	1.7472	1.281	0.794
−26.00	0.10167	1376.5	0.18958	165.90	382.82	0.8694	1.7471	1.281	0.794
−24.00	0.11130	1370.4	0.17407	168.47	384.07	0.8798	1.7451	1.285	0.801
−22.00	0.12165	1364.4	0.16006	171.05	385.32	0.8900	1.7432	1.289	0.809
−20.00	0.13273	1358.3	0.14739	173.64	386.55	0.9002	1.7413	1.293	0.816
−18.00	0.14460	1352.1	0.13592	176.23	387.79	0.9104	1.7396	1.297	0.823
−16.00	0.15728	1345.9	0.12551	178.83	389.02	0.9205	1.7379	1.302	0.831
−14.00	0.17082	1339.7	0.11605	181.44	390.24	0.9306	1.7363	1.306	0.838
−12.00	0.18524	1333.4	0.10744	184.07	391.46	0.9407	1.7348	1.311	0.846
−10.00	0.20060	1327.1	0.09959	186.70	392.66	0.9506	1.7334	1.316	0.854
−8.00	0.21693	1320.8	0.09242	189.34	393.87	0.9606	1.7320	1.320	0.863
−6.00	0.23428	1314.3	0.08587	191.99	395.06	0.9705	1.7307	1.325	0.871
−4.00	0.25268	1307.9	0.07987	194.65	396.25	0.9804	1.7294	1.330	0.880
−2.00	0.27217	1301.4	0.07436	197.32	397.43	0.9902	1.7282	1.336	0.888
0.00	0.29280	1294.8	0.06931	200.00	398.60	1.0000	1.7271	1.341	0.897
2.00	0.31462	1288.1	0.06466	202.69	399.77	1.0098	1.7260	1.347	0.906
4.00	0.33766	1281.4	0.06039	205.40	400.92	1.0195	1.7250	1.352	0.916
6.00	0.36198	1274.7	0.05644	208.11	402.06	1.0292	1.7240	1.358	0.925
8.00	0.38761	1267.9	0.05280	210.84	403.20	1.0388	1.7230	1.364	0.935
10.00	0.41461	1261.0	0.04944	213.58	404.32	1.0485	1.7221	1.370	0.945
12.00	0.44301	1254.0	0.04633	216.33	405.43	1.0581	1.7212	1.377	0.956
14.00	0.47288	1246.9	0.04345	219.09	406.53	1.0677	1.7204	1.383	0.967
16.00	0.50425	1239.8	0.04078	221.87	407.61	1.0772	1.7196	1.390	0.978
18.00	0.53718	1232.6	0.03830	224.66	408.69	1.0867	1.7188	1.397	0.989
20.00	0.57171	1225.3	0.03600	227.47	409.75	1.0962	1.7180	1.405	1.001

续表

温度	绝对压力	密度	质量体积	焓		熵		质量热容	
		液体	气体	液体	气体	液体	气体	液体	气体
℃	MPa	kg/m³	m³/kg	kJ/kg		kJ/（kg·K）		kJ/（kg·K）	
22.00	0.60789	1218.0	0.03385	230.29	410.79	1.1057	1.7173	1.413	1.013
24.00	0.64578	1210.5	0.03186	233.12	411.82	1.1152	1.7166	1.421	1.025
26.00	0.68543	1202.9	0.03000	235.97	412.84	1.1246	1.7159	1.429	1.038
28.00	0.72688	1195.2	0.02826	238.84	413.84	1.1341	1.7152	1.437	1.052
30.00	0.77020	1187.5	0.02664	241.72	414.82	1.1435	1.7145	1.446	1.065
32.00	0.81543	1179.6	0.02513	244.62	415.78	1.1529	1.7138	1.456	1.080
34.00	0.86263	1171.6	0.02371	247.54	416.72	1.1623	1.7131	1.466	1.095
36.00	0.91185	1163.4	0.02238	250.48	417.65	1.1717	1.7124	1.476	1.111
38.00	0.96315	1155.1	0.02113	253.43	418.55	1.1811	1.7118	1.487	1.127
40.00	1.0166	1146.7	0.01997	256.41	419.43	1.1905	1.7111	1.498	1.145
42.00	1.0722	1138.2	0.01887	259.41	420.28	1.1999	1.7103	1.510	1.163
44.00	1.1301	1129.5	0.01784	262.43	421.11	1.2092	1.7096	1.523	1.182
46.00	1.1903	1120.6	0.01687	265.47	421.92	1.2186	1.7089	1.537	1.202
48.00	1.2529	1111.5	0.01595	268.53	422.69	1.2280	1.7081	1.551	1.223
50.00	1.3179	1102.3	0.01509	271.62	423.44	1.2375	1.7072	1.566	1.246
52.00	1.3854	1092.9	0.01428	274.74	424.15	1.2469	1.7064	1.582	1.270
54.00	1.4555	1083.2	0.01351	277.89	424.83	1.2563	1.7055	1.600	1.296
56.00	1.5282	1073.4	0.01278	281.06	425.47	1.2658	1.7045	1.618	1.324
58.00	1.6036	1063.2	0.01209	284.27	426.07	1.2753	1.7035	1.638	1.354
60.00	1.6818	1052.9	0.01144	287.50	426.63	1.2848	1.7024	1.660	1.387
62.00	1.7628	1042.2	0.01083	290.78	427.14	1.2944	1.7013	1.684	1.422
64.00	1.8467	1031.2	0.01024	294.09	427.61	1.3040	1.7000	1.710	1.461
66.00	1.9337	1020.0	0.00969	297.44	428.02	1.3137	1.6987	1.738	1.504
68.00	2.0237	1008.3	0.00916	300.84	428.36	1.3234	1.6972	1.769	1.552
70.00	2.1168	996.2	0.00865	304.28	428.65	1.3332	1.6956	1.804	1.605
72.00	2.2132	983.8	0.00817	307.78	428.86	1.3430	1.6939	1.843	1.665
74.00	2.3130	970.8	0.00771	311.33	429.00	1.3530	1.6920	1.887	1.734
76.00	2.4161	957.3	0.00727	314.94	429.04	1.3631	1.6899	1.938	1.812
78.00	2.5228	943.1	0.00685	318.63	428.98	1.3733	1.6876	1.996	1.904
80.00	2.6332	928.2	0.00645	322.39	428.81	1.3836	1.6850	2.065	2.012
85.00	2.9258	887.2	0.00550	332.22	427.76	1.4104	1.6771	2.306	2.397
90.00	3.2442	837.8	0.00461	342.93	425.42	1.4390	1.6662	2.756	3.121
95.00	3.5912	772.7	0.00374	355.25	420.67	1.4715	1.6492	3.938	5.020
100.00	3.9724	651.2	0.00268	373.30	407.68	1.5188	1.6109	17.59	25.35
101.06[c]	4.0593	511.9	0.00195	389.64	389.64	1.5621	1.5621		

注：上标 a 表示三相点；b 表示 1 个标准大气压下的沸点；c 表示临界点。

R401A 沸腾状态液体和结露状态气体性质表 **附表 A-4**

压力	温度	密度	密度		焓		熵		质量热容	
	沸点	露点	液体	气体	液体	气体	液体	气体	液体	气体
MPa	℃	℃	kg/m³	m³/kg	kJ/kg		kJ/（kg·K）		kJ/（kg·K）	
0.01000	−88.54	−88.50	1462.0	2.09550	78.00	377.63	0.4650	2.0879	1.313	0.666
0.02000	−79.05	−79.01	1434.3	1.09540	90.48	383.18	0.5309	2.0388	1.317	0.695
0.04000	−68.33	−68.29	1402.4	0.57278	104.64	389.31	0.6018	1.9916	1.325	0.733
0.06000	−61.39	−61.35	1381.4	0.39184	113.86	393.17	0.6461	1.9650	1.333	0.761
0.08000	−56.13	−56.08	1365.1	0.29918	120.91	396.04	0.6789	1.9465	1.340	0.785
0.10000	−51.83	−51.78	1351.7	0.24259	126.69	398.33	0.7052	1.9324	1.347	0.805
0.10132[b]	−51.57	−51.52	1350.9	0.23961	127.04	398.47	0.7068	1.9316	1.348	0.806
0.12000	−48.17	−48.12	1340.1	0.20433	131.64	400.24	0.7273	1.9211	1.353	0.823
0.14000	−44.96	−44.91	1329.9	0.17668	136.00	401.89	0.7464	1.9116	1.359	0.839
0.16000	−42.10	−42.05	1320.7	0.15572	139.90	403.33	0.7634	1.9034	1.365	0.854
0.18000	−39.51	−39.45	1312.2	0.13928	143.46	404.62	0.7786	1.8963	1.371	0.868
0.20000	−37.13	−37.07	1304.4	0.12602	146.73	405.78	0.7925	1.8900	1.376	0.881
0.22000	−34.93	−34.87	1297.1	0.11510	149.76	406.84	0.8052	1.8843	1.381	0.894
0.24000	−32.89	−32.83	1290.3	0.10593	152.60	407.81	0.8170	1.8791	1.386	0.906
0.26000	−30.97	−30.90	1283.9	0.09813	155.27	408.71	0.8280	1.8744	1.391	0.917
0.28000	−29.16	−29.10	1277.7	0.09141	157.79	409.54	0.8383	1.8700	1.396	0.928
0.30000	−27.45	−27.38	1271.9	0.08556	160.19	410.31	0.8481	1.8659	1.401	0.938
0.32000	−25.83	−25.76	1266.3	0.08041	162.47	411.04	0.8573	1.8622	1.405	0.948
0.34000	−24.28	−24.21	1260.9	0.07584	164.66	411.72	0.8660	1.8586	1.410	0.958
0.36000	−22.80	−22.73	1255.8	0.07177	166.75	412.36	0.8743	1.8553	1.414	0.968
0.38000	−21.39	−21.31	1250.8	0.06811	168.76	412.96	0.8823	1.8521	1.419	0.977
0.40000	−20.03	−19.95	1246.0	0.06481	170.70	413.54	0.8899	1.8491	1.423	0.986
0.42000	−18.72	−18.64	1241.3	0.06180	172.57	414.08	0.8972	1.8463	1.427	0.995
0.44000	−17.45	−17.38	1236.8	0.05907	174.38	414.60	0.9042	1.8436	1.432	1.004
0.46000	−16.24	−16.16	1232.4	0.05656	176.13	415.09	0.9110	1.8410	1.436	1.012
0.48000	−15.06	−14.98	1228.1	0.05425	177.83	415.56	0.9175	1.8385	1.440	1.021
0.50000	−13.91	−13.83	1223.9	0.05212	179.48	416.00	0.9238	1.8361	1.444	1.029
0.55000	−11.20	−11.12	1214.0	0.04746	183.41	417.04	0.9388	1.8305	1.455	1.049
0.60000	−8.68	−8.59	1204.5	0.04354	187.11	417.96	0.9527	1.8254	1.465	1.068
0.65000	−6.30	−6.22	1195.5	0.04021	190.60	418.80	0.9657	1.8207	1.475	1.088
0.70000	−4.07	−3.98	1186.9	0.03734	193.92	419.56	0.9779	1.8163	1.485	1.106
0.75000	−1.95	−1.86	1178.6	0.03484	197.08	420.25	0.9894	1.8122	1.495	1.125
0.80000	0.07	0.16	1170.6	0.03264	200.10	420.88	1.0004	1.8083	1.505	1.143

续表

压力	温度	密度	密度		焓		熵		质量热容	
	沸点	露点	液体	气体	液体	气体	液体	气体	液体	气体
MPa	℃	℃	kg/m³	m³/kg	kJ/kg		kJ/（kg·K）		kJ/（kg·K）	
0.85000	1.99	2.08	1162.9	0.03069	203.00	421.45	1.0108	1.8046	1.515	1.161
0.90000	3.83	3.92	1155.5	0.02894	205.79	421.97	1.0207	1.8011	1.525	1.179
0.95000	5.59	5.69	1148.2	0.02738	208.49	422.45	1.0303	1.7978	1.535	1.197
1.00000	7.28	7.38	1141.2	0.02597	211.09	422.89	1.0394	1.7946	1.545	1.215
1.10000	10.48	10.59	1127.6	0.02351	216.06	423.64	1.0568	1.7885	1.565	1.251
1.20000	13.48	13.58	1114.5	0.02145	220.76	424.27	1.0729	1.7828	1.586	1.287
1.30000	16.28	16.39	1102.0	0.01970	225.22	424.78	1.0881	1.7774	1.607	1.324
1.40000	18.93	19.04	1089.8	0.01818	229.48	425.18	1.1024	1.7723	1.629	1.362
1.50000	21.44	21.55	1078.0	0.01686	233.56	425.49	1.1160	1.7674	1.651	1.402
1.60000	23.83	23.94	1066.5	0.01570	237.49	425.72	1.1290	1.7627	1.675	1.442
1.70000	26.11	26.22	1055.3	0.01467	241.29	425.86	1.1414	1.7581	1.699	1.485
1.80000	28.29	28.40	1044.2	0.01375	244.96	425.93	1.1533	1.7536	1.725	1.529
1.90000	30.37	30.49	1033.3	0.01292	248.52	425.93	1.1648	1.7492	1.751	1.576
2.00000	32.38	32.49	1022.6	0.01217	251.99	425.87	1.1759	1.7448	1.779	1.625
2.10000	34.31	34.43	1012.0	0.01149	255.37	425.74	1.1866	1.7406	1.809	1.677
2.20000	36.18	36.29	1001.4	0.01087	258.68	425.54	1.1970	1.7363	1.840	1.732
2.30000	37.98	38.09	991.0	0.01030	261.91	425.29	1.2071	1.7321	1.874	1.790
2.40000	39.72	39.83	980.5	0.00977	265.08	424.98	1.2169	1.7279	1.909	1.853
2.50000	41.40	41.51	970.1	0.00928	268.20	424.61	1.2265	1.7237	1.947	1.920
2.60000	43.04	43.15	959.7	0.00883	271.27	424.18	1.2359	1.7194	1.988	1.993
2.70000	44.62	44.73	949.3	0.00840	274.29	423.69	1.2451	1.7152	2.032	2.072
2.80000	46.17	46.27	938.8	0.00801	277.27	423.14	1.2541	1.7109	2.080	2.158
2.90000	47.67	47.77	928.3	0.00764	280.23	422.53	1.2630	1.7065	2.133	2.252
3.00000	49.13	49.23	917.7	0.00729	283.15	421.85	1.2718	1.7021	2.190	2.356
3.20000	51.94	52.04	896.0	0.00665	288.94	420.30	1.2890	1.6930	2.323	2.598
3.40000	54.61	54.71	873.7	0.00607	294.67	418.47	1.3059	1.6835	2.490	2.904
3.60000	57.17	57.26	850.4	0.00555	300.41	416.29	1.3226	1.6734	2.707	3.305
3.80000	59.61	59.69	825.8	0.00506	306.20	413.72	1.3394	1.6624	3.002	3.855
4.00000	61.94	62.02	799.1	0.00461	312.13	410.64	1.3564	1.6503	3.431	4.661
4.20000	64.18	64.25	769.5	0.00417	318.33	406.86	1.3741	1.6365	4.129	5.970
4.79000[c]	70.2	70.2	548	0.00183	352.5	352.5	1.472	1.472		

注：上标 b 表示 1 个标准大气压下的沸点；c 表示临界点。

氯化钠水溶液的热物理性质 **附表 A-5**

质量分数 (%)	凝固点 t_f (℃)	15℃时的密度 ρ (kg/m³)	温度 t (℃)	比定压热容 C_p [kJ/(kg·K)]	热导率 λ [W/(m·K)]	动力黏度 μ ($\times10^{-3}$Pa·s)	运动黏度 υ ($\times10^{-6}$m²/s)	热扩散率 α ($\times10^{-7}$m²/s)	普朗特数 P_r
7	−4.4	1050	20	3.843	0.593	1.08	1.03	1.48	6.9
			10	3.835	0.576	1.41	1.34	1.43	9.4
			0	3.827	0.559	1.87	1.78	1.39	12.7
			−4	3.818	0.556	2.16	2.08	1.39	14.8
11	−7.5	1080	20	3.697	0.593	1.15	1.06	1.48	7.2
			10	3.684	0.570	1.52	1.41	1.43	9.9
			0	3.670	0.556	2.02	1.87	1.40	13.4
			−5	3.672	0.549	2.44	2.26	1.38	16.4
			−7.5	3.672	0.545	2.65	2.45	1.38	17.8
13.6	−9.8	1100	20	3.609	0.593	1.23	1.12	1.50	7.4
			10	3.601	0.568	1.62	1.47	1.43	10；3
			0	3.588	0.554	2.15	1.95	1.41	13.9
			−5	3.584	0.547	2.61	2.37	1.39	17.1
			−9.8	3.580	0.510	3.43	3.13	1.37	22.9
16.2	−12.2	1120	20	3.534	0.573	1.31	1.20	1.45	8.3
			10	3.525	0.569	1.73	1.57	1.44	10.9
			−5	3.508	0.544	2.83	2.58	1.39	18.6
			−10	3.504	0.535	3.49	3.18	1.37	23.2
			−12.2	3.500	0.533	4.22	3.84	1.36	28.3
18.8	−15.1	1140	20	3.462	0.582	1.43	1.26	1.48	8.5
			10	3.454	0.566	1.85	1.63	1.44	11.4
			0	3.442	0.550	2.56	2.25	1.40	16.1
			−5	3.433	0.542	3.12	2.74	1.39	19.8
			−10	3.429	0.533	3.87	3.40	1.37	24.8
			−15	3.425	0.524	4.78	4.19	1.35	31.1
21.2	−18.2	1160	20	3.395	0.579	1.55	1.33	1.46	9.1
			10	3.383	0.563	2.01	1.73	1.44	12.1
			0	3.374	0.547	2.82	2.44	1.40	17.5
			−5	3.366	0.538	3.44	2.96	1.38	21.5
			−10	3.362	0.530	4.30	3.70	1.36	27.1
			−15	3.358	0.522	5.28	4.55	1.35	33.9
			−18	3.358	0.518	6.08	5.24	1.33	39.4
23.1	−21.2	1175	20	3.345	0.565	1.67	1.42	1.47	9.6
			10	3.333	0.549	2.16	1.84	1.40	13.1
			0	3.324	0.544	3.04	2.59	1.39	18.6
			−5	3.320	0.536	3.75	3.20	1.38	23.3
			−10	3.312	0.528	4.71	4.02	1.36	29.5
			−15	3.308	0.520	5.75	4.90	1.34	36.5
			−21	3.303	0.514	7.75	6.60	1.32	50.0

氯化钙水溶液的热物理性质

附表 A-6

质量分数（%）	凝固点 t_f（℃）	15℃时的密度 ρ（kg/m^3）	温度 t（℃）	比定压热容 C_p [kJ/(kg·K)]	热导率 λ [W/(m·K)]	动力黏度 μ（$\times10^{-3}Pa\cdot s$）	运动黏度 υ（$\times10^{-6}m^2/s$）	热扩散率 α（$\times10^{-7}m^2/s$）	普朗特数 P_r
9.4	−5.2	1080	20	3.642	0.584	1.24	1.15	1.49	7.8
			10	3.634	0.570	1.55	1.44	1 45	9.9
			0	3.626	0.556	2.16	2.00	1.42	14.1
			−5	3.601	0.549	2.55	2.36	1.41	16.7
14.17	−10.2	1130	20	3.362	0.576	1.49	1.32	1.52	8.7
			10	3.349	0.563	1.86	1.64	1.49	11.0
			0	3.328	0.549	2.56	2.27	1.46	15.6
			−5	3.316	0.542	3.04	2.70	1.44	18.7
			−10	3.308	0.534	4.06	3.00	1.43	25.3
18.9	−15.7	1170	20	3.148	0.572	1.80	1.54	1;56	9.9
			10	3.140	0.558	2.24	1.91	1.52	12.6
			0	3.128	0.544	2.99	2.56	1.49	17.2
			−5	3.098	0.537	3.43	2.94	1.48	19.8
			−10	3.086	0.529	4.67	4.00	1.47	27.3
			−15	3.065	0.523	6.15	5.27	1.47	35.9
20.9	−19.2	1190	20	3.077	0.569	2.00	1.68	1.55	18.9
			10	3.056	0.555	2.45	2.06	1.53	13.4
			0	3.044	0.542	3.28	2.76	1.49	18.5
			−5	3.014	0.535	3.82	3.22	1.49	21.5
			−10	3.014	0.527	5.07	4.25	1.47	28;9
			−15	3.014	0.521	6.59	5.53	1.45	38.2
23.8	−25.7	1220	20	2.973	0.565	2.35	1.94	1.56	12.5
			10	2.952	0.551	2.87	2.35	1.53	15.4
			0	2.931	0.538	3.81	3.13	1.51	20.8
			−5	2.910	0.530	4.41	3.63	1.49	24.4
			−10	2.910	0.523	5.92	4.87	1.48	33.0
			−15	2.910	0.518	7.55	6.20	1.46	42.5
			−20	2.889	0.510	9.47	7.77	1.44	53.8
			−25	2.889	0.504	11.57	9.48	1.43	66.5
25.7	−31.2	1240	20	2.889	0.562	2.63	2.12	1.57	13.5
			10	2.889	0.548	3.22	2.51	1.53	16.5
			0	2.868	0.535	4.26	3.43	1.51	22.7
			−10	2.847	0.521	6.68	5.40	1.48	36.6
			−15	2.847	0.514	8.36	6.75	1.46	46.3
			−20	2.805	0.508	10.56	8.52	1.46	58.5
			−25	2.805	0.501	12.90	10.40	1.44	72.0
			−30	2.763	0.494	14.81	12.00	1.44	83.0

续表

质量分数(%)	凝固点 t_f(℃)	15℃时的密度 ρ (kg/m^3)	温度 t(℃)	比定压热容 C_p [kJ/(kg·K)]	热导率 λ [W/(m·K)]	动力黏度 μ ($\times 10^{-3}$Pa·s)	运动黏度 υ ($\times 10^{-6}m^2/s$)	热扩散率 α ($\times 10^{-7}m^2/s$)	普朗特数 P_r
27.5	−38.6	1260	20	2.847	0.558	2.93	2.33	1.56	14.9
			10	2.826	0.545	3.61	2.87	1.53	18.8
			0	2.809	0.531	4.80	3.81	1.50	25.3
			−10	2.784	0.519	7.52	5.97	1.48	40.3
			−20	2.763	0.506	11.87	9.45	1.46	65.0
			−25	2.742	0.499	14.71	11.70	1.44	80.7
			−30	2.742	0.492	17.16	13.60	1.42	95.5
			−35	2.721	0.486	21.57	17.10	1.42	120.0
28.5	−43.5	1270	20	2.805	0.557	3.14	2.47	1.56	15.8
			0	2.780	0.529	5.12	4.02	1.50	26.7
			−10	2.763	0.518	8.02	6.32	1.48	42.7
			−20	2.721	0.505	12.65	10.0	1.46	68.8
			−25	2.721	0.500	15.98	12.6	1.44	87.5
			−30	2.700	0.491	18.83	14.9	1.43	103.5
			−35	2.700	0.484	24.52	19.3	1.42	136.5
			−40	2.680	0.478	30.40	24.0	1.41	171.0
29.4	−50.1	1280	20	2.805	0.555	3.33	2.65	1.55	17.2
			0	2.755	0.528	5.49	4.30	1.50	28.7
			−10	2.721	0.576	8.63	6.75	1.49	45.4
			−20	2.680	0.504	13.83	10.8	1.47	73.4
			−30	2.659	0.490	21.28	16.6	1.44	115.0
			−35	2.638	0.483	25.50	19.9	1.43	139.0
			−40	2.638	0.477	32.36	25.3	1.42	179.0
			−45	2.617	0.470	40.21	31.4	1.40	223.0
			−50	2.617	0.464	49.03	38.3	1.30	295.0
29.9	−55	1286	20	2.784	0.554	3.51	2.75	1.55	17.8
			0	2.738	0.528	5.69	4.43	1.50	29.5
			−10	2.700	0.515	9.04	7.04	1.48	47.5
			−20	2.680	0.502	14.42	11.23	1.46	77.0
			−30	2.659	0.488	22.56	17.6	1.43	123.0
			−35	2.638	0.483	28.44	22.1	1.42	156.5
			−40	2.638	0.576	35.30	27.5	1.40	196.0
			−45	2.617	0.470	43.15	33.5	1.39	240.0
			−50	2.617	0.463	50.99	39.7	1.38	290.0

乙烯乙二醇水溶液的热物理性质 **附表 A-7**

质量分数 (%)	凝固点 t_f (℃)	15℃时的密度 ρ (kg/m^3)	温度 t (℃)	比定压热容 C_p [kJ/(kg·K)]	热导率 λ [W/(m·K)]	动力黏度 μ ($\times 10^{-3}$Pa·s)	运动黏度 υ ($\times 10^{-6}m^2/s$)	热扩散率 α ($\times 10^{-7}m^2/s$)	普朗特数 P_r
4.6	−2	1005	50	4.14	0.62	0.58	0.58	1.54	3.96
			20	4.14	0.58	1.08	1.07	1.39	7.7
			10	4.12	0.57	1.37	1.39	1.37	9.9
			0	4.1	0.56	1.96	1.95	1.35	14.4
12.2	−5	1015	50	4.1	0.58	0.69	0.677	1.41	4.8
			20	4.0	0.55	1.37	1.35	1.33	10.1
			0	4.0	0.53	2.54	2.51	1.33	18.9
19.8	−10	1025	50	3.95	0.55	0.78	0.76	1.33	5.7
			10	3.87	0.51	2.25	2.20	1.29	17
			−5	3.85	0.49	3.82	3.73	1.25	30
27.4	−15	1035	50	3.85	0.51	0.88	0.855	1.28	6.7
			20	3.77	0.49	1.96	1.90	1.25	15.2
			0	3.73	0.48	3.93	3.80	1.24	31
			−10	3.68	0.48	5.68	5.50	1.25	44
			−15	3.66	0.47	7.06	6.83	1.24	35
35	−21	1045	50	3.73	0.48	1.08	1.03	1.22	8.4
			20	3.64	0.47	2.45	2.35	1.22	19.2
			0	3.59	0.46	4.90	4.70	1.22	37.7
			−10	3.56	0.45	7.64	7.35	1.22	60
			−20	3.52	0.45	11.8	11.3	1.24	92
38.8	−26	1050	50	3.68	0.47	1.18	1.12	1.21	9.3
			20	3.56	0.45	2.74	2.63	1.21	21.6
			−10	3.48	0.45	8.62	8.25	1.24	67
			−25	3.41	0.45	18.6	17.8	1.26	144
42.6	−29	1055	50	3.60	0.44	1.37	1.3	1.16	11.2
			20	3.48	0.44	2.94	2.78	1.21	23
			−10	3.39	0.44	9.60	9.1	1.24	73
			−25	3.33	0.44	21.6	20.5	1.26	162
46.4	−33	1060	50	3.52	0.43	1.57	1.48	1.15	12.8
			20	3.39	0.43	3.43	3.24	1.19	27
			−10	3.31	0.43	10.8	10.2	1.22	84
			−20	3.27	0.43	18.1	17.2	1.24	140
			−30	3.22	0.43	32.3	30.5	1.26	242

附录 B 常用制冷剂压焓图

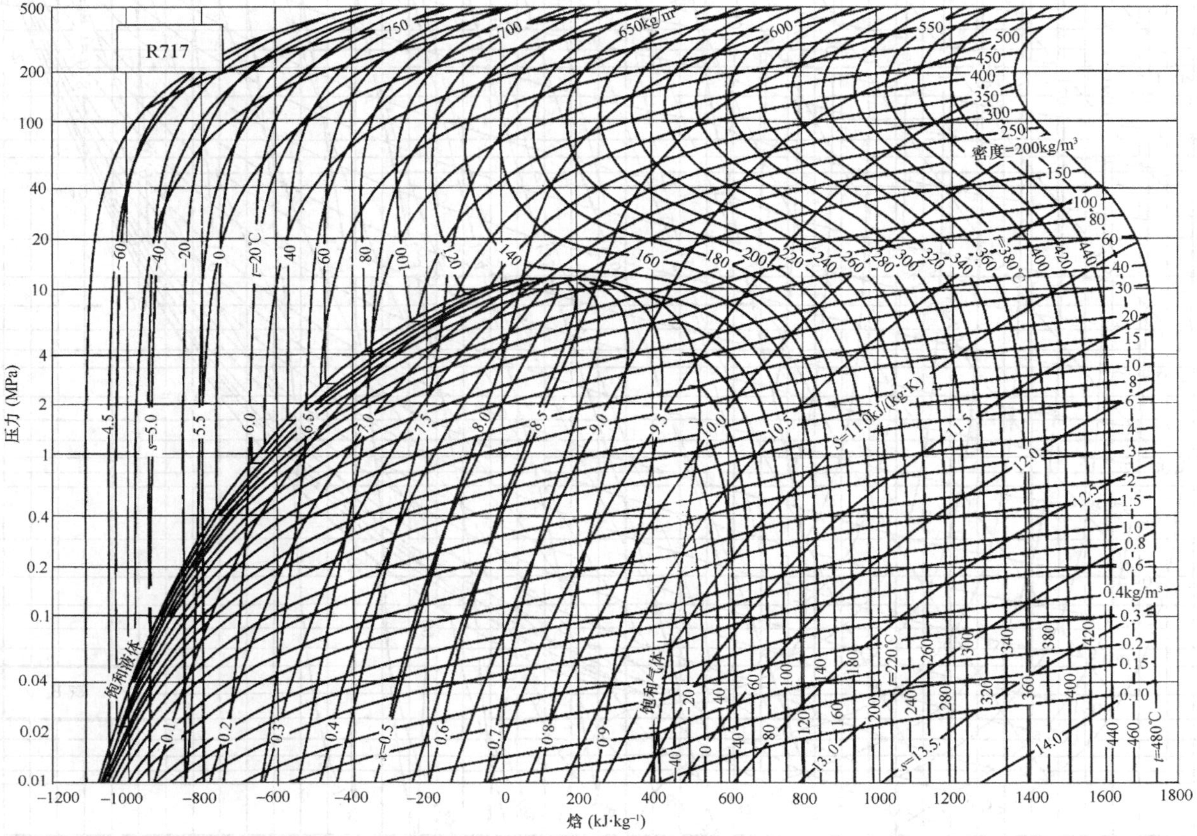

附图 B-1 R717 压焓图

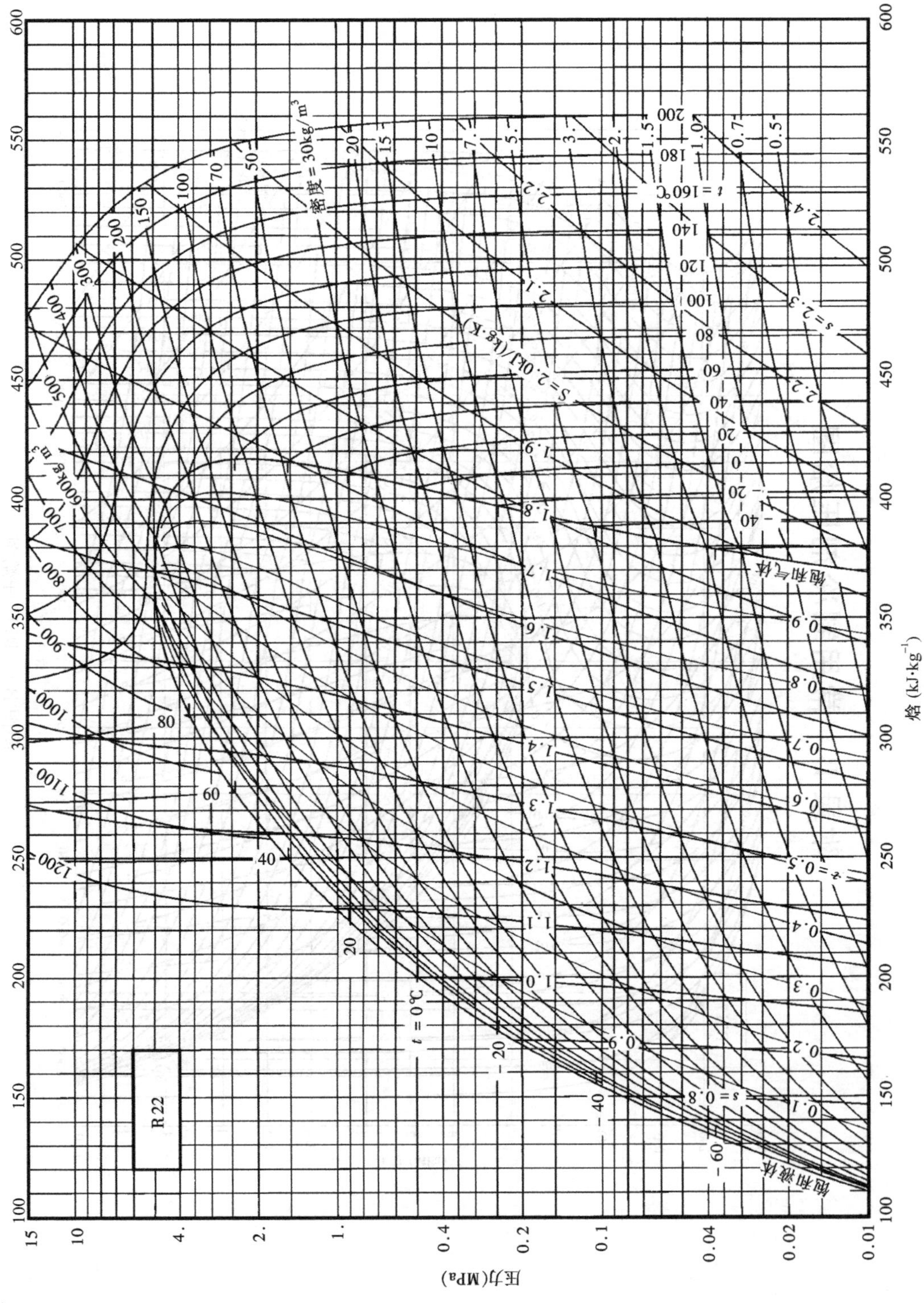

附图 B-2 R22 压焓图

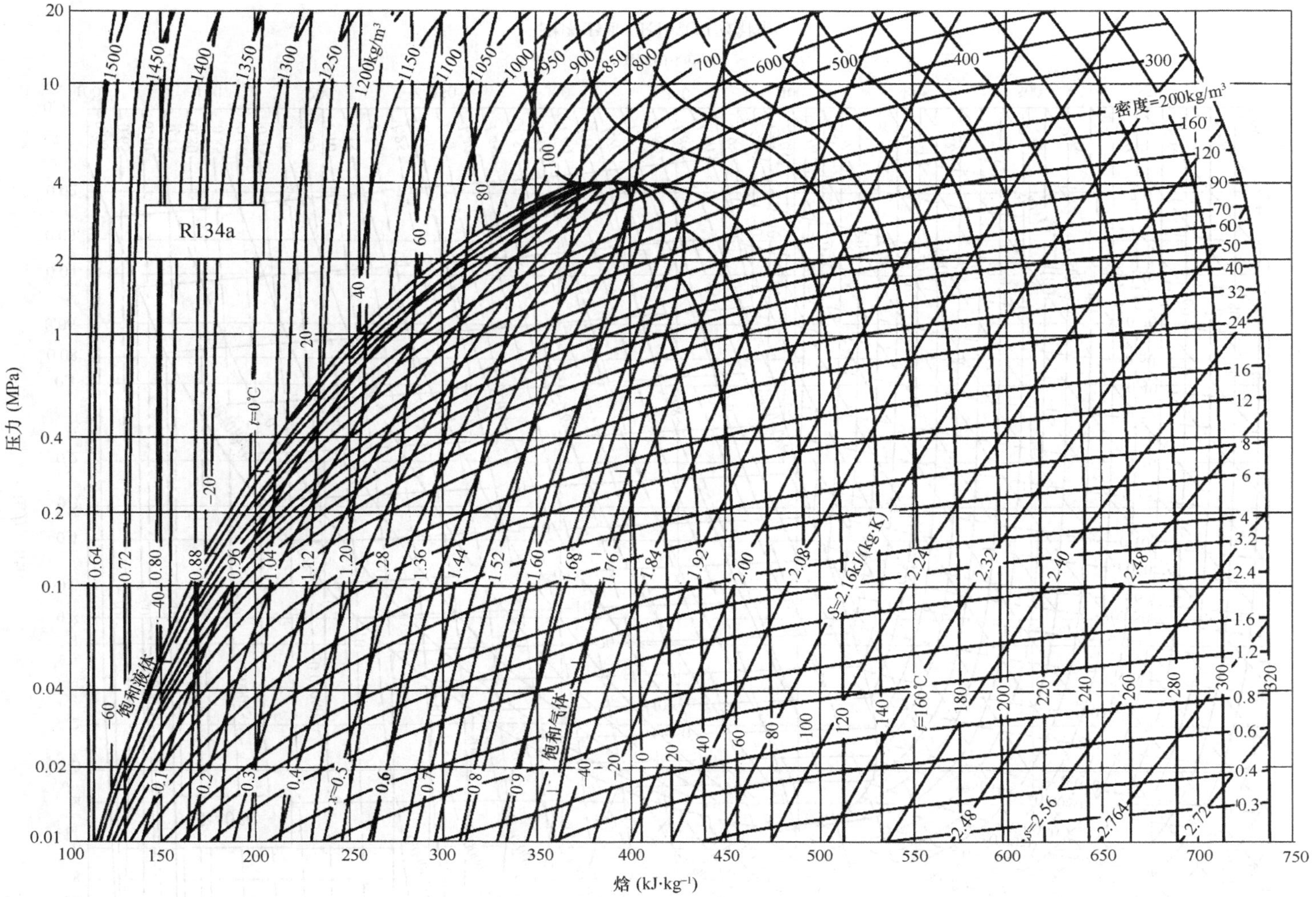

附图 B-3　R134a 压焓图

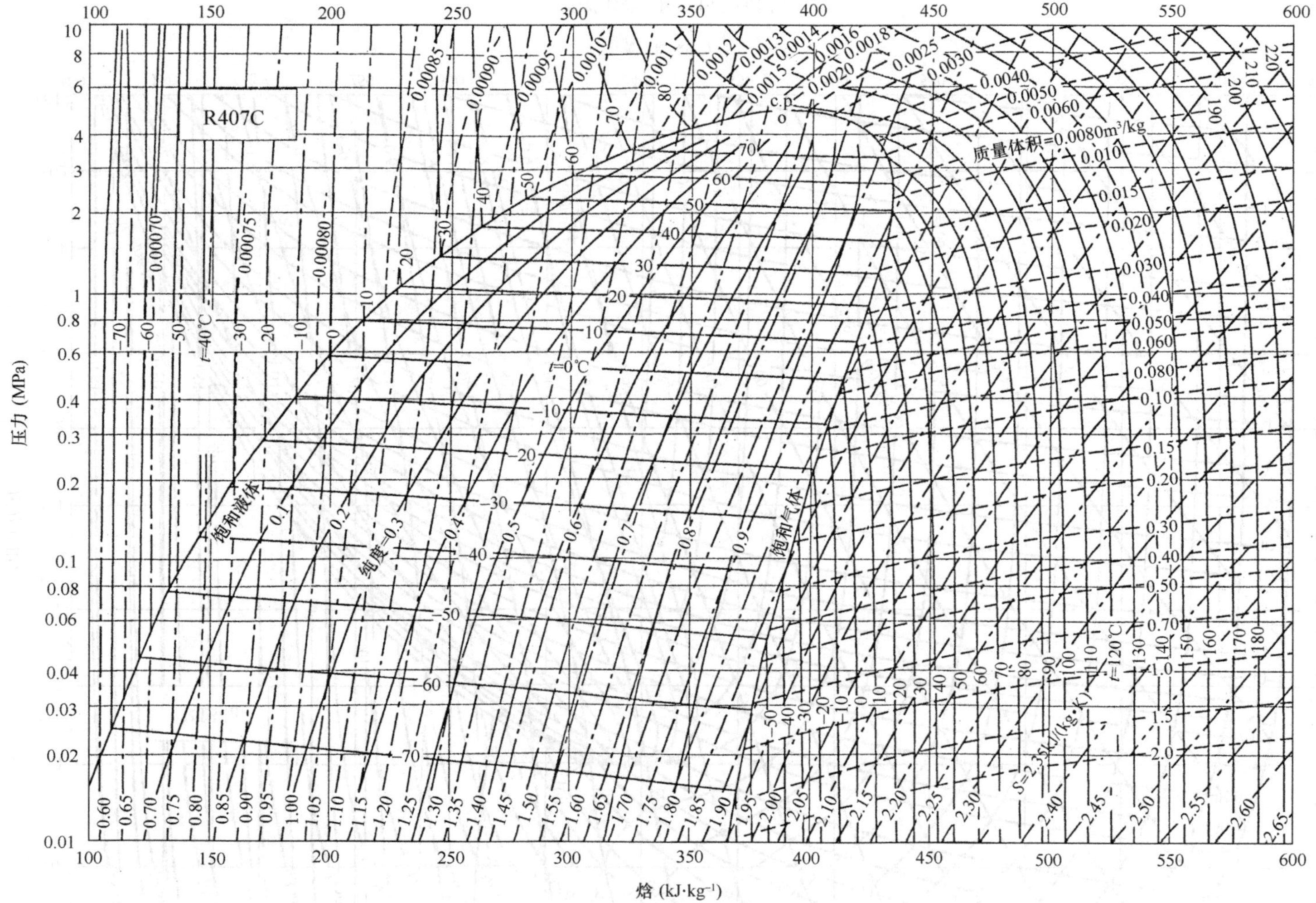

附图 B-4　R407C 压焓图

参 考 文 献

[1] 贺俊杰主编．制冷技术与应用[M]. 北京：中国建筑工业出版社，2011.

[2] 徐勇主编．空调与制冷设备安装技术[M]. 北京：机械工业出版社，2013.

[3] 石文星等主编．空气调节用制冷技术(第五版)[M]. 北京：中国建筑工业出版社，2016.

[4] 姚行健主编．空气调节用制冷技术[M]. 北京：中国建筑工业出版社，2008.

[5] 曹德胜等主编．制冷剂使用手册[M]. 北京：冶金工业出版社，2003.

[6] 李树林主编．制冷技术[M]. 北京：中国建筑工业出版社，2003.

[7] 王志刚等主编．变频控制多联式空调系统[M]. 北京：化学工业出版社，2006.

[8] 李金川主编．空调制冷安装调试手册[M]. 北京：中国建筑工业出版社，2006.

[9] 戴永庆主编．溴化锂吸收式制冷技术及应用[M]. 北京：机械工业出版社，1999.

[10] 蒋能照等主编．水源·地源·水环热泵空调技术及应用[M]. 北京：机械工业出版社，2007.

[11] 吴业正主编．制冷原理及设备(第4版)[M]. 西安：西安交通大学出版社，2015.

[12] 黄奕沄主编．空气调节用制冷技术[M]. 北京：中国电力出版社，2012.

[13] 陆耀庆主编．实用供热空调设计手册(第二版)[M]. 北京：中国建筑工业出版社，2008.

[14] 住房和城乡建设部工程质量安全监管司等主编．全国民用建筑工程设计技术措施：暖通空调·动力(2009年版)[M]. 北京：中国计划出版社，2009.